M^{+} Book 版图书使用说明

如何安装

用手机中的扫描软件(如微信中的扫一扫)扫描扉页的二维码,根据手机系统类型选择相应的应用程序,单击相应图标,下载并安装加阅平台。

如何使用

完成安装后点击“加阅”图标,打开应用程序,注册账号并登录后,进入应用界面——我的书架。

点击页面上方“扫一扫”,即可扫码添加需要的书。点击任意一本下载好的图书图标,进入阅读界面。点击“纸飞机”图标,可以查看图书简介。点击“悦读”,即可查看图书全文(或图书相关信息)。

如何下载资源

点击“图书附件”下方各图标即可下载图书附件。

21 世纪高等学校电子信息类专业规划教材

ASP. NET 案例教程

（第 2 版）

主　编　林　菲　刘　杨　许宇迪
主　审　孙　勇

清华大学出版社
北京交通大学出版社
·北京·

内容简介

本书系统地介绍了ASP.NET网站开发技术。全书共分为13章，主要内容包括：Web应用基础、Visual Studio集成开发环境、ASP.NET技术基础、ASP.NET服务器控件、Web应用的状态管理、页面外观设计与布局、站点导航技术、ADO.NET数据访问技术、ASP.NET的数据绑定与绑定控件、ASP.NET安全管理、Web服务、ASP.NET AJAX、Web应用程序的部署。此外，每章均配有上机实训和习题，有助于读者对每章所学知识的掌握。

本书有配套的实训教材——《ASP.NET案例教程实训指导》。配套教材以一个大型项目为素材，围绕本书的章节展开，提供了项目开发的实际操作，并补充了教材中没有介绍的内容，如开发技巧等。

本书结构清晰，实例丰富，图文对照，浅显易懂，可作为高等院校计算机及相关专业ASP.NET开发课程的教材，还可作为有一定的面向对象编程基础和数据库基础，想利用Visual Studio开发Web应用程序的开发人员的参考书籍。

图书在版编目(CIP)数据

ASP.NET案例教程 / 林菲，刘杨，许宇迪主编．—2版．—北京：北京交通大学出版社：清华大学出版社，2016.11
(21世纪高等学校电子信息类专业规划教材)
ISBN 978-7-5121-2904-7

Ⅰ．①A…　Ⅱ．①林…　②刘…　③许…　Ⅲ．①网页制作工具—程序设计—高等学校—教材　Ⅳ．①TP393.092.2

中国版本图书馆CIP数据核字（2016）第277951号

ASP.NET案例教程
ASP.NET ANLI JIAOCHENG

策划编辑：郭东青　　责任编辑：郭东青
出版发行：清 华 大 学 出 版 社　　邮编：100084　　电话：010-62776969
　　　　　北京交通大学出版社　　邮编：100044　　电话：010-51686414
印 刷 者：北京鑫海金澳胶印有限公司
经　　销：全国新华书店
开　　本：185 mm×260 mm　　印张：26.25　　字数：672千字
版　　次：2016年11月第2版　　2016年11月第1次印刷
书　　号：ISBN 978-7-5121-2904-7/TP·837
印　　数：1～2 000册　　定价：56.00元

本书如有质量问题，请向北京交通大学出版社质监组反映。对您的意见和批评，我们表示欢迎和感谢。
投诉电话：010-51686043，51686008；传真：010-62225406；E-mail：press@bjtu.edu.cn。

第2版前言

随着 ASP. NET 技术不断发展，开发工具也不断升级。《ASP. NET 案例教程》（第2版）主要在前一版的基础上修订了全书的案例及相关内容，并使用目前主流版本 Visual Studio 2010 作为开发工具进行讲解。另外，本书编者们为本书制作了一系列的具有 MOOC 特征的教学微视频。读者可以在该课程网站上（http://ptr. hdu. edu. cn/course/3891606. html）查阅到本书的配套学习资源，帮助快速掌握本书的内容。同时，本书几乎每个章节知识点上都配有二维码，帮助读者更好地理解相应的知识点，读者通过微信"扫一扫"功能扫描二维码，就可以直接观看对应章节的教学视频内容。

本书重点讲解 ASP. NET 的 WebForm 开发，适合于初学 ASP. NET 的读者。同时，本书可作为高校计算机类专业的教材，通过 MOOC 平台的配合使用，可以帮助教师采用翻转课堂或混合式教学两种教学模式。本书的编者已经基于本书及其 MOOC 平台的教学资源开展了两轮以上的翻转课堂教学，均获得了非常好的效果。通过问卷调查表明：90%以上的学生能接受翻转课堂教学模式，表示非常喜欢这种教学模式，并能在课前主动完成视频学习任务和练习。他们普遍认为这些课程需要动手、步骤繁多、琐碎，传统授课方式，教师只讲一遍不容易记住，因此，希望在专业性强的课程中多开设实施这种教学模式的课程。

本书由林菲、孙勇等人编著，其中，杭州电子科技大学林菲负责编写第1章到第10章，浙江交通职业技术学院孙勇负责编写第11章到13章，并负责全书的主审工作；杭州电子科技大学徐海涛、方绪健和许宇迪主要负责书中案例素材的准备和编写；张栋、董坤、王雨亭和朱光伟等人负责视频的编辑制作工作。

由于编者水平有限，书中难免存在错误之处，敬请读者批评指正！

编　者

2016年10月

第1版前言

ASP. NET技术是目前开发Web应用程序最流行和最前沿的技术，它提供了为建立和部署企业级Web应用程序所必需的服务。使用Visual Studio . NET开发工具和C#语言开发ASP. NET应用程序是最佳选择，也深受广大编程人员青睐。Visual Studio . NET中提供了Web应用程序的开发模型，利用这些开发模型，开发者能够实现各种复杂的页面设计和后台代码处理功能。

本书以易学易用为重点，充分考虑实际的开发需求，使用大量实例，引导读者掌握ASP. NET页面设计和网站开发的方法和技巧。读者学习本书各章知识点时，可以通过各章所配套的实训和习题巩固所学内容。另外，还编写了与本书配套的实训教材——《ASP. NET案例教程实训指导》，该实训教材围绕本书讲授知识点的顺序开发一个实用的网络考试系统。读者可以在学习本书的同时，按章节顺序完成该配套教材中的实训内容。掌握了网络考试系统应用程序的开发后，读者可以非常方便地设计并实现其他类似的Web应用程序。

本书系统地介绍了ASP. NET网站开发技术。全书共分为13章，各章内容要点如下。

第1章 Web应用基础。主要介绍Web应用相关技术的发展，并对HTML、XHTML、XML及Web服务器的基本知识做了简单介绍，方便后续章节的学习。

第2章 Visual Studio集成开发环境。主要介绍如何使用Visual Studio集成开发环境创建一个简单的Hello World Web应用程序，介绍开发Web应用程序过程中Visual Studio集成开发环境的几个常用窗口。

第3章 ASP. NET技术基础。主要介绍ASP. NET的基础知识，包括ASP. NET应用程序生命周期、ASP. NET网页、Page类的内置对象、Web应用的配置与配置管理工具及Web应用的异常处理。

第4章 ASP. NET服务器控件。主要介绍HTML服务器控件、Web服务器控件、验证控件。最后，简单介绍了用户控件的创建和使用。

第5章 Web应用的状态管理。主要介绍了客户端状态管理技术和服务器端状态管理技术。其中客户端状态管理技术包括视图状态、查询字符串和Cookie；服务器端状态管理技术包括会话状态和应用程序状态管理。

第6章页面外观设计与布局。首先介绍了CSS样式，以及如何在ASP. NET页面中应用CSS。接下来讨论ASP. NET中的主题，以及利用主题为页面提供一致外观的方法。最后介绍母版页的创建与使用方法，以及母版页的多层嵌套技术。

第7章站点导航技术。主要介绍了站点地图的创建及站点导航控件的使用，包括SiteMapPath控件、SiteMapDataSource控件、Menu控件和TreeView控件。

第8章 ADO. NET数据访问技术。主要介绍如何通过ADO. NET技术中的五大对象访问数据库。以连接模式和断开模式两条主线分别介绍，并分析了这两种模式的适用场景。

第 9 章 ASP. NET 的数据绑定及绑定控件。主要介绍了数据源控件和数据绑定控件。其中，数据源控件主要介绍了 SqlDataSource、ObjectDataSource 和 LinqDataSource 控件的使用；数据绑定控件主要介绍了 GridView、DetailsView、FormView 和 ListView 控件的使用。

第 10 章 ASP. NET 安全管理。主要介绍了 ASP. NET 中三种用于安全管理的技术，包括身份验证技术、授权技术和配置文件加密技术。

第 11 章 Web 服务。主要介绍了微软公司 Web 服务相关的基本概念和特点，以及什么情况下需要使用 Web 服务，并通过具体示例说明了在 ASP. NET 中创建与使用 Web 服务的方法。

第 12 章 ASP. NET AJAX。主要介绍了 AJAX 技术及相关概念、ASP. NET AJAX 主要控件的使用方法及 ASP. NET AJAX Control Toolkit 工具集。

第 13 章 Web 应用程序的部署。主要介绍了部署 Web 应用程序的 3 种方法：复制网站、发布网站和创建安装包，并分析了 3 种方法的优缺点，以便能正确地选择合适的方法部署 Web 应用程序。

为了配合教学需要，本书配有电子教案、示例源代码、习题参考答案和上机实训参考源代码。在学习本书的过程中，建议读者在互联网上下载微软的 WebCast 相关课程的视频来帮助学习。另外，要真正精通 ASP. NET 技术的开发，除了学习本书知识，还应该培养独立解决实际问题的能力。

本书由杭州电子科技大学林菲、浙江交通职业技术学院孙勇编著，林菲、孙勇对全书内容进行了统稿、修改、整理和定稿。其中第 1 章、第 2 章、第 3 章、第 4 章、第 5 章、第 7 章、第 8 章及第 9 章由林菲编写；第 6 章、第 10 章、第 11 章、第 12 章及第 13 章由孙勇编写。杭州电子科技大学徐海涛负责全书的文字校对、习题参考答案及上机实训参考源代码的整理工作；杭州电子科技大学方绪健负责资料收集及电子教案的制作工作。

在编写本书的过程中参考了相关文献，在此向这些文献的作者深表感谢。由于编者水平有限，书中难免有不妥之处，敬请专家和广大读者批评指正。

编　者

2009 年 8 月

目　　录

第1章　Web应用基础

Web应用和相关技术的飞速发展给人们的工作、学习和生活带来了重大变化，人们可以利用网络处理数据、获取信息，极大地提高了工作效率。Web应用已经成为目前企业应用最广泛的一种形式。本章将重点介绍Web应用的基本概念、发展历程及相关技术。

1.1　Web应用概述

1.1.1　B/S与C/S结构模式

在企业应用软件中，若按系统部署的体系结构来分，往往可将其分为B/S(browser/server)和C/S(client/server)两种结构模式。

C/S结构是指在客户端安装一个软件，通过该软件访问服务器端资源的一种结构体系。例如，网络游戏《魔兽世界》，基本就属于C/S结构，C就是通常说的胖客户端。这种结构的好处是很多服务可以不在服务器端进行处理，由客户端直接处理。因此，受网络的影响较小。但是不足之处就是对客户端的要求较高，而且需要在客户端安装较大的客户端软件。

B/S结构是指在服务器端安装一些应用程序，在客户端只要通过浏览器访问服务器，就可以查看相关内容。例如，新浪、搜狐等网站，就属于B/S结构，也就是通常所说的瘦客户端。这个结构中几乎所有的服务都在服务器端处理。好处就是对客户端要求不高，一般只需要浏览器就可以了，而且便于进行权限验证，安全维护。但缺陷就是处理任何内容，可能都要通过服务器来完成，因此，需要经常刷新页面，受网络条件的影响很大。如果网速不快，刷新速度会很慢。

Web应用是指在B/S结构体系下的应用软件系统，除前面所提到的网站外，还有很多的电子商务网站、Hotmail、百度、企业应用中的OA(office automation,办公自动化系统)等，这些都属于Web应用的范畴。

1.1.2　Web应用相关技术的发展

Web这个Internet上最热门的应用架构是由Tim Berners-Lee发明的。Web的前身是1980年Tim Berners-Lee负责的Enquire(enquire within upon everything的简称)项目。1990年11月，第一个Web服务器nxoc01. cern. ch开始运行，Tim Berners-Lee在自己编写的图形化Web浏览器"World Wide Web"上看到了最早的Web页面。1991年，CERN(European Particle Physics Laboratory)正式发布了Web技术标准。目前，与Web相关的各种技术标准都由著名的W3C组织(World Wide Web Consortium)管理和维护。

Web 是一个分布式的超媒体(hypermedia)信息系统，它将大量的信息分布于整个Internet上。Web 的任务就是向人们提供多媒体网络信息服务。

从技术层面看，Web 技术的核心有以下三点：

- 超文本传输(HTTP)协议，实现万维网的信息传输；
- 统一资源定位符(URL)，实现 Internet 信息的定位统一标识；
- 超文本标记语言(HTML)，实现信息的表示与存储。

Web 是一种典型的分布式应用架构。Web 应用中的每一次信息交换都要涉及客户端和服务器端两个层面。因此，Web 开发技术大体上也可以被分为客户端技术和服务器端技术两大类。下面分别介绍客户端技术和服务器端技术的发展历程。

1. 客户端技术的发展

Web 客户端的主要任务是展现信息内容，而 HTML 语言则是信息展现的最有效载体之一。作为一种实用的超文本语言，HTML 的历史最早可以追溯到 20 世纪 40 年代。1945 年，Vannevar Bush 在一篇文章中阐述了文本和文本之间通过超级链接相互关联的思想，并在文中给出了一种能实现信息关联的计算机 Memex 的设计方案。Doug Engelbart 等人则在 1960 年前后，对信息关联技术做了最早的实验。与此同时，Ted Nelson 正式将这种信息关联技术命名为超文本(hypertext)技术。1969 年，IBM 的 Charles Goldfarb 发明了可用于描述超文本信息的 GML(geographic markup language)语言。1978 到 1986 年，在 ANSI 等组织的努力下，GML 语言进一步发展成为著名的 SGML 语言标准。当 Tim Berners-Lee 和他的同事们在 1989 年试图创建一个基于超文本的分布式应用系统时，Tim Berners-Lee 意识到，SGML 是描述超文本信息的一个上佳方案，但美中不足的是，SGML 过于复杂，不利于信息的传递和解析。于是，Tim Berners-Lee 对 SGML 语言做了大刀阔斧的简化和完善。1990 年，第一个图形化的 Web 浏览器“World Wide Web”终于可以使用一种为 Web 度身定制的语言——HTML来展现超文本信息了。

最初的 HTML 语言只能在浏览器中展现静态的文本或图像信息，这满足不了人们对信息丰富性和多样性的强烈需求——这件事情最终的结果是，由静态技术向动态技术的转变成为 Web 客户端技术演进的永恒定律。

能存储、展现二维动画的 GIF 图像格式早在 1989 年就已发展成熟。Web 出现后，GIF 第一次为 HTML 页面引入了动感元素。但更大的变革来源于 1995 年 Java 语言的问世。Java 语言天生就具备的与平台无关的特点，让人们一下子找到了在浏览器中开发动态应用的捷径。1996 年，著名的 Netscape 浏览器在其 2.0 版中增加了对 JavaApplets 和 JavaScript 的支持。Microsoft 的 IE 3.0 也在这一年开始支持 Java 技术。现在，喜欢动画、喜欢交互操作、喜欢客户端应用的开发人员可以用 Java 或 JavaScript 语言制作出丰富多彩的 HTML 页面。为了与 JavaScript 抗衡，Microsoft 于 1996 年还为 IE 3.0 设计了另一种后来也声名显赫的脚本语言——VBScript 语言。

真正让 HTML 页面动感无限的是 CSS(cascading style sheets)和 DHTML(Dynamic HTML)技术。1996 年年底，W3C 提出了 CSS 的建议标准，同年，IE 3.0 引入了对 CSS 的支持。CSS 大大提高了开发者对信息展现格式的控制能力。1997 年的 Netscape 4.0 不但支持 CSS，而且增加了许多 Netscape 公司自定义的动态 HTML 标记，这些标记在 CSS 的基础上，让 HTML 页面中的各种要素“活动”起来。1997 年，Microsoft 发布了 IE 4.0，并将动态 HTML 标记、CSS 和动态对象模型(DHTML Object Model)发展成为一套完整、实用、高效的客户端开发技术体系，Microsoft称其为DHTML。同样是实现HTML页面的动态效果，DHTML技术无须启动Java虚拟机或其他脚本环境，可以在浏览器的支持下，获得更好的展现效果和更高的执行效率。今天，已经很少有哪个HTML页面的开发者还会对CSS和DHTML技术视而不见了。

为了在HTML页面中实现音频、视频等更为复杂的多媒体应用，1996年的Netscape 2.0成功地引入了对QuickTime插件的支持，插件这种开发方式也迅速风靡了浏览器的世界。在Windows平台上，Microsoft将客户端应用集成的赌注押到了20世纪90年代中期刚刚问世的COM和ActiveX身上。1996年，IE 3.0正式支持在HTML页面中插入ActiveX控件的功能，这为其他厂商扩展Web客户端的信息展现方式开辟了一条自由之路。1999年，Realplayer插件先后在Netscape和IE浏览器中取得了成功，与此同时，Microsoft自己的媒体播放插件Media Player也被预装到了各种Windows版本之中。同样值得纪念的还有Flash插件的横空出世：20世纪90年代初期，Jonathan Gay在FutureWave公司开发了一种名为Future Splash Animator的二维矢量动画展示工具。1996年，Macromedia公司收购了FutureWave公司，并将Jonathan Gay的发明改名为人们熟悉的Flash。从此，Flash动画成了Web开发者表现自我、展示个性的最佳方式。

2. 服务器端技术的成熟与发展

与客户端技术从静态向动态的演进过程类似，Web服务器端的开发技术也是由静态向动态逐渐发展、完善起来的。

最早的Web服务器简单地响应浏览器发来的HTTP请求，并将存储在服务器上的HTML文件返回给浏览器。一种名为SSI(server side includes)的技术可以让Web服务器在返回HTML文件前，更新HTML文件的某些内容，但其功能非常有限。第一种真正使服务器能根据运行时的具体情况，动态生成HTML页面的技术是大名鼎鼎的CGI(common gateway interface)技术。1993年，CGI 1.0的标准草案由NCSA(National Center for Supercomputing applications)提出。1995年，NCSA开始制定CGI 1.1标准。1997年，CGI 1.2也被纳入了议事日程。CGI技术允许服务器端的应用程序根据客户端的请求，动态生成HTML页面，这使客户端和服务器端的动态信息交换成为可能。随着CGI技术的普及，聊天室、论坛、电子商务、信息查询、全文检索等各式各样的Web应用蓬勃兴起，人们终于可以享受到信息检索、信息交换、信息处理等更为便捷的信息服务了。

早期的CGI程序大多是编译后的可执行程序，其编程语言可以是C、C++、Pascal等任何通用的程序设计语言。为了简化CGI程序的修改、编译和发布过程，人们开始探寻用脚本语言实现CGI应用的可行方式。在此方面，不能不提的是Larry Wall于1987年发明的Perl语言。Perl结合了C语言的高效及shell、awk等脚本语言的便捷，似乎天生就适用于CGI程序的编写。1995年，第一个用Perl写成的CGI程序问世。很快，Perl在CGI编程领域的风头就盖过了它的前辈C语言。随后，Python等著名的脚本语言也陆续加入了CGI编程语言的行列。

1994年，Rasmus Lerdorf发明了专用于Web服务器端编程的PHP(Personal Home Page Tools)语言。与以往的CGI程序不同，PHP语言将HTML代码和PHP指令合成为完整的服务器端动态页面，Web应用的开发者可以用一种更加简便、快捷的方式实现动态Web功能。1996年，Microsoft借鉴PHP的思想，在其Web服务器IIS 3.0中引入了ASP技术。ASP使用的脚本语言是人们熟悉的VBScript和JavaScript。

Web 服务器端开发技术的完善，使开发复杂的 Web 应用成为可能。随着电子政务、电子商务等大规模 Web 应用的迅速推广，为了适应 Web 应用开发的各种复杂需求，为用户提供更可靠、更完善的信息服务，两个最重要的企业级开发平台——J2EE 和 . NET 在 2000 年前后分别由 Java 和 Windows 阵营推出。由此引发了在企业级 Web 开发平台领域的激烈竞争，也促使 Web 开发技术以前所未有的速度发展。

J2EE 是纯粹基于 Java 的解决方案。1997 年，Servlet 技术问世。1998 年，JSP 技术诞生。Servlet 和 JSP 的组合让 Java 开发者同时拥有了类似 CGI 程序的集中处理功能和类似 PHP 的 HTML 嵌入功能。1998 年，Sun 公司发布了 EJB 1. 0 标准。EJB 为企业级应用中必不可少的数据封装、事务处理、交易控制等功能提供了良好的技术基础。1999 年，Sun 正式发布了 J2EE 的第一个版本。J2EE 平台的三大核心技术是 Servlet、JSP 和 EJB。随后，又出现了多个遵循 J2EE 标准，为企业级应用提供支撑平台的各类应用服务软件。最具代表性的是 IBM 的 WebSphere 和 BEA 的 WebLogic。

2002 年，Microsoft 正式发布 . NET Framework 和 Visual Studio. NET 开发环境。与 J2EE 不同，Microsoft 的 . NET 平台及相关的开发环境为 Web 服务器端应用提供了一个支持多种语言的、通用的运行平台。伴随着 . NET 技术的出现，ASP. NET 1. 0 也应运而生。ASP. NET 超越了 ASP 的局限，是 ASP 的升级版本，提供了一种以 Microsoft . NET Framework 为基础开发 Web 应用程序的全新编程模式。ASP. NET 作为 Windows 平台上流行的网站开发工具，能够提供各种方便的 Web 开发模型，利用这些模型开发人员能够快速地开发出动态网站所需的各种复杂功能，提高了开发效率和网站性能。

2005 年，. NET 框架从 1. 0 版升级为 2. 0 版，Microsoft 公司发布了 Visual Studio 2005，相应的 ASP. NET 1. 0 也升级为 ASP. NET 2. 0。它修正了以往版本中的一些 Bug 并在移动应用程序的开发、代码安全及对 Oracle 数据库和 ODBC 的支持等方面做了很多改进。

2008 年，Visual Studio 2008 问世，ASP. NET 由 2. 0 版升级为 3. 5 版。该版本支持 AJAX 技术和语言集成查询(LINQ)技术，提供了新的服务器控件和新的面向对象的客户端类型库等功能。

2010 年，微软发布了 Visual Studio 2010 以及 . NET Framework 4. 0。ASP. NET 版本也随之升级到了 4. 0 版，该版本支持 Windows Azure，使微软云计算架构迈入重要里程碑，同时还新增加了基于 . NET 平台的语言 F#。

2012 年，微软在西雅图发布 Visual Studio 2012，该版本集成了 ASP. NET MVC 4，全面支持移动和 HTML5，WF 4. 5 相比 WF 4，更加成熟，同时 ASP. NET 也升级到了 4. 5 版。

2013 年，微软发布 Visual Studio 2013，该版本新增了代码信息指示（code information indicators）、团队工作室（team room）、身份识别、. NET 内存转储分析仪、敏捷开发项目模板、Git 支持及更强力的单元测试支持。

2014 年，Visual Studio 2015 正式发布，从该版本开始，Visual Studio 平台开始支持跨平台移动开发，同时 ASP. NET 升级到 4. 6 版。

1.2 Web应用的相关技术

Web应用的相关技术有很多，如HTML、XHTML、XML、JavaScript、VBScript、PHP、JSP、ASP、ASP.NET等，本书主要学习用ASP.NET技术开发Web应用程序。为了方便后续章节的学习，本节有必要介绍一下HTML、XHTML和XML技术。

1.2.1 HTML

HTML是一种用来制作超文本文档的简单标记语言。超文本传输协议规定了浏览器在运行HTML文档时所遵循的规则和进行的操作。HTTP协议的制定使浏览器在运行超文本时有了统一的规则和标准。用HTML编写的超文本文档称为HTML文档，它能独立于各种操作系统平台，自1990年以来HTML就一直被用做WWW(world wide web,万维网)的信息表示语言，使用HTML语言描述的文件，需要通过Web浏览器显示出效果。

每一个HTML文档都是一种静态的网页文件，这个文件包含了HTML指令代码，这些指令代码并不是一种程序语言，它只是一种排版网页中资料显示位置的标记结构语言，易学易懂，非常简单。同时，HTML标准在不断地发展完善，每个版本都会提供一些新的功能，让设计者更加方便、灵活地设计网页，但是它的基本格式没有变化。HTML文档的内容一般都位于<html>和</html>之间，分为首部和主体两个部分。文档中的命令一般采用<标记>和</标记>的形式配对出现，有些标记也可以单个出现，标记符不区分大小写。基本格式为：

```
<html>
    <head>
        <title></title>
    </head>
    <body>
        HTML文档的主体部分
    </body>
</html>
```

文档的首部位于标记<head>和</head>之间，其中可以加入其他标记，例如，标题标记<title>、样式标记<style>和脚本标记<script>等。首部的信息不在网页内出现，只用来设置HTML文档的标题、样式、脚本等信息，因此在HTML中可以省略。标记<body>和</body>之间的内容构成了HTML的主体部分，也是主要设计区域，网页中所有的内容，包括文字、图形、链接及其他网页元素都包含在该区域内。

在由“<”和“>”包含的标记中，通过设置属性，能使页面产生不同的效果。<标记>中可以包含一个或多个属性，若有多个属性，则各属性之间必须用空格隔开。属性名称和属性值之间用等号隔开，等号左边是属性名称，右边是属性值。一般格式为：

```
<标记  属性1="值1"  属性2="值2"…>
```

在HTML中，等号右边的属性值可以带双引号，也可以省略双引号。例如：

```
<body  bgcolor="silver"  text="blue"  link="red">
```

标记<body>中设置了3个属性，其中，bgcolor属性用于设置网页的背景颜色；text属性用于设置网页中文字信息的颜色；link属性用于设置网页中超链接的颜色。在此，分别设置为银色、蓝色和红色。

除了上面所提到的一些主要结构标记外，HTML还提供了许多其他标记，表1-1列出了部分常用的HTML标记符及其功能。

表1-1　常用HTML标记符及其功能

标记格式	功　能	标记格式	功　能
<head>…</head>	首部标记符，不包含网页的内容，仅提供一些与网页相关的信息	<div>…</div>	定义一个块，块内可以有文本、图像等，目的是为了控制该块的样式
<body>…</body>	主体标记符，包含网页内的所有内容：文字、图片及超链接等	 	强行中断当前行，多个 标记可以创建多个空行
<title>…</title>	设置网页的标题，一般在浏览器的顶部标题栏中显示	<p>…</p>	在网页中分段，遇到</p>另起一个新的段落
<font>…</font>	控制字符的样式，size是它的一个常用属性，用来控制字符大小	<! --…>	注释标记，注释的内容不在浏览器中显示
<img>	插入图片，常用alt属性设置图片简单文字说明，用src属性指明图片所在位置	<center>…</center>	将内容居中
<a>…</a>	定义一个超链接，用href属性可创建多种形式的超链接	<ol>…</ol>	定义一个有序列表，列表项的条目用标记符li创建，ol中可包含一个或多个li标记
<hr>	换行并绘制一条水平直线，直线的上下两端都会留出一定的空白	<ul>…</ul>	定义一个无序列表，列表项的条目用标记符li创建，ul中可包含一个或多个li标记
<table>…</table>	创建一个表格	<tr>…</tr>	开始表格中的每一行
<td>…</td>	开始一行中的每一个单元格	<th>…</th>	设置表格头部

【例1-1】 HTML的基本语法示例。

（1）打开编辑器，添加如下HTML代码，并保存为1_1.htm文件。

```
<html>
    <head>
        <title>我的主页</title>
    </head>
    <body>
        <font color="red" size="5"><A name="top">目录</A></font>
        <center> <font size = "5" color = "red" face = "隶书" > 我的主页 </font >
          </center>
```

```
        <hr>
        <font size="5"><a href=".\1_3.htm" target="_parent">1_3</a></font><br>
        <br>
        <h5>欢迎光临! </h5>
        <hr><font size="5" color="green" face="隶书">我的个人爱好:</font>
        <ol>
            <li><font size="3" color="blue" face="隶书">游泳</font></li>
            <li><font size="3" color="blue" face="隶书">打球</font></li>
            <li><font size="3" color="blue" face="隶书">唱歌</font></li>
        </ol>
        <hr><br>
        <font color="white" size=5>
        <A href="#top">返回目录</A>
        <A href="mailto:qjl@eyou.com">作者邮箱</A>
        </font>
    </body>
</html>
```

（2）用浏览器打开 1_1.htm 文件，效果如图 1-1 所示。

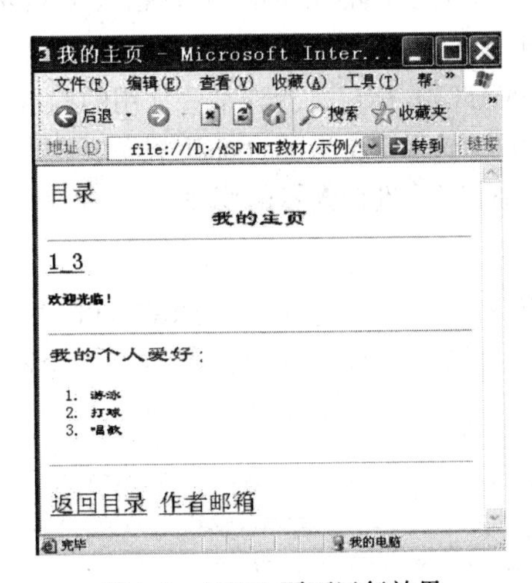

图 1-1　HTML 页面运行效果

1.2.2　XHTML

HTML 从出现到现在，标准在不断完善、功能也越来越强大，但是它的规范化要求依然不是很严格，仍有很多缺陷。例如，代码琐碎、臃肿，尤其是标记使用不规范，浏览器需要有足够的容错能力才能正确显示 HTML 页面。而且随着 Web 的发展，面对越来越多的发布、处理和显示文档方法的要求，HTML 逐渐显得力不能及。当面对多样的数据和表现时，例如，化学公式、音乐标注或数学表达式等非传统型文档类型，HTML 更是无能为力。并且，HTML 不能适应现在越来越多的网络设备和应用的需要，比如手机、PDA 等显示设备都不能直接显示 HTML。

为此，W3C 开发了 XML 标准。XML 是用来对信息进行自我描述而设计的一种语言。同HTML一样，XML 也是一种基于文本的标记语言，但是 XML 可以让用户根据要表现的文档，自由地定义标记来表现具有实际意义的内容。而且 XML 不像 HTML 那样具有固定的标记集合，它实际上是一种定义语言的语言，也就是说使用 XML 的用户可以自己定义各种标记来描述文档中的任何数据元素，将文档的内容组织成丰富、完善的信息体系。XML 具有便于存储的数据格式，可扩展、高度结构化及方便网络传输等特点。可以说，XML 是 Web 设计的发展趋势。

但是，在 XML 1.0 标准推出后，仍然有大量的人员采用 HTML 编写脚本，而且 WWW 已存在的数以百万计的网页都是采用 HTML 编写的，所以不能直接抛弃 HTML。因此，HTML的后继者——XHTML 就出现了。XHTML 是为了适应 XML 而重新改造的 HTML。它是一种独立的语言，以 HTML 4.01 作为基础，又以 XML 的应用为目的，是从 HTML 到 XML 的过渡。2000 年 1 月，W3C 推出 XHTML 1.0 标准。该标准与 HTML 4.01 具有相同的特性，也是一种标记语言，但是做了一些限制，要求在网页中出现的任何元素都要被标记出来。2001 年 5 月，W3C 又推出 XHTML 1.1 标准，它以 XHTML 1.0 的严谨为基础，并做了一些改进，同时对 XHTML 的模块化重新定义。XHTML 非常严密，兼容性强，交互性好，能够解决制约 HTML 发展的问题，比如多种显示设备的支持，多样的数据表示等。

XHTML 虽然以 HTML 为基础，但是两者又有着明显的区别。到目前为止，W3C 已经确定了 4 个 XHTML 标准：XHTML 1.0 Transitional、XHTML 1.0 Frameset、XHTML 1.0 Strict 和 XHTML 1.1，其中 XHTML 1.1 规范是这些级别中最严格的。XHTML 1.0 Frameset 和 Transitional 规范定义了基于 XML 的 HTML 标记，允许某些常用的构造。现在的许多网页经过少量修改都可以符合 XHTML 1.0 Frameset 或 Transitional 规范，但是若要使之符合 XHTML 1.0 Strict 和 XHTML 1.1 标准，可能需要进行大量的修改。

1. XHTML 的基本格式

一个符合标准的 XHTML 网页，必须包含一个 DOCTYPE 声明。该声明用来将网页标识为 XHTML 页，并说明网页所遵循的 XHTML 规范。同时，这个网页还必须声明 XHTML 命名空间，网页内的所有标记都是属于这个命名空间的。例如，

```
<!DOCTYPE html PUBLIC "-//W3C//DTD XHTML 1.0 Transitional//EN"
  "http://www.w3.org/TR/xhtml1/DTD/xhtml1-transitional.dtd">
<html xmlns="http://www.w3.org/1999/xhtml">
```

第 1 行是 DOCTYPE 声明。DOCTYPE 是 document type（文档类型）的简写，用来说明所使用的 XHTML 是什么版本。xhtml1-transitional.dtd 中的.dtd 是文档类型定义，其中包含了文档的规则，浏览器根据页面所定义的.dtd 来解释页面内的标识，并将其显示出来。要建立符合标准的网页，DOCTYPE 声明是必不可少的关键组成部分。

第 2 行代码和 HTML 代码也有明显差别。在 HTML 代码中仅有 <html>，但在 XHTML 中，标记内还有 xmlns = http://www.w3.org/1999/xhtml。“xmlns” 是 XHTML namespace 的缩写，即 XHTML 命名空间，它用来声明网页内所用到的标记是属于哪个命名空间的。在不同的命名空间中，可以用相同的标记表示不同的含义，所以声明命名空间是非常必要的。

XHTML 中的标记符区别大小写，它的基本格式为：

```
<!DOCTYPE html PUBLIC "-//W3C//DTD XHTML 1.0 Transitional//EN"
```

```
    "http://www.w3.org/TR/xhtml1/DTD/xhtml1-transitional.dtd">
<html xmlns="http://www.w3.org/1999/xhtml">
    <head runat="server">
        <title>文档标题</title>
    </head>
    <body>
        XHTML文档的主体部分
    </body>
</html>
```

2. XHTML与HTML的区别

因为XHTML的目标是在HTML中使用XML，所以不论是在结构上还是在标记的使用上，XHTML都要比HTML严格。很多在HTML 4.01下合法的书写形式，到了XHTML中就变得不合法。下面对两者的不同点做简单介绍。

1）XHTML必须正确嵌套

标记的嵌套使用实际上就是对文档结构的要求，文档结构的良好性是现代网络发展对语言提出的新要求。尽管HTML也要求正确的嵌套，可是在实际中，即使HTML使用了不正确的嵌套形式，如“<i><b>HTML的使用</i></b>”，这种不正确的嵌套有时在浏览器中也能正确显示。但是XHTML为适应XML的发展需要，对文档的结构要求较严格，整个文档一定要有正确的组织格式，所有的嵌套必须完全正确，如“<i><b>XHTML的使用</b></i>”。

2）大小写的使用

HTML不区分大小写，元素和属性名称可以是大写、小写或是混合书写。但是XHTML对大小写很敏感，例如<body>和<BODY>是两个完全不同的标记。因此XHTML文档要求所有的元素和属性名称必须小写，属性值大小写不做要求。

3）引号的使用

HTML中的引号使用比较随意，属性值可以使用引号，也可以不使用引号。但是，XHTML中要求所有的属性值都必须加引号，即使是数字，也需要加引号。例如，

```
<img alt="smile" src="smile.png"/>
```

4）XHTML中所有元素必须有结束标记

在HTML中，有些标记是可以省略结束标记的，例如，前面提到的列表项标记<li>，结束标记</li>可以省略，由下一个标记的出现表示它的结束。这种省略形式在XHTML文档中是绝对不允许的，它要求所有的标记必须都有结束标记。即使是单个标记，也需要使用“/>”来表示结束。例如，在HTML中的元素
、<hr>等，在XHTML中必须写成
和<hr/>。

5）id和name属性

在HTML中，每个元素都可以定义name属性，如<a name="a1">，<img name="img1">等，同时也可以引用id属性。两个属性都可以用来标识同一个元素。但是在XHTML中，每一个元素只能有一个标识属性，即id属性。例如，在HTML中：

```
<img alt=smile src=smile.png name=smile>
```

在 XHTML 中需要修改为：

```
<img alt = "smile" src = "smile.png" id = "smile" >
```

【例 1-2】XHTML 基本语法示例。

使用 XHTML 语法重写例 1-1 中的 HTML，代码如下。

```
<!DOCTYPE html PUBLIC " - //W3C//DTD XHTML 1.0 Transitional//EN"
"http://www.w3.org/TR/xhtml1/DTD/xhtml1-transitional.dtd" >
<html xmlns = "http://www.w3.org/1999/xhtml" >
<head runat = "server" >
    <title >我的主页 </title >
</head >
    <body >
        <form id = "form1" runat = "server" >
            <font color = "red" size = "5" > <a id = "top" >目录 </a > </font >
            <center > <font size = "5" color = "red" face = "隶书" >我的主页 </font >
              </center >
            <hr/ >
            <font size = "5" > <a href = ". \1_3.htm" target = "_parent" >1_3 </a >
              </font > <br/ >
            <br/ >
            <h5 >欢迎光临！ </h5 >
            <hr/ > <font size = "5" color = "green" face = "隶书" >我的个人爱好：
              </font >
            <ol >
                <li > <font size = "3" color = "blue" face = "隶书" >游泳 </font > </li >
                <li > <font size = "3" color = "blue" face = "隶书" >打球 </font > </li >
                <li > <font size = "3" color = "blue" face = "隶书" >唱歌 </font > </li >
            </ol >
            <hr/ > <br/ >
            <font color = "white" size =5 >
                <a href = "#top" >返回目录 </a >
                <a href = "mailto:qjl@eyou.com" >作者邮箱 </a >
            </font >
        </form >
    </body >
</html >
```

1.2.3 可扩展标记语言 XML

可扩展标记语言（extensible markup language，XML）是 W3C 组织于 1998 年 2 月发布的标准。它是为了克服 HTML 缺乏灵活性和伸缩性的缺点及 SGML 过于复杂、不利于软件应用的缺点而发展起来的一种元标记语言。

SGML 功能强大，但是为了实现强大的功能，要做非常复杂的准备工作。首先要创建一个文档类型定义，在该定义中给出标记语言的定义和全部规则，然后再编写 SGML 文档，并把文档类型定义和 SGML 文档一起发送，才能保证用户定义的标记能够被理解。

HTML 是使用 SGML 编写出来的最著名的标记语言，经常用它来描述网页中显示某种格式的信息。HTML 简单易学，但也有不足之处：首先，HTML 的标记是固定的，不允许用户创建自己的标记；其次，HTML 中标记的作用是描述数据的显示方式，并且只能由浏览器进行处理；最后，在 HTML 中，所有标记都独立存在，无法显示数据之间的层次关系。

XML 吸取了 HTML 和 SGML 的优点，正成为 Internet 标准的重要组成部分。在 Internet 世界中，XML 的用途主要有两个：一是作为元标记语言，定义各种实例标记语言标准；二是作为标准交换语言，起到描述交换数据的作用。

要说明的是：XML 不是要替换 HTML，实际上 XML 可以视为对 HTML 的补充。XML 和 HTML 的设计目标不同：HTML 的设计目标是显示数据并集中于数据外观，而 XML 的设计目标是描述数据并集中于数据的内容。

【例 1-3】 XML 与 HTML 的比较。

源代码如下：

```
<body>
  网页内容
   <h1>标题</h1>
   <p>正常文字</p>
   <p><b>粗体文字 </b></p>
</body>
```

如果将上面的代码存为 HTML 文件（扩展名为 . htm 或 . html），则在浏览器中加载时，显示如图 1-2 所示的 Web 页面。

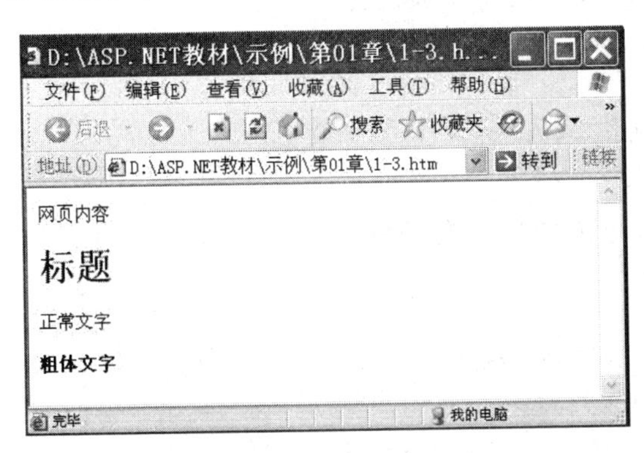

图 1-2　在浏览器中显示的 HTML 文档

但如果将上面的代码改为 XML 文档（扩展名改为 . xml），代码如下：

```
<?xml version="1.0" encoding="GB2312"?>
<body>
  网页内容
   <h1>标题</h1>
   <p>正常文字</p>
   <p><b>粗体文字 </b></p>
```

```
</body>
```

在浏览器中加载该文档时，只能在浏览器中看见 XML 的代码，如图 1-3 所示。

HTML 提供了固定的预定义元素集，可以使用这些元素来标记一个 Web 页的各个组成部分。而 XML 没有预定义的元素，用户可以创建自己的元素，并自行命名。XML 标记是可以扩展的，用户可以根据需要定义新的标记。XML 标记用来描述文本的结构，而不是用于描述如何显示文本。

XML 定义了如何标记文本或文档的一套规则。可以根据需要给标记取任何名字，如 <students>、<name>、<birth>等。XML 的标记是区分大小写的。

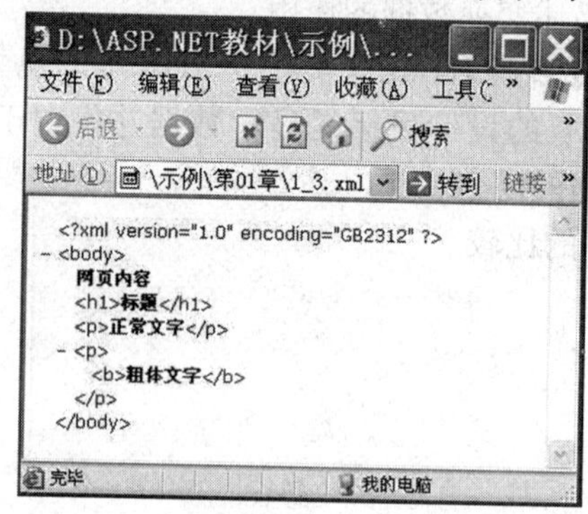

图 1-3　在浏览器中显示的 XML 文档

【例 1-4】创建一个用于保存学生信息的 XML 文档。

XML 文档源代码如下：

```
<?xml version="1.0" encoding="GB2312"?>
<students>
    <student>
        <name>张三</name>
        <sex>男</sex>
        <birth>01/10/1989</birth>
    </student >
    <student >
        <name>李四</name>
        <sex>男</sex>
        <birth>6/25/1990</birth>
    </student >
</students >
```

XML 文档中不包含格式信息，而是定义了<students>、<name>、<birth>等标记来表示数据的真实含义。XML 标记就是定界符（< >）及用定界符括起来的文本。

与 HTML 类似，在 XML 中，标记也是成对出现的。位于前面的，如<students>、<name>、<birth>等是开标记，而位于后面的，如</students>、</name>、</birth>等是闭标记。与 HTML 不同的是，在 XML 中，闭标记是不可省略的。另外，标记是区分大小写的，如<students>和<Students>是两个不同的标记。标记和开、闭标记之间的文字结合在一起构成元素。所有元素都可以有自己的属性，属性采用“属性/值”对的方式写在标记中。

第 1 行：<?xml version = "1.0" encoding = "GB2312"?>，该句是 XML 声明，表明这个文档是一个 XML 文档，且说明这个 XML 文档的版本为 1.0。本条语句是可选的，xml 应小写，并且“?”与“xml”之间不能放任何字符（包括空格）。

在第 2 行和第 13 行使用了 <students> 开标记和 </students> 闭标记。这两个标记是根标记，因为这个文档中的所有数据都包含在这两个标记中。一个 XML 文档只能有一个根标记，其他标记分层嵌套，从而形成一棵标记树。

在第 3 行和第 7 行使用 <student> 开标记和 </student> 闭标记来表示一个人的信息。在该元素中使用 <name> 标记对表示人名；使用 <sex> 标记对表示性别；使用 <birth> 标记对表示出生日期。

第 8 ~ 12 行定义了另一个人的信息。

如果需要将 XML 文件在浏览器中按特定的格式显示出来，必须要由另一个文件告诉浏览器如何显示。XML 文件由专门的样式文件来执行，可以是级联样式表(CSS)或是可扩展样式表语言 XSL(extensible stylesheet language)。

下面举例说明以 XSL 样式表来显示 XML 文件的方法。

【例 1-5】 在浏览器中显示 XML 中的学生信息。

（1）编辑例 1-4 中的 XML 源文件，以 student.xml 文件名存盘。编辑时，在第 1 行之后增加以下的内容：<?xml-stylesheet type = "text/xsl" href = "student.xsl"?>

（2）编辑 XSL 样式文件。在编辑器中输入以下样式文件，以 student.xsl 文件名存盘。

```
<?xml version="1.0" encoding="GB2312"?>
 <xsl:stylesheet xmlns:xsl="http://www.w3.org/TR/WD-xsl">
    <xsl:template match="/">
    <html>
        <body>
            <table border="2">
                <tr><td>姓名</td> <td>性别</td> <td>出生年月</td></tr>
                <xsl:for-each select="students/student">
                <tr>
                    <td><xsl:value-of select="name"/></td>
                    <td><xsl:value-of select="sex"/></td>
                    <td><xsl:value-of select=" birth"/></td>
                </tr>
                </xsl:for-each>
            </table>
        </body>
    </html>
    </xsl:template>
</xsl:stylesheet>
```

（3）显示输出结果。在浏览器中运行 student. xml 文件，结果如图 1-4 所示。

图 1-4　应用 XSL 样式文件显示 XML 文件

从本例可以看到，XML 将需要显示的内容与显示的格式分离开来。需要显示的内容在 XML 文件中，显示的格式在样式文件 XSL 中。

1.3　小　　结

本章首先介绍并比较了 C/S 和 B/S 两种结构模式，然后介绍 Web 应用相关技术的发展。为方便后续章节的学习，还简单介绍了 HTML、XHTML、XML 及 Web 服务器的基本知识。

实训 1　Web 应用基础

1. 实训目的

（1）熟悉并学会使用 XHTML 的语法规则设计网页。

（2）掌握 XHTML 文本标记、列表标记、表格标记、图像标记、链接标记等标记的使用。

（3）熟悉 XML 概念，掌握 XML 的编程方法。

2. 实训内容和要求

（1）创建一个 XHTML 页面 Practice1. htm，设计该页面，使页面运行效果如图 1-5 所示。

图1-5 Practice1.htm页面运行效果

(2) 使用浏览器查看Practice1.htm页面。

(3) 创建一个用于保存产品信息的XML文件product.xml，产品信息包括编号、名称、数量和价格，并在该XML文件中添加几条产品信息。

(4) 创建一个XSL文件，以表格的形式显示product.xml文件中的产品信息。

习 题

一、单选题

1. (　　) 技术是基于Java Servlet及整个Java体系的Web开发技术。

   A. CGI　　B. ASP　　C. JSP　　D. PHP

2. 下面不是动态网页技术的是 (　　)。

   A. ASP.NET　　B. ASP　　C. JSP　　D. HTML

3. 在客户端网页脚本语言中最为常用的是 (　　)。

   A. JavaScript　　B. VB　　C. Perl　　D. ASP

4. 下列描述错误的是 (　　)。

   A. DHTML是在HTML基础上发展的一门语言

   B. HTML主要分为两大类：服务器端动态页面和客户端动态页面

   C. 客户端的DHTML技术包括HTML 4.0、CSS、DOM和脚本语言

   D. DHTML侧重于Web内容的动态表现

5. 不需用发布就能在本地计算机上浏览的页面编写语言是 (　　)。

   A. ASP　　B. HTML　　C. PHP　　D. JSP

6. 一个 HTML 文档必须包含 3 个元素，它们是 html、head 和（　　）。
A. script　　B. body　　C. title　　D. link
7. 下面（　　）是换行符标记。
A. <body>　　B. <font>　　C.
　　D. <p>
8. 为了标识一个 HTML 文件，应该使用的 HTML 标记是（　　）。
A. <p> </p>　　B. <boby> </body>
C. <html> </html>　　D. <table> </table>
9. 在静态网页中，必须使用（　　）标记来完成超级链接。
A. <a>… </a>　　B. <p>… </p>
C. <link>… </link>　　D. <li>… </li>
10. 用 HTML 标记语言编写一个简单的网页，网页最基本的结构是（　　）。
A. <html> <head>… </head> <frame>… </frame> </html>
B. <html> <title>… </title> <body>… </body> </html>
C. <html> <title>… </title> <frame>… </frame> </html>
D. <html> <head>… </head> <body>… </body> </html>
11. 以下标记符中，用于设置页面标题的是（　　）。
A. <title>　　B. <caption>
C. <head>　　D. <html>
12. 关于 Web 服务器，下列描述不正确的是（　　）。
A. 互联网上的一台特殊机器，为互联网的用户提供 WWW 服务
B. Web 服务器上必须安装 Web 服务器软件
C. IIS 是一种 Web 服务器软件
D. 当用户浏览 Web 服务器上的网页时，使用 C/S 的工作方式
13. 在 IIS 的默认网站下创建了一个 chapter1 虚拟目录，如果想访问该目录下的 1_1. htm 页面，下面（　　）是正确的。
A. http://localhost/chapter1　　B. http://localhost/asp. net/chapter1
C. http://localhost/chapter1/1_1. htm　　D. /chapter1/1_1. htm
14. 如果外地朋友通过 Internet 访问你的计算机上的 ASP. NET 文件，应该选择（　　）。
A. http://localhost/chapter1/1-1.aspx
B. /chapter1/1-1.aspx
C. http://你的计算机名字/chapter1/1-1.aspx
D. http://你的计算机 IP 地址/chapter1/1-1.aspx

二、填空题

1. HTML 是一种描述性的________语言，主要用于组织网页的内容和控制输出格式。JavaScript 或 VBScript 是________语言，常嵌入网页中使用，以实现对网页的编程控制，进一步增强网页的交互性和功能。
2. 创建一个 HTML 文档的开始标记符是________，结束标记符是________。
3. 设置文档标题及其他不在 Web 网页上显示的信息的开始标记符是________，结束标记符是________。

4. 设置文档的可见部分开始标记符是________，结束标记符是________。
5. 若使网页标题显示在浏览器的标题栏中，则网页标题应写在开始标记符________和结束标记符________之间。
6. 要在本机上配置 Web 服务器，可以在本机上安装微软公司的________软件。

三、问答题

1. 简述 HTML 文档的基本结构。
2. 简述 XHTML 与 HTML 的区别。
3. 简述 HTML 与 XML 的区别。

第 2 章　Visual Studio 集成开发环境

第 1 章主要介绍了 Web 应用的基础，从本章开始将讨论使用 ASP. NET 技术开发 Web 应用程序。对于 ASP. NET 的开发，Visual Studio 集成开发环境无疑是最好的选择。Visual Studio是基于 . NET 并同时推出的新一代开发平台，它提供了一整套的开发工具。在该开发平台上，可以开发 ASP. NET Web 应用程序、Web 服务应用程序、Windows 应用程序和移动设备应用程序。. NET 支持多种开发语言，如 Visual Basic. NET、Visual C#、Visual C ++ 等。利用此开发工具可以创建混合语言解决方案，同时可以简化 ASP. NET Web 应用程序的开发难度。

2. 1　创建一个简单的 ASP. NET 应用程序

使用 Visual Studio 可以方便地创建控制台项目、Windows 项目、ASP. NET 网站等。（本书的余下内容都以 Visual Studio 2010 集成开发环境为例，不再一一标注版本号）。下面介绍如何使用 Visual Studio 2010 创建一个最简单的 Hello World 网站。具体步骤如下。

（1）打开 Visual Studio 2010 时，将显示如图 2-1 所示的起始窗口。

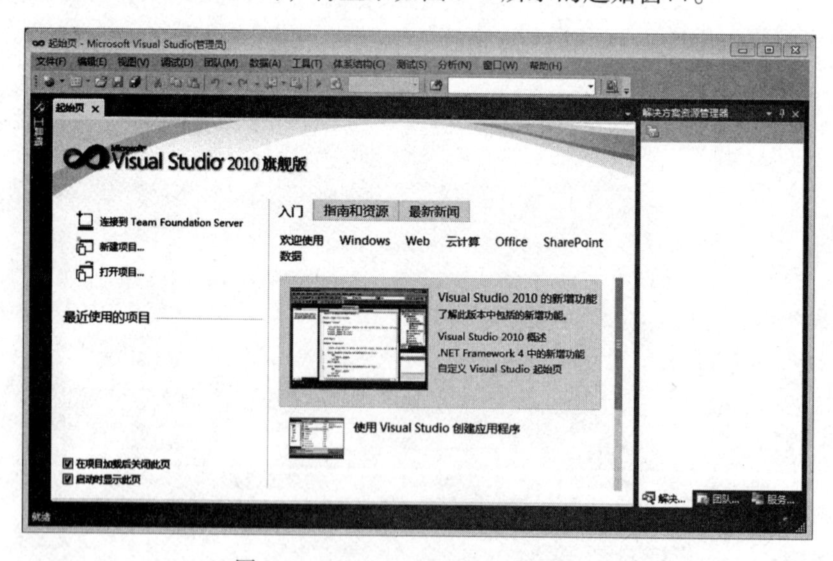

图 2-1　Visual Studio 2010 起始窗口

（2）新建网站。在 Visual Studio 2010 起始窗口的文件菜单中选择“新建网站”菜单项，打开“新建网站”窗口。在该窗口的“已安装的模板”中选择“Visual C#”；再选择

“ASP. NET 空网站”；在下方的 Web 位置下拉列表中选择“文件系统”，在路径后面单击“浏览”按钮，定位到需要保存该网站的文件路径，并在该路径后面输入网站的名称，如图 2-2 所示。

建议 在开发阶段建立 Web 站点时，均采用“文件系统”选项。

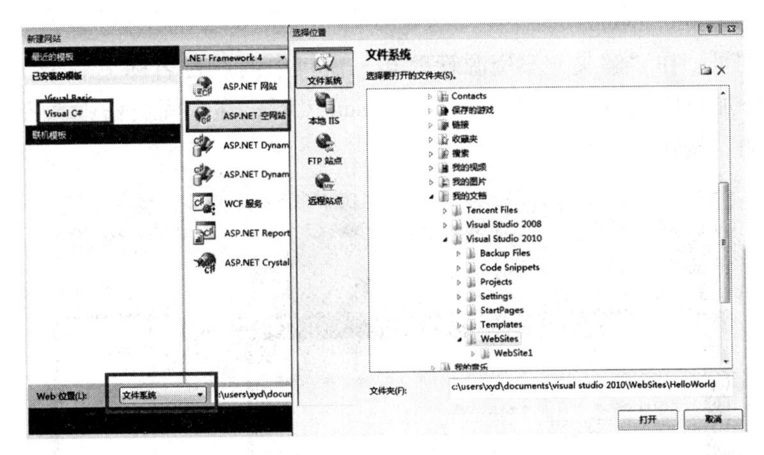

图 2-2 “新建网站”对话框

在图 2-2 的“新建网站”对话框中，可以创建和配置以下几种类型的 Web 应用程序（也称为 ASP. NET 站点）：文件系统站点、IIS 站点和文件传输协议（FTP）站点。

①文件系统站点。

Visual Studio 能够实现将站点的文件存储在本地硬盘上的一个文件夹中，或存储在局域网上的一个共享位置，这样的站点称为文件系统站点。使用这种文件系统站点意味着用户无须将站点作为 IIS 应用程序来创建，就可以对其进行开发或调试。

使用该类型的站点，可以不用安装 IIS，并且可以将一组 Web 文件作为网站打开。但该类型的站点无法使用基于 HTTP 的身份验证、应用程序池和 ISAPI 筛选器等 IIS 功能测试。

②IIS 站点。

一个 IIS Web 应用程序既可以建立在本地计算机的 IIS 上，也可以建立在远程计算机的 IIS 上。如果建立在远程计算机上，则远程计算机必须配置 FrontPage 服务器扩展且在站点层面启用它。这样，Visual Studio 2010 通过使用 HTTP 协议与该站点通信。

使用该类型站点的优点是，可以用 IIS 测试站点，从而逼真地模拟出站点在正式服务器中运行的情况。相对于使用文件系统站点而言，这更具有优势，因为路径将按照其在正式服务器上的方式进行解析。

该类型站点的缺点是：

- 必须安装 IIS 服务器；
- 必须具有管理员权限才能创建或调试 IIS 站点；
- 一次只有一个计算机用户可以调试 IIS 站点。

③文件传输协议站点。

当某一站点已位于配置为 FTP 服务器的远程计算机上时，可使用 FTP 部署的站点。

使用该类型的站点的优点是，可以在将要在其中部署 FTP 站点的服务器上测试该站点。

使用该类型的站点的缺点主要有两个：一是没有 FTP 部署的站点文件的本地副本，除非自己复制这些文件；二是不能创建 FTP 部署的站点，只能打开一个这样的站点。

（3）单击“确定”按钮，出现如图 2-3 所示的网站设计主窗口。在该窗口中右侧的“解决方案资源管理器”窗口中，可以看到新建的网站会自动新建解决方案，以及在网站下自动添加配置文件 web. config。

（4）添加网页。在“解决方案资源管理器”窗口中的项目名称上右击，在弹出的快捷菜单中选择“添加新项”；左边窗格中选择“Visual C#”；在中间窗格中选择“Web 窗体”；最后单击“添加”按钮。

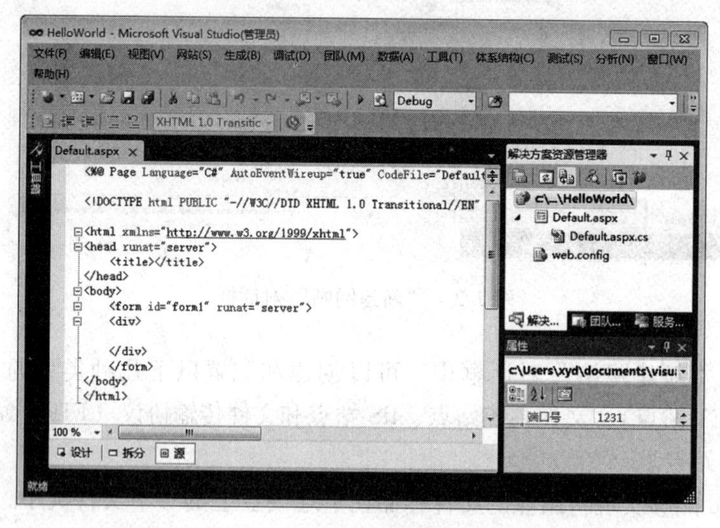

图 2-3　网站设计主窗口

（5）添加控件。单击窗口左下角的“设计”按钮，打开 Default.aspx 页面设计窗口，在该窗口中，从左边的工具箱的标准栏中拖曳一个 Button 按钮到页面的设计窗口中，如图 2-4 所示。

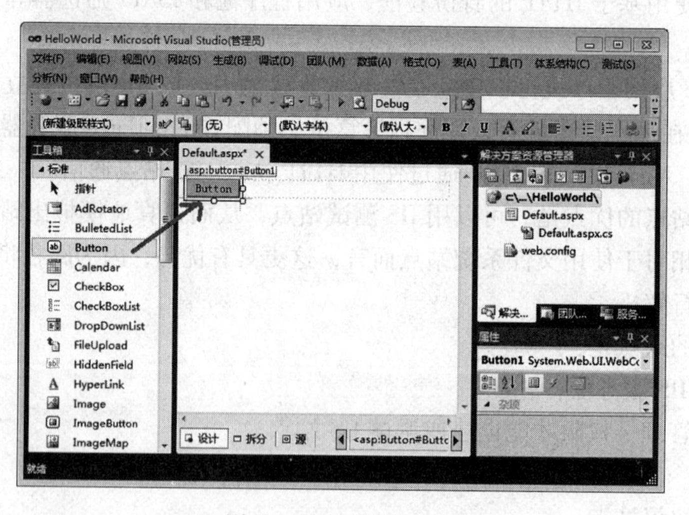

图 2-4　页面设计窗口

（6）添加事件。双击 Button 按钮，出现后台代码编辑窗口，并自动产生该按钮的 Click

事件，如图 2-5 所示。在该窗口的 Button_Click 事件处理方法中添加如下代码。

```
Response.Write("Hello World");
```

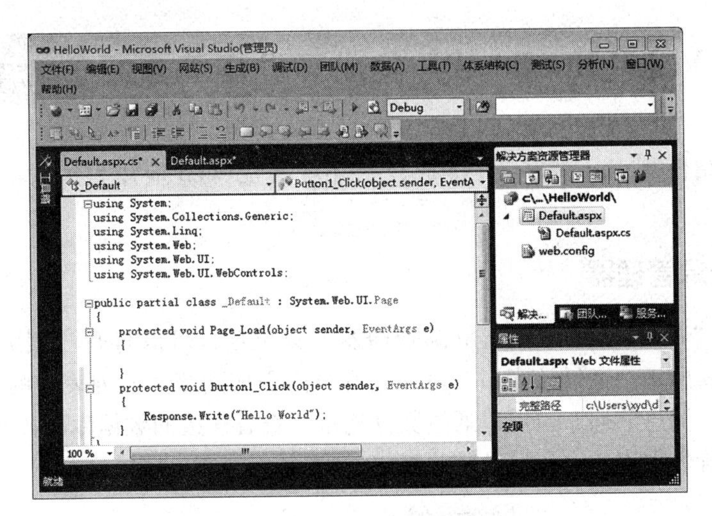

图 2-5　后台代码窗口

（7）运行该页面。要运行该页面，可以通过以下两种方法。

方法 1：在“解决方案资源管理器”窗口中，右击 Default.aspx，在弹出的快捷菜单中选择“在浏览器中查看”，如图 2-6 所示。

方法 2：在解决方案资源管理器中，右击要运行的页面，在弹出的快捷菜单中选择“设为起始页”，然后按 F5 键或 Ctrl + F5 键，或选择“调试”菜单的“启动调试”菜单项，或单击工具栏的运行按钮 ▶，就会运行该页面。

运行 Default.aspx 页面后，单击 Button 按钮，页面上将出现“Hello World”，效果如图 2-7所示。

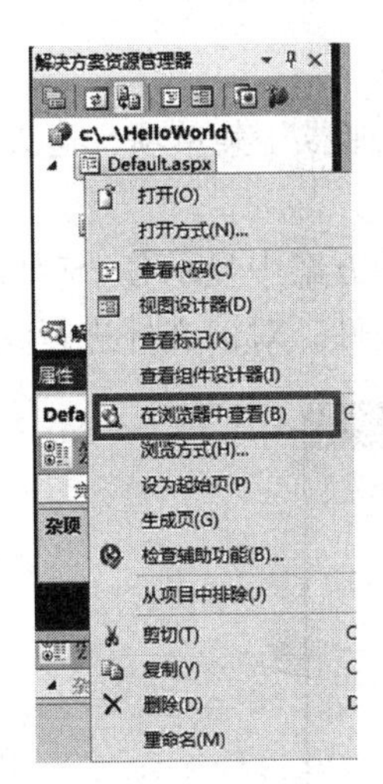

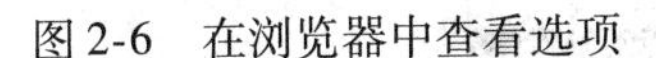
图 2-6　在浏览器中查看选项

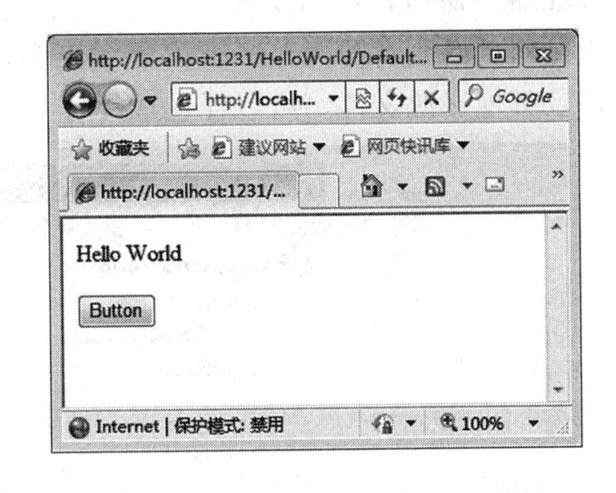

图 2-7　Default.aspx 页面运行效果

最终，对于通过测试的 ASP.NET 应用程序，如果要使远程用户可以访问该网站，必须将 ASP. NET 应用程序部署到 Web 服务器上。关于如何部署 ASP. NET 应用程序的方法，可以参见第 13 章“Web 应用程序的部署”。

2.2 Visual Studio IDE 集成开发环境介绍

下面将重点介绍使用 Visual Studio 集成开发环境开发 Web 应用程序时的几个常用的窗口。

2.2.1 服务器资源管理器

从菜单栏选择“视图”|“服务器资源管理器”菜单项，可以打开“服务器资源管理器”窗口，如图 2-8 所示。通过该窗口，可以查看当前添加到服务器列表中的服务器信息，如服务、事件日志、消息队列。也可以通过数据连接，查看连接的数据库服务实例。通过数据连接可以直接查看数据库的表，以及编写存储过程等。

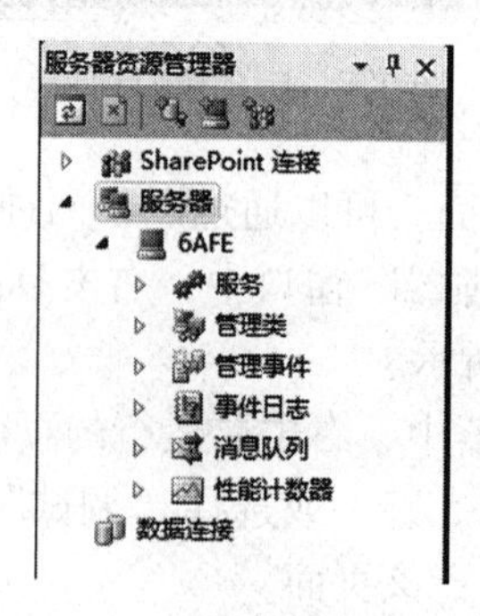

图 2-8　服务器资源管理器

2.2.2 解决方案资源管理器

在“视图”菜单中，选择“视图”|“解决方案资源管理器”菜单项，可以打开“解决方案资源管理器”窗口，如图 2-9 所示。

通过该窗口可以查看解决方案中的全部文件信息。解决方案中显示各个项目、各个项目中的类文件及其他资源文件。可以任意选择各个项目中的文件，对该文件进行编辑。

图 2-9　解决方案资源管理器

ASP. NET 应用程序可能包含如下类型的一个或多个文件。

◆ aspx 文件：标准的 Web 页面文件，即用户界面。

◆ ascx 文件：ASP. NET 用户控件，用户控件与 Web 页面类似，但是用户将不能直接访问这些文件，必须将用户控件添加到 Web 页面。用户控件最大的优点在于重用。

◆ asmx 文件：ASP. NET Web 服务文件，Web 服务提供一系列方法来供其他应用程序进行远程调用。

◆ web. config 文件：是一个基于 XML 的 ASP. NET 配置文件，在这个文件中可以包含很多与 ASP. NET 相关的设置信息，如数据连接、安全设置、状态管理、内存管理等。

◆ Global. asax 文件：全局应用程序文件，可以用来定义在整个应用程序范围内可用的全局变量，响应全局事件。

◆ cs 文件：后台代码文件，允许开发人员分离用户界面与代码逻辑。

除此以外，应用程序可能还会包含其他资源文件，如图片文件、CSS 文件及纯 HTML 文件等。

ASP. NET 应用程序除包含上述文件外，它还有规划良好的目录结构。ASP. NET 提供了几个特定的子目录来组织不同类型的文件。在 Visual Studio 中，将会提醒用户需要将特定的文件放在特定的文件夹中，也可以在网站项目上右击，在弹出的快捷菜单中选择“添加 ASP. NET 文件夹”菜单项，如图 2-10 所示。

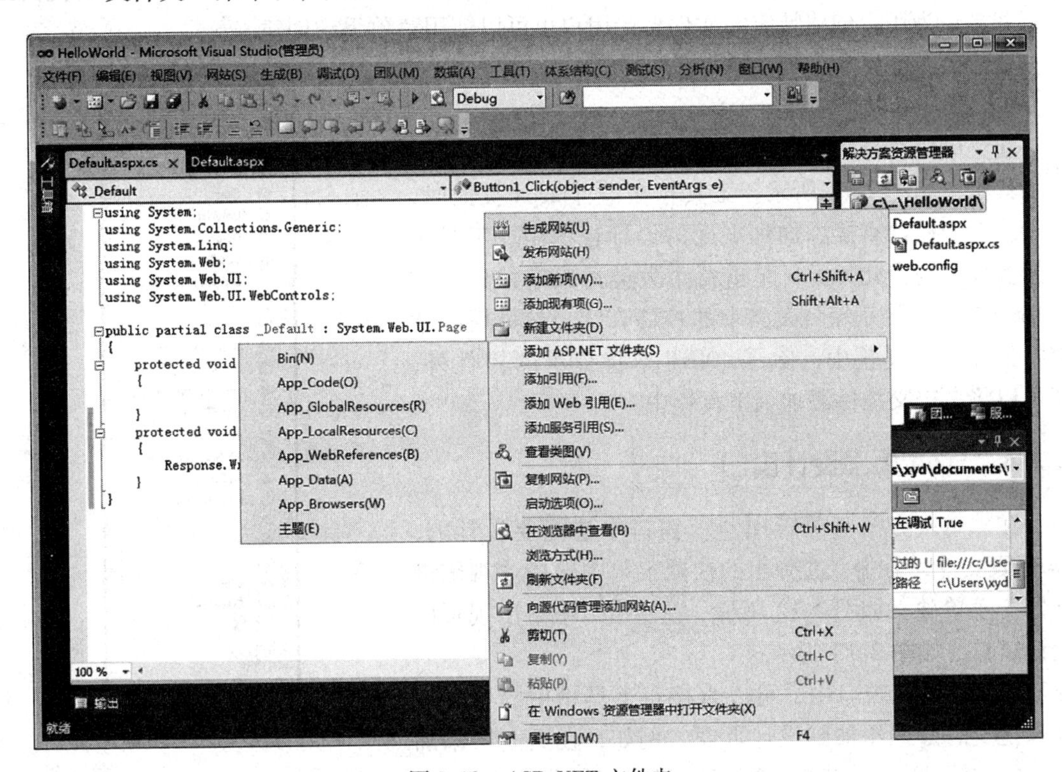

图 2-10　ASP. NET 文件夹

下面对这些文件夹所代表的含义分别加以介绍。

◆ Bin 文件夹：包含 Web 应用程序要使用的已经编译好的 . NET 组件程序集，比如，用户创建了自定义的数据访问组件，或者是引用第三方的数据访问组件，ASP. NET 将自动检测该文件夹中的程序集，并且 Web 站点中的任何页面都可以使用这个文件夹中的程序集。

◆ App_Code 文件夹：包含源代码文件，比如 .cs 文件。该文件夹中的源代码文件将被动态编译。该文件夹与 Bin 文件夹有点相似，不同之处在于 Bin 放置的是编译好的程序集，而这个文件夹放置的是源代码文件。

◆ App_GlobalResources 文件夹：保存 Web 应用程序中对所有页面都可见的全局资源。开发一个多语言版本的 Web 应用程序，可用该目录进行本地化。

◆ App_LocalResources 文件夹：与 App_GlobalResources 文件夹具有相同的功能，只是该目录下资源的可访问性仅限于单个页面。

◆ App_WebReferences 文件夹：存储 Web 应用程序使用的 Web 服务文件。

◆ App_Data 文件夹：当添加数据文件时，Visual Studio 会自动添加该文件夹，用于存储数据，包含 SQL Server 2008 Express Edition 数据库文件和 XML 文件，当然，也可以将这些文件存储在其他任何地方。

◆ 主题：存储 Web 应用程序中使用的主题，该主题是用于控制 Web 应用程序的外观。

◆ App_Browsers 文件夹：包含 ASP. NET 用于标识个别浏览器并确定其功能的浏览器定义(. browser)文件。

不是所有的 Web 应用程序都必须包含这些文件夹。在需要时，Visual Studio 会提醒用户，并自动为用户创建特定的文件夹，用户也可以使用菜单手动创建。

2.2.3 工具箱

在菜单栏选择“视图”|“工具箱”菜单项，可以打开工具箱，如图 2-11 所示。工具箱在设计 aspx 页面时，可以将各个控件直接添加到页面的设计视图中。工具箱中的控件可分为几大类，单击每个大类可以定位到具体的每个控件，有关各个大类中的控件介绍，参见后续章节。另外，工具箱中，除了 .NET 本身提供的控件外，还可以将自定义控件添加到工具箱中。

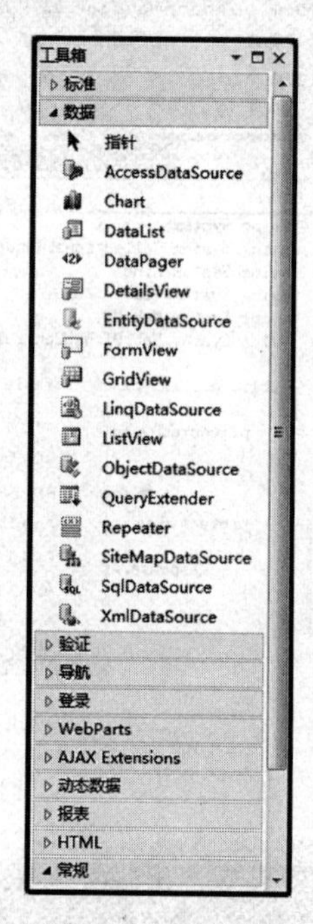

图 2-11 工具箱

2.2.4 Web 页面设计窗口

在“解决方案资源管理器”窗口中选择要设计的.aspx 网页文件，右击，在弹出的快捷菜单中选择“视图设计器”菜单项，如图 2-12 所示。在主窗口中将出现页面设计窗口，如图 2-13 所示。

在页面设计窗口中，可以直接将工具箱中的各个控件以拖曳的方式添加到设计页面。例如，在页面中添加一个文本框(TextBox)和一个按钮(Button)。同时，可以通过属性窗口设置页面控件的外观，如选中按钮，在属性窗口中将按钮的 Text 属性值改为“点击”。

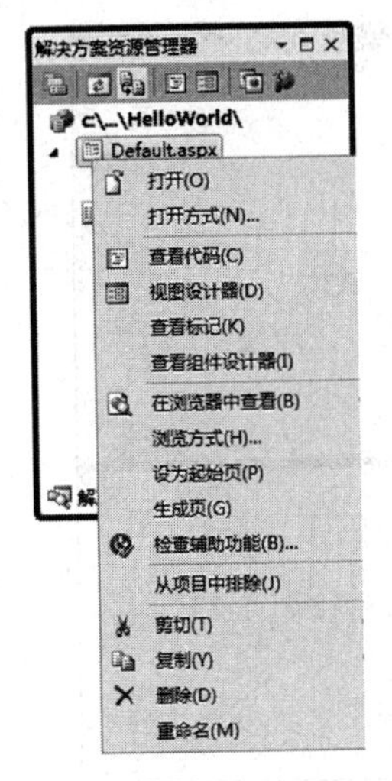

图 2-12　“视图设计器”选项

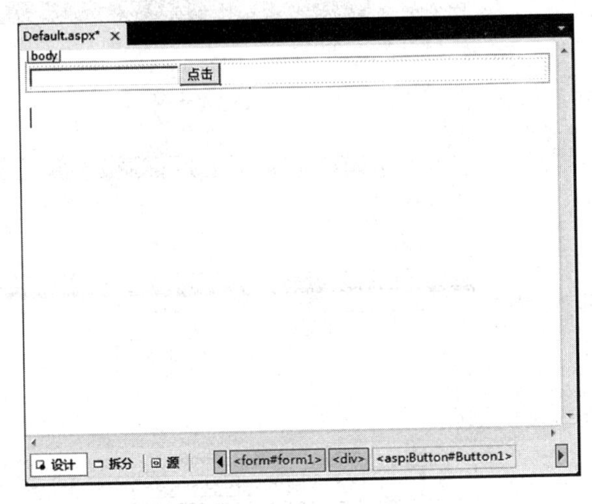

图 2-13　页面设计窗口

2.2.5　HTML 源代码编辑窗口

在进行页面设计的同时，页面对应的 HTML 源代码也会动态发生变化，如果开发人员对 HTML 代码比较熟悉，可以切换到 HTML 源代码编辑窗口进行编辑，单击页面设计窗口下端的“源”选项卡，可以切换到页面对应的 HTML 代码编辑视图。HTML 源代码编辑窗口如图 2-14所示。

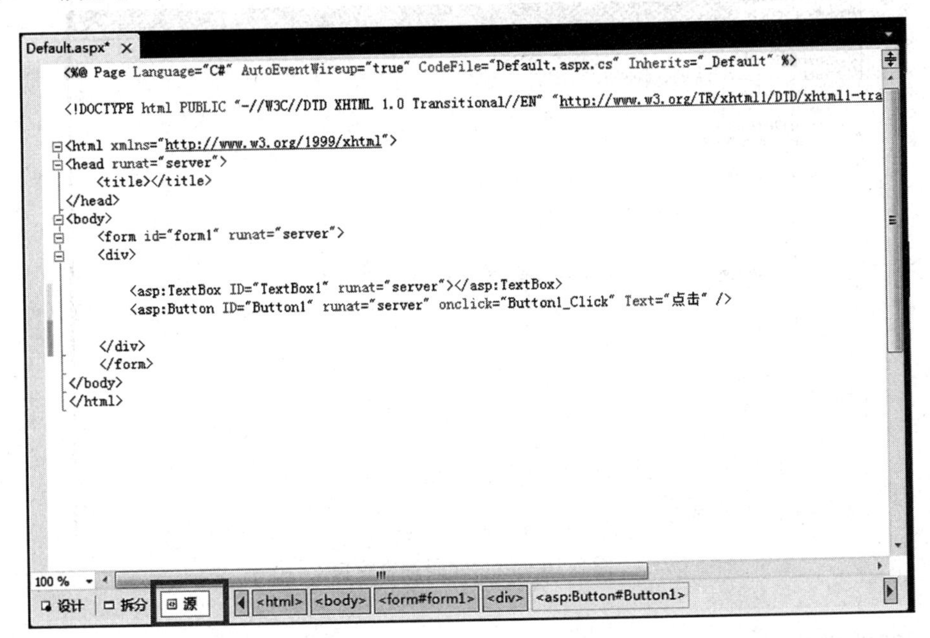

图 2-14　HTML 源代码编辑窗口

单击页面设计窗口下端的“拆分”选项卡，可以同时看到设计视图和 HTML 源视图，如图 2-15 所示。在设计视图中选中一个控件，HTML 源视图中就会选中相应控件的 HTML 代码。

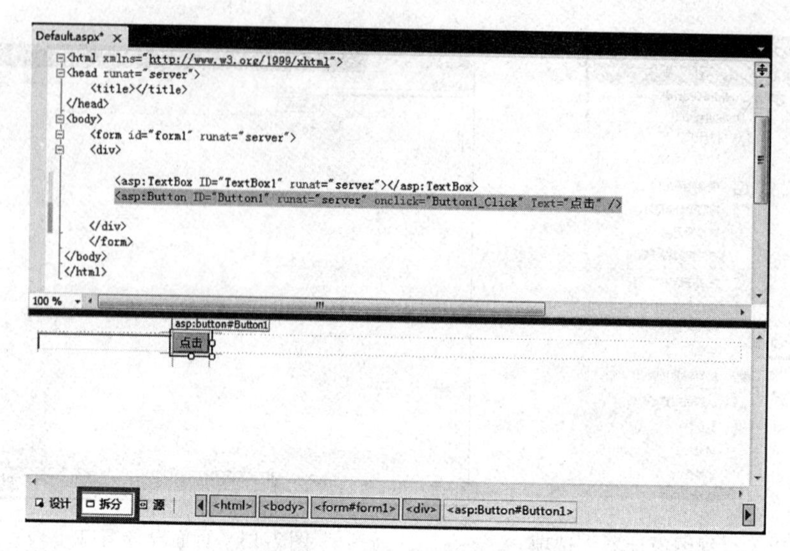

图 2-15 “拆分”编辑窗口

2.2.6 后台代码编辑窗口

每一个 aspx 页面建立的时候，可以选择将页面文件和后台 cs 代码文件建立到一个文件中，也可以选择分开建立。对于每个 cs 文件，可以通过解决方案资源管理器打开，进入后台代码编辑窗口，如图 2-16 所示。

```
Default.aspx.cs*  Default.aspx*
_Default                      Button1_Click(object sender, EventArgs e)
using System;
using System.Collections.Generic;
using System.Linq;
using System.Web;
using System.Web.UI;
using System.Web.UI.WebControls;

public partial class _Default : System.Web.UI.Page
{
    protected void Page_Load(object sender, EventArgs e)
    {

    }
    protected void Button1_Click(object sender, EventArgs e)
    {

    }
}
100 %
```

图 2-16 后台代码编辑窗口

2.2.7 属性窗口

从菜单栏选择“视图”|“属性”菜单项，可以打开“属性”窗口，如图 2-17 所示。属性窗口随着选中对象的不同而显示不同的内容，如在页面设计窗口中，选中一个控件，则属性窗口显示该控件的各个设置属性，这时可以通过在“属性”窗口中设置该控件不同的

属性来改变控件的外观。

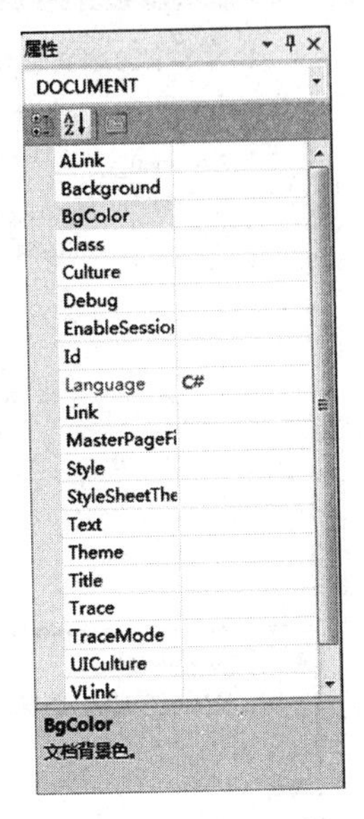

图 2-17　“属性”窗口

2.2.8　类视图

从菜单栏选择“视图”|“类视图”菜单项，可以打开“类视图”窗口，如图 2-18 所示。在“类视图”窗口中，可以显示出该解决方案中所有的类结构，以及各个类的项目引用及命名空间的引用关系，同时可以显示该类中的各个类包之间的层次关系。

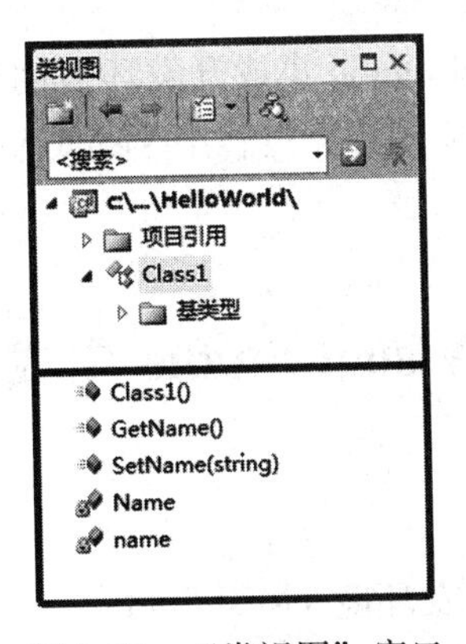

图 2-18　“类视图”窗口

2.2.9　对象浏览器

从菜单栏选择“视图”|“对象浏览器”菜单项，可以打开“对象浏览器”窗口，如图 2-19 所示。在“对象浏览器”窗口中，可以显示出该解决方案的所有命名空间结构，单击树节点的命名空间的类名称后，可以在右侧的类描述窗口中，显示该类的各个方法及属性，单击具体的方法和属性后，会在右侧窗口的底部显示方法或者属性的详细信息。

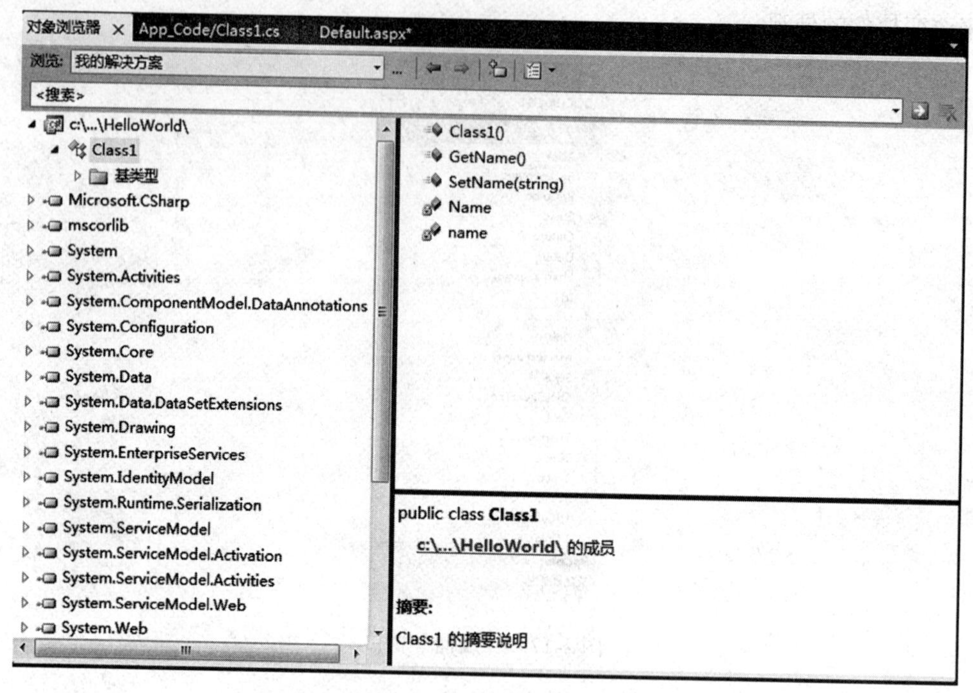

图 2-19 “对象浏览器”窗口

2.3 小 结

本章首先介绍如何使用 Visual Studio 集成开发环境创建一个 Hello World 的 Web 应用程序。然后，重点介绍了开发 Web 应用程序过程中 Visual Studio 集成开发环境的几个常用的窗口。

实训 2 Visual Studio 集成开发环境

1. 实训目的

（1）熟悉 ASP. NET 的集成开发环境 Visual Studio。

（2）使用 Visual Studio 集成开发环境创建简单的 ASP. NET 应用程序。

2. 实训内容和要求

（1）熟悉 Visual Studio 的集成开发环境。

（2）使用 Visual Studio 新建一个网站 Practice2。

（3）在 Default.aspx 页面的设计窗口中添加一个 Label 控件，在属性窗口中将 Label 控件的 Text 属性设置为：这是我的第一个 ASP. NET 应用程序。

（4）运行 Default.aspx 页面。

习　　题

一、单选题

1. ASP. NET 窗体文件的扩展名是（　　）。

   A. .aspx　　B. . vb　　C. .asax　　D. . config

2. 更改 ASP. NET 程序中窗体文件的文件名，可以在（　　）窗口中进行。

   A. 工具栏　　B. 工具箱　　C. 属性窗口　　D. 解决方案资源管理器

3. 更改控件的属性，可以在（　　）窗口中进行。

   A. 工具栏　　B. 工具箱

   C. 属性　　D. 解决方案资源管理器

4. 要调试运行 ASP. NET 程序，下面（　　）方式不正确。

   A. 工具栏的“运行”按钮　　B. F5

   C. Ctrl + F5　　D. “调试”菜单的“启动调试”

二、问答题

1. 开发 ASP. NET 应用程序大致分哪几个步骤？简述其主要内容。
2. ASP. NET 应用程序可以包含哪几种类型的文件？
3. ASP. NET 提供哪几个特定的子目录？简述其主要内容。

第 3 章　ASP. NET 技术基础

通过上一章的学习，熟悉了 Visual Studio 集成开发环境。在此基础上本章将介绍 ASP. NET 的基础知识，包括 ASP. NET 应用程序生命周期、ASP. NET 网页、Page 类的内置对象、Web 应用的配置与配置管理工具及 Web 应用的异常处理。

3.1　ASP. NET 应用程序生命周期

在 ASP. NET 中，若要对 ASP. NET 应用程序进行初始化并使它处理请求，必须执行一系列处理步骤。了解应用程序生命周期非常重要，这样才能在适当的生命周期阶段编写代码，达到预期的效果。本节主要概述了 ASP. NET 应用程序的生命周期及生命周期的重要事件。

3.1.1　应用程序生命周期概述

ASP. NET 应用程序生命周期分为以下几个阶段。

1. 阶段 1：用户从 Web 服务器请求应用程序资源

ASP. NET 应用程序的生命周期以浏览器向 Web 服务器（若未特别说明，本书的 Web 服务器是指 IIS 服务器）发送请求为起点。ASP. NET 是 Web 服务器下的 ISAPI（Internet server application programming interface）扩展。Web 服务器接收到请求时，会对所请求的文件的文件扩展名进行检查，确定应由哪个 ISAPI 扩展处理该请求，然后将该请求传递给合适的 ISAPI扩展。ASP. NET 可以处理已映射到其上的文件扩展名有.aspx、. ascx、. ashx 和.asmx 等。

如果文件扩展名尚未映射到 ASP. NET，则 ASP. NET 将不会接受该请求。对于使用 ASP. NET 身份验证的应用程序，理解这一点非常重要。例如，由于. htm 文件通常没有映射到 ASP. NET，因此 ASP. NET 将不会对.htm 文件请求执行身份验证或授权检查。因此，即使文件仅包含静态内容，如果希望 ASP. NET 执行身份验证，也应使用映射到 ASP. NET 的文件扩展名创建该文件，如采用文件扩展名.aspx。

2. 阶段 2：ASP. NET 接受应用程序的第一个请求

当 ASP. NET 接受应用程序中任何资源的第一个请求时，应用程序管理器（Application-Manager）将会创建一个应用程序域；应用程序域为全局变量提供应用程序隔离，并允许单独卸载每个应用程序。在应用程序域中，将创建宿主环境（HostingEnvironment 类的实例），该实例提供对有关应用程序的信息（如存储该应用程序文件夹的名称等）的访问，如图 3-1 所示。

3. 阶段 3：为每个请求创建 ASP. NET 核心对象

创建了应用程序域并实例化了宿主环境之后，ASP. NET 将创建并初始化核心对象（如 HttpContext、HttpRequest 和 HttpResponse）。HttpContext 类包含特定于当前应用程序请求的对象，

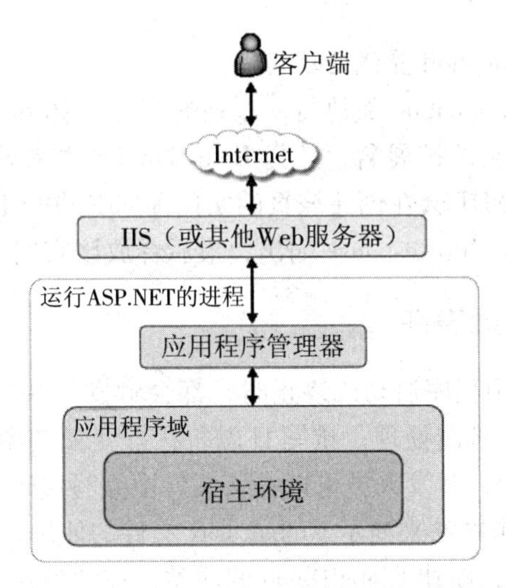

图 3-1　ASP. NET 接受应用程序的第一个请求

如 HttpRequest 和 HttpResponse 对象。HttpRequest 对象包含有关当前请求的信息，如Cookie和浏览器信息。HttpResponse 对象包含发送到客户端的响应，即所有呈现的输出和Cookie。

4. 阶段 4：将 HttpApplication 对象分配给请求

初始化所有核心应用程序对象之后，将通过创建 HttpApplication 类的实例启动应用程序。如果应用程序具有 Global.asax 文件，则 ASP. NET 会创建 Global.asax 类（从 HttpApplication 类派生）的一个实例，并使用该派生类表示应用程序。同时，ASP. NET 将创建所有已配置的模块（如状态管理模块、安全管理模块），在创建完所有已配置的模块后，将调用 HttpApplication 类的 Init 方法，如图 3-2 所示。

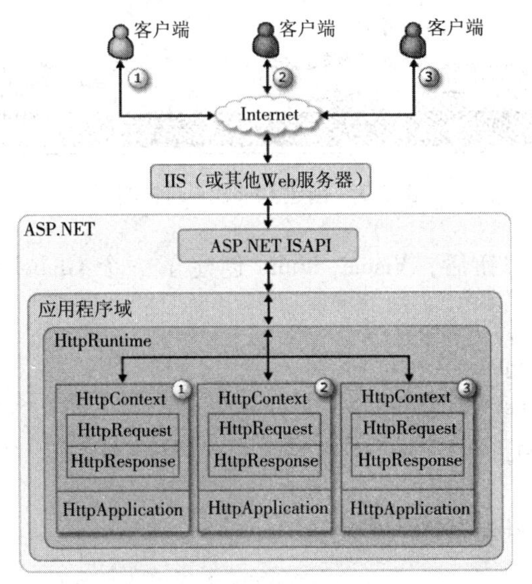

图 3-2　为每个请求创建对象

说明　第一次在应用程序中请求 ASP. NET 页或进程时，将创建 HttpApplication 的一个新实例。不过，为了尽可能提高性能，可对多个请求重复使用 HttpApplication 实例。

5. 阶段 5：由 HttpApplication 管线处理请求

在该阶段，将由 HttpApplication 类执行一系列的事件（如 BeginRequest、ValidateRequest 等）；并根据所请求资源的文件扩展名，选择 IHttpHandler 类来处理请求。如果该请求是从 Page 类派生的页，则 ASP. NET 会在创建该页的实例前对其进行编译，在装载后用该实例处理这个请求，处理完后通过 HttpResponse 输出，最后释放该实例。

3.1.2 应用程序生命周期事件

在 ASP. NET 中，当应用程序启动或终止时，都会触发一些事件，使得这些事件可以完成一些特殊的处理工作，如错误处理、撰写日志、状态变量初始化等。ASP. NET 中，这些事件位于 Global.asax 文件中，开发人员可以在该文件中编写代码响应这些应用程序事件。

【例 3-1】下面新建一个网站来演示 Global.asax 文件的使用，步骤如下。

（1）打开 Visual Studio，新建 GlobalDemo 的网站，在“解决方案资源管理器”窗口中，右击 GlobalDemo 项目名称，在弹出的快捷菜单中选择“添加新项”菜单，在弹出的“添加新项”对话框中先选择“Visual C#”，再选择“全局应用程序类”，如图 3-3 所示。

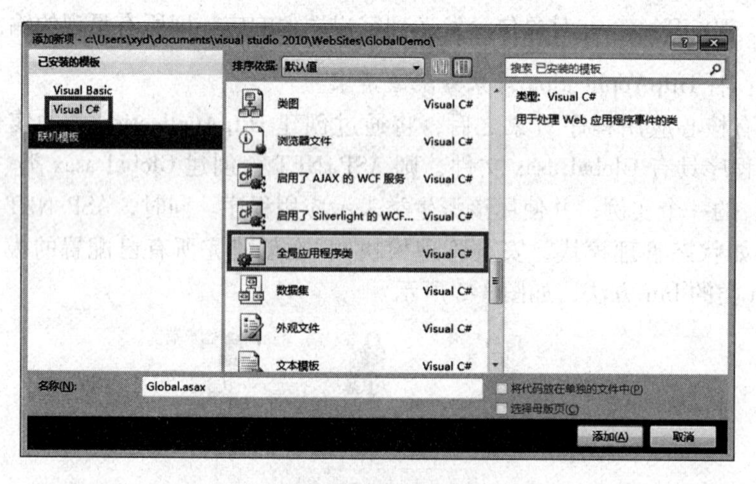

图 3-3　创建 Global.asax 文件

（2）单击“添加”按钮后，Visual Studio 创建了一个 Global.asax 的文件，生成如下代码。

```
<%@ Application Language = "C#" %>
<script runat = "server" >
    void Application_Start(object sender,EventArgs e)
    {
        //在应用程序启动时运行的代码
    }
    void Application_End(object sender,EventArgs e)
    {
        //在应用程序关闭时运行的代码
    }
```

```
    void Application_Error(object sender,EventArgs e)
    {
        //在出现未处理的错误时运行的代码
    }
    void Session_Start(object sender,EventArgs e)
    {
        //在新会话启动时运行的代码
    }
    void Session_End(object sender,EventArgs e)
    {
        //在会话结束时运行的代码
        //注意:只有在 web.config 文件中的 sessionstate 模式设置为
        //InProc 时,才会引发 Session_End 事件。如果会话模式设置为
        //StateServer 或 SQLServer,则不会引发该事件
    }
</script>
```

由上面的代码可以发现，Global.asax 并不是一个独立的类文件，事实上当 Global.asax 文件中的脚本块被编译时，ASP. NET 会将其编译为从 HttpApplication 类派生的类，然后使用该派生类表示应用程序。注意，在每个 Web 网站中，只能有一个 Global.asax 文件。

Visual Studio 生成的 Global.asax 代码框架中只包含了基本的应用和事件，实际上还有很多其他应用程序事件，可以参考 MSDN。常用应用程序事件如表 3-1 所示。

表 3-1　常用应用程序事件列表

事　　件	说　　明
Application_Start( )	在应用程序启动后，当第一个用户请求时触发这个事件，后继的用户请求将不会触发该事件，在该事件中通常用于创建或者缓存一些初始信息，以便于以后重用
Application_End( )	当应用程序关闭时，比如 Web 服务器重新启动时触发该事件，可以在这个事件中插入清除代码
Application_Error( )	该事件响应未被处理的错误
Session_Start( )	一次会话期中第一次请求 Web 页面，就会触发该事件，该事件对于每次会话都会触发一次，如有 100 次会话，则触发 100 次
Session_End( )	当会话超时或者以编程的方式终止会话时，这个事件被触发

后续章节中，将具体介绍 Global.asax 文件及应用程序事件的使用。

3.2　ASP. NET 网页

一个 ASP. NET Web 应用程序主要是由许许多多的 Web 页面（也可称为 Web 窗体）组

成，访问应用程序的用户将会在浏览器中直接看到这些 Web 页面的运行效果。在 ASP.NET 中，开发人员可以使用类似于开发 Windows 应用程序的基于控件的方式来开发 ASP.NET 应用程序。当 ASP.NET Web 页面运行时，ASP.NET 引擎读取整个.aspx 文件，生成相应的对象，并触发一系列事件。

3.2.1 ASP.NET 网页语法概述

Web 窗体文件的扩展名为.aspx，该类文件的语法结构主要由以下几部分组成：

- 指令；
- head；
- form(窗体)元素；
- Web 服务器控件或 HTML 控件；
- 客户端代码；
- 服务器端代码。

1. 指令

窗体文件通常包含一些指令，这些指令可以设置指定页属性和配置信息，它们不会作为发送到浏览器的标记的一部分被呈现。常见指令有以下几类。

(1) @ Page：此指令最为常用，允许为页面指定多个配置选项，包括：

- 页面中代码的服务器编程语言；
- 页面是将服务器代码直接包含在其中(称为单文件页面)，还是将代码包含在单独的类文件中(称为代码隐藏页面)；
- 调试和跟踪选项；
- 页面是否具有关联的母版页。

下面是@ Page 指令示例：

```
<%@ Page Language = "C#" AutoEventWireup = "true" CodeFile = "Default.aspx.cs" Inherits
    = "_Default"% >
```

(2) @ Import：此指令允许指定要在代码中引用的命名空间。

(3) @ OutputCache：此指令实现对页面输出的缓存，并指定缓存页面的时间等参数。

(4) @ Implements：此指令允许指定页面实现 .NET 的接口。

(5) @ Register：此指令允许注册其他控件，以便在页面上使用。@ Register 指令声明控件的标记前缀和控件程序集的位置。如果要向页面添加用户控件或自定义 ASP.NET 控件，则必须使用此指令。

(6) @ Master：此指令使用于特定的母版页。

(7) @ Control：此指令允许指定 ASP.NET 用户控件。

关于这些指令的使用，后续章节中将会详细介绍，也可参阅 MSDN。

2. head

在 head 中的内容不会被显示(除标题外)，但它们对于浏览器是非常有用的信息，如脚本和样式表等内容。

3. form(窗体)元素

如果页面包含允许用户与页面交互并提交该页面的控件，则该页面必须包含一个form元素，使用form元素必须遵循下列原则。

- form元素必须包含runat属性，其属性值设置为server。此属性允许在服务器代码中以编程方式引用页面上的窗体和控件。
- 页面只能包含一个form元素。
- 要执行回发的服务器控件必须位于form元素之内。

下面是一个典型的<form>标记：

```
<form id="form1" runat="server">
    …
</form>
```

4. Web服务器控件

在大多数ASP. NET页中，都需要添加允许用户与页面交互的控件，包含按钮、文本框、列表等。下面是Web服务器控件使用示例：

```
<form id="form1" runat="server">
    …
    <asp:TextBox ID="TextBox1" runat="server"></asp:TextBox>
    <asp:Button ID="Button1" runat="server" onclick="Button1_Click"
      Text="Button"/>
    …
</form>
```

5. 将HTML元素作为服务器控件

将普通的HTML元素作为服务器控件使用，通过将runat="server"属性和id属性添加到页面的任何HTML元素中即可实现。

下面是HTML元素转换为服务器控件的示例：

```
<body runat="server" id="Body">
```

6. 客户端代码

客户端代码是在浏览器中执行的，因此执行客户端代码不需要回发Web窗体。客户端代码语言支持JavaScript、VBScript、Jscript和ECMAScript，下面是客户端代码示例：

```
<form id="form1" runat="server">
    <input type="button" id="btn" value="点击" onclick="show()">
    <script language="vbscript" type="text/vbscript">
        sub show()
            alert("error!")
        end sub
    </script>
</form>
```

7. 服务器端代码

大多数 ASP. NET 页包含处理页面时在服务器上运行的代码。ASP. NET 支持多种语言，包括 C#、Visual Basic. NET、J#、Jscript 和其他语言。

ASP. NET 支持两种编写网页服务器代码的模型。在单文件页模型中，页面的代码位于 script 元素中，该元素的开始标记中包含 runat = "server" 属性。或者，可以在单独的类文件中创建页面的代码，这种方法称为代码隐藏页模型。在这种情况下，ASP. NET 网页一般不包含服务器代码。而@ Page 指令会包含一些信息，这些信息将.aspx 页与其关联的代码隐藏文件连接起来。下一节中将重点介绍单文件页模型和代码隐藏页模型。

3. 2. 2　ASP. NET 网页代码模型

ASP. NET 网页由两部分组成：

- 可视元素，包括标记、服务器控件和静态文本；
- 页面的编程逻辑，包括事件处理程序和其他代码。

ASP. NET 提供两个用于管理可视元素和代码的模型，即单文件页模型和代码隐藏页模型。这两个模型功能相同，两种模型中可以使用相同的控件和代码。

在新建一个 Web 窗体时，"添加新项" 对话框中右下角的 "将代码放在单独的文件中" 复选框用于选择网页的代码模型，如图 3-4 所示。

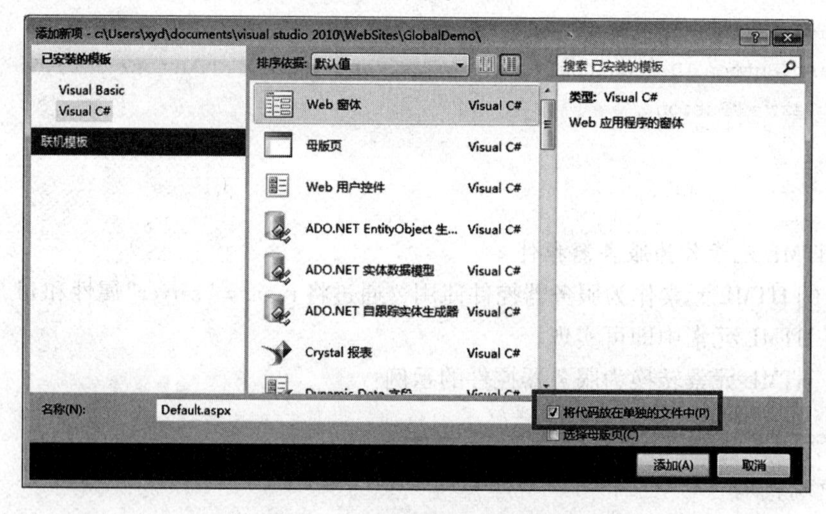

图 3-4　选择网页的代码模型

下面分别介绍两个模型的工作方式，并提供如何选择模型的建议。

1. 单文件页模型

在单文件页模型中，页面的标记及其编程代码位于同一个物理.aspx 文件中。编程代码位于 script 块中，该元素的开始标记中包含 runat = "server" 属性，此属性表示代码块运行于服务器端，客户端不可见。

下面的代码示例演示一个单文件页，此页面中包含一个 Button 控件和一个 TextBox 控件，页面的设计视图如图 3-5 所示。

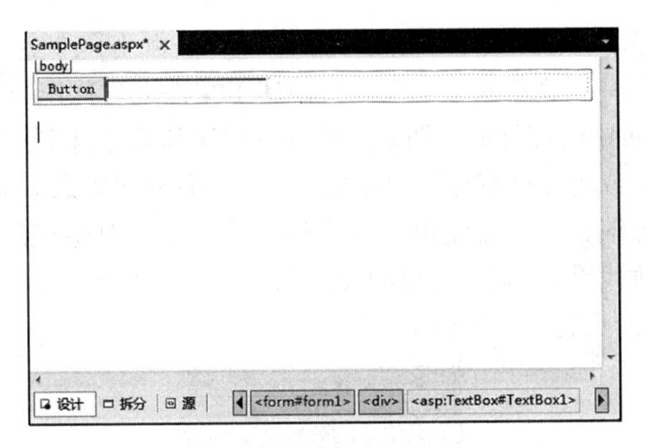

图 3-5　页面的设计视图

双击 Button 按钮，为 Button 按钮添加服务器端 Click 事件及事件处理代码后，单文件页代码如下所示。

```
<%@ Page Language="C#"%>
<!DOCTYPE html PUBLIC "-//W3C//DTD XHTML 1.0 Transitional//EN"
"http://www.w3.org/TR/xhtml1/DTD/xhtml1-transitional.dtd">
<script runat="server">
      protected void Button1_Click(object sender,EventArgs e)
      {
            TextBox1.Text=System.DateTime.Now.ToString();
      }
</script>
<html xmlns="http://www.w3.org/1999/xhtml">
<head runat="server">
      <title></title>
</head>
<body>
      <form id="form1" runat="server">
          <div>
               <asp:Button ID="Button1" runat="server" onclick="Button1_Click"
                 Text="Button"/>
               <asp:TextBox ID="TextBox1" runat="server"></asp:TextBox>
          </div>
      </form>
</body>
</html>
```

具有 runat="server" 属性的 script 元素可以包含页面所需的任意多的服务器端代码，如页面中控件的事件处理程序、方法、属性及通常在类文件中使用的任何其他代码。

在单文件页中，标记、服务器端元素及事件处理代码全都位于同一个.aspx 文件中。在对该页进行编译时，编译器将生成和编译一个从 Page 基类派生或从使用@Page 指令的 Inherits属性定义的自定义基类派生的新类。例如，如果在应用程序的根目录中创建一个名为

SamplePage.aspx 的新 ASP. NET 网页，则随后将从 Page 类派生一个名为 ASP. SamplePage_aspx 的新类。对于应用程序子文件夹中的页，将使用子文件夹名称作为生成的类名的一部分。生成的类中包含.aspx 页中的控件的声明、事件处理程序和其他自定义代码。

在生成类之后，生成的类将编译成程序集，并将该程序集加载到应用程序域，然后对该页类进行实例化并执行该页类以将输出呈现到浏览器。如果对生成的类的页进行更改（无论是添加控件还是修改代码），则已编译的类代码将失效，并重新生成类。图 3-6 显示了单文件 ASP. NET 网页中的页类的继承模型。

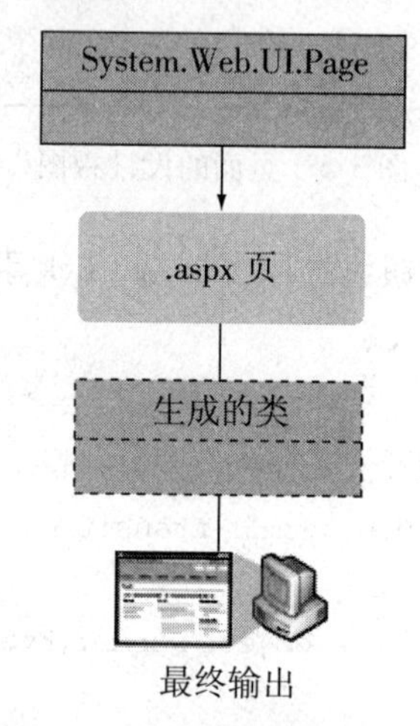

图 3-6　单文件 ASP. NET 网页中的页类的继承模型

2. 代码隐藏页模型

通过代码隐藏页模型，可以在一个文件(.aspx)中保存标记，并在另一个文件中(.aspx.cs)保存服务器端代码，这就使得页面显示部分和代码逻辑分离。因此将前面使用的单文件页模型的示例改为用代码隐藏页模型后，SamplePage.aspx 中标记如下所示。

```
<%@ Page Language = "C#" AutoEventWireup = "true" CodeFile = "SamplePage.aspx.cs"
   Inherits = "SamplePage"%>
<!DOCTYPE html PUBLIC "-//W3C//DTD XHTML 1.0 Transitional//EN"
"http://www.w3.org/TR/xhtml1/DTD/xhtml1-transitional.dtd">
<html xmlns = "http://www.w3.org/1999/xhtml">
<head runat = "server">
    <title></title>
</head>
<body>
    <form id = "form1" runat = "server">
    <div>
        <asp:Button ID = "Button1" runat = "server" onclick = "Button1_Click" Text = "
          Button"/>
        <asp:TextBox ID = "TextBox1" runat = "server"></asp:TextBox>
    </div>
    </form>
```

```
</body>
</html>
```

在单文件页模型和代码隐藏页模型之间,.aspx 文件有两处差别：一是在代码隐藏页模型中，不存在具有 runat = "server" 属性的 script 块（如果要在页中编写客户端脚本，则该页可以包含不具有 runat = "server" 属性的 script 块）；二是代码隐藏页模型中的@ Page指令包含引用外部文件（SamplePage.aspx. cs）和类的属性，这些属性将.aspx 文件页连接至其后台服务器端代码。

SamplePage.aspx.cs 中代码如下所示：

```
using System;
using System.Collections.Generic;
using System.Linq;
using System.Web;
using System.Web.UI;
using System.Web.UI.WebControls;
public partial class SamplePage:System.Web.UI.Page
{
     protected void Button1_Click(object sender,EventArgs e)
     {
          TextBox1.Text = System.DateTime.Now.ToString();
     }
}
```

在代码隐藏页模型中，页的标记和服务器端元素（包括控件声明）位于.aspx 文件中，而页的逻辑代码则位于单独的代码文件中。该代码文件包含一个分部类，即具有关键字partial的类声明，以表示该代码文件只包含构成该页的完整类的全体代码的一部分。在分部类中，添加应用程序要求该页所具有的所有逻辑代码，此代码通常由事件处理程序、方法和属性组成。

代码隐藏页的继承模型比单文件页的继承模型要稍微复杂一些。模型如下。

①代码隐藏文件包含一个继承自基页类的分部类。基页类可以是 Page 类，也可以是从 Page 类派生的其他类。

②.aspx 文件在@ Page 指令中包含一个指向代码隐藏分部类的 Inherits 属性。

③在对该页进行编译时，ASP. NET 将基于.aspx 文件生成一个分布类；该分布类包含页控件的声明。因此，在代码隐藏文件的分布类中无须显示声明控件。

④将这两个分布类合并成一个最终类并编译成程序集，运行该程序集则可以将输出呈现到浏览器。

图 3-7 显示了代码隐藏 ASP. NET 网页中的页类的继承模型。

单文件页模型和代码隐藏页模型功能相同。在运行时，这两个模型以相同的方式执行，而且它们之间没有性能差异。因此，页模型的选择取决于其他因素，例如，在应用程序中组织代码的方式、将页面设计与代码编写分开是否重要等。下面分析一下两种页模型的优点。

单文件页模型具有以下优点。

- 适用于没有太多代码的页中，可以方便地将代码和标记保留在同一个文件中。
- 只有一个文件，可以使用单文件页模型编写的页更容易部署或发送给其他程序员。

◆ 由于文件之间没有相关性，因此更容易对单文件页进行重命名。

代码隐藏页模型具有以下优点。

◆ 适用于包含大量代码或多个开发人员共同创建网站的 Web 应用程序。

◆ 代码隐藏页可以清楚地分隔标记(用户界面)和代码。这一点很实用，可以在程序员编写代码的同时让设计人员处理标记。

◆ 代码并不会向仅使用页标记的页设计人员或其他人员公开。

◆ 代码可在多个页中重用。

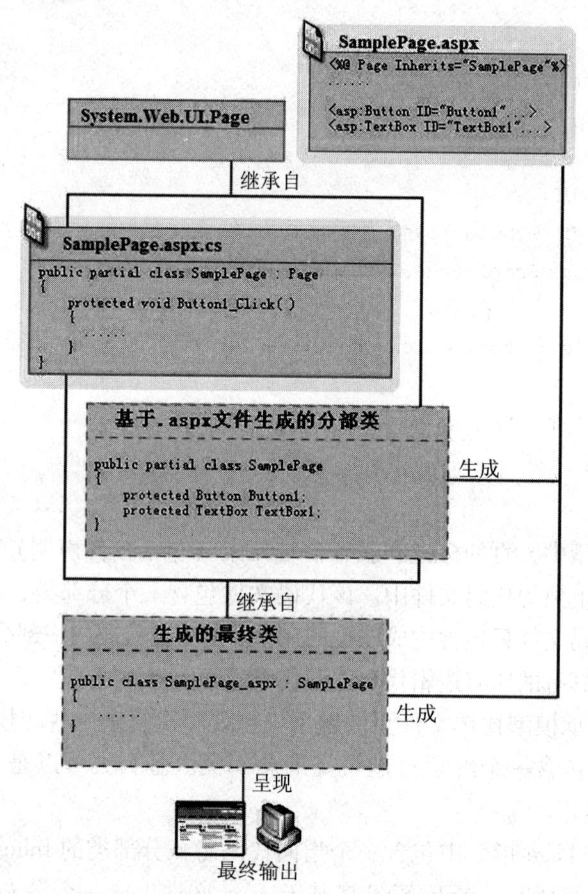

图 3-7 代码隐藏 ASP. NET 网页中的页类的继承模型

3.2.3 Page 类的属性

通过 3.2.2 节的学习，可以知道任何 ASP. NET 网页最终都继承自 Page 类，因此有必要学习 Page 类的相关属性和事件，本节主要介绍 Page 类的属性，下一节将重点介绍 Page 类的事件。

Page 类具有很多属性，下面对 Page 类的常用属性分别介绍如下。

1. 内置对象

Page 类的属性提供了可以直接访问 ASP. NET 的内部对象的编程接口，即通过这些属性可以方便地获得如会话状态信息、全局缓存数据、应用程序状态信息和浏览器提交信息等内容。表 3-2 列出这些常用的内置对象。

表 3-2　Page 类的常用内置对象

对象名	说　　明	ASP. NET 类
Request	提供对当前页请求的访问，其中包括请求的 URL、Cookie、客户端证书、查询字符串等。可以用它来读取浏览器已经发送的内容	HttpRequest
Response	提供对输出流的控制，如可以向浏览器输出信息、Cookie 等	HttpResponse
Context	提供对整个当前上下文（包括请求对象）的访问，可用于共享页之间的信息	HttpContext
Server	提供用于在页之间传输控件的实用方法，获取有关最新错误的信息，对 HTML 文本进行编码和解码，获取服务器信息等	HttpServerUtility
Application	用于在不同用户会话之间共享信息	HttpApplicationState
Session	用于在同一用户会话访问的不同页面之间共享信息	HttpSessionState
Trace	提供在 HTTP 页输出中显示系统和自定义跟踪诊断消息的方法	TraceContext
User	提供对发出页请求的用户身份访问，可以获得该用户的标识及其他信息	IPrincipal

关于这些内置对象的使用将在后续章节中详细介绍。

2. IsPostBack 属性

该属性表示该页是否为响应客户端回发而加载，或者该页是否被首次加载和访问。也就是说，当 IsPostBack 为 true 时，表示该请求是页面回发；当 IsPostBack 为 false 时，表示该页是被首次加载和访问。代码如下：

```
protected void Page_Load(object sender,EventArgs e)
{
    if(!IsPostBack)
    {
        Response.Write("第一次访问");
    }
    else
    {
        Response.Write("非第一次访问");
    }
}
```

3. EnableViewState 属性

该属性表示当前页请求结束时该页是否保持其视图状态及它包含的任何服务器控件的视图状态。该属性将在第 7 章详细介绍。

4. IsValid 属性

该属性表示页面验证是否成功。在实际应用中，往往会验证页面提交的数据是否符合预期设定的格式要求等，如果所有都符合，则 IsValid 值为 true，反之为 false。该属性的使用将在第 4 章的验证控件中详细介绍。

Page 类还有很多其他的属性，可以参阅 MSDN。

3.2.4 ASP. NET 网页的生命周期与 Page 类的事件

ASP. NET 网页运行时，此页将经历一个生命周期，在生命周期中将执行一系列处理步骤。这些步骤包括初始化、实例化控件、还原和维护状态、运行事件处理程序代码及进行呈现。了解网页的生命周期非常重要，因为这样才能在生命周期的合适阶段编写代码，以达到预期效果。此外，如果要开发自定义控件，就必须熟悉页生命周期，以便正确进行控件初始化，使用视图状态数据填充控件属性及运行任何控件行为代码。

1. 常规页生命周期阶段

一般来说，页的生命周期要经历表 3-3 中描述的各个阶段。除了页生命周期阶段以外，在请求前后还存在应用程序阶段，但是这些阶段并不特定于页。

表 3-3　页的生命周期阶段

阶　段	说　明
页请求	页请求发生在页生命周期开始之前。用户请求页时，ASP. NET 将确定是否需要分析和编译页（从而开始页的生命周期），或者是否可以在不运行页的情况下发送页的缓存版本以进行响应
开始	在开始阶段，将设置页属性，如 Request 和 Response。在此阶段，页还将确定请求是回发请求还是新请求，并设置 IsPostBack 属性。此外，在开始阶段，还将设置页的 UICulture 属性
页初始化	页初始化期间，可以使用页中的控件，并将设置每个控件的 UniqueID 属性。此外，任何主题都将应用于页。如果当前请求是回发请求，则回发数据尚未加载，并且控件属性值尚未还原为视图状态中的值
加载	加载期间，如果当前请求是回发请求，则将使用从视图状态和控件状态恢复的信息加载控件属性
验证	在验证期间，将调用所有验证控件的 Validate 方法，此方法将设置各个验证控件和页的 IsValid 属性
回发事件处理	如果请求是回发请求，则将调用所有事件处理程序
呈现	在呈现之前，会针对该页和所有控件保存视图状态。在呈现阶段，页会针对每个控件调用 Render 方法，会提供一个文本编写器，用于将控件的输出写入页的 Response属性的 OutputStream 中
卸载	完全呈现页并已将页发送至客户端，准备丢弃该页时，将调用卸载。此时，将卸载页属性（如 Response 和 Request）并执行清理

2. 生命周期事件

ASP. NET 使用事件驱动的编程模型，这与 Windows 开发有点类似，开发人员只要向 ASP. NET 网页添加控件，然后响应相应的控件事件。

在页生命周期的每个阶段中，网页都可以响应各种触发事件。对于控件事件，通过属性声明的方式或代码的方式，均可将事件处理方法绑定到事件。同时，窗体还支持自动事件连接，即 ASP. NET 将查找具有特定名称的方法，并在触发了特定事件时自动运行这些方法。如果@ Page 指令的 AutoEventWireup 属性设置为 true，窗体事件将自动绑定至使用 Page_事件的命名约定的方法，如 Page_Load 和 Page_Init 等。

表 3-4 列出了常用的页生命周期中的事件及其典型使用。

表 3-4　常用的页生命周期中的事件及其典型使用

页 事 件	典 型 使 用
Page_PreInit	检查 IsPostBack 属性来确定是否是第一次处理该页；创建或重新创建动态控件；动态设置母版页；动态设置 Theme 属性；读取或设置配置文件属性值。注意，如果请求是回发请求，则控件的值尚未从视图状态还原。如果在此阶段设置控件属性，则其值可能会在下一事件中被覆盖
Page_Init	在所有控件都已初始化且已应用所有外观设置后引发。同样，如果请求是回发请求，此时控件的值未从视图状态还原
Page_Load	读取和设置控件属性；建立数据库连接。注意，如果请求是回发请求，此时控件的值已从视图状态还原
控件事件	处理特定控件事件，如 Button 控件的 Click 事件或 TextBox 控件的 TextChanged 事件。注意，在回发请求中，如果页包含验证控件，在执行控件事件前，一般要检查 Page 和各个验证控件的 IsValid 属性，看页面验证是否通过
Page_PreRender	使用该事件对页或其控件的内容进行最后更改
Page_Unload	该事件首先针对每个控件发生，继而针对该页发生。在控件中，使用该事件对特定控件执行最后清理，如关闭控件特定数据库连接。对于页自身，使用该事件来执行最后清理工作，如关闭打开的文件和数据库连接，完成日志记录或其他特定请求任务。注意，在卸载阶段，页及其控件已被呈现，因此无法对响应流做进一步更改。如果尝试调用方法（如 Response. Write 方法），则该页将引发异常

3.2.5　ASP. NET 网页的添加

本节主要介绍如何为网站添加新的或现有的 ASP. NET 网页。Visual Studio 中的网站是基于目录的。打开某个网站时，Visual Studio 将打开的文件夹中的所有文件都视为该网站的组成部分。

1. 将新的 ASP. NET 网页添加到网站

（1）在“解决方案资源管理器”窗口中，右击网站名称，在弹出的快捷菜单中选择“添加新项”，弹出“添加新项”对话框。

（2）在“添加新项”对话框中的“Visual Studio 已安装的模板”列表框下面，选择“Web 窗体”。

（3）在“语言”列表中，选择要用于新窗体的编程语言。

（4）如果希望窗体代码放在单独的文件中，请确保选中“将代码放在单独的文件中”复选框。如果要将代码和标记保存在同一文件中，请清除此复选框。

（5）在“名称”框中，输入新网页的名称，然后单击“添加”按钮。新的 ASP. NET 网页即创建完毕。

2. 将现有 ASP. NET 网页添加到网站

（1）在“解决方案资源管理器”窗口中，右击网站名称，在弹出的快捷菜单中选择“添加现有项”，弹出“添加现有项”对话框。

（2）在“添加现有项”对话框中，浏览到要添加的网页所在的目录，选择网页文件，然后单击“打开”。该 ASP. NET 网页即添加到了网站项目中。

3. 更改 ASP. NET 网页的名称

创建新的 ASP. NET 网页或将现有 ASP. NET 网页添加到网站项目之后，可能需要更改该网页文件的名称。在“解决方案资源管理器”窗口中可以按以下步骤方便地对网页进行重命名。

（1）在“解决方案资源管理器”窗口中，右击要更改名称的文件，在弹出的快捷菜单中选择“重命名”。

（2）输入新文件名，然后按 Enter 键。

3.3 Page 类的内置对象

本节主要介绍 Page 类的三个内置对象，即 Response、Request、Server。下面将分别介绍这三个内置对象的常用属性和方法。

3.3.1 Response 对象

Response 对象主要是将 HTTP 响应数据发送到客户端。该对象派生自 HttpResponse 类，是 Page 对象的成员，所以在程序中无须做任何的说明即可直接使用。它的主要功能是输出数据到客户端。Response 对象提供了许多属性和方法，常用属性列于表 3-5 中。

表 3-5 Response 对象的常用属性

属性	说明	类型
BufferOutput	获得或设置一个值，该值指示是否缓冲输出，并在完成处理整个响应之后将其发送	bool
Cache	获得网页的缓存策略（过期时间、保密性等）	HttpCachePolicy
Charset	获取或设置输出流的 HTTP 字符集	string
Cookies	获得响应 Cookie 集合	HttpCookieCollection
IsClientConnected	获取一个值，通过该值指示客户端是否仍连接在服务器上	bool
StatusCode	获取或设置返回给客户端的输出的 HTTP 状态代码	int
StatusDescription	获取或设置返回给客户端的输出的 HTTP 状态字符串	string
SuppressContent	获取或设置一个值，该值指示是否将 HTTP 内容发送到客户端	bool

Response 对象的常用方法列于表 3-6 中。

表 3-6　Response 对象的常用方法

方　法	说　明
AppendToLog	将自定义日志信息添加到 IIS 的日志文件中
ClearContent	将缓冲区的内容清除
ClearHeaders	将缓冲区的所有页面标头清除
Close	关闭客户端的联机
End	将目前缓冲区中所有的内容发送到客户端，停止该页的执行，并引发 EndRequest 事件
Flush	将缓冲区中所有的数据发送到客户端
Redirect	将客户端重定向到新的 URL
Write	将信息写入 HTTP 响应输出流
WriteFile	将一个文件直接输出到客户端
BinaryWrite	将一个二进制的字符串写入 HTTP 输出流

下面详细介绍 Response 对象的几个常用方法和属性的使用。

1. 利用 Write 方法直接向客户端输出信息

Response 对象最常用的方法是 Write，用于向浏览器发送信息。使用 Response. Write( ) 方法将数据发送到浏览器时，可以混合使用 HTML 标记将内容格式化。例如：

```
Response. Write ("<h1>Response 对象</h1>");
```

上面的语句可以使浏览器按照 <h1> 标记的格式显示字符串“Response 对象”。

2. 将文件内容输出到客户端

利用 Response 对象的 WriteFile 方法，可以将指定的文件直接写入 HTTP 内容输出流。例如：

```
Response. WriteFile ("c:\test1. txt");
```

文本文件 C:\test1. txt 的内容将在浏览器中输出。

3. 实现网页重定向功能

Response 对象的 Redirect 方法可以实现将链接重新导向到其他地址，Response 对象的 Redirect 方法可以将当前网页导向到指定页面，称为重定向。使用时只要传入一个字符串的 URL，格式如下：

```
Response. Redirect (URL) //将网页重定向到指定的 URL
```

例如：

```
Response. Redirect ("Page1. htm");//将网页重定向到当前目录的 Page1. htm
Response. Redirect ("http://www. sina. com");//将网页重定向到新浪主页
```

4. 结束网页的执行

Response. End 方法是将当前所有缓冲的输出发送到客户端，停止该页的执行，并引发 Application_EndRequest 事件。

【**例 3-2**】获取当前日期的星期（结果为数字，1—5 为星期一至星期五，0、6 分别为星期天和星期六），如果结果是星期一至星期五，则显示“今天是工作日，欢迎您的光临!”，否则显示“今天是假日，十分遗憾，请在工作日再来!”，并结束网页。

添加一个新网页，在网页的后台代码页中添加如下代码。

```
protected void Page_Load(object sender,EventArgs e)
{
        DayOfWeek weekday = DateTime.Now.DayOfWeek;
        if((int)weekday > =1 && (int)weekday < =5)
        {
            Response.Write("今天是工作日,欢迎您的光临!");
        }
        else
        {
            Response.Write("今天是假日,十分遗憾,请在工作日再来!");
            Response.End();
            Response.Write("End 后面的语句!");
        }
}
```

5. 使用缓冲区

使用缓冲区，可以将程序的输出暂时存放在服务器的缓冲区中，等到程序执行结束或接收到 Flush 或 End 指令后，再将输出数据发送到客户端浏览器。Response 对象的 BufferOutput 和 Buffer 属性用于设置是否进行缓冲。

在一些情况下，使用缓冲区可带来一定的好处。例如，在一个网页中，暂时不需要显示某些内容到网页上，就可将这些内容写入缓冲区。当确定该浏览者已登录时，才将这些内容显示到网页上。

Response 对象提供 ClearContent、Flush 和 ClearHeaders 三种方法用于缓冲的处理。ClearContent 方法将缓冲区的内容清除；Flush 方法将缓冲区中所有的数据发送到客户端；ClearHeaders 方法将缓冲区中所有的页面标头清除。

【**例 3-3**】设计如图 3-8 所示的登录页面，当用户输入的口令正确时，将显示“欢迎您访问本网站，您已通过身份验证!”字符串；否则，将不显示该字符串。

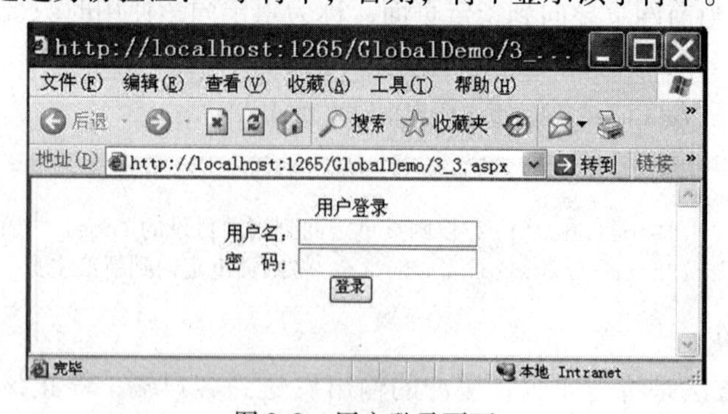

图 3-8　用户登录页面

双击“登录”按钮，进入后台代码页，添加如下代码。

```
protected void btnLog_Click(object sender,EventArgs e)
{
    Response.BufferOutput = true;
    Response.Write("欢迎您访问本网站,您已通过身份验证!");
    if(txtPwd.Text == "123")
        Response.Flush();
    else
        Response.ClearContent();
}
```

3.3.2 Request 对象

Request 对象主要提供对当前页请求的访问，其中包括请求的 URL、Cookies、客户端证书、查询字符串等。该对象派生自 HttpRequest 类，是 Page 类的成员。它的主要功能是从客户端浏览器取得数据，包括浏览器种类、用户输入表单中的数据、Cookies 中的数据和客户端认证等。Request 对象提供了许多属性和方法，常用属性列于表 3-7 中。

表 3-7　Request 对象的常用属性

属　性	说　明	类　型
ApplicationPath	获取服务器上 ASP. NET 应用程序的虚拟根路径	string
Browser	获取或设置有关正在请求的客户端的浏览器功能的信息	HttpBrowserCapabilities
Cookies	获取客户端发送的 Cookie 集合	HttpCookieCollection
FilePath	获取当前请求的虚拟路径	string
Files	获取客户端上传的文件集合	HttpFileCollection
Form	获取窗体变量集合	NameValueCollection
Headers	获取 HTTP 头集合	NameValueCollection
HttpMethod	获取客户端使用的 HTTP 数据传输方法	string
Params	获取 QueryString、Form、ServerVariables 和 Cookies 项的组合集合	NameValueCollection
Path	获取当前请求的虚拟路径	string
PhysicalApplicationPath	获取目前执行的服务器端程序在服务器的真实路径	string
PhysicalPath	获取目前请求网页在服务器端的真实路径	string
QueryString	获取附在网址后面的参考内容	NameValueCollection
ServerVariables	获取 Web 服务器变量的集合	NameValueCollection
Url	获取有关目前请求的 URL 信息	Url
UserAgent	获取客户端浏览器的原始用户代理信息	string
UserHostAddress	获取远方客户端机器的主机 IP 地址	string
UserHostName	获取远方客户端机器的 DNS 名称	string
UserLanguages	获取客户端语言首选项的排序字符串数组	string[ ]

Request 对象主要用于获取客户端表单数据、服务器环境变量、客户端浏览器的能力及客户端浏览器的 Cookies 等。这些功能主要利用 Request 对象的集合数据。Request 对象包含多个数据集合，包括 Cookies 集合、Form 集合、QueryString 集合等，它们在实际应用中比 Request 的其他属性更为常用。这些对象集合的值是只读的。

Request 对象的常用方法有以下两个。

- MapPath(virtualPath)：将参数 virtualPath 指定的虚拟路径转化为实际路径。
- SaveAs(filename，includeHeaders)：将 HTTP 请求保存到磁盘，filename 是保存的文件名，includeHeaders 指定是否保存 HTTP 标头。

下面详细介绍 Request 对象的几个常用方法和属性的使用。

1. 获取文件的路径信息

Request 对象的 Url、UserHostAddress、PhysicalApplicationPath、CurrentExecutionFilePath 和 PhysicalPath 属性能够分别获取当前请求的 URL、远程客户端的 IP 主机地址、当前正在执行的服务器应用程序的根目录的物理文件系统路径、当前请求的虚拟路径及获取与请求的 URL 相对应的物理文件系统路径。

【例 3-4】 利用 Request 对象的相关属性获取文件相关信息。

添加一个新网页，在网页的后台代码页中添加如下代码。

```
protected void Page_Load(object sender,EventArgs e)
{
    Response.Write("客户端 IP 地址:");
    Response.Write(Request.UserHostAddress + "<br>");
    Response.Write("当前程序根目录的实际路径:");
    Response.Write(Request.PhysicalApplicationPath + "<br>");
    Response.Write("当前页的虚拟目录文件名称:");
    Response.Write(Request.CurrentExecutionFilePath + "<br>");
    Response.Write("当前页的实际目录及文件名称:");
    Response.Write(Request.PhysicalPath + "<br>");
    Response.Write("当前页面的 Url:");
    Response.Write(Request.Url);
}
```

程序运行效果如图 3-9 所示。

图 3-9　例 3-4 程序运行效果

2. 利用QueryString集合传递参数

有时通过链接为页面提供传入参数，例如，一个列出学生信息的页面，需要将学生对应的ID号传入其他页面才能显示该学生的详细信息，方法就是将ID号的值作为页面链接的一部分，如：

```
http://Localhost/MyPage/ShowStuInfo.aspx?Id=2
```

这里页面的名称是ShowStuInfo.aspx，问号后面的内容就是该页面的参数。参数由两个部分构成：参数名和值，用“=”进行分隔。如果需要多个参数，每个参数用“&”隔开，例如：

```
http://Localhost/MyPage/ShowPage.aspx?Id=2&Name=Zhangsan
```

在服务器端，可以通过Request对象的QueryString集合来引用这些值，例如，引用上述两个变量的值，可以使用如下方法：

```
Id=Request.QueryString["Id"];
Name=Request.QueryString["Name"];
```

结果为Id="2"，Name="Zhangsan"，接收到的数据类型为字符串型。

3. 利用Form集合接受表单数据

表单是网页中最常用的组件，用户可以通过表单向服务器提交数据。表单中可以包含标签、文本框、列表框等，表单中控件的数据可以通过Request对象的Form集合获取。

例如，Request.Form["TxtName"]，表示获取表单中名为TxtName控件的值。

4. 利用Browser对象获取浏览器信息

Request对象的Browser属性能够返回一个HttpBrowserCapabilities类型的集合对象。该集合对象可以取得目前连接到Web服务器的浏览器的信息。例如，可以利用这个对象的一个属性确认访问者所使用的操作系统。Browser集合所描述的主要浏览器属性列于表3-8中。

表3-8　浏览器属性

名　　称	说　　明
ActiveXControls	浏览器是否支持ActiveX控件
BackgroundSounds	是否支持背景音乐
Beta	是否为测试版
Browser	用户代理标头中有关浏览器的描述
ClrVersion	客户端安装的.NET的版本
Cookies	是否支持Cookie
Frames	是否支持HTML框架
JavaApplets	是否支持Java
JavaScript	是否支持JavaScript
MSDomVersion	获取浏览器支持的Microsoft HTML文档对象模型的版本

续表

名　称	说　明
Platform	客户端操作系统
Tables	是否支持 HTML 表格
VBScript	是否支持 VBScript
Version	浏览器完整版本号
W3CDomVersion	获取浏览器支持的 W3C XML 文档对象模型的版本号
Win16	客户端是否为 Win16 结构计算机
Win32	客户端是否为 Win32 结构计算机

【例 3-5】 演示如何利用 Browser 对象获取浏览器信息。

添加一个新网页，在后台代码页中添加如下代码。

```
protected void Page_Load(object sender,EventArgs e)
{
    HttpBrowserCapabilities bc = Request.Browser;
    Response.Write("Browser Capabilities:<br>");
    Response.Write("Type = " + bc.Type + "<br>");
    Response.Write("Name = " + bc.Browser + "<br>");
    Response.Write("Version = " + bc.Version + "<br>");
    Response.Write("Platform = " + bc.Platform + "<br>");
}
```

页面运行效果如图 3-10 所示。

图 3-10　例 3-5 页面运行效果

5. 用 ServerVariables 集合列出服务器端环境变量

Request 对象的 ServerVariables 集合返回一个 NameValueCollection 对象。在这个集合中，可以读取服务器端的环境变量信息。它由一些预定义的服务器环境变量组成，如发出请求的浏览器的信息、提出请求的方法、用户登录 Windows 的账号、客户端的 IP 地址等。这些变量都是只读变量，表 3-9 列出了一些主要的服务器环境变量。

表 3-9　服务器环境变量

名　　称	描　　　述
ALL_HTTP	客户端发送的所有 HTTP 标头
CONTENT_LENGTH	客户端发出内容的长度
CONTENT_TYPE	客户端发出内容的数据类型
HTTP_HOST	获取域名
HTTP_USER_AGENT	客户端浏览器信息，如浏览器类型、版本、操作系统
HTTPS	浏览器是否以 SSL 发送，如果是，则为 ON，否则为 OFF
LOCAL_ADDR	服务器 IP 地址
PATH_TRANSLATED	当前网页的实际物理路径
QUERY_STRING	查询字符串内容
REMOTE_ADDR	发出请求的远程主机的 IP 地址
REMOTE_HOST	发出请求的远程主机名称
REQUEST_METHOD	提出请求的方法，如 POST、GET 等
SERVER_NAME	服务器主机名或 IP 地址
SERVER_PORT	接受请求的服务器端口号
SERVER_PROTOCOL	服务器使用的协议名称和版本
SERVER_SOFTWARE	服务器端的软件名称及版本
URL 或 PATH_INFO	当前网页的虚拟路径

获取服务器端环境变量的语法格式为：

```
Request.ServerVariables["关键字"]
```

例如，Request.ServerVariables["URL"] 将返回当前网页的虚拟路径。

【例 3-6】 演示如何使用 ServerVariables 集合列出服务器端环境变量。

添加一个新网页，在后台代码页中添加如下代码。

```
protected void Page_Load(object sender,EventArgs e)
{
   Response.Write("当前网页虚拟路径:" + Request.ServerVariables["URL"] + "<Br>");
   Response.Write("实际路径:" + Request.ServerVariables["PATH_TRANSLATED"] + "<Br>");
   Response.Write("服务器名或 IP:" + Request.ServerVariables["SERVER_NAME"] + "<Br>");
   Response.Write("软件:" + Request.ServerVariables["SERVER_SOFTWARE"] + "<Br>");
   Response.Write("服务器连接端口:" + Request.ServerVariables["SERVER_PORT"] + "<Br>");
   Response.Write("协议及版本:" + Request.ServerVariables["SERVER_PROTOCOL"] + "<Br>");
   Response.Write("客户主机名:" + Request.ServerVariables["REMOTE_HOST"] + "<Br>");
   Response.Write("浏览器:" + Request.ServerVariables["HTTP_USER_AGENT"] + "<Br>");
}
```

页面运行效果如图 3-11 所示。

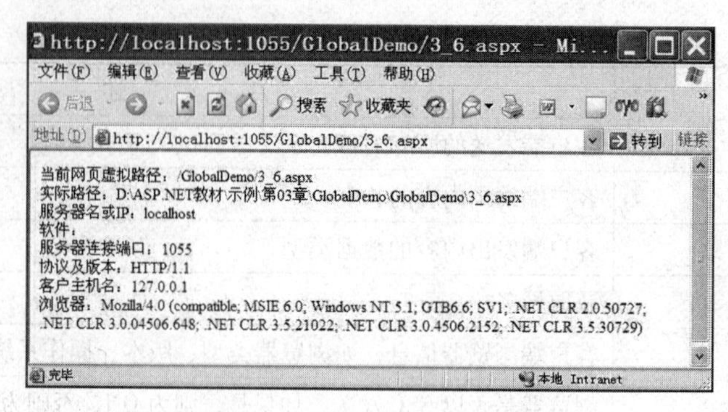

图 3-11 例 3-6 页面运行效果

3.3.3 Server 对象

Server 对象提供了对服务器上的方法和属性的访问。Server 对象由 HttpServerUtility 派生而来，可以通过 Page 对象的属性获取 Server 对象，进而访问其属性和方法。

Server 对象有以下两个属性。

- MachineName：获取服务器的计算机名称，为只读属性。
- ScriptTimeout：获取或设置程序执行的最长时间，即程序必须在该段时间内执行完毕，否则将自动终止，时间以秒为单位。

Server 对象的方法较多，表 3-10 列出了 Server 对象的常用方法。

表 3-10 Server 对象的常用方法

方法	说明
CreateObject	创建 COM 对象的一个服务器实例
Execute	执行对另一页的请求
HtmlDecode	将 HTML 编码的字符串按 HTML 语法进行解释
HtmlEncode	对要在浏览器中显示的字符串进行编码，使它不会被浏览器按 HTML 语法进行解释，按字符串原样显示
Transfer	终止当前页的执行，并开始执行新页
UrlDecode	对 URL 编码的字符串进行解码
UrlEncode	编码字符串，以便通过 URL 从 Web 服务器到客户端进行可靠的 HTTP 传输
UrlPathEncode	对 URL 字符串的路径部分进行 URL 编码，并返回已编码的字符串
MapPath	返回与 Web 服务器上的指定虚拟路径相对应的物理文件路径

下面举例介绍 Server 对象的几个常用方法。

1. 用 Execute 方法执行对另一页的请求

用 Execute( )执行另一个 ASP. NET 网页，执行完成后返回原来的网页继续执行。该方法提供了与函数调用类似的功能。

【例 3-7】 演示 Server. Execute( )的使用。

向网站添加新网页 Server.aspx，在窗体上添加一个按钮，Text 属性设置为“用 Execute 方法执行对另一页的请求”，双击此按钮，在按钮的 Click 事件处理方法中输入以下代码：

```
Response.Write("<p>调用 Execute 方法之前</p>");
Server.Execute("TestPage.aspx");
Response.Write("<p>调用 Execute 方法之后</p>");
```

添加另一个新网页 TestPage.aspx，在 Page_Load 事件中输入下列代码：

```
Response.Write("<p>这是一个测试页</p>");
```

运行 Server.aspx 页面，单击按钮后，出现如图 3-12 所示的页面。

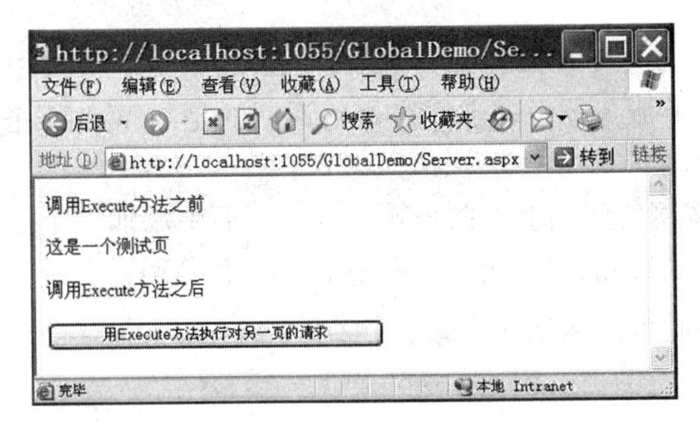

图 3-12　例 3-7 页面运行效果

2. 用 Transfer 方法实现网页重定向

Transfer(URL)：终止当前网页，执行新的网页 URL（即实现重定向）。与 Execute 不同的是它转向新网页后不再将控件权返回，而是交给了新网页，而且所有内置对象的值都会保留到重新定向的网页。

【例 3-8】 在上面实例的基础上，在 Server.aspx 页面中再添加一个按钮，并设置 Text 属性为“用 Transfer 方法实现网页重定向”，在按钮的 Click 事件处理方法中添加以下代码：

```
Response.Write("<p>调用 Transfer 方法之前</p>");
Server.Transfer("TestPage.aspx");
Response.Write("<p>调用 Transfer 方法之后</p>");
```

运行 Server.aspx 页面，单击“用 Transfer 方法实现网页重定向”按钮后，页面运行效果如图 3-13 所示。

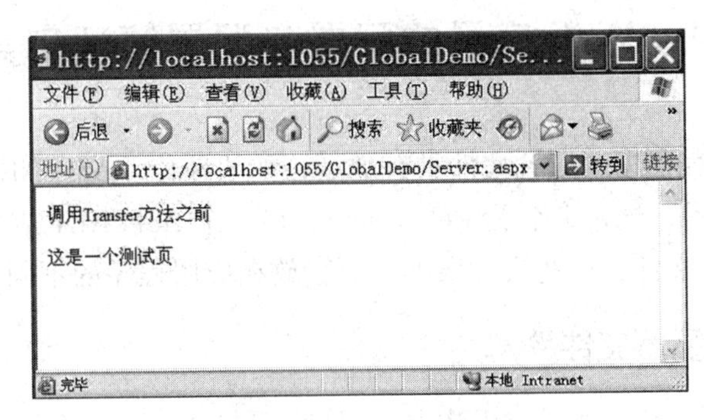

图 3-13　例 3-8 页面运行效果

Transfer 方法与 Redirect 方法都可以实现网页重定向功能，不同的是用 Redirect 方法实现网页重定向后，地址栏会变成转移后网页的地址，而用 Transfer 方法重定向后地址栏不会发生变化，仍是原来的地址。另外，Transfer 方法比用 Redirect 方法执行网页的速度要快，因为内置对象的值会保留下来而不需要重新创建。

从上例结果中可以看出，原网页中执行的数据 Response. Write(" <p>调用 Transfer 方法之前 </p>") 会被保留下来，转向 TestPage. aspx 网页后，后面的语句 Response. Write (" <p>调用 Transfer 方法之后 </p>") 就不再执行，因此得到的结果中没有此语句的结果。

3. 将虚拟路径转化为实际路径

Server. MapPath(Web 服务器上的虚拟路径) 返回的是与 Web 服务器上的指定虚拟路径相对应的物理文件路径。

【例 3-9】 在上面实例的基础上，在 Server.aspx 页面中添加一个按钮，并设置 Text 属性为“将虚拟路径转化为实际路径”，并双击按钮添加事件代码：

```
Response.Write("网页实际路径为:" + Server.MapPath("Server.aspx") + "<br>");
Response.Write("根目录为:" + Server.MapPath("~/"));
```

运行 Server.aspx 页面，单击“将虚拟路径转化为实际路径”按钮，页面运行效果如图 3-14所示。

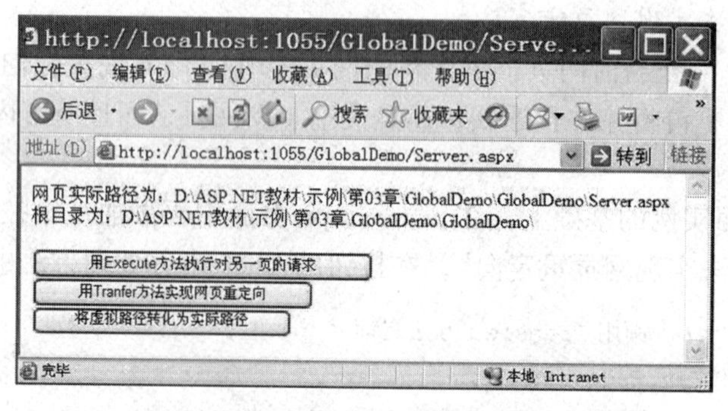

图 3-14　例 3-9 页面运行效果

3.4　Web 应用的配置与配置管理工具

在 ASP. NET 应用程序中，配置文件具有举足轻重的地位。ASP. NET 的配置信息保存在基于 XML 的文本文件中，通常命名为 web. config。在一个 ASP. NET 应用程序中，可以出现一个或多个 web. config 文件，这些文件根据需要存放在应用程序的不同文件夹中。

3.4.1　web. config 配置文件

web. config 继承自 . NET Framework 安装目录的 machine. config 文件，machine. config 配置文件存储了影响整个机器的配置信息，不管应用程序位于哪个应用程序域中，都将取用 machine. config中的配置。web. config 继承了 machine. config 中的大部分设置，同时也允许开发人员添加自定义配置，或者是覆盖 machine. config 中已有的配置。

下面的代码是一个常规的 web. config 配置文件的框架，这个框架代码包含了一个标准 web. config 配置文件中的大多数信息。

```
<?xml version="1.0"?>
<configuration>
    <configSections>...</configSections>
    <appSettings/>...</appSettings>
    <connectionStrings/>...</connectionStrings>
    <system.web>...</system.web>
    <system.codedom>...</system.codedom>
    <system.webServer>...</system.webServer>
    <runtime>...</runtime>
</configuration>
```

从代码中可以看到，整个配置文件被嵌套在 <configuration> 节点中，在这个节点中有几个子节点，其中一些是用户可以自行更改的，而有一些是非常重要的、不可更改的配置节点。注意，web. config 配置文件是区分大小写的，与 XML 语法相同。

<configuration> 配置节中的配置信息分成两个大块，一个是处理程序的声明区域，另一个是配置节设置区域。

处理程序的声明区域位于 <configSections> 配置节中，在该节中使用 section 来声明节处理程序，图 3-15显示的是上一章中的示例程序站点 HelloWorld 的 <configSections> 配置代码。

```
1  <?xml version="1.0"?>
2  <!--
3      注意: 除了手动编辑此文件以外，您还可以使用
4      Web 管理工具来配置应用程序的设置。可以使用 Visual Studio 中的
5       "网站" -> "Asp.Net 配置" 选项。
6      设置和注释的完整列表在
7      machine.config.comments 中，该文件通常位于
8      \Windows\Microsoft.Net\Framework\v2.x\Config 中
9  -->
10 <configuration>
11     <configSections>
12         <sectionGroup name="system.web.extensions" type="System.Web.Configuration.SystemWebExtensionsSectionGroup, System.
13             <sectionGroup name="scripting" type="System.Web.Configuration.ScriptingSectionGroup, System.Web.Extensions, Ve
14                 <section name="scriptResourceHandler" type="System.Web.Configuration.ScriptingScriptResourceHandlerSectior
15                 <sectionGroup name="webServices" type="System.Web.Configuration.ScriptingWebServicesSectionGroup, System.W
16                     <section name="jsonSerialization" type="System.Web.Configuration.ScriptingJsonSerializationSection, Sy
17                     <section name="profileService" type="System.Web.Configuration.ScriptingProfileServiceSection, System.W
18                     <section name="authenticationService" type="System.Web.Configuration.ScriptingAuthenticationServiceSec
19                     <section name="roleService" type="System.Web.Configuration.ScriptingRoleServiceSection, System.Web.Ext
20                 </sectionGroup>
21             </sectionGroup>
22         </sectionGroup>
23     </configSections>
```

图 3-15　web. config 文件中 <configSections> 配置代码

<configSections> 配置代码中的每个配置节都对应一个节处理程序，很多配置节的节处理程序已经在默认的 machine. config 配置文件中进行声明，因此在创建标准 ASP. NET 应用程序时，并不需要自己添加节处理程序，除非创建了自定义节处理程序。

配置节设置区域中包含了实际的配置信息，对于 Web 开发人员来说，通常只需要处理三个配置节设置。

- <appSettings> 配置节允许开发人员添加多种自定义的信息块，比如应用程序的标

题、程序作者等信息。

◆ <connectionStrings>配置节允许开发人员定义连接数据库的连接信息。

◆ <system. web>块保存了用户将配置的每个 ASP. NET 设置，在一个 web. config 配置文件中，通常可以包含多个<system. web>配置块，用户可以根据需要创建自己的<system. web>配置块。

3.4.2 嵌套配置设置

嵌套配置设置是在一个应用程序中同时应用多个 web. config 文件，ASP. NET 使用多层次的配置系统，允许开发人员在不同的层次配置设置。

比如，在 HelloWorld 网站的根目录下，有一个 web. config 配置文件，该文件提供了整个网站都可用的配置信息。为了演示嵌套配置设置，在该网站中新添加一个文件夹，在“解决方案资源管理器”窗口中右击 HelloWorld 项目名称，在弹出的快捷菜单中选择“新建文件夹”菜单项，命名为 Customer。在 Customer 文件夹下添加一个 Customer.aspx 的 Web 窗体，接下来右击Customer文件夹，在弹出的快捷菜单中选择“添加新项”，在弹出的“添加新项”对话框中选择“Web 配置文件”项，如图 3-16 所示。

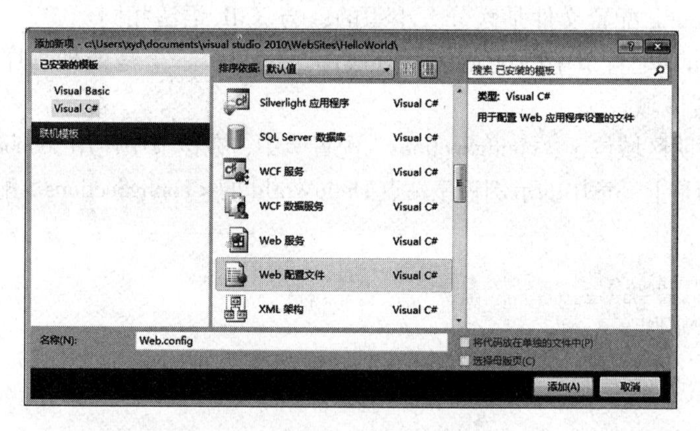

图 3-16　添加新的 Web 配置文件

单击“添加”按钮，这个 web. config 配置文件将添加到 Customer 文件夹中，下面来看看 Visual Studio 为这个配置文件生成的代码框架，如下所示。

```
<?xml version="1.0"?>
<!--
```

注意　除了手动编辑此文件以外，还可以使用 Web 管理工具来配置应用程序的设置。可以使用 Visual Studio 中的“网站”|“Asp. Net 配置”选项。

设置和注释的完整列表在 machine. config. comments 中，该文件通常位于 C:\WINDOWS\Microsoft. Net\Framework\v2. x\Config 中

```
    -->
    <configuration>
        <system.web>
        </system.web>
```

```
</configuration>
```

可以看到，在这个配置文件中仅具有用户需要配置的三个设置项。

Web应用的配置结构的层次关系如图3-17所示。Web服务器读取配置文件的顺序如下。

首先，Web服务器读取操作系统下的两个配置文件machine. config和web. config，如果操作系统安装在C盘，则这两个配置文件的路径为C:\WINDOWS\Microsoft. NET\Framework\v4. 0. 30379CONFIG文件夹。这两个文件保存了影响Web程序正常运行的重要信息，不能随便编辑或删除。

其次，如果网站根目录下保存有web. config配置文件，则Web服务器将读取位于网站根目录中的配置设置；如果在网站根目录中具有与在操作系统下的machine. config或web. config相同的配置节，则以网站根目录下的配置为准。

最后，如果需要为网站下面的子目录配置不同的设置，则可以为不同的目录添加不同的web. config文件。同样，在子目录下的web. config文件将覆盖根目录下的相同配置设置。如果在子目录下的web. config文件中与其父级目录的配置文件没有相同的配置节，则使用父级的配置设置。

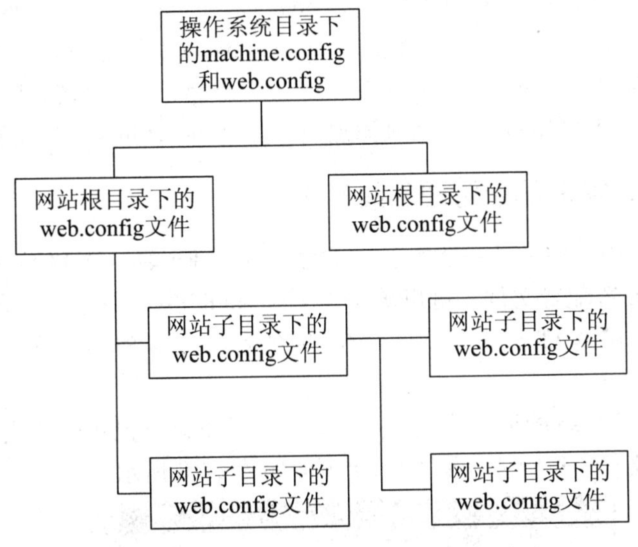

图3-17　Web应用的配置结构的层次关系

3.4.3　在web. config中存储自定义设置

在<appSettings>中，允许开发人员保存自己的配置设置，这些配置信息可以被多个页面使用。在配置文件中保存自定义设置信息是非常有用的，它可以为变量设置初始值，可以快速切换不同类型的操作。

在<appSettings>中，可以使用<add>元素来添加一个键和一个值。

【例3-10】演示如何读取自定义配置信息。

(1) 在网站根目录下的web. config文件中，添加<appSettings>配置节的配置信息。

```
<appSettings>
    <add key="SiteInfoName" value="自定义配置设置信息"/>
```

```
</appSettings>
```

在该配置中仅添加了一个自定义设置，可以根据需要在 <appSettings> 中用这种方式添加多个配置设置，下面演示如何在程序代码中访问 appSettings 中的配置信息。

（2）在网站中，添加一个新网页。在后台代码页中，添加命名空间的引用及 Page_Load 事件过程代码。

```
...
//为了使用 ConfigurationManager 类,必须添加此命名空间的引用
using System.Configuration;
...
protected void Page_Load(object sender,EventArgs e)
{
    //读取 appSettings 配置节中名称为 SiteInfoName 的自定义配置信息
    Response.Write(ConfigurationManager.AppSettings["SiteInfoName"]);
}
```

从代码中可以看出，只需要调用位于 System. Configuration 命名空间中的 ConfigurationManager 类的 AppSettings 属性，就可以读取 <appSettings> 中指定 key 的 value 值。

AppSettings 属性是一个 NameValueCollection 集合类型，用于存储键/值对的集合，可以使用该属性的 Add 方法和 Remove 方法来添加或移除 <appSettings> 配置节中的配置信息。

3.4.4 ASP. NET Web 站点管理工具 WAT

在 Visual Studio 中，提供了一个相当方便的网站管理工具（WAT），使开发人员可以使用可视化的方式来设置配置文件。可以单击 Visual Studio 主菜单中的“网站”|“ASP. NET 配置”菜单项来打开 WAT，也可以在“解决方案资源管理器”窗口的工具栏中单击 ASP. NET 配置图标打开 WAT。

WAT 是一个基于 Web 的配置管理工具，这个工具将以可视化的方式编辑位于网站根目录下的 web. config 文件。WAT 打开时的初始页面如图 3-18 所示。

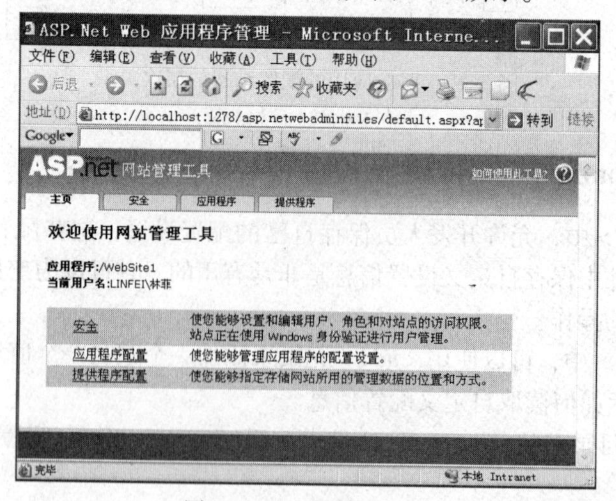

图 3-18　WAT 管理工具

WAT 配置工具是一个具有4个配置页的页面，主页面提供了对其他三个配置页的链接，并对每个配置页的功能做了简短描述。在本书后面的章节中，将会分别对这些配置选项进行详细的介绍。

下面演示使用 WAT 工具为 <appSettings> 配置节中添加自定义设置项。步骤如下。

（1）单击主页面中的应用程序配置链接，将打开如图3-19所示的应用程序配置窗口。

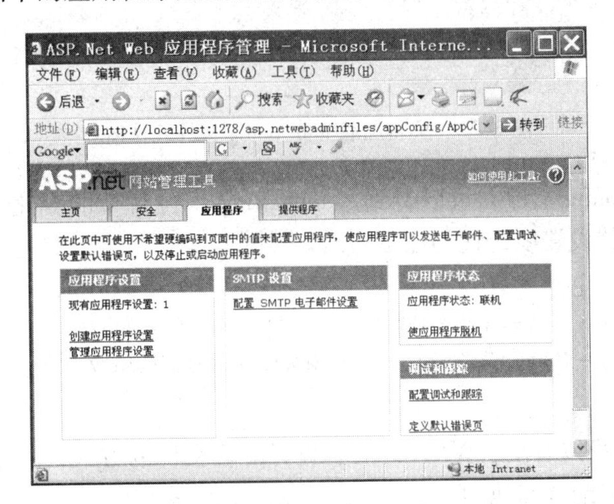

图3-19　应用程序配置窗口

可以看到在该配置页面中提供了4类配置选项，包括应用程序设置、SMTP 设置、应用程序状态设置和“调试和跟踪”设置。选择“应用程序设置”选项卡下面的“管理应用程序设置”，进入如图3-20所示的配置窗口。在该窗口中列出了已经在 <appSettings> 中添加的自定义项，单击“创建新应用程序设置”链接，进入创建新的应用程序设置项窗口，如图3-21所示。

（2）在如图3-21所示的创建新应用程序设置中，提供了两个文本框，分别用于输入 key 值和 value 值，在这两个文本框中分别输入“Example”和“使用 WAT 工具添加的项”，单击“保存”按钮，WAT 提示用户已经成功创建设置项，单击“确定”按钮，返回到应用程序管理页面，可以看到已经正确添加了应用程序设置项。

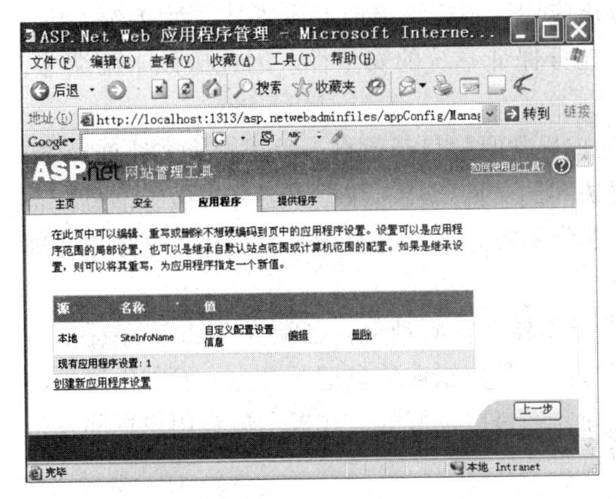

图3-20　管理应用程序配置页面

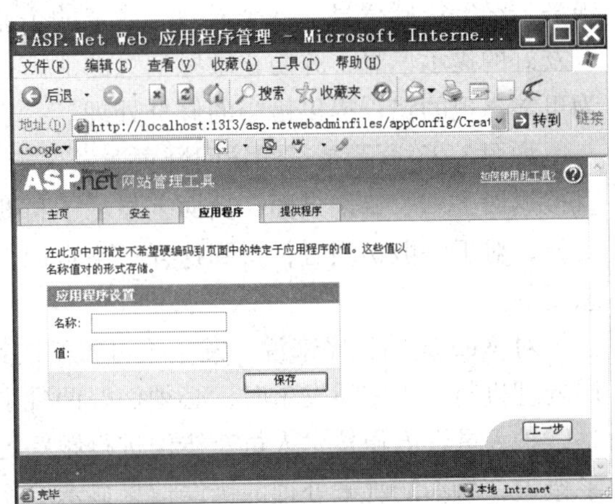

图3-21　创建新的应用程序设置项

（3）关闭 WAT 窗口，Visual Studio 会弹出一个提示，提醒用户 web. config 文件已经改变，是否要重新加载该配置文件，单击“是”按钮，如图 3-22 所示。

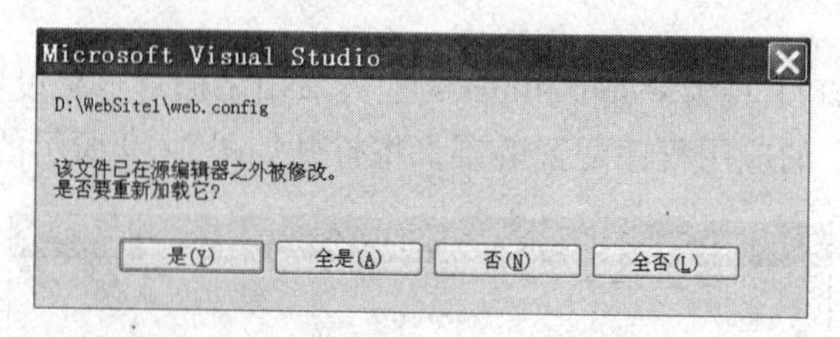

图 3-22　重新加载 web. config 文件确认窗口

现在打开 web. config 文件，可以看到 <appSettings> 配置节的变化，该文件中已正确添加了在 WAT 中添加的设置项，代码如下所示。

```
<appSettings>
        <add key="SiteInfoName" value="自定义配置设置信息"/>
        <add key="Example" value="使用 WAT 工具添加的项"/>
</appSettings>
```

从上面的演示中可以看出，WAT 简化了编写配置文件的方式，本书后面的章节将会再次提到 WAT 工具，来配置其他项。

3.5　Web 应用的异常处理

3.5.1　为什么要进行异常处理

对于一个 Web 应用程序来说，出错是在所难免的。当应用程序发布后，可能由于代码本身的缺陷、网络故障或其他问题，导致用户请求得不到正确的响应，出现一些对用户而言毫无意义的错误信息，甚至泄露了一些重要信息，让恶意用户有了攻击系统的可能。例如，当应用程序试图连接数据库却不成功时，显示出的错误信息里包含了你正在使用的用户名、服务器名等敏感信息。一个成熟、稳定的企业级应用，不应该出现上述情况，而应该给用户以友好的提示信息，并防止敏感信息的泄露，充分保证系统的安全性。因此应该未雨绸缪，为可能出现的错误提供恰当的修补处理。

如图 3-23 所示是试图访问网页而发生未处理异常时的显示信息。由于发生未处理异常，直接返回了一个错误页面，页面上显示了将要访问的文件路径、数据库名称等敏感信息。很明显，对于一般访问者，得到这样一个页面是非常不友好的；而对于黑客而言，这却正是他想要的。

对 Web 应用程序来说，发生不可预知的错误和异常在所难免，必须为 Web 程序提供错误处理机制。当错误发生时，必须做好两件事情：一是将错误信息记录日志，发邮件通知网站维护人员，方便技术人员对错误进行跟踪处理；二是以友好的方式提示最终用户页面发生了错误，而不能将未处理的错误信息显示给用户。

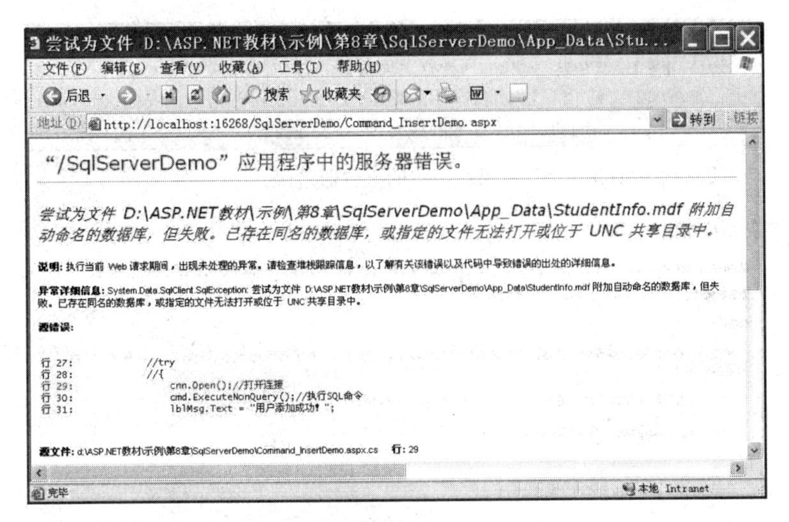

图 3-23　错误页面

ASP. NET 提供了五种异常处理机制：

- 通过 try-catch 异常处理块处理异常；
- 通过页面级的 Page_Error 事件处理异常；
- 通过页面级的 ErrorPage 属性处理异常；
- 通过应用程序级的 Application_Error 事件处理异常；
- 通过配置应用程序的 <customErrors> 配置节处理异常。

这五种异常处理机制有一定的优先级顺序，优先级从高到低排序：通过 try-catch 异常处理块处理异常；通过页面级的 Page_Error 事件处理异常；通过页面级的 ErrorPage 属性处理异常；通过应用程序级的 Application_Error 事件处理异常；通过配置应用程序 <customErrors> 配置节处理异常。下面分别介绍这五种异常处理机制的用法。

3. 5. 2　try-catch 异常处理块

对于异常处理的原则是：编写代码时应该尽可能地捕获可能发生的异常，合理地释放资源。因此，在编写代码时应尽量使用 try-catch 模块来处理有可能发生的异常。

【例 3-11】 演示 try-catch 异常处理块的使用。

（1）新建一个 ExceptionDemo 网站，添加一个名为 TryCatchDemo.aspx 的 Web 窗体。

（2）在该窗体的后台代码页的 Page_Load 事件过程中，添加以下代码。

```
protected void Page_Load(object sender,EventArgs e)
{
    int x =5;
    int y =0;
    //故意除以 0,产生异常
    int r =x/y;
}
```

（3）运行该页面，出现除以 0 异常，运行效果如图 3-24 所示。

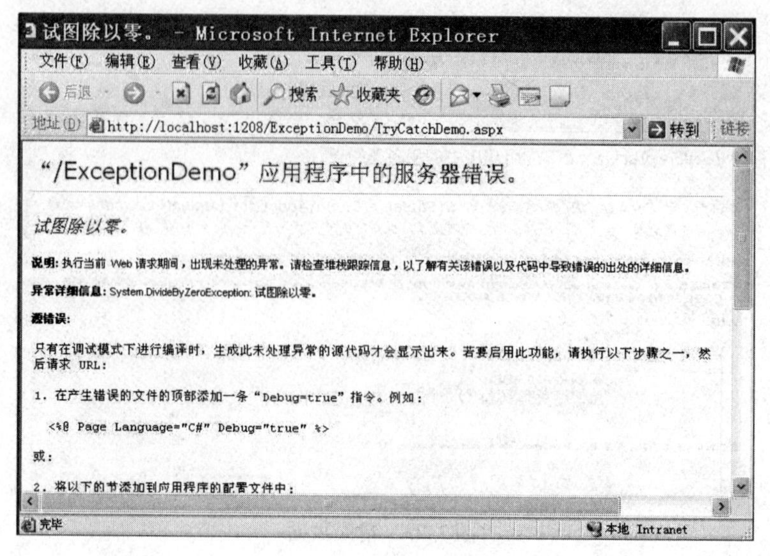

图 3-24　除以 0 异常

（4）将 Page_Load 事件过程进行修改，使用 try-catch 捕获异常，并向用户显示友好的错误信息。

```
protected void Page_Load(object sender,EventArgs e)
{
      int x=5;
      int y=0;
      try
      {
          //故意除以 0,产生异常
          int r=x/y;
      }
      catch(Exception ex)
      {
          Response.Write("发生异常,原因是:"+ex.Message);
      }
 }
```

（5）再次运行该页面，不再出现系统的错误页面，效果如图 3-25 所示。

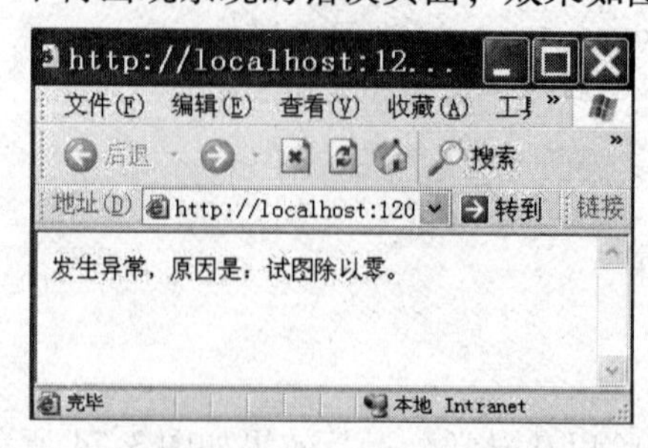

图 3-25　例 3-11 页面运行效果

3.5.3　页面级的 Page_Error 事件异常处理

Page 类有个异常处理事件（Page_Error），当页面引发了未处理的异常时触发该事件。因此，可在该事件中添加代码处理页面中发生的未处理异常。

【例 3-12】演示使用页面级的 Page_Error 事件处理异常。

（1）在 ExceptionDemo 网站，添加一个名为 PageErrorEventDemo.aspx 的 Web 窗体。

（2）在后台代码页中添加 Page_Load 事件和 Page_Error 事件，代码如下。

```
private void Page_Load(object sender,System.EventArgs e)
{
    throw new Exception("PageErrorEventDemo 页面发生异常");//故意抛出异常
}
protected void Page_Error(object sender,EventArgs e)
{
    Exception objErr = Server.GetLastError();//获取未处理的异常
    Response.Write("Error:" + objErr.Message);//输出异常信息
    Server.ClearError();//清除异常,避免上一级异常处理
}
```

由于页面代码中添加了 Page_Error 事件，只要该页面发生未处理的异常，就会触发该事件。在该事件中，通过 Server. GetLastError( )方法获取未处理的异常，并在浏览器中显示详细的错误信息。调用函数 Server. ClearError( )清除异常信息，如果没有调用 Server. ClearError( )，异常信息会继续向上抛，由上一级继续处理该异常。

（3）运行该页面，效果如图 3-26 所示。

图 3-26　例 3-12 页面运行效果

3.5.4　页面级的 ErrorPage 属性异常处理

通过设置页面的 ErrorPage 属性，可以让页面发生错误的时候重定向至友好的错误描述页面。例如，this. ErrorPage = "~/Error. htm"。注意，要让 ErrorPage 属性发挥作用，web. config 文件中的 <customErrors> 配置节的 mode 属性必须设置为“On”。

【例 3-13】演示使用页面级的 ErrorPage 属性处理异常。

（1）在 ExceptionDemo 网站，添加一个名为 ErrorPage. aspx 的 Web 窗体和一个名为 Error. htm的 HTML 页。

（2）在 ErrorPage.aspx 的后台代码页中添加 Page_Load 事件，代码如下。

```
protected void Page_Load(object sender,EventArgs e)
{
    this.ErrorPage = " ~/Error.htm";//如果发生异常,则跳转到 Error.htm 页
    throw new Exception("ErrorPage 页面发生异常");//故意抛出异常
}
```

（3）打开根目录下的 web. config 文件，在 system. web 配置块中添加 <customErrors>配置节，并将 mode 属性设为“On”，配置代码为：<customErrors mode = "On">。

（4）运行 ErrorPage.aspx 页，由于发生异常，自动跳转到 Error. htm 页。

注意 如果 Page_Error 和 ErrorPage 都存在，当该页抛出异常时，页面执行顺序是怎样的呢？页面会先执行 Page_Error 事件处理方法，如果 Page_Error( )事件中调用函数Server. ClearError( )清除异常信息，则不会跳转到 ErrorPage 属性指定页面；如果没有调用Server. ClearError( )，异常信息会继续向上抛，页面会跳转到 ErrorPage 指定页面。这也就证明了优先级顺序：Page_Error 事件高于 ErrorPage 属性。

3.5.5 应用程序级的 Application_Error 事件异常处理

与 Page_Error 事件相类似，可以使用 Global.asax 文件中的 Application_Error 事件捕获发生在应用程序中的所有未处理的异常。由于在整个应用程序范围内发生异常，并且都没有使用前面的方法处理这些异常，则会触发 Application_Error 事件处理这些应用程序级别的错误。

【例 3-14】 演示使用 Application_Error 事件捕获发生在应用程序中所有未处理的异常，并将捕获的异常信息写入 Windows 事件日志。

（1）在 ExceptionDemo 网站，添加一个名为 ApplicationError.aspx 的 Web 窗体。

（2）在后台代码页中添加 Page_Load 事件，代码如下。

```
protected void Page_Load(object sender,EventArgs e)
{
    throw new Exception("ApplicationError 页面发生异常");//故意抛出异常
}
```

（3）在网站的根目录下添加 Global.asax 文件，在该文件中添加 Application_Error 事件处理方法的代码如下。

```
void Application_Error(object sender,EventArgs e)
{
    //获取应用程序中未处理的异常
    Exception ex = Server.GetLastError();
    //将异常写入日志
    System.Diagnostics.EventLog log = new System.Diagnostics.EventLog();
    log.Source = "应用程序级异常处理";
    log.WriteEntry(ex.Message,System.Diagnostics.EventLogEntryType.Error);
    //清除异常
```

```
        Server.ClearError();
    }
```

（4）运行 ApplicationError.aspx 窗体，发生的异常由应用程序级的 Application_Error 事件处理，并将异常信息写入 Windows 日志。

（5）选择“开始”|“设置”|“控制面板”|“管理工具”|“事件查看器”，启动 Windows “事件查看器”窗口。在该窗口中选择应用程序，可以看到刚写入的日志信息，如图 3-27 所示。

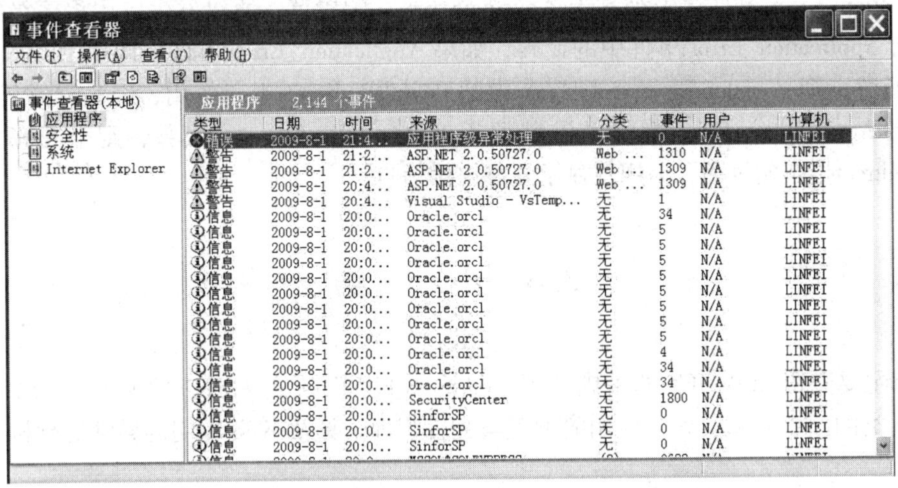

图 3-27　Windows“事件查看器”窗口

3.5.6　配置应用程序的 <customErrors> 配置节异常处理

如果既没有设置页面级异常处理，也没有设置应用程序级异常处理，那么还可以通过在配置文件 web. config 中设置相应的配置节来处理整个应用程序中未处理的异常。

具体方法是打开应用程序根目录下的 web. config 文件，在 system. web 配置块中，对 customErrors 配置节进行以下更改：

```
<customErrors mode="RemoteOnly" defaultRedirect="ErrorPage.htm">
    <error statusCode="403" redirect="NoAccess.htm"/>
    <error statusCode="404" redirect="FileNotFound.htm"/>
</customErrors>
```

上述代码中，mode 用于设置错误页面的显示模式，有如下三个可选项。

①RemoteOnly：如果应用程序发生未处理的异常，则对远程用户显示一个通用的错误页面，对本地用户显示详细的错误页面。

②Off：如果应用程序发生未处理的异常，无论请求是本地还是远程，对所有用户都显示详细的错误页面。

③On：如果应用程序发生未处理的异常，无论请求是本地还是远程，对所有用户都显示通用的错误页面。

如果只在本地测试 Web 应用程序，则使用默认的 RemoteOnly 选项；如果位于多人开发测试的环境，则使用 Off 选项；应用程序部署后，则使用 On 选项。

上述代码中，将 mode 属性设置为 RemoteOnly。这就将应用程序配置为仅向本地用户（如开发人员）显示详细的错误，而对远程用户则启用异常处理，并自动转到显示处理错误信息的页面，即 defaultRedirect 所指定的页面。< error >元素表示发生指定错误时，页面重定向到 redirect 所指定的页面，例如，发生 404 错误（即未找到页）时，重定向到 FileNot-Found. htm 错误页。

同样，如果 Application_Error 和 < customErrors >同时存在，也存在执行顺序的问题。因为 Application_Error 事件优先级高于 < customErrors >配置节，所以发生应用程序级错误时，优先执行 Application_Error 事件中的代码，如果 Application_Error 事件中调用了Server. ClearError( )函数，则 < customErrors >配置节中的 defaultRedirect 不起作用，因为异常已经被清除；如果 Application_Error 事件中没用调用 Server. ClearError( )函数，则会重新定位到 defaultRedirect指定的页面，为用户显示友好出错信息。

3.6 小　　结

本章主要介绍 ASP. NET 的基础知识，包括 ASP. NET 应用程序生命周期、ASP. NET 网页、Page 类的内置对象、Web 应用的配置与配置管理工具及 Web 应用的异常处理机制。

实训 3　ASP. NET 技术基础

1. 实训目的

通过实践练习，进一步理解本章知识，了解 ASP. NET 页面的运行机制和配置文件管理方式，掌握 ASP. NET 各种内置对象的使用及异常处理方法。

2. 实训内容和要求

（1）使用 Visual Studio 2010 新建一个网站 Practice3。

（2）在根目录下，添加一个名为 Request.aspx 的 Web 窗体，利用 Request 对象的 Url、UserHostAddress、PhysicalApplicationPath、CurrentExecutionFilePath 和 PhysicalPath 属性分别获取当前请求的 URL、远程客户端的 IP 主机地址、当前正在执行的服务器应用程序的根目录的物理路径、当前请求的虚拟路径及获取当前请求的 URL 的物理路径，然后通过 Response 对象将上述属性值输出到网页上。

（3）添加一个名为 RequestForm.aspx 的 Web 窗体，该窗体包含三个文本框和一个按钮，利用 Request 对象的 Form 集合接收表单中三个文本框中的数据，然后通过 Response 对象将这些数据输出到网页上。

（4）在 web. config 文件的 < appSettings >配置节中存储一些自定义配置信息，然后在 Default.aspx页面中获取并显示这些自定义的配置信息。

（5）实现应用程序级的异常处理，在 Global.asax 文件中的 Application_ Error 事件方法中添加代码，将应用程序中未处理的异常信息记录到 Windows 事件日志中。注意，需要在某个页面(如 Default. aspx)的 Page_Load 事件方法中通过调用 throw 方法抛出一个异常，测试应用程序的异常处理。

习　　题

一、单选题

1. 下面（　　）文件主要定义应用程序开始和结束、会话开始和结束、请求开始和结束等事件发生时，要做的事情。

   A. web. config　　B. Global. inc　　C. Config. asax　　D. Global.asax

2. 一个 ASP. NET 应用程序中一般有（　　）个 Global.asax 文件有效。

   A. 0　　B. 1　　C. 若干　　D. 以上都不对

3. DayStar 公司在它的企业内部网上发布一些重要信息。这些信息包括公司的当前股票价格、企业公告、相关的商业新闻、员工的生日榜及周年纪念日。该网站会在晚上 12 点关闭以进行备份。每天的信息都要从数据库中获取并存储到 XML 文件中，而这些工作都必须在该应用程序的首页显示给第一个用户前完成。你应该把用于创建这个 XML 文件的代码放在（　　）文件中。

   A. Global.asax　　B. AssemblyInfo.vb

   C. web.config　　D. 应用程序的起始页

4. 在一个 ASP. NET 应用程序中，希望每一次新的会话开始时，进行一些初始化任务。应该在（　　）事件中编写代码。

   A. Application_ Start　　B. Application_ BeginRequest

   C. Session_ Start　　D. Session_ End

5. 下列选项中，只有（　　）不是 Page 指令的属性。

   A. CodePage　　B. Debug　　C. namespace　　D. Language

6. 在一个名为 Login 的 Web 网页中，先需要在其 Page_ Load 事件中判断该页面是否回发，请问需要使用下列（　　）属性。

   A. Page. IsCallback　　B. Page. IsAsync　　C. Page. IsPostBack　　D. Login. IsPostBack

7. （　　）事件在页面被加载的时候，自动调用该事件。

   A. Page_ Load　　B. Page_ UnLoad　　C. Page_ OnLoad　　D. Page_ Submit

8. 下面程序段执行完毕后，页面显示的内容是（　　）。

```
Response.Write("Hello");
Response.End();
Response.Write("World");
```

   A. HelloWorld　　B. World　　C. Hello　　D. 出错

9. 下面（　　）方法用于将客户浏览器重新定向到一个新的 URL 地址。

   A. Redirect　　B. BinaryRead　　C. UrlPathEncode　　D. UrlDecode

10. 使用（　　）对象的 SaveAs 方法可以将 HTTP 请求保存到磁盘上。

A. Request　　B. Response　　C. Session　　D. Application

11. 一家在线测试中心 TestKing 公司创建一个 ASP. NET 应用程序。在用户结束测试后，这个应用程序需要在用户不知道的情况下，提交答案给 ProcessTestAnswers.aspx 页。ProcessTestAnswers.aspx 页面处理该答案，但不提供任何显示消息给用户。当处理完成时，PassFailStatus.aspx 页面显示结果给用户。在 PassFailStatus.aspx 页面中加（　　）代码，来执行 ProcessTestAnswers.aspx 页面中的功能。

A. Server. Execute("ProcessTestAnswers.aspx")

B. Response. Redirect("ProcessTestAnswers.aspx")

C. Response. WriteFile("ProcessTestAnswers.aspx")

D. Server. Transfer("ProcessTestAnswers.aspx", true)

12. 一个 ASP. NET 应用程序中一般有（　　）个 web. config 文件有效。

A. 0　　B. 1　　C. 若干　　D. 以上都不对

13. 在名为 Login 的页面的 Page_ Error 事件中捕获了一个未处理的异常，现需要清除刚产生的异常，请问需要使用下列的（　　）语句。

A. HttpServerUtiliity. ClearError()　　B. Page. ClearError()

C. Login. ClearError()　　D. Server. ClearError()

14. 在一个 ASP. NET 的网站中，如果需要在应用程序级捕获未处理的异常，应该使用下列（　　）事件。

A. Response_ Error　　B. Server_ Error　　C. Application_ Error　　D. Page_ Error

15. 在 ASP. NET 应用程序中发生一个未处理的异常时，希望无论在本地和远程都能看到错误信息，应该采取下面的（　　）方法配置。

A. 在 web. config 文件中设置 <customErrors> 配置节的模式的属性值为 On

B. 在 web. config 文件中设置 <customErrors> 配置节的模式的属性值为 RemoteOnly

C. 在 web. config 文件中设置 <customErrors> 配置节的模式的属性值为 Off

D. 在 web. config 文件中设置 <customErrors> 配置节的模式的属性值为 0

二、填空题

1. 使用 Visual Studio 开发 Web 应用程序时，需要对该站点进行配置，除了直接编辑 web. config 外，还可以使用________工具进行配置。
2. 应用程序开始时，调用________事件；应用程序结束时，调用________事件。
3. 一次新的会话开始时，调用________事件；会话结束时，调用________事件。
4. Server. MapPath ("~/") 或者________方法可以获得网站根目录的物理路径。

三、问答题

1. ASP. NET 页面包含哪些内置对象？
2. 简述 ASP. NET 网页的执行流程。
3. 简述 Global.asax 文件的结构，Web 应用程序可以在哪些目录中放置此文件？
4. 简述 ASP. NET 的 Web 配置文件的功能，以及可以编辑 web. config 文件内容的方法。

第 4 章　ASP. NET 服务器控件

通过前一章的学习，我们对 ASP. NET 应用程序及网页有了初步的了解。但是，一个网页中通常包含许多不同的元素，如图片、文本框、按钮或者超链接等，它们都是控件，控件是可重用的组件或对象，具有属性、方法和事件。本章将学习如何使用 ASP. NET 的服务器控件为 Web 应用程序创建用户界面。

4.1　服务器控件概述

在 ASP. NET 中，控件可以按运行在服务器端还是运行在客户端分为两大类。客户端控件就是通常所说的 HTML 控件，这类控件本书不做太多介绍。但当控件运行在服务器端的时候，该类控件就具有了服务器端的属性。在 ASP. NET 中，服务器控件也就是标记有 runat ="server" 的控件，这些控件经过处理后会生成客户端代码发送到客户端。

ASP. NET 是一种事件驱动和基于控件的编程模型，因此提供了大量的服务器控件供使用。Visual Studio 的工具箱中提供的标准服务器控件如图 4-1 所示。

图 4-1　工具箱中的标准服务器控件

ASP. NET 服务器控件可以分为如下几类。

◆ HTML 服务器控件。提供了对标准 HTML 元素的类封装，在 HTML 控件中添加一个在服务器端运行的属性，即可以由通用的客户端 HTML 控件转变为服务器端 HTML 控件，使开发人员可以对其进行编程。

◆ Web 服务器控件。这类控件比 HTML 服务器控件具有更多功能。Web 服务器控件不仅包括窗体控件（例如按钮和文本框），而且还包括特殊用途的控件（例如日历、菜单和树视图控件）。Web 服务器控件与 HTML 服务器控件相比更为抽象，因为其对象模型不一定反映 HTML 语法。

◆ 验证控件。这类控件可以使开发人员更容易对一些控件中的数据进行验证。如验证控件可用于对必填字段进行检查，对照字符的特定值或模式进行测试，验证某个值是否在限定范围之内，等等。

◆ 导航控件。这类控件被设计用于显示站点地图，允许用户从一个网页导航到另一个网页，如 Menu 控件、SiteMapPath 控件等。

◆ 数据控件。用于显示大量数据的控件，如 GridView、ListView 控件等，这些控件支持很多高级的定制功能，比如模板，允许添加、删除、编辑等。数据控件还包括数据源控件，如 SqlDataSource、LinqDataSource 控件等。使开发人员能够使用声明的方式绑定到不同类型的数据源，简化数据绑定的过程。

◆ 登录控件。这类控件简化创建用户登录页面的过程，使开发人员更容易编写用户授权和管理的程序。

◆ WebParts 控件。这类控件是 ASP. NET 中用于构建组件化的、高度可配置的 Web 门户的一套 ASP. NET 编程控件。

◆ ASP. NET AJAX 控件。这类控件允许开发人员在 Web 应用程序中使用 AJAX 技术，而不需要编写大量的客户端代码。

本章将着重讨论 HTML 服务器控件、Web 服务器控件、验证控件和用户控件。除 Web Parts 控件外，其他控件将在本书的后续章节中逐步介绍。

4.2 HTML 服务器控件

4.2.1 HTML 服务器控件概述

1. HTML 服务器控件的基本语法

传统的 HTML 元素是不能被 ASP. NET 服务器端直接使用的，但是通过将这些 HTML 元素的功能进行服务器端的封装，开发人员就可以在服务器端使用这些 HTML 元素。

在 Visual Studio 集成开发环境中，从工具箱的“HTML”选项中拖放一个 Input (Submit) 按钮控件到设计页面上，切换到源视图，Input(Submit) 的 HTML 源代码标记如下：

```
<input id="Submit1" type="submit" value="submit" />
```

在标记中直接添加 runat="server"，可以将 HTML 控件转化为 HTML 服务器控件。设置为服务器控件后，源代码标记如下：

```
<input id="Submit1" type="submit" value="submit" runat="server"/>
```

id 用来设置控件的名称，在一个程序中各控件的 id 均不相同，具有唯一性。id 属性允许以编程方式引用该控件。runat = "server" 表示作为服务器控件运行。

2. HTML 控件的类型

HTML 控件位于 system. web. UI. HtmlControls 命名空间中，是从 HtmlControl 基类中直接或间接派生出来的，包含二十多个 HTML 控件。表 4-1 列出了常用的 HTML 控件。

表 4-1　常用的 HTML 控件

控件介绍及代码	运行效果

输入控件：该控件用来控制 <input> 元素，通过设置其 type 属性，可分别用来显示按钮、文本框、下拉列表框、单选按钮、复选框。代码示例如下：
`<input id="Text1" type="text" />`
`<input id="Button1" type="button" value="button" />`
	可以看到，当把 type 属性设置为“text”时，呈现为一个文本框；当设置为“button”时，则显示为一个按钮
	设置不同的属性值，可以呈现不同的界面元素

文本区域控件：该控件用来控制 <textarea> 元素，在 HTML 中 <textarea> 元素建立一个文本区域。代码示例如下：
`<textarea id="TextArea1" cols="10"`
`rows="2"> </textarea>`
	可以看出，文本区域控件的 rows 属性表示文本区域的可见行数，cols 表示文本区域的列数

表格控件：该控件用来控制 <table>、<tr> 和 <td> 元素，在 HTML 中呈现为一个表格。代码示例如下：
`<table border="1" style="width:200px">`
`<tr>`
`<td style="width: 100px">编号</td>`
`<td style="width: 100px">专业</td>`
`</tr>`
`<tr>`
`<td>1</td>`
`<td>计算机应用</td>`
`</tr>`
`<tr>`
`<td>2</td>`
`<td>软件工程</td>`
`</tr>`
`</table>`
	可以看出，通过使用 <tr> 和 <td> 元素创建了 3 行 2 列的表格

续表

控件介绍及代码	运行效果
Image 控件：该控件用来控制 <img> 元素，在 HTML 中 <img> 元素被用来显示一个图像。代码示例如下： <img alt = "日出" src = "Image/Sunset.jpg" width = "100" />	alt 属性用于设置图片不可用时显示的文字。src 属性用于设置要显示图像的路径
选择控件：该控件用来控制 <select> 元素，在 HTML 中该元素用来呈现一个下拉列表框。代码示例如下： <select id = "Select1" > <option value = "0" >计算机应用 </option> <option value = "1" >软件工程 </option> <option value = "2" >网络技术 </option> </select>	网络技术 计算机应用 软件工程 网络技术 可以看到，通过 <option> 元素为选择控件创建了三个下拉选项
水平线控件：该控件控制 <hr> 元素，在 HTML 中呈现为一条水平直线。代码示例如下：<hr />	
Div 容器控件：该控件控制 <div> 元素，在 HTML 中该元素呈现为块，往往会包含其他元素。代码示例如下： <div style = "background-image: url('Image/Sunset.jpg'); width: 200px;" > <input id = "Text1" type = "text" /> <input id = "Button1" type = "button" value = "button" /> </div> <div style = "border: thin dashed #0000FF; width: 150px" > <select id = "Select1" > <option value = "0" >计算机应用 </option> <option value = "1" >软件工程 </option> <option value = "2" >网络技术 </option> </select> </div>	button 计算机应用 可以看出，利用两个 <div> 容器控件分别创建了两个不同风格的块

3. HTML 服务器控件的公共属性

表 4-2 列出了 HTML 服务器控件的公共属性。

表 4-2　HTML 服务器控件的公共属性

属　性	说　明
InnerHtml	获取或设置控件的开始标记和结束标记之间的内容，并自动将特殊字符转换为等效的 HTML 实体。例如，假设要显示的内容为 <u>Hello</u>，InnerHtml 属性会对其中的 <u> 属性进行解释，所以显示出带下划线的 Hello 文字

续表

属　性	说　　明
InnerText	获取或设置控件的开始标记和结束标记之间的内容，但不自动将特殊字符转换为等效的 HTML 实体。例如，假设要显示的内容为 <u>Hello </u>，InnerText 属性不会对其中的 <u>属性进行解释，所以会将“ <u>Hello </u>” 直接显示出来
Value	获取控件的值，如选择控件、输入控件的值
Attributes	服务器控件的所有属性的集合。使用该属性可以用编程方式访问 HTML 服务器控件的所有属性。如 Submit1. Attributes["Value"] = "提交"；当然也可以直接使用“控件名.属性”的方式来设置或获取属性，如 Submit1. Value = "提交"
Disabled	获取或设置一个 true 或 false 值。true 表示 HTML 服务器控件被禁用，false 表示 HTML 服务器控件未被禁用
Visible	获取或设置一个 true 或 false 值。该值指示控件在页面上是否可见

4. HTML 服务器控件的事件

HTML 控件添加了 runat = "server" 标记后，不仅可以添加客户端事件代码，而且可以添加服务器端事件代码，但是在 Visual Studio 的属性窗口中是看不到任何事件列表的。

【例 4-1】 演示如何为 Html 控件添加事件。

（1）创建一个名为 HtmlControlDemo 的 ASP. NET 网站，添加一个名为 HtmlControlEvent. aspx的 Web 窗体。拖一个 HTML 的 Submit 按钮控件到窗体的设计视图中。直接双击 Submit 按钮，将自动生成客户端的按钮单击事件，HTML 源代码如下。

```
<%@ Page Language = "C#" AutoEventWireup = "true" CodeFile = "HtmlControlEvent.aspx.cs"
Inherits = "HtmlControlEvent"%>
<!DOCTYPE html PUBLIC "-//W3C//DTD XHTML 1.0 Transitional//EN"
"http://www.w3.org/TR/xhtml1/DTD/xhtml1-transitional.dtd">
<html xmlns = "http://www.w3.org/1999/xhtml">
<head runat = "server">
     <title>无标题页</title>
    <script language = "javascript" type = "text/javascript">
    //<!CDATA[
    function Submit1_onclick(){
    }
    //]]>
    </script>
</head>
<body>
      <form id = "form1"runat = "server">
      <div>
            <input id = "Submit1" type = "submit" value = "submit"
               onclick = "return Submit1_onclick()"/> </div>
     </form>
```

```
</body>
</html>
```

（2）在 HTML 源代码视图中，为 Submit1_onclick()方法添加以下代码。

```
alert("HTML 控件客户端 OnClick 事件");
```

（3）如果要添加服务器端单击事件，必须先将 Submit 控件变为服务器控件，即添加 runat = "server" 属性，然后为 Submit 控件的 onserverclick 属性指定一个服务器端单击事件处理方法，代码如下所示。

```
<input id="Submit1" type="submit" value="submit" runat="server"
  onserverclick="Submit1_ServerClick" onclick="return Submit1_onclick()"/>
```

（4）在后台代码文件 HtmlControlEvent.aspx.cs 中添加 Submit1_ServerClick 事件过程，该事件需要传递两个参数，第一个参数是触发事件的对象，通常是 object 类型。第二个参数是事件的传入参数，通常是 EventArgs 类型。针对不同的控件，此参数会不同。事件代码如下：

```
protected void Submit1_ServerClick(object sender,EventArgs e)
{
    Response.Write("服务器端 ServerClick 事件");
}
```

（5）运行该页面，单击 Submit 按钮，先处理客户端 onclick 事件，运行效果如图 4-2(a)所示。然后，向服务器端回传页面，处理服务器端 onserverclick 事件，运行效果如图 4-2(b)所示。

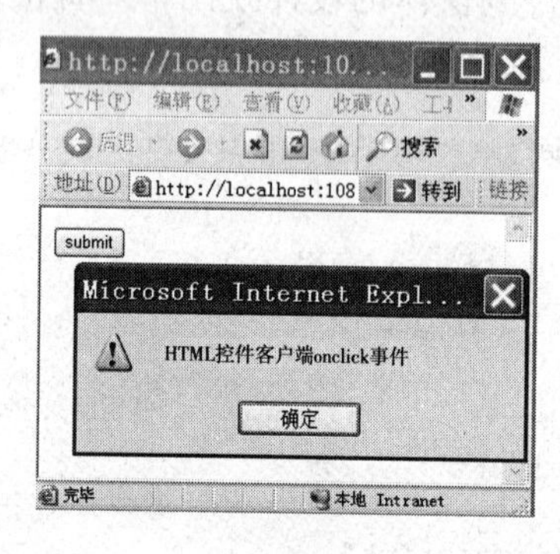

(a)

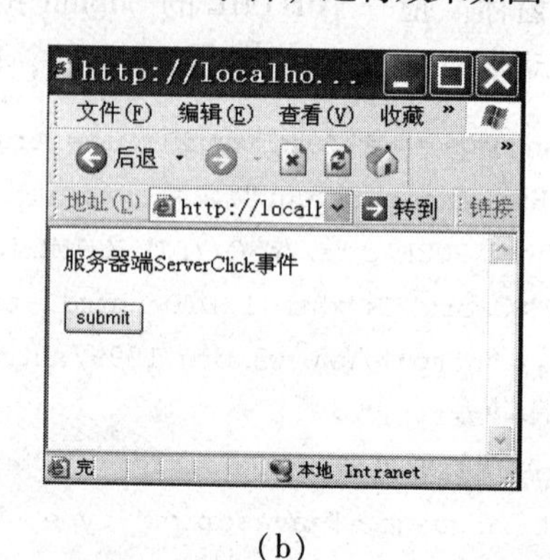

(b)

图 4-2 页面运行效果

HTML 控件的客户端事件是在客户端浏览器内被触发的，它不会产生到服务器的往返。表 4-3 列出了 HTML 控件的常见客户端事件。

表 4-3 HTML 控件的常见客户端事件

事　件	说　明
onclick	当鼠标单击控件时触发该事件，如按钮的单击
onchange	当内容改变时被触发，如文本框内容发生变化时触发该事件
ondbclick	当鼠标双击控件时触发该事件

续表

事　　件	说　　明
onfocus	获得焦点时触发该事件，不过控件必须能够获得焦点
onkeydown	当按下键盘时触发该事件
onkeypress	当按键盘时触发该事件
onkeyup	当放开键盘时触发该事件
onmousedown	当鼠标按下时触发该事件
onmouseup	当鼠标放开时触发该事件
onmousemove	当鼠标在控件区域移动时触发该事件
onmouseover	当鼠标滑过控件区域时触发该事件
onmouseout	当鼠标移出控件区域时触发该事件

相对于客户端事件而言，服务器端事件由于需要往返服务器，因此服务器端事件相对较少。

4.2.2　HTML 服务器控件综合示例

【例 4-2】 演示如何使用 HTML 服务器控件制作一个图片浏览器。

（1）在 HTMLControlDemo 网站中，新建一个名为 Picture.aspx 的 Web 页面，设计页面如图 4-3 所示。

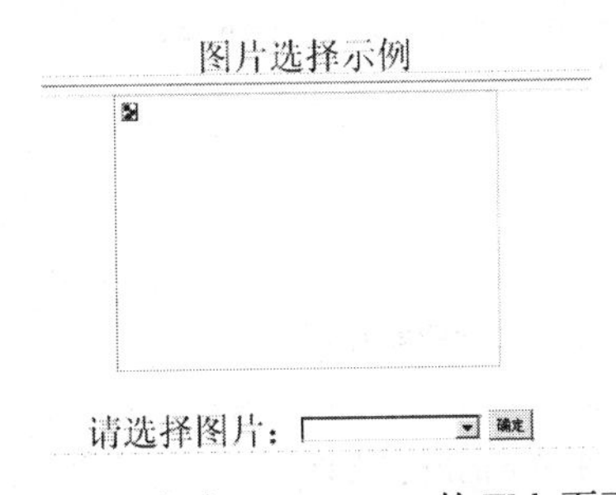

图 4-3　名为 Picture.aspx 的 Web 页面

源视图中，控件声明代码如下。

```
<form id="form1" runat="server">
  <div style="font-size:xx-large;color:blue;text-align:center">
   图片选择示例<br/>
   <hr/>
   <img id="IMG1" runat="server" src=""alt="" style="width:342px;height:242px"/
      ><br/>
   <br/>
   请选择图片：
   <select id="Select1" runat="server" style="width:159px">
       <option selected="selected"></option>
```

```
    </select>
    <input id="Submit1" runat="server" onserverclick="Submit1_ServerClick"
      type="submit" value="确定"/> </div>
  </div>
</form>
```

（2）在“解决方案资源管理器”窗口中，右击网站名称 HTMLControlDemo，在弹出的快捷菜单中选择“新建文件夹”，将新建的文件夹命名为 images。在 images 文件夹下添加一些图片文件，如图 4-4 所示。

图 4-4　images 文件夹下添加图片文件

（3）在后台代码页中，添加 Page_Load 和 Submit1_ServerClick 事件过程，代码如下。

```
protected void Page_Load(object sender,EventArgs e)
{
    //判断是否第 1 次访问
    if(!IsPostBack)
    {
        //获取 images 文件夹的物理路径
        string str = Server.MapPath(Request.ApplicationPath) + "\\images";
        //获取 images 文件夹下的所有文件
        string[] strFiles = System.IO.Directory.GetFiles(str);
        //清除 Select 控件下的所有项
        Select1.Items.Clear();
        //将 images 文件夹下所有文件的文件名和路径添加到 Select 控件中
        for(int i =0;i < strFiles.Length;i ++)
        {
            ListItem FileItem = new ListItem(System.IO.Path.GetFileNameWith-
              outExtension(strFiles[i]), "~ \\images\\" + System.IO.Path.
            GetFileName(strFiles[i]));
            Select1.Items.Add(FileItem);
        }
        //Image 控件显示第 1 个图片
        IMG1.Src = Select1.Items[0].Value;
```

```
        }
    }
    protected void Submit1_ServerClick(object sender,EventArgs e)
    {
        //在 Image 控件中显示所选择的图片
        IMG1.Src = Select1.Items[Select1.SelectedIndex].Value;
    }
```

（4）运行该页面，在 Select 控件中选择不同的图片，单击“确定”按钮，Image 控件上将显示不同的图片，效果如图 4-5 所示。

图 4-5　Picture.aspx 页面运行效果

4.3　Web 服务器控件

4.3.1　Web 服务器控件概述

Web 服务器控件是 ASP. NET 应用程序中最常用的控件，与 HTML 服务器控件相比，具有更多内置功能。Web 服务器控件不仅包括窗体控件（如按钮和文本框），而且还包括特殊用途的控件（如日历、菜单和树视图控件）。Web 服务器控件与 HTML 服务器控件相比更为抽象，因为它们不必像 HTML 控件必须一一对应 HTML 标记。

Web 服务器控件位于 system. web. UI. WebControls 命名空间中，所有的 Web 服务器控件都是从 WebControls 基类派生出来的。表 4-4 列出了各标准 Web 服务器控件的基本功能。

表 4-4 标准 Web 服务器控件的基本功能

服务器控件	说　明
AdRotator	该控件将随机显示事先定义的一系列可单击的广告图片
BulletedList	创建一个无序或有序（带编号）的项列表，它们分别呈现为 HTML ul 或 ol 元素
Button	ASP. NET 网页中的按钮，使用户可以发送命令
Calendar	在 ASP. NET 网页中显示一个单月份日历，用户可使用该日历查看和选择日期
CheckBox	单个复选框控件
CheckBoxList	复选框列表
DropDownList	建立一个下拉列表
FileUpload	为用户提供一种从用户计算机向服务器上传文件的方法
HiddenField	利用该控件可将信息保留在 ASP. NET 网页中，而不会显示给用户
HyperLink	建立一个超链接
Image	显示一个图片
ImageButton	显示一个可单击的图片按钮
Label	显示文本内容
ListBox	建立一个单选或多选的下拉列表
Literal	显示可编程的静态内容
MultiView View	MultiView 控件可用作 View 控件组的容器。每个 View 控件也可以包含子控件，如按钮、文本框等。应用程序可以根据条件或传入的查询字符串参数，以编程方式向客户端显示特定的 View 控件，实现多视图
Panel	该控件在页面内为其他控件提供一个容器
PlaceHolder	为使用代码添加的控件保留空间
RadioButton	单个单选按钮
RadioButtonList	单选按钮列表
Tabel TabelRow TabelCell	Table 控件用于在网页上创建表，TableRow 控件则用于创建表中的行，TableCell 控件用于创建每一行的单元格
TextBox	建立一个文本框
Wizard	可以生成向用户呈现多步骤过程的网页
Xml	显示一个 XML 文件或者 XSL 转换的结果

1. Web 服务器控件基本语法

从左边工具箱中拖放一个 Web 服务器控件到页面上，其 HTML 源代码标记如下：

```
<asp:控件名 ID="控件名称" runat="server" 属性1="值" 属性2="值".../>
```

或者：

```
<asp:控件名 ID="控件名称" runat="server" 属性1="值" 属性2="值"...></asp:控件名>
```

如 Button 控件，基本语法为：

```
<asp:Button ID="Button2" runat="server" Text="Button"/>
```

其中，“asp：控件名”是 Web 控件的起始标记，“asp:”指明是 Web 控件。ID 是用于唯一标识控件的字符串，runat="server" 表示是服务器端控件。ID 和 runat="server" 指明所有 Web 服务器控件必须加上的两个属性。其他属性的设置视情况而定。最后加上</asp:控件名>作为结束标记。如果不想写结束标记，也可以在控件语法的最后加上“/>”。

将控件添加到 Web 窗体中，有3种方法。

方法1：从工具箱中添加控件。

在 Visual Studio 的 IDE 环境中，打开网页并切换到设计视图，就可以使用鼠标从工具箱中将控件拖放到 Web 窗体。在设计视图中，可方便地对控件的外观进行可视化的调整，如通过鼠标来调整控件的高度或宽度等。图4-6显示了该操作时的界面。

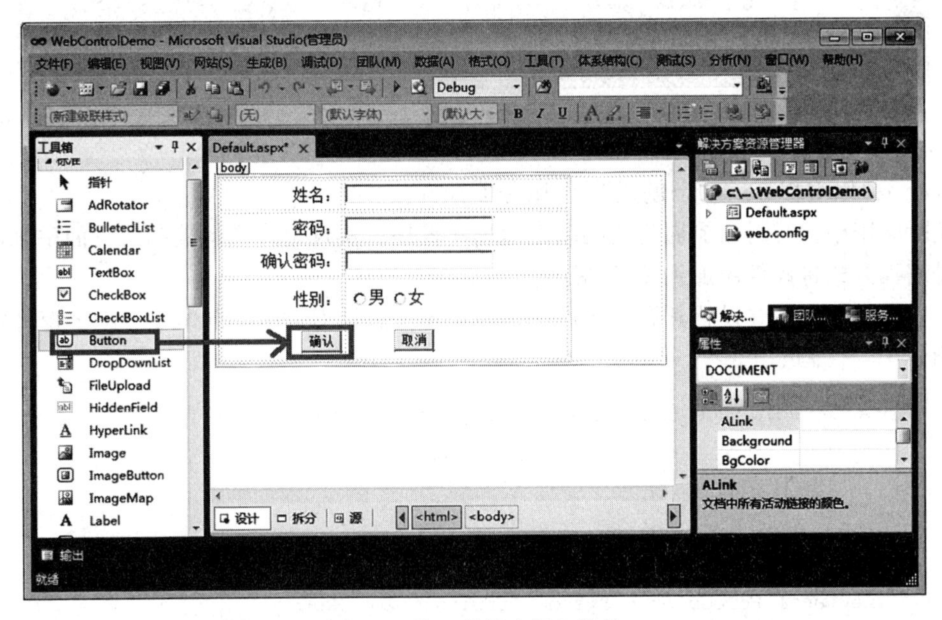

图4-6 从工具箱中添加控件

方法2：在源视图中，直接添加控件声明代码。

从设计视图切换到源代码视图，在需要添加控件处，按以下步骤添加控件。

（1）输入“<asp:”，系统自动识别并弹出所有可以使用的控件，选择控件并按 Tab 键。

（2）输入空格，系统自动识别并弹出该控件的所有属性，选择“ID”属性，并设置其值。

（3）再输入空格，选择“runat”属性按 Tab 键，并设置其值为“server”。

（4）可重复添加其他属性。

(5) 最后输入“ > ”，系统自动生成结束标记，或者输入“/ > ”结束标记。

图 4-7 显示了该操作时的界面。

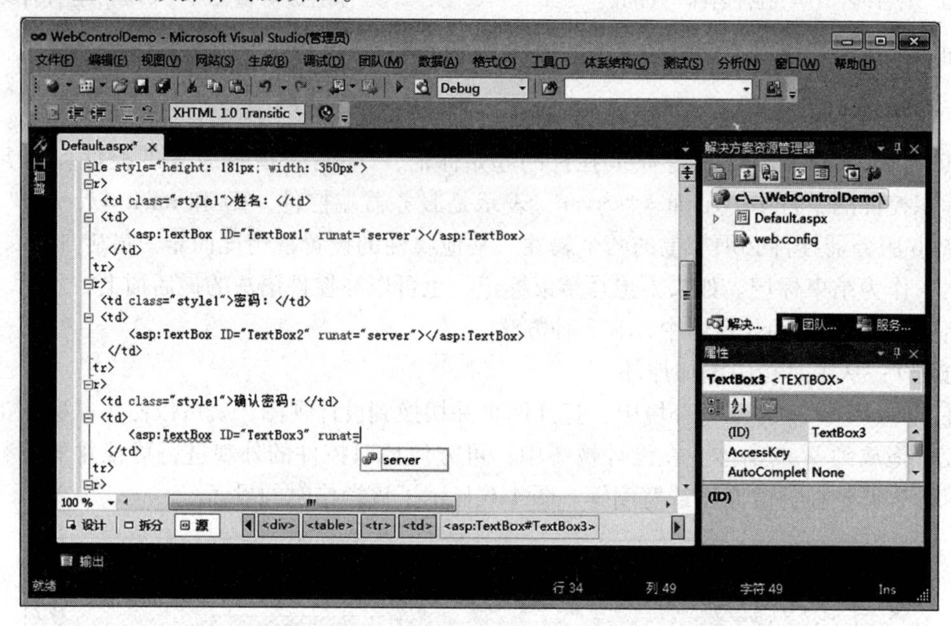

图 4-7　在源视图中添加控件

方法 3：以编程方式动态创建 Web 服务器控件。

实际应用中，有时需要通过代码动态地创建控件，实现更灵活的控制。下面举例说明如何通过编程方式将控件添加到 Web 窗体。

首先，创建控件并设置其属性，然后，通过窗体属性 Controls 的 Add 方法将控件添加到 Web 窗体中。代码如下：

```
protected void Page_Load(object sender,EventArgs e)
{
    //创建控件并设置属性
    Label newLabel = new Label();
    newLabel.Text = "动态创建 Label 控件";
    newLabel.ForeColor = System.Drawing.Color.Red;
    //添加控件到 Web 窗体中
    this.forml.Controls.Add(newLabel);
}
```

除了在窗体中能动态创建控件外，还可以将控件动态地添加到容器控件中，如添加到 Panel 容器中。

2. Web 服务器控件的公共属性

表 4-5 列出了 Web 服务器控件的公共属性。

表 4-5　Web 服务器控件的公共属性

属　性	说　明
AccessKey	定义控件的快捷键。例如，定义控件的 AccessKey 属性为 A，则表示访问该控件的快捷键为 Ctrl + A
TabIndex	设置网页中各控件的 Tab 键顺序，用户单击 Tab 键即可按设置顺序在控件中移动焦点
Attributes	控件属性集合。该属性只能在编程时指定
BackColor	控件的背景颜色
Enabled	控件能否被用户访问
Font	控件上文本的字体。如 Font. Name 表示字体名称，Font. Bold 表示是否加粗显示
ForeColor	控件上文本的颜色
Height	控件的高度，以像素为单位
Width	控件的宽度，以像素为单位
ToolTip	设置当鼠标指针悬停在 Web 服务器控件上时显示的文本
Visible	控件是否可见

控件属性的设置有两种方法。

方法 1：设计时通过“属性”窗口设置控件的属性。

在 Visual Studio 的 IDE 中，通过“属性”窗口可以很方便地设置控件的属性。在页面中选定控件，属性窗口中将显示选定控件的属性及其对应的属性值，可以在“属性”窗口中直接编辑属性值，如图 4-8 所示。

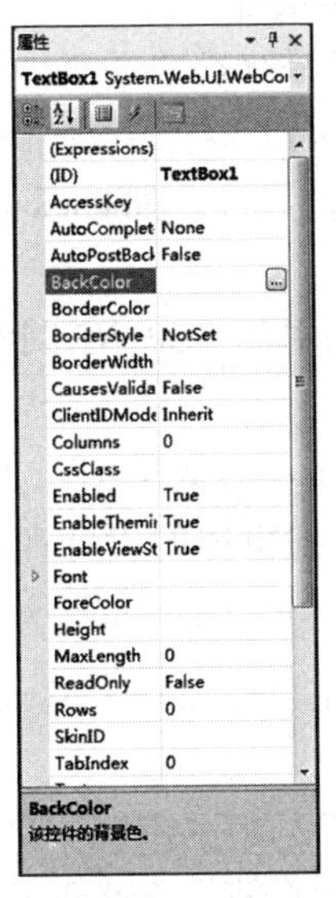

图 4-8　通过“属性”窗口设置控件属性

方法 2：运行时以编程方式设置控件的属性。

有时需要以编程的方式设置控件的属性。例如，以编程方式向一个下拉列表框添加项，代码如下所示：

```
protected void Page_Load(object sender,EventArgs e)
{
    if(! IsPostBack)
    {
        DropDownList1. Items. Add("软件工程");
        DropDownList1. Items. Add("计算机应用");
        DropDownList1. Items. Add("网络技术");
        DropDownList1. Items. Add("电子工程");
    }
}
```

上面这段代码表示向 DropDownList1 添加了 4 个项。实际应用中，这些项可能来源于数据库或配置文件(XML 文件)等。

3. Web 服务器控件的客户端事件

ASP. NET 是基于服务器的技术，因此不会直接与浏览器进行交互。例如，不存在从浏览器接受键盘输入、响应鼠标事件或执行其他涉及用户与浏览器间交互任务的 ASP. NET 事件。

这些需要直接和浏览器交互的任务可通过编写客户端脚本来处理。在浏览器中运行的客户端脚本可以立即响应用户的操作。例如，可以使用客户端脚本实现鼠标停留在某个按钮或菜单项上时更改该按钮或菜单项的外观；同样，可以使用客户端脚本执行以下三种操作：一是逐字符检查文本框中的键盘输入；二是动态更改页面外观；三是执行主要面向用户界面（UI）的任何其他任务和要求立即响应的任务。

下面介绍向 ASP. NET 服务器控件添加客户端事件的三种方法。

方法 1：以声明方式向 ASP. NET 服务器控件添加客户端事件处理程序。

在源视图中，为控件直接添加事件属性。如 onmouseover 或 onkeyup。针对不同属性添加要执行的客户端脚本。

【例 4-3】演示一个包含客户端脚本的 ASP. NET 网页，当用户将鼠标移到按钮上方时，此脚本就会更改该按钮的文本颜色。

（1）创建一个名为 WebControlDemo 的 ASP. NET 网站，添加一个名为 ClientDemo. aspx 的 Web 窗体。拖一个 Button 按钮控件到窗体的设计视图。切换到源视图，为 Button 控件添加 onmouseover 和 onmouseout 客户端事件，代码如下所示。

```
<%@ Page Language="C#" AutoEventWireup="true" CodeFile="ClientDemo.aspx.cs"
Inherits="ClientDemo"%>
<!DOCTYPE html PUBLIC "-//W3C//DTD XHTML 1.0 Transitional//EN"
"http://www.w3.org/TR/xhtml1/DTD/xhtml1-transitional.dtd">
<html xmlns="http://www.w3.org/1999/xhtml">
    <head runat="server">
        <title>以声明方式向 ASP.NET 服务器控件添加客户端事件处理程序</title>
        <script type="text/javascript">
```

```
            var previousColor;
            function MakeBlue()
            {
                previousColor = window.event.srcElement.style.color;
                window.event.srcElement.style.color = "blue";
            }
            function RestoreColor()
            {
                window.event.srcElement.style.color = previousColor;
            }
        </script>
    </head>
    <body>
        <form id = "form1" runat = "server">
        <div>
            <asp:Button ID = "Button1" runat = "server" Text = "Button"
        onmouseover = "MakeBlue();" onmouseout = "RestoreColor();"/>
        </div>
        </form>
    </body>
</html>
```

（2）运行该页面，当鼠标移动到按钮上时，按钮上的文字变为蓝色；鼠标移走后，按钮上的文字又变为黑色。

方法2：以编程方式向 ASP. NET 控件添加客户端事件处理程序。

在页面的 Init 或 Load 事件中调用控件的 Attributes 集合的 Add 方法来动态添加客户端事件处理程序。

【例 4-4】 演示如何动态地向 TextBox 控件添加客户端脚本。该客户端脚本显示 TextBox 控件中的文本长度。

（1）在 WebControlDemo 网站的 ClientDemo.aspx 页面中，添加一个名为 TextBox1 的文本框控件和一个名为 spanCounter 的 span 元素。

在源视图中控件声明代码如下：

```
<asp:TextBox ID = "TextBox1" runat = "server"> </asp:TextBox>
<span id = "spanCounter" runat = "server"> </span>
```

（2）打开后台代码页，在 Page_ Load 事件处理方法中添加如下代码。

```
protected void Page_Load(object sender,EventArgs e)
{
    TextBox1.Attributes.Add("onkeyup","spanCounter.innerText = this.value.length;");
}
```

（3）运行该页面，TextBox1 控件中的文本长度发生的任何变化，都会在 spanCounter 中显示出来。

方法 3：向按钮控件添加客户端 Click 事件。

在按钮控件(Button、LinkButton 和 ImageButton 控件)中，要添加客户端 Click 事件，可以在设计视图中将按钮控件的 OnClientClick 属性设置为要执行的客户端脚本，也可以在源视图中直接添加 OnClientClick 属性。

【例 4-5】 演示如何向 Button 控件添加客户端 Click 事件。

（1）在 WebControlDemo 网站的 ClientDemo.aspx 页面上添加一个名为 btnClientClick 的 Button 控件，选中该控件，在“属性”窗口中将该控件的 Text 属性设置为“测试”，OnClientClick 属性设置为“return confirm(‘是否提交?’)”。

（2）运行该页面，单击“测试”按钮，将弹出“是否提交?”提示窗口，效果如图 4-9 所示。如果单击“确定”按钮，页面会回发，否则不回发。

图 4-9　ClientDemo.aspx 页面运行效果

4. Web 服务器控件的服务器端事件

表 4-6 列出了 Web 服务器控件常用的服务器端事件。

表 4-6　Web 服务器控件常用的服务器端事件

事　　件	说　　明
Click	当 Web 服务器控件被单击时会触发该事件。Button、ImageButton 控件具有该事件
TextChanged	当 Web 服务器控件上的文本发生变化时会触发该事件。TextBox 控件具有该事件
CheckedChanged	当 Web 服务器控件的选项发生变化时会触发该事件。CheckBox、RadioButton 控件具有该事件
SelectedIndexChanged	当 Web 服务器控件的列表选项发生变化时会触发该事件。列表类控件 CheckBoxList、DropDownList、ListBox、RadioButtonList 控件具有该事件

在服务器控件中，某些事件（通常是 Click 事件）会导致页面被立即回发。回发之后，会触发该页面的初始化事件（Page_Init 和 Page_Load），然后再处理控件事件。某些控件的 Change 事件只有将 AutoPostBack 属性设置为 true 时，才会导致页面立即发送，否则，只有当 Click 事件发生时，才回发处理这些 Change 事件。例如，当 AutoPostBack 属性设置为 true 时，CheckBox 控件的 CheckedChanged 事件也会导致该页被提交。因此，在设计时应充分考虑到事件是否需要回发页面。有关事件处理顺序可参见 3. 2. 4 节“ASP. NET 网页的生命周

期与 Page 类的事件”。

下面介绍添加服务器端事件的两种方法。

方法1：设计时在属性窗口中添加事件处理方法。

在 Visual Studio 的集成开发环境中，打开页面并切换到设计视图，如图4-10所示用鼠标选中服务器控件；在“属性”窗口上方，单击 图标切换到事件列表，可以看到该控件的所有事件，在事件列表中双击控件的某个事件，即可添加事件处理方法的框架，并切换到页面的后台代码页。

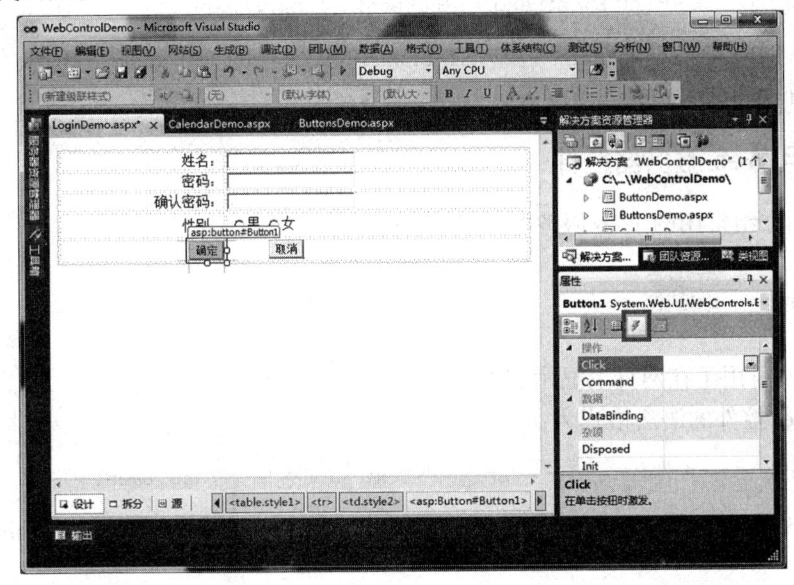

图4-10　设计时在属性窗中添加事件

例如，为 Button1 控件添加 Click 事件，Click 事件名称可以自行命名，也可以不命名，直接双击。如果直接在 Click 事件处双击，则将在后台代码页中生成如下事件处理方法：

```
protected void Button1_Click(object sender,EventArgs e)
{
}
```

同时，在源视图中修改了控件的声明属性，代码如下所示：

```
<asp:Button ID="Button1" runat="server" onclick="Button1_Click" Text="确定"/>
```

该示例代码中 onclick = "Button1_Click" 是自动添加的。当然，也可以手工添加该代码，让该控件的事件和事件处理方法关联。

所有服务器端事件都传递两个参数：第一个参数是触发事件的对象，通常是 object 类型；第二个参数是事件的传入参数，通常是 EventArgs 类型，针对不同的控件，此参数会不同。例如，对于 ImageButton 的 Web 服务器控件，第二个参数是 ImageClickEventArgs 类型，它包括有关用户单击位置的坐标信息。

方法2：运行时以编程方式动态添加事件处理方法。

除了上面添加事件处理的方法外，有时也需要以编写代码的方式动态地为控件添加事件处理方法。可以在运行过程中指定控件的某个事件处理方法，为编程带来更多的灵活性。例如，为按钮动态设置单击事件处理方法，首先定义事件处理方法，代码如下：

```
protected void Button1_Click(object sender,EventArgs e)
{
}
```

然后，将该方法和控件的单击事件关联，代码如下：

```
Button1.Click += new EventHandler(Button1_Click);
```

该代码示例中的 EventHandler 是 .NET Framework 提供的一个事件委托类，通过它为控件的事件和事件处理方法建立关联。

4.3.2 常用 Web 服务器控件

下面分别介绍常用的 Web 服务器控件。

1. Label 控件 

Label 控件可用于在网页上显示文本。

声明 Label 控件的语法格式为：

```
<asp:Label ID="控件名" runat="server" Text="文本"> </asp:Label>
```

Label 控件只能用来显示文本，具有 Text 属性，用来获取或设置指定在 Label 控件上显示的文字。

2. TextBox 控件

TextBox 控件可用于制作单行、多行文本框和密码框。

声明 TextBox 控件的语法格式为：

```
<asp:TextBox ID="控件名" runat="server"> </asp:TextBox>
```

Web 服务器控件的共同属性在 4.3.1 节中已经介绍，下面主要介绍 TextBox 控件本身特有的属性。

- AutoPostBack 属性：获取或设置当 TextBox 控件上的内容发生改变后是否自动将窗体数据回传到服务器，默认为 false，不自动回传；为 true 时，则自动回传。该属性要与 TextChanged 事件配合使用。
- MaxLenth 属性：获取或设置文本框中最多允许的字符数。当 TextMode 属性设为 MultiLine时，此属性不可用。
- ReadOnly 属性：获取或设置 TextBox 控件是否为只读。当该属性设置为 true 时，将禁止用户输入或更改现有值。默认值为 false。
- Text 属性：获取或设置文本框的文本内容。
- TextMode 属性：获取或设置文本框的类型。TextBox 有三种取值：MultiLine 为多行输入模式；Password 为密码输入模式；SingleLine 为单行输入模式。默认值为 SingleLine。

TextBox 主要的服务器端事件是 TextChanged 事件。当 Text 属性的值改变时，会触发此事件。

注意 当 AutoPostBack 属性设置为 true，用户更改文本框的内容并将焦点移开文本框时，将自动回传页面并触发 TextChanged 事件。当 AutoPostBack 属性设置为 false 时，即使用户更改文本框的内容并将焦点移开文本框，也不会自动回传页面，需等到回传页面的事件发生时（如按钮控件的 Click 事件），才会触发 TextChanged 事件。

【例 4-6】 演示如何将 TextBox 控件的 AutoPostBack 属性与 TextChanged 事件配合使用。

（1）在 WebControlDemo 网站中，添加一个 TextBoxDemo.aspx 网页。在网页上添加三个 TextBox 控件，ID 分别为 txtName、txtPwd、txtResult；分别将这三个文本框的 TextMode 属性设置为 SingleLine、Password、MultiLine；将文本框 txtPwd 的 AutoPostBack 属性设置为 true，并为该控件添加 TextChanged 事件，其事件过程名为 txtPwd_TextChanged。页面的设计视图如图 4-11 所示。

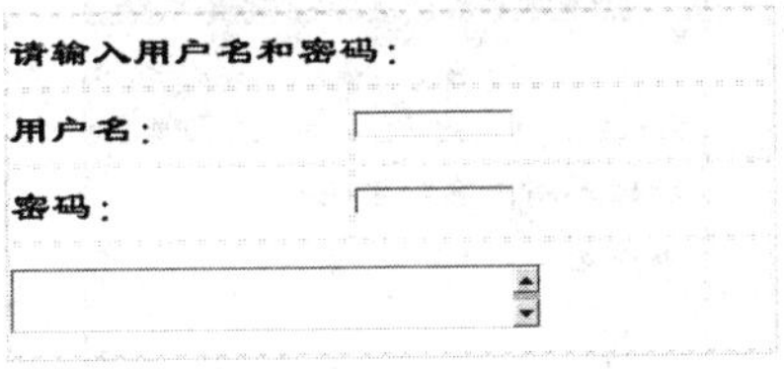

请输入用户名和密码：

用户名：

密码：

图 4-11 TextBoxDemo.aspx 页面的设计视图

源视图中的控件声明代码如下：

```
<form id="form1" runat="server">
    <div style="font-size:xx-large;font-weight:bold;font-family:隶书;color:Blue">
        <table style="width:616px;height:276px">
            <tr><td colspan="2">请输入用户名和密码：</td></tr>
            <tr>
                <td style="width:141px">用户名：</td>
                <td style="width:100px">
                    <asp:TextBox ID="txtName" runat="server"></asp:TextBox>
                </td></tr>
            <tr>
                <td style="width:141px">密码：</td>
                <td style="width:100px">
                    <asp:TextBox ID="txtPwd" runat="server" TextMode="Password"
                      AutoPostBack="True" OnTextChanged="txtPwd_TextChanged"
                      ></asp:TextBox></td>
            </tr>
            <tr>
                <td colspan="2">
                    <asp:TextBox ID=" txtResult" runat="server" ReadOnly="True"
                TextMode="MultiLine" Columns="50" Rows="3"></asp:TextBox>
                  </td>
            </tr>
```

```
        </table>
    </div>
</form>
```

（2）打开后台代码页，在文本框 txtPwd 的 TextChanged 事件处理方法中添加如下代码。

```
protected void txtPwd_TextChanged(object sender,EventArgs e)
{
    txtResult.Text = txtName.Text + ",您输入的密码是:" + txtPwd.Text;
}
```

（3）运行 TextBoxDemo.aspx 页面，在 txtName 中输入“张三”并在 txtPwd 中输入“12345”，焦点离开文本框 txtPwd 后，页面运行效果如图 4-12 所示。

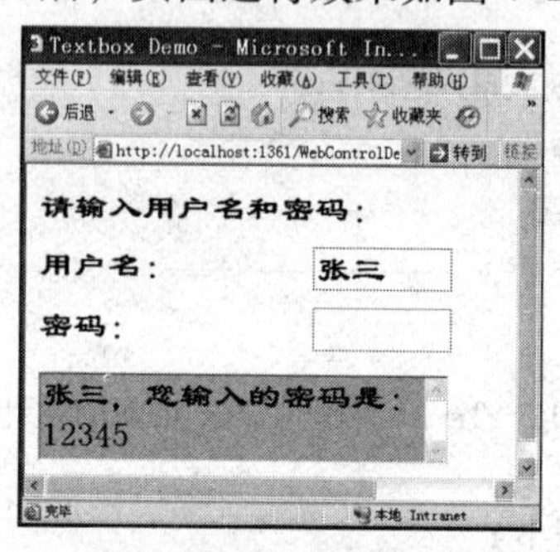

图 4-12　页面运行效果

3. HyperLink 控件 

超链接(HyperLink)控件用于创建文本或图像超链接。声明 HyperLink 控件的语法格式为：

```
<asp:HyperLink ID="控件名" runat="server"></asp:HyperLink>
```

HyperLink 控件的主要属性如下。

- ImageUrl 属性：获取或设置 HyperLink 控件的图像路径。
- NavigateUrl 属性：获取或设置 HyperLink 控件的链接地址。
- Target 属性：获取或设置单击 HyperLink 控件时显示链接网页内容的窗口或框架。表 4-7 列出了以下划线开头的特殊值，它们表示特殊的含义。除这些特殊值外，该属性还可以设置为一个框架页的名称，表示将网页内容呈现在对应的框架页中，其值必须以 a 到 z 的字母（不区分大小写）开头。
- Text 属性：获取或设置 HyperLink 控件的超链接文本。注意，若同时设置了 ImageUrl 和 Text 属性，则 ImageUrl 属性优先。如果 ImageUrl 属性指定的图片不可用，则显示 Text 属性中的文本。

表 4-7　Target 属性的特殊值

属性值	说　明
_blank	将内容呈现在一个没有框架的新窗口中

续表

_parent	将内容呈现在上一个框架集父级中
_search	在搜索窗格中呈现内容
_self	将内容呈现在含焦点的框架中
_top	将内容呈现在没有框架的全窗口中

【例 4-7】演示如何设置 Target 属性来指定窗口或框架，用以显示与 HyperLink 控件关联的页。

（1）在 WebControlDemo 网站中，添加一个 HyperLinkDemo.aspx 页，在该页上添加一个 HyperLink 控件，并设置其相关属性。源视图中 HyperLink 控件的声明代码如下：

```
<asp:HyperLink id = "hyperlink1" runat = "server" Text = "微软网站"
    NavigateUrl = "http://www.microsoft.com" Target = "_blank"/>
```

（2）运行 HyperLinkDemo.aspx 页面，单击"微软网站"的超链接，将会在一个新窗口中打开 URL 为 http://www. microsoft. com 的网页。

使用 HyperLink 控件可以在代码中灵活地设置链接属性。例如，可以基于网页中的条件动态地更改链接文本或链接地址，还可以使用数据绑定来指定链接地址。

4. Image 控件

Image 控件只是简单地完成一个图像显示任务，与 HTML 的 Image 功能相同。声明 Image 控件的语法格式为：

```
<asp:Image ID = "控件名" runat = "server" > </asp:Image >
```

该控件的属性：

- AlternateText 属性：设置图像无法显示时显示的替换文字。
- ImageUrl 属性：设置图像所在的路径。
- ToolTip 属性：将鼠标放置在图像控件上时，显示的工具提示。

注意　Image 控件不响应用户事件，但是它可以根据其他控件的输入动态地显示图像。

5. Button、LinkButton 和 ImageButton 控件 

ASP. NET 包含三类用于向服务器端提交表单的按钮控件：Button、LinkButton 和 ImageButton。这三类按钮控件拥有同样的功能，但每类按钮控件的外观截然不同。

这三类按钮控件除具有 4. 3. 1 节中介绍的共同属性外，还有自身的特有属性。

- CommandArgument：用于指定传给 Command 事件的命令参数。
- CommandName：指定传给 Command 事件的命令名。
- OnClientClick：指定单击按钮时执行的客户端脚本。
- PostBackUrl：单击按钮时将当前页发送到的网页的地址，用于跨页发送。
- Text：按钮上呈现的文本。

- UseSubmitBehavior：指示按钮是否呈现为提交按钮。

按钮控件支持Focus()方法，用于为控件设置焦点。

按钮控件还支持下面两个事件。

- Click：单击按钮控件时引发。
- Command：单击按钮控件时引发。CommandName 和 CommandArgument 属性的值传给这个事件。

Button 控件用于显示按钮，声明 Button 控件的语法格式为：

```
<asp:Button ID="控件名" runat="server" Text="按钮上的文本"></asp:Button>
```

【例4-8】 在页面上包含一个 Button 控件，单击该 Button 控件，将在 Label 控件中显示系统日期。

（1）在 WebControlDemo 网站中，新建 ButtonDemo.aspx 页面，在页面上添加一个 Button 控件和一个 Label 控件，并设置各控件的属性，添加 Button 控件的 Click 事件。源视图控件声明代码如下：

```
<asp:Button ID="btnSubmit" runat="server" onclick="btnSubmit_Click" Text="提交"/>
<br/>
<asp:Label ID="lblTime" runat="server"></asp:Label>
```

（2）后台代码页中添加相应事件处理代码如下：

```
protected void btnSubmit_Click(object sender,EventArgs e)
{
    lblTime.Text=System.DateTime.Now.ToShortDateString();
}
```

（3）运行该页面，单击“提交”按钮后，Label 控件中显示当前系统时间。效果如图4-13所示。

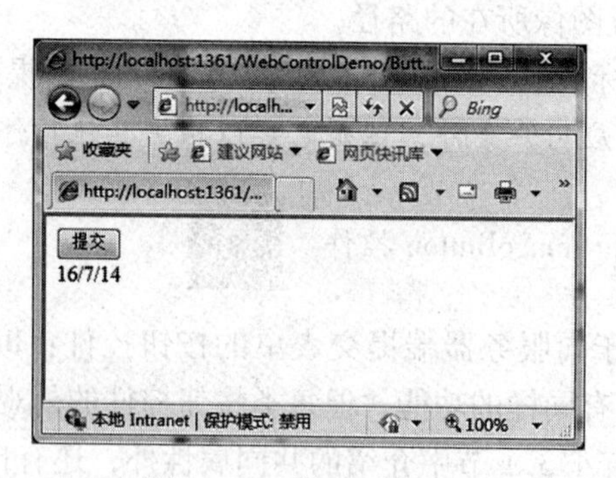

图4-13　页面运行效果

LinkButton 控件是超链接样式的按钮。声明 LinkButton 控件的语法格式为：

```
<asp:LinkButton ID="控件名" runat="server">Text</asp:LinkButton>
```

【例4-9】 在页面上包含一个 LinkButton 控件，单击该 LinkButton 控件，将在 Label 控件中显示系统日期。

（1）在 WebControlDemo 网站中，新建 LinkButtonDemo.aspx 页。在页面上添加一个 LinkButton 控件和一个 Label 控件，并设置各控件的属性，添加 LinkButton 控件的 Click 事件。源视图控件声明代码如下：

```
<asp:LinkButton ID="LinkButton1" runat="server" onclick="LinkButton1_Click">提交
</asp:LinkButton>
<br/>
<asp:Label ID="lblTime" runat="server"></asp:Label>
```

（2）后台代码页中，为 LinkButton1 的 Click 事件处理方法 LinkButton1_Click 添加如下代码：

```
protected void LinkButton1_Click(object sender,EventArgs e)
{
    lblTime.Text=System.DateTime.Now.ToShortDateString();
}
```

（3）运行该页面，单击“提交”按钮后，Label 控件中显示当前系统时间。效果如图4-14所示。

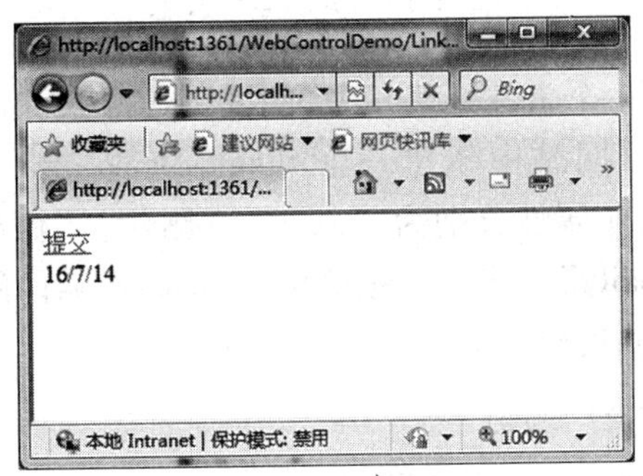

图4-14　页面运行效果

ImageButton 控件是图像样式的按钮。声明 ImageButton 控件的语法格式为：

```
<asp:ImageButton ID="控件名" runat="server"></asp:ImageButton>
```

【例4-10】在页面中添加一个 ImageButton 控件和一个 Label 控件，单击该 ImageButton 控件上的图像，将在 Label 控件中显示单击的位置。

（1）在 WebControlDemo 网站中，新建 ImageButtonDemo.aspx 页面。在页面上添加一个 ImageButton 控件和一个 Label 控件，并设置各控件的属性，添加 ImageButton 控件的 Click 事件。源视图控件声明代码如下：

```
<asp:ImageButton ID="ImageButton1" runat="server"
   ImageUrl="~/images/linzhong.jpg" OnClick="ImageButton1_Click"/>
<br/><asp:Label ID="Label1" runat="server"></asp:Label>
```

（2）后台代码页中，为 ImageButton1 的 Click 事件处理方法 ImageButton1_Click 添加如下代码：

```
protected void ImageButton1_Click(object sender,ImageClickEventArgs e)
```

```
{
    Label1.Text = "你单击的坐标为 X:" + e.X + ",Y:" + e.Y;
}
```

（3）运行该页面，单击图像按钮的任何位置，将在 Label 控件中显示单击图像的位置，效果如图 4-15 所示。

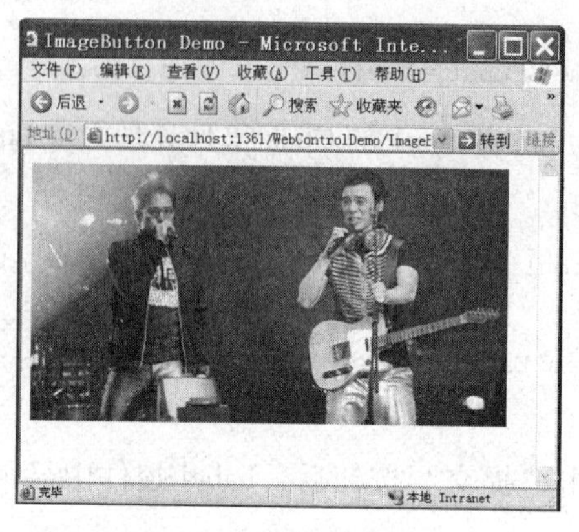

图 4-15　页面运行效果

【例 4-11】 演示如何用一个事件处理方法统一处理多个按钮的提交事件。

（1）在 WebControlDemo 网站中新建一个 ButtonsDemo.aspx 页面，在页面中添加三个 Button 按钮。三个按钮的 Text 属性分别为“新建”“删除”“修改”，CommandName 属性分别为“New”“Delete”“Modify”。将三个按钮的 Command 事件的处理方法都设置为 Button _ Command。源视图控件声明代码如下：

```
<asp:Button ID = "Button1" runat = "server" CommandName = "New"
    oncommand = "Button_Command" Text = "新建"/>
<asp:Button ID = "Button2" runat = "server" CommandName = "Delete"
    oncommand = "Button_Command" Text = "删除"/>
<asp:Button ID = "Button3" runat = "server" CommandName = "Modify"
    oncommand = "Button_Command" Text = "修改"/>
```

（2）在后台代码页中，为这三个 Button 按钮的同一个事件处理方法 Button_Command 添加如下代码：

```
protected void Button_Command(object sender,CommandEventArgs e)
{
    switch(e.CommandName)
    {
        case "New":
            Response.Write("新建");
            break;
        case"Delete":
            Response.Write("删除");
            break;
```

```
        case"Modify":
            Response.Write("修改");
            break;
    }
}
```

在 Button_Command 事件处理方法中，通过 e. CommandName 的值来区分是哪个按钮触发该事件。

(3) 运行该网页，单击“删除”按钮，运行效果如图 4-16 所示。

图 4-16　页面运行效果

6. DropDownList 和 ListBox 控件

DropDownList 控件用于创建下拉列表。声明 DropDownList 控件的语法格式为：

```
<asp:DropDownList ID="控件名" runat="server">
    <asp:ListItem Value="">Text</asp:ListItem>
    ...
</asp:DropDownList>
```

ListItem 控件用于创建列表中的一个选项，其主要属性如下。

- Text 属性：ListItem 控件的显示文本。
- Value 属性：与 ListItem 控件关联的值。
- Selected 属性：表示 ListItem 控件是否选中。

DropDownList 控件的主要属性如下。

- AutoPostBack 属性：获取或设置当改变 DropDownList 控件的选项时，是否自动回传窗体数据到服务器。默认值为 false，不自动回传。
- Items 属性：包含该控件所有选项的集合。
- SelectedIndex 属性：获取当前选项的下标（下标从 0 开始计）。
- SelectedItem 属性：获取当前选项对象。

DropDownList 控件可用来列出从某个数据源读取的选项。DropDownList 控件中的每一项分别对应数据源中的一项。相关属性如下。

- DataSource 属性：获取或设置此 DropDownList 控件的数据源。
- DataTextField 属性：指定用于提供选项文本的数据源字段。
- DataValueField 属性：指定用于提供选项值的数据源字段。

上面这三个属性的使用，将在第 8 章中详细讲解。

DropDownList 控件有 SelectedIndexChanged 事件，当用户选择一项时，DropDownList 控件将引发 SelectedIndexChanged 事件。默认情况下，此事件不会立即向服务器回发页面，但当该控件的 AutoPostBack 属性设置为 true 时，该事件会立即回发页面。

【例 4-12】 演示 DropDownList 控件的使用。

（1）在 WebControlDemo 网站中添加 DropDownListDemo.aspx 页面，页面的设计视图如图 4-17 所示。

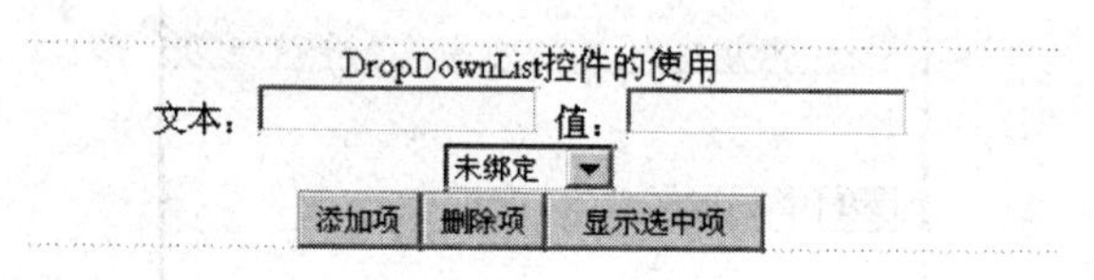

图 4-17　DropDownListDemo.aspx 页面的设计视图

分别为三个按钮控件添加 Click 事件，源视图中控件声明代码如下：

```
DropDownList 控件的使用<br/>
文本:<asp:TextBox ID="TextBox1" runat="server"></asp:TextBox>
值:<asp:TextBox ID="TextBox2" runat="server"></asp:TextBox>
<br /><asp:DropDownList ID="DropDownList1" runat="server"></asp:DropDownList>
<br /><asp:Button ID="btnNew" runat="server" onclick="btnNew_Click" Text="添加项"/>
<asp:Button ID="btnDelete" runat="server" onclick="btnDelete_Click" Text="删除项"/>
<asp:Button ID="btnShow" runat="server" onclick="btnShow_Click" Text="显示选中项"/>
```

（2）在后台代码页中，添加如下事件处理代码。

```
protected void btnNew_Click(object sender,EventArgs e)
{
    ListItem item=new ListItem(TextBox1.Text,TextBox2.Text);
    DropDownList1.Items.Add(item);//添加项
}
protected void btnDelete_Click(object sender,EventArgs e)
{
    DropDownList1.Items.Remove(DropDownList1.SelectedItem);//删除选中项
}
protected void btnShow_Click(object sender,EventArgs e)
{
    //输出选中项的文本
    Response.Write("选中项的文本为:"+DropDownList1.SelectedItem.Text+"<br/>");
    Response.Write("选中项的值为:"+DropDownList1.SelectedValue);//输出选中项的值
}
```

（3）运行该页面，可以为 DropDownList 控件添加项、删除选中项和显示选中项信息，效果如图 4-18所示。

图 4-18　页面运行效果

ListBox 控件与 DropDownList 控件的功能基本相似，ListBox 控件是同时显示多个选项的列表框，提供单选或多选的功能。

ListBox 控件比 DropDownList 控件多两个属性。

- Rows 属性：获取或设置 ListBox 控件显示的选项行数，默认值为 4。
- SelectionMode 属性：获取或设置 ListBox 控件的选项模式，Single 为单选，Multiple 为多选，默认值为 Single。当允许多选时，只需按住 Ctrl 键或 Shift 键并单击要选取的选项，便可完成多选。

【例 4-13】 演示 ListBox 控件的使用。

（1）在 WebControlDemo 网站中添加 ListBoxDemo.aspx 页面，页面的设计视图如图 4-19 所示。

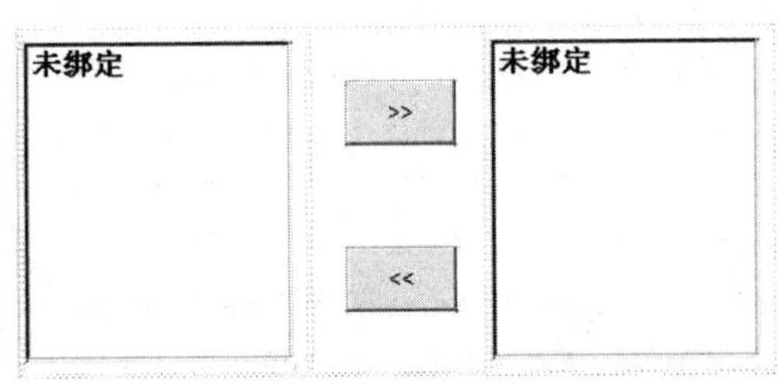

图 4-19　ListBoxDemo.aspx 页面的设计视图

（2）单击左边列表框右上角的三角符号，在弹出的“ListBox 任务”下拉菜单中选择“编辑项”，如图 4-20 所示。将弹出“ListItem 集合编辑器”对话框，在该对话框中添加如图 4-21 所示的 4 个成员，最后单击“确定”按钮。

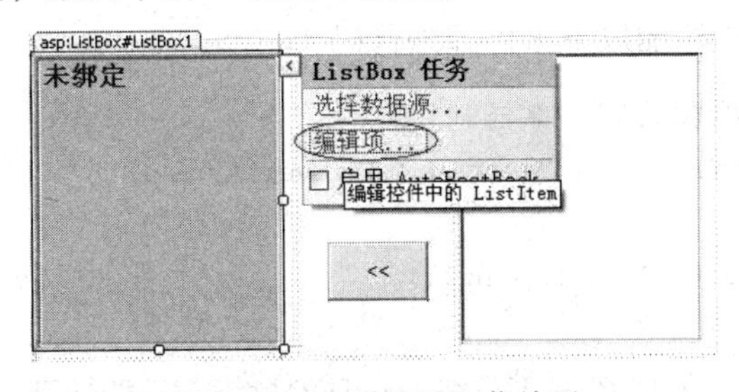

图 4-20　“编辑项”菜单项

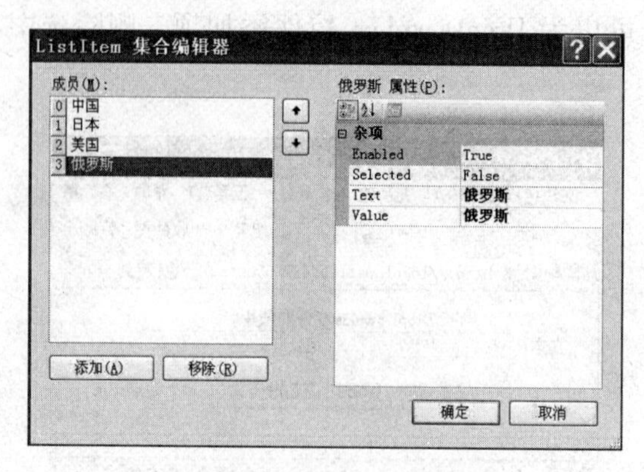

图 4-21　ListItem 集合编辑器

将两个列表框的 SelectionMode 属性都设置为 Multiple，并添加两个按钮的 Click 事件。源视图控件声明代码如下：

```
<table style="width:464px; height:212px">
  <tr>
      <td style="width:100px">
          <asp:ListBox ID="ListBox1" runat="server" height="192px"
        width="164px" SelectionMode="Multiple">
              <asp:ListItem>中国</asp:ListItem>
              <asp:ListItem>日本</asp:ListItem>
              <asp:ListItem>美国</asp:ListItem>
              <asp:ListItem>俄罗斯</asp:ListItem>
          </asp:ListBox></td>
      <td style="width:100px">    
          <asp:Button ID="Button1" runat="server" Height="39px"
OnClick="Button1_Click" Text=">>" Width="68px"/><br /><br /><br />
      <br />    
          <asp:Button ID="Button2" runat="server" Height="39px"
OnClick="Button2_Click" Text="<<" Width="68px"/></td>
      <td style="width:100px">
          <asp:ListBox ID="ListBox2" runat="server" Height="192px"
Width="164px" SelectionMode="Multiple"></asp:ListBox></td>
  </tr>
</table>
```

（3）在后台代码页中添加以下事件处理代码。

```
//将左列表框中选中的项添加到右列表框中
protected void Button1_Click(object sender,EventArgs e)
{
    if(ListBox1.SelectedItem != null)
    {
    ListBox2.Items.Add(new ListItem(ListBox1.SelectedItem.Text, ListBox1.Selecte-
```

```
dItem.Value));
        ListBox1.Items.Remove(ListBox1.SelectedItem);
        }
    }
    //将右列表框中选中的项添加到左列表框中
    protected void Button2_Click(object sender,EventArgs e)
    {
        if(ListBox2.SelectedItem ! = null)
        {
        ListBox1.Items.Add(new ListItem(ListBox2.SelectedItem.Text,ListBox2.Selecte-
dItem.Value));
        ListBox2.Items.Remove(ListBox2.SelectedItem);
        }
    }
```

（4）运行该页面，可以将左列表框中的项添加到右列表框，也可以将右列表框中的项添加到左列表框。效果如图 4-22 所示。

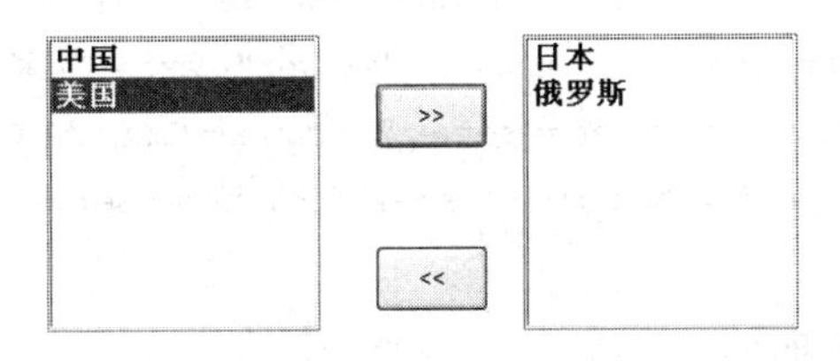

图 4-22　页面运行效果

7. CheckBox 和 CheckBoxList 控件

CheckBox 控件用于创建单个复选框，供用户选择。

声明 CheckBox 控件的语法格式为：

```
<asp:CheckBox ID="控件名" runat="server" Text="控件的文本/>
```

CheckBox 控件的常用属性如下。

- Checked 属性：获取或设置该项是否选中。值为 true 表示选中，值为 false 表示未选中，默认值为 false。
- TextAlign 属性：控件文本的位置。
- Text 属性：获取或设置 CheckBox 控件文本的内容。
- AutoPostBack 属性：获取或设置当改变 CheckBox 控件的选中状态时，是否自动回传窗体数据到服务器。值为 true 时，表示单击 CheckBox 控件，页面自动回发；值为 false 时，不回发。默认值为 false。

CheckBox 控件具有 CheckedChanged 事件。当 Checked 属性的值改变时，会触发此事件。与 TextBox 控件类似，该事件要与 AutoPostBack 属性配合使用。

【例 4-14】演示 CheckBox 控件的使用。

（1）在 WebControlDemo 网站中添加 CheckBoxDemo.aspx 页面，页面的设计视图如图 4-23 所示。

请选择你的兴趣：

☐唱歌 ☐跳舞 ☐运动

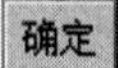

[Label1]

图 4-23　CheckBoxDemo.aspx 页面的设计视图

源视图中控件声明代码如下：

```
<div>
    请选择你的兴趣：<br />
     <asp:CheckBox ID="CheckBox1" runat="server" Text="唱歌"/>
     <asp:CheckBox ID="CheckBox2" runat="server" Text="跳舞"/>
     <asp:CheckBox ID="CheckBox3" runat="server" Text="运动"/> <br /> <br />
     <asp:Button ID="Button1" runat="server" onclick="Button1_Click" Text="确定"/>
     <br /> <br /> <asp:Label ID="Label1" runat="server"> </asp:Label>
</div>
```

（2）在后台代码页中添加如下代码。

```
protected void Button1_Click(object sender,EventArgs e)
{
    Label1.Text="你的兴趣是:";
    if (CheckBox1.Checked)
    {
        Label1.Text+=CheckBox1.Text;
    }
    if (CheckBox2.Checked)
    {
        Label1.Text+=CheckBox2.Text;
    }
    if (CheckBox3.Checked)
    {
        Label1.Text+=CheckBox3.Text;
    }
}
```

（3）运行该页面，当选中“跳舞”和“运动”复选框，单击“确定”按钮后，页面运行效果如图 4-24 所示。

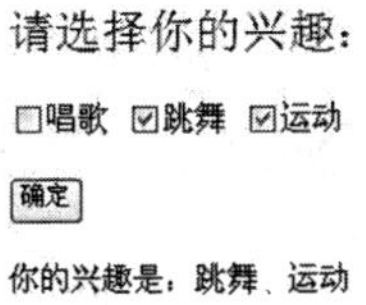

请选择你的兴趣：

☐唱歌 ☑跳舞 ☑运动

确定

你的兴趣是：跳舞、运动

图4-24 页面运行效果

在上例中，每个 CheckBox 控件都是独立的，因此必须逐一判断控件是否被选中，这种方式的使用效率比较低。CheckBoxList 控件是一个 CheckBox 控件组。当需要显示多个 CheckBox 控件，并且对多个 CheckBox 控件都有大致相同的处理方式时，使用 CheckBoxList 控件十分方便。此外，CheckBoxList 可以使用数据源动态创建复选框列表，使用非常灵活。

声明 CheckBoxList 控件的语法格式为：

```
<asp:CheckBoxList  ID="控件名"  runat="server" >
   <asp:ListItem  Value=""> Text </asp:ListItem>
   ...
</asp:CheckBoxList>
```

该控件的属性、用法及功能与 ListBox 控件基本相同。此外，还有以下几个特殊属性。

- RepeatDirection：表示是横向还是纵向排列。
- RepeatColumns：一行排几列。
- TextAlign 属性：控件文字的位置。

【例4-15】 使用 CheckBoxList 控件完成例4-14 的功能。

（1）在网站中新建 CheckBoxListDemo.aspx 页面。将图4-23 中的三个 CheckBox 控件用一个 CheckBoxList 控件替换，并为 CheckBoxList 控件添加唱歌、跳舞和运动三个选项。添加“确定”按钮的 Click 事件。源视图控件声明代码如下：

```
<div><span>请选择你的兴趣:</span><br /><br />
     <asp:CheckBoxList ID="CheckBoxList1" runat="server"
           RepeatDirection="Horizontal">
            <asp:ListItem>唱歌</asp:ListItem>
            <asp:ListItem>跳舞</asp:ListItem>
            <asp:ListItem>运动</asp:ListItem>
     </asp:CheckBoxList><br /><br />
     <asp:Button ID="Button1" runat="server" onclick="Button1_Click" Text="确定"/>
     <br /><br /><asp:Label ID="Label1" runat="server"></asp:Label>
</div>
```

（2）后台事件处理代码如下：

```
protected void Button1_Click(object sender,EventArgs e)
{
      Label1.Text="你的兴趣是:";
      for (int i=0; i < CheckBoxList1.Items.Count; i++)
```

```
        {
            if (CheckBoxList1. Items[ i]. Selcted)
                Label1. Text += CheckBoxList1. Items[ i]. Text;
        }
}
```

(3) 运行该页面，效果与例4-14相同。

8. RadioButton 和 RadioButtonList 控件 

RadioButton 控件用于创建单个单选按钮，供用户选择。

声明 RadioButton 控件的语法格式为：

```
<asp:RadioButton ID = "控件名" runat = "server" Text = "控件的文本"/ >
```

RadioButton 控件的常用属性和事件与 CheckBox 控件基本相同。RadioButton 控件还有一个特殊的属性 GroupName，用于设置单选按钮所属的组名，通过将多个单选按钮的组名设为相同值，将其分为一组相互排斥的选项。

【例 4-16】 演示 RadioButton 控件的使用。

(1) 在网站中添加 RadioButtonDemo.aspx 页面，页面的设计视图如图 4-25 所示。

将“男”和“女”两个单选按钮的 GroupName 属性设置为“Sex”，并为“确定”按钮添加 Click 事件。源视图控件声明代码如下：

```
<div style = "font - size:xx-large; text-align:center" >
     请选择性别: <br / > <hr / >
    <asp:RadioButton ID = "RadioButton1" runat = "server" Text = "男" GroupName = "sex"/ >
  <asp:RadioButton ID = "RadioButton2" runat = "server" Text = "女" GroupName = "sex"/ > <
br / > <asp:Button ID = "Button1" runat = "server" onclick = "Button1_Click" Text = "确定"/ > <
br / > <asp:Label ID = "Label1" runat = "server" > </asp:Label >
</div >
```

图 4-25　RadioButtonDemo.aspx 页面的设计视图

(2) 后台事件处理代码如下：

```
protected void Button1_Click(object sender,EventArgs e)
{
    if (RadioButton1. Checked)
        Label1. Text = "你选择的是" + RadioButton1. Text;
    else if(RadioButton2 .Checked)
        Label1. Text = "你选择的是" + RadioButton2. Text;
```

```
    else
        Label1.Text = "请选择性别"
}
```

（3）运行该页面，选择“男”，单击“确定”按钮，将在 Label 控件中显示选择的结果，效果如图 4-26 所示。

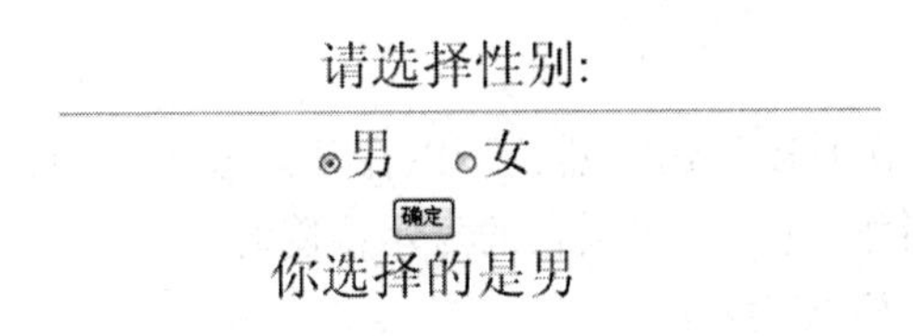

图 4-26　页面运行效果

和 CheckBoxList 控件类似，RadioButtonList 控件是一个 RadioButton 控件组，当存在多个单选按钮时，用该控件比 RadioButton 简单。声明 RadioButtonList 控件的语法格式如下：

```
<asp:RadioButtonList ID = "控件名" runat = "server" >
    <asp:ListItem Value = "" > Text </asp:ListItem >
    ...
</asp:RadioButtonList >
```

RadioButtonList 控件和 CheckBoxList 控件的属性和事件相同。

【例 4-17】 使用 RadioButtonList 控件完成例 4-16 的功能。

（1）在网站中新建 RadioButtonListDemo.aspx 页面。将图 4-25 中的两个 RadioButton 控件用一个 RadioButtonList 控件替换，并为 RadioButtonList 控件添加男和女两个选项。添加“确定”按钮的 Click 事件。源视图控件声明代码如下：

```
<div style = "font-size:xx-large; text-align:center" >
         请选择性别: <br /> <hr />
    <asp:RadioButtonList ID = "RadioButtonList1" runat = "server" RepeatDirection = "Hori-
     zontal" >
        <asp:ListItem >男 </asp:ListItem >
        <asp:ListItem >女 </asp:ListItem >
    </asp:RadioButtonList >   <br />
    <asp:Button ID = "Button1" runat = "server" onclick = "Button1_Click"
      Text = "确定"/ > <br />
    <asp:Label ID = "Label1 " runat = "server" > </asp:Label > <br />
</div >
```

（2）后台事件处理代码如下：

```
protected void Button1_Click(object sender,EventArgs e)
{
    if(RadioButtonList1.SelectedItem!  =null)
        Label1. Text = "你选择的是" + RadioButtonList1. SelectedItem. Text;
```

```
    else
        Label1.Text = "请选择性别!";
}
```

(3) 运行该页面，效果与例 4-16 相同。

9. Panel 控件

Panel 控件是一个放置其他控件的容器，可以在其内放置不同控件。利用它的这个特性，可以将不同的控件组成一个群组，并控制它的显示或隐藏。

声明 Panel 控件的语法格式为：

```
<asp:Panel ID = "控件名" runat = "server" > </asp:Panel >
```

Panel 控件的主要属性如下。

- BackImageUrl 属性：设置 Panel 背景图片。
- HorizontalAlign 属性：设置水平对齐方式。
- Visible 属性：是否显示。
- ScrollBars 属性：是否设置水平或垂直滚动条。例如，将该属性设置为 Auto 时，当控件长度和宽度超过 Panel 控件的长或宽时，将自动显示出滚动条。

【例 4-18】 演示 Panel 控件的使用。

(1) 在 WebControlDemo 网站中添加 PanelDemo.aspx 页面，页面的设计视图如图 4-27 所示。

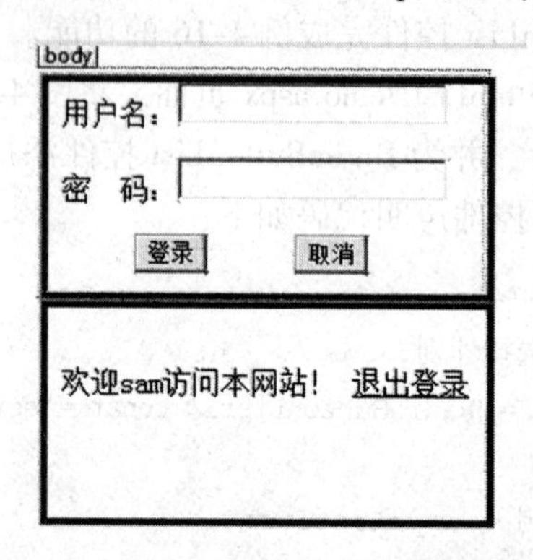

图 4－27　PanelDemo.aspx 页面的设计视图

设计此页面需要用到两个 Panel 控件，第一个 Panel 控件设计成用户登录界面，并将其 Visible 属性设置为 true；在第二个 Panel 控件写入一句欢迎的话，并设其 Visible 属性设为 false。

(2) 双击 Panel1 中的“确定”按钮建立 Click 事件，在后台代码页中添加以下代码。

```
protected void Button1_Click(object sender, EventArgs e)
    {
      if(txtUserName.Text = = "sam"&& txtPwd.Text = = "123")
      {
       Panel2.Visible = true;
```

```
        Panel1.Visible = false;
    }
}
```

(3) 运行该页面，显示 Panel1 的登录界面。当输入正确的用户名和密码（sam 和 123）后，单击“确定”按钮后，Panel1 隐藏，Panel2 显示。

10. MultiView 和 View 控件 

MultiView 和 View 控件可以制作选项卡的效果，MultiView 控件用作一个或多个 View 控件的外部容器。View 控件又可包含标记和控件的任何组合。

从工具箱的标准栏中拖曳一个 MultiView 控件到设计视图。接下来添加一个或多个 View 控件到 MultiView 控件内部。一个 View 控件代表 MultiView 控件中的一个视图，可以在 View 视图中添加任何控件。设计效果如图 4-28 所示。

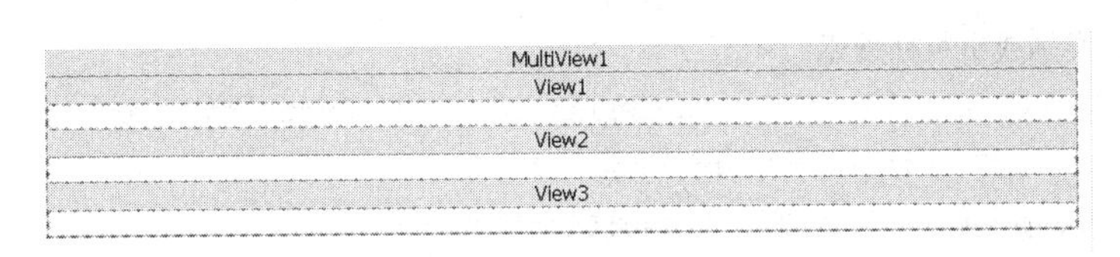

图 4-28 MultiView 控件的设计效果

切换到源视图，控件声明代码如下：

```
<asp:MultiView ID = "MultiView1" runat = "server" >
        <asp:View ID = "View1" runat = "server" >
        </asp:View >
        <asp:View ID = "View2" runat = "server" >
        </asp:View >
        <asp:View ID = "View3" runat = "server" >
        </asp:View >
</asp:MultiView >
```

必须为每个 View 视图添加相应控件，如果不向每个 View 视图中添加任何控件，则运行时将看不到任何的效果。

下面介绍 MultiView 控件的常用属性、方法和事件。

◆ ActiveViewIndex 属性：用于获取或设置当前被激活显示的 View 视图的索引值。默认值为 -1，表示没有 View 视图被激活。

◆ SetActiveView 方法：用于激活显示特定的 View 视图。

◆ ActiveViewChanged 事件：当 View 视图切换时被激发。

在 MultiView 控件中，一次只能将一个 View 视图定义为活动视图。如果某个 View 视图定义为活动视图，它所包含的子控件则会呈现到客户端。可以使用 MultiView 控件的 ActiveViewIndex 属性或 SetActiveView 方法定义活动视图。如果 ActiveViewIndex 为 -1，则 MultiView控件不向客户端呈现任何内容。

【例 4-19】演示 View 和 MultiView 控件的使用。

（1）在 WebControlDemo 网站中，添加 MultiViewDemo.aspx 网页。切换到该网页的设计视图如图 4-29 所示。

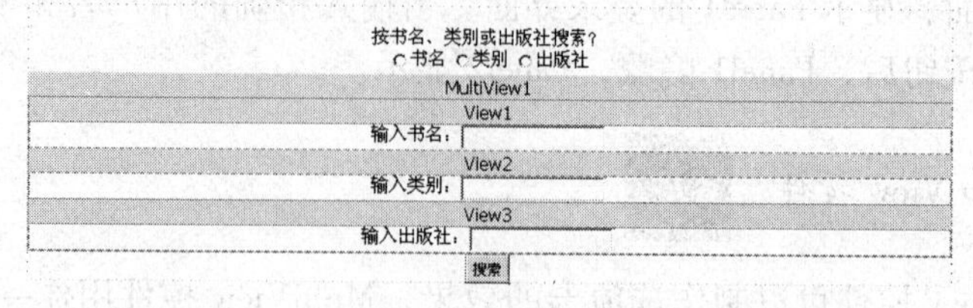

图 4-29 MultiViewDemo.aspx 网页的设计视图

切换到源视图，控件声明代码如下：

```
<div style="text-align:center">
    <br />
    按书名、类别或出版社搜索？<br />
    <asp:RadioButtonList ID="RadioButtonList1" runat="server"
        RepeatDirection="Horizontal">
        <asp:ListItem>书名</asp:ListItem>
        <asp:ListItem>类别</asp:ListItem>
        <asp:ListItem>出版社</asp:ListItem>
    </asp:RadioButtonList>
    <asp:MultiView ID="MultiView1" runat="server" ActiveViewIndex="0">
        <asp:View ID="View1" runat="server">
          输入书名:<asp:TextBox ID="TextBox1" runat="server"></asp:TextBox>
        </asp:View>
        <asp:View ID="View2" runat="server">
          输入类别:<asp:TextBox ID="TextBox2" runat="server"></asp:TextBox>
        </asp:View>
        <asp:View ID="View3" runat="server">
          输入出版社:<asp:TextBox ID="TextBox3" runat="server"></asp:TextBox>
        </asp:View>
    </asp:MultiView>
    <asp:Button ID="btnSearch" runat="server" Text="搜索"/>
</div>
```

（2）为 RadioButtonList1 控件添加 SelectedIndexChanged 事件，其事件处理代码如下：

```
protected void RadioButtonList1_SelectedIndexChanged(object sender,EventArgs e)
{
    MultiView1.ActiveViewIndex=RadioButtonList1.SelectedIndex;
}
```

（3）添加 Page_Load 事件处理代码如下：

```
protected void Page_Load(object sender,EventArgs e)
```

```
{
    if (!IsPostBack)
    {
        RadioButtonList1.SelectedIndex = 0;
        MultiView1.ActiveViewIndex = 0;
    }
}
```

（4）为“搜索”按钮 btnSearch 添加 Click 事件，其事件处理代码如下：

```
protected void btnSearch_Click(object sender,EventArgs e)
{
    switch (MultiView1.ActiveViewIndex)
    {
        case 0:
            // 按书名搜索
            break;
        case 1:
            // 按类别搜索
            break;
        case 2:
            // 按出版社搜索
            break;
    }
}
```

（5）运行该页面，选择“类别”后，效果如图 4-30 所示。

按书名、类别或出版社搜索？
○书名 ⊙类别 ○出版社
输入类别：[   ] [搜索]

图 4-30　页面运行效果

11. Calendar 控件 

Calendar 控件用于创建日历。在该控件上用户可以方便准确地输入日期。
声明 Calendar 控件的语法格式为：

```
<asp:Calendar ID = "控件名" runat = "server" > </asp:Calendar >
```

与日期选取及设置有关的属性如下。

- SelectionMode 属性：设置日期选择模式，可设为 Day（只能选择单日）、None（不能选择日期，只能显示日期）、DayWeek（选择一周或单日）、DayWeekMonth（选择整月、一周或单日）。
- SelectedDate 属性：选中的日期。

- SelectedDates 属性：选中的多个日期，是一个数组。

Calendar 控件具有 SelectionChanged 事件，当用户更改选择日期时，会触发该事件。

【例 4-20】 演示 Calendar 控件的使用。

（1）在 WebControlDemo 网站中添加 CalendarDemo.aspx 页面，切换到设计视图。然后从工具箱的标准栏中拖动一个 TextBox 控件、一个 ImageButton 控件、一个 Calendar 控件到页面的设计视图。

（2）为 WebControlDemo 的网站添加一个 Images 文件夹。在该文件夹中添加一张 calendar. gif 图片，并将 ImageButton1 的 ImageUrl 属性设置为该图片的路径。

（3）单击 Calendar1 控件右上角的“>”按钮，在弹出的下拉菜单中选择“自动套用格式”，弹出“自动套用格式”对话框，如图 4-31 所示。并选择“彩色型 1”，单击“确定”按钮。

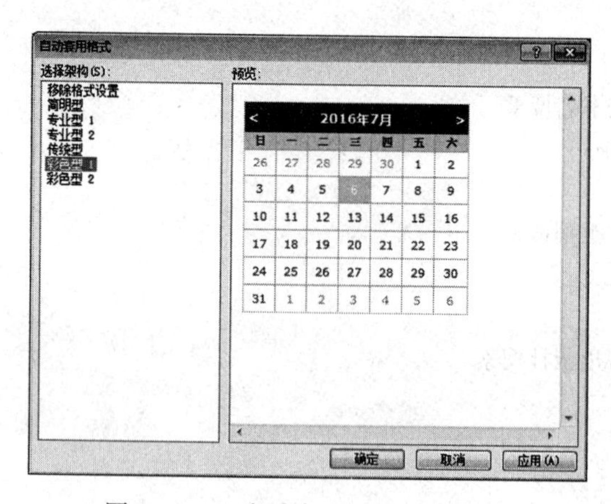

图 4-31 “自动套用格式”对话框

（4）设置 Calendar1 的 Visible 属性为 false，最终页面的设计视图如图 4-32 所示。

图 4-32 CalendarDemo.aspx 页面的设计视图

切换到源视图，控件声明代码如下：

```
入住酒店日期: <asp:TextBox ID="TextBox1" runat="server"></asp:TextBox>
<asp:ImageButton ID="ImageButton1" runat="server" ImageUrl="~/Images/
  calendar.gif"/>
<asp:Calendar ID="Calendar1" runat="server" Visible="False"
BackColor="#FFFFCC" BorderColor="#FFCC66" BorderWidth="1px"
```

```
        DayNameFormat = "Shortest" Font-Names = "Verdana" Font-Size = "8pt"
        ForeColor = "#663399" Height = "200px" ShowGridLines = "True" Width = "220px" >
        <SelectedDayStyle BackColor = "#CCCCFF" Font-Bold = "True"/ >
        <SelectorStyle BackColor = "#FFCC66"/ >
        <TodayDayStyle BackColor = "#FFCC66" ForeColor = "White"/ >
        <OtherMonthDayStyle ForeColor = "#CC9966"/ >
        <NextPrevStyle Font-Size = "9pt" ForeColor = "#FFFFCC"/ >
        <DayHeaderStyle BackColor = "#FFCC66" Font-Bold = "True" Height = "1px"/ >
        <TitleStyle BackColor = "#990000" Font-Bold = "True" Font-Size = "9pt"
            ForeColor = "#FFFFCC"/ >
</asp:Calendar >
<br / >
```

（5）为 ImageButton1 添加 Click 事件，并在事件处理方法 ImageButton1_Click 中添加代码如下：

```
protected void ImageButton1_Click(object sender, ImageClickEventArgs e)
{
    Calendar1.Visible = !Calendar1.Visible;
}
```

（6）为 Calendar 控件添加 SelectionChanged 事件，并添加事件处理代码如下：

```
protected void Calendar1_SelectionChanged(object sender, EventArgs e)
{
    TextBox1.Text = Calendar1.SelectedDate.ToShortDateString();
    Calendar1.Visible = false;
}
```

（7）运行该页面，单击按钮 ImageButton1，将出现日历控件，在日历控件中选择相应日期，所选择的日期将会出现在文本框中，同时隐藏日历控件。

4.4　验证控件

4.4.1　验证控件概述

输入验证是检验 Web 窗体中用户的输入是否和期望的数据值、范围或格式相匹配的过程，可以减少等待错误信息的时间，降低发生错误的可能性，从而改善用户访问 Web 站点的体验。因此，概括起来，验证具有以下几点好处。

◆ 避免非法输入导致错误的结果。如果用户输入了非法的值，例如不符合格式的日期，并且服务器端不对这些输入进行验证，那么可能出现返回给用户的结果不正确的情况，影响网站的服务质量。

◆ 减少错误处理的等待时间。通过编写客户端验证，立即验证用户输入和反馈错误信息，并且只有当用户输入的所有值都合法时，才将用户输入提交到服务器，可以有效地避免不必要的服务器往返，从而减少用户等待时间。

◆ 对恶意代码的处理。当恶意用户向Web窗体中无输入验证的控件添加无限制的文本时，就有可能输入了恶意代码。当这个用户向服务器发送下一个请求时，已添加的恶意代码可能对Web服务器或任何与之连接的应用程序造成破坏。例如，通过输入一个包含几千个字符的名字，造成缓冲区溢出从而使服务器崩溃；通过发送一个SQL注入脚本，来获取一些敏感信息。

下面来了解验证的过程。输入验证一般在服务器端进行，但如果客户端浏览器支持ECMAScript(JavaScript)，也可以在客户端进行验证。因此，在数据发送到服务器之前，验证控件会先在浏览器内执行错误检查并立即给出错误提示，如果发生错误，则不能提交网页，减少错误处理的等待时间。为了防止恶意用户屏蔽客户端验证，出于安全考虑，任何在客户端进行的输入验证，在服务器端必须再次进行验证。图4-33说明了验证控件的验证过程。

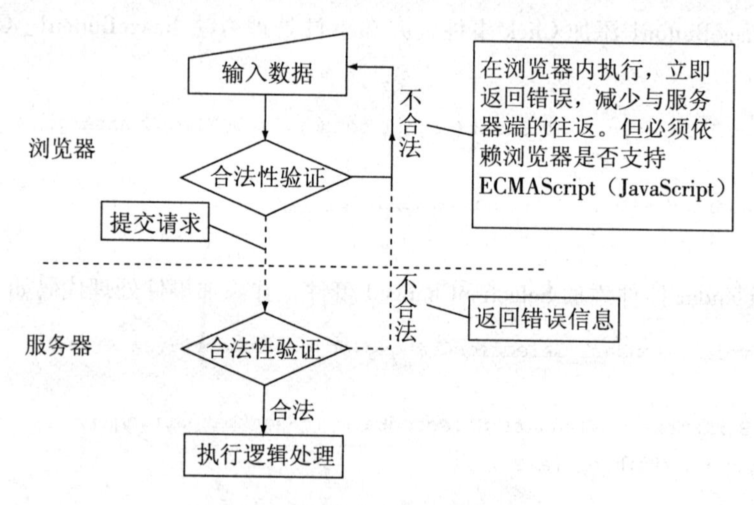

图4-33　验证控件的验证过程示意图

表4-8分析了客户端验证和服务器端验证的区别。

表4-8　客户端验证和服务器端验证的区别

客户端验证	服务器端验证
依赖于客户端浏览器版本	与客户端浏览器版本无关
使用JavaScript和VBScript实现	使用基于.NET的开发语言实现
即时信息反馈	需要服务器往返以显示错误信息
不能访问服务器资源	可与服务器上存储的数据进行比较验证，如与数据库中存储的密码进行比较
不能避免欺骗代码或恶意代码	可以避免欺骗代码或恶意代码
允许禁用客户端验证	必然执行，重复所有客户端验证
安全性较低	安全性较高

在ASP. NET中，输入验证是通过向ASP. NET网页添加验证控件来完成的。验证控件为

所有常用的标准验证类型提供了一种易于使用的机制及自定义验证的方法。此外，验证控件还允许自定义向用户显示错误信息的方法。验证控件可与 ASP. NET 网页上的任何输入控件一起使用。表 4-9 列出了 ASP. NET 验证控件及其功能说明。

表 4-9　ASP. NET 验证控件及其功能说明

验证类型	使用的控件	说　明
必填项	RequiredFieldValidator	验证一个必填字段，确保用户不会跳过某项输入
与某值的比较	CompareValidator	将用户输入与一个常数值或者另一个控件的值进行比较或特定数据类型检查
范围验证	RangeValidator	用于检查用户的输入是否在指定的上下限内。可以检查数值、字符串和日期的限定范围
模式匹配	RegularExpressionValidator	用于检查输入的内容是否匹配正则表达式指定的模式。此类验证可用于检查可预测的字符序列，例如，电子邮件地址、电话号码、邮政编码等内容中的字符序列
自定义验证	CustomValidator	使用自定义的验证逻辑检查用户输入。此类验证能够检查在运行时派生的值
验证总汇	ValidationSummary	该控件不执行验证，但经常与其他验证控件一起使用，用于显示来自网页上所有验证控件的错误信息

所有验证控件的对象模型基本一致。表 4-10 列出了验证控件的共有属性。

表 4-10　验证控件的共有属性

属　性	说　明
Display	指定验证控件中错误信息的显示行为
ErrorMessage	指定验证失败时，ValidationSummary 控件中显示的错误信息
Text	指定验证失败时，验证控件中显示的文本。如果没有设置该属性，则显示 ErrorMessage 的错误信息
ControlToValidate	指定要验证的输入控件
EnableClientScript	是否启用客户端验证，默认值为 true
SetFocusOnError	指定验证失败时，是否将输入焦点置于 ControlToValidate 属性指定的控件上
ValidationGroup	指定此验证控件所属的验证组的名称
IsValid	用于判断关联的输入控件是否通过验证

说明：

（1）通过设置验证控件的 Display 属性可以控制验证控件的布局，该属性的选项有以下三项可选。

- Static：在没有可见的错误信息文本时，验证控件也将占用空间。因此，这种布局使得多个验证控件无法在页面上占用相同空间，必须为每个验证控件预留单独的位置。
- Dynamic：只有在显示错误信息时，验证控件占用空间，否则不占用空间。这种布局允许多个验证控件共用同一个位置。但在显示错误信息时，页面布局将会更改，有时将导致控件位置更改。

◆ None：验证控件不在页面上出现。

（2）当验证失败时，如果设置了 Text 属性，则显示 Text 属性的信息，否则显示 ErrorMessage 属性的信息。

（3）每个验证控件都会公开自己的 IsValid 属性，可以测试该属性以确定该控件是否通过验证。页面也公开了一个 IsValid 属性，该属性总结页面上所有验证控件的 IsValid 状态。

除了表 4-10 所示的属性外，不同类型的验证控件还有一些特殊的属性。

4.4.2 验证控件的使用

下面分别介绍各个验证控件及其使用场合。

1. RequiredFieldValidator 控件 

使用 RequiredFieldValidator 控件可验证用户是否在指定的控件中输入了数据值。

【例 4-21】 演示如何验证用户在文本框中已输入数据。

（1）新建一个 WebValidator 网站，添加 RequiredFieldValidator.aspx 页面，在页面上添加一个 TextBox 控件和一个 RequiredFieldValidator 控件，页面的设计视图如图 4-34 所示。

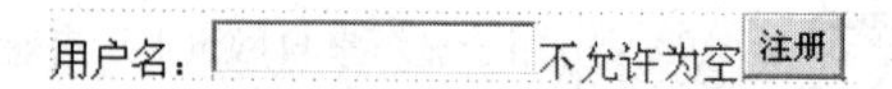

图 4-34 RequiredFieldValidator.aspx 页面的设计视图

（2）将 RequiredFieldValidator 控件的 ControlToValidate 属性设置为“txtUserName”，Display属性为“Dynamic”，ErrorMessage 属性为“不允许为空”。

源视图控件声明代码如下：

```
用户名：<asp:TextBox ID="txtUserName" runat="server"></asp:TextBox>
<asp:RequiredFieldValidator ID="RequiredFieldValidator1" runat="server"
   ControlToValidate="txtUserName" Display="Dynamic" ErrorMessage="不允许为空"/>
<asp:Button ID="btnRegister" runat="server" Text="注册"/>
```

（3）浏览该页面，当在 txtUserName 文本框中未输入任何内容时，直接单击“注册”按钮，将提示“不允许为空”的错误信息，验证失败，效果如图 4-35 所示。只有在 txtUserName 文本框中输入内容后，验证才通过。

图 4-35 页面运行效果

RequiredFieldValidator 控件还有一个重要的属性 InitialValue，该属性用于指定关联的输入控件的初始值，仅当关联的输入控件的值与此 InitialValue 的值不同时，验证通过；反之，关联的输入控件的值与 InitialValue 的值相同时，验证失败。

【例 4-22】 演示如何使用 RequiredFieldValidator 控件来验证 DropDownList 控件的输入。

（1）在 WebValidator 网站中新建 ShowInitialValue.aspx 页面。页面的设计视图如图 4-35 所示。

喜欢的颜色：请选择颜色 请选择颜色 提交
[lblResult]

图 4-36　ShowInitialValue.aspx 页面的设计视图

（2）将 RequiredFieldValidator 控件的 ControlToValidate 属性设置为“dropFavoriteColor”，InitialValue 属性为“0”，Text 属性为“请选择颜色”。源视图控件声明代码如下：

```
<asp:Label ID="lblFavoriteColor" Text="喜欢的颜色:" runat="server"/>
<asp:DropDownList ID="dropFavoriteColor" runat="server">
    <asp:ListItem Text="请选择颜色" Value="0"/>
    <asp:ListItem Text="红色" Value="1"/>
    <asp:ListItem Text="蓝色" Value="2"/>
    <asp:ListItem Text="绿色" Value="3"/>
</asp:DropDownList>
<asp:RequiredFieldValidator ID="reqFavoriteColor" Text="请选择颜色"
  InitialValue="0" ControlToValidate="dropFavoriteColor" runat="server"/>
<asp:Button ID="btnSubmit" Text="提交" runat="server"/>
<br /> <asp:Label ID="lblResult" runat="server"/>
```

（3）为“提交”按钮添加 Click 事件，并添加事件处理代码如下：

```
protected void btnSubmit_Click(object sender,EventArgs e)
{
    if (Page.IsValid)
        lblResult.Text=dropFavoriteColor.SelectedItem.Text;
}
```

（4）浏览该页面，如果未选择任何颜色，单击“提交”按钮，则提示“请选择颜色”的错误信息，验证未通过。如果选择了某种颜色，则验证通过。

2. CompareValidator 控件 

除了表 4-10 中列出的共有属性外，CompareValidator 控件还有以下几个重要属性。

- ControlToCompare：指定要与所验证的输入控件进行比较的控件。该属性可选，当指定控件内容与某个常数进行比较或对验证数据进行数据类型检查时，不必设置该属性。
- Operator：指定要执行的比较操作，包括等于、大于、大于等于、小于、小于等于和数据类型检查。
- ValueToCompare：指定要与所验证的输入控件进行比较的常数值，而不是比较两个控件的值。

- Type：用来指定比较值的数据类型，包括 String、Integer、Double、Date 和 Currency。

【例 4-23】 在设计用户注册页面时，希望用户输入两次密码，使用 CompareValidator 验证控件来判断两次输入的密码是否相等。

在 WebValidator 网站中新建 CompareValidator. aspx 页面，页面的设计视图如图 4-37 所示。

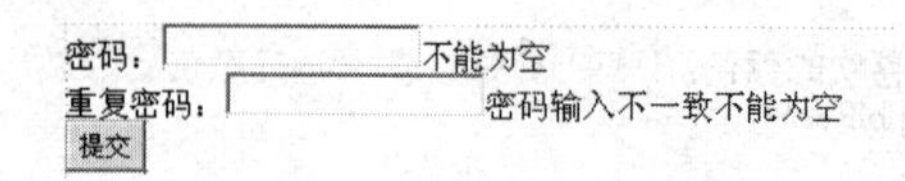

图 4-37　CompareValidator. aspx 页面的设计视图

设置各控件相关属性后，源视图控件声明代码如下：

```
<div>
        密码: <asp:TextBox ID="txtPassword" runat="server"></asp:TextBox>
        <asp:RequiredFieldValidator ID="RequiredFieldValidator1" runat="server"
        ControlToValidate="txtPassword" Display="Dynamic" ErrorMessage="不能为空">
        </asp:RequiredFieldValidator>
        <br />重复密码: <asp:TextBox ID="txtRePassword" runat="server"></asp:TextBox>
        <asp:CompareValidator ID="CompareValidator1" runat="server"
        ControlToCompare="txtPassword" ControlToValidate="txtRePassword"
        Display="Dynamic" ErrorMessage="密码输入不一致"></asp:CompareValidator>
        <asp:RequiredFieldValidator ID="RequiredFieldValidator2" runat="server"
        ControlToValidate="txtRePassword" Display="Dynamic" ErrorMessage="不能为空">
        </asp:RequiredFieldValidator>
        <br /><asp:Button ID="Button1" runat="server" Text="提交"/>
</div>
```

上述代码中，对 txtRePassword 控件使用了两个验证控件，即组合验证。首先要求该控件必须输入，然后再判断其值是否与 txtPassword 控件的值相等。如果 txtRePassword 控件值为空，则出现“请输入确认密码”错误信息；如果密码不一致，则出现“两次输入的密码不一致”的错误信息。

此例中，如果不用 RequiredFieldValidator 控件对 txtRePassword 控件进行验证，则用户不输入确认密码，CompareValidator 会认为验证成功。这是因为输入控件为空时，不会调用 CompareValidator 的任何验证方法而认为验证成功。

【例 4-24】 使用 CompareValidator 控件对数据进行类型检查。要求用户输入合法的日期，否则验证失败。页面的设计视图如图 4-38 所示。

出生年月： 日期格式不正确
提交

图 4-38　页面的设计视图

设置各控件的相关属性后，源视图控件声明代码如下：

```
<div>
    出生年月:<asp:TextBox ID="txtDate" runat="server"></asp:TextBox>
    <asp:CompareValidator ID="CompareValidator2" runat="server"
    ControlToValidate="txtDate" Display="Dynamic" ErrorMessage="日期格式不正确"
Operator="DataTypeCheck" Type="Date"></asp:CompareValidator>
    <br/><asp:Button ID="btnSubmit" runat="server" Text="提交"/>
</div>
```

该例中，通过设置 CompareValidator2 控件的 Operator 属性为“DataTypeCheck”，同时将 Type 属性设为“Date”，注意并没有设置 ControlToCompare 属性。当浏览页面时，在 TxtDate 中输入“123”，焦点离开 txtDate 后立即发生“日期格式不正确”的验证错误。当重新输入正确的日期（如“2016-05-01”）后，验证通过。

3. RangeValidator 控件 

RangeValidator 控件除了共有属性以外，还有以下几个特殊属性。

- MaximumValue 和 MinimumValue：用于指定被验证控件中的值的范围。
- Type：用于指定被验证控件中的值的类型（包括 String、Integer、Double、Date 和 Currency)。

【例 4-25】 演示如何通过 RangeValidator 控件验证文本框中的年龄输入在 0~200 之间。

在 WebValidator 网站中新建 RangeValidator.aspx 页面，页面的设计视图如图 4-39 所示。

年龄：[　　　　] 年龄应在0-200之间 [提交]

图 4-39　RangeValidator.aspx 页面的设计视图

设置各控件的相关属性后，源视图控件声明代码如下：

```
<div>
    年龄:<asp:TextBox ID="txtAge" runat="server"></asp:TextBox>
    <asp:RangeValidator ID="RangeValidator1" runat="server"
    ControlToValidate="txtAge" Display="Dynamic" ErrorMessage="年龄应在 0-200 之间"
    MaximumValue="200" MinimumValue="0" Type="Integer"></asp:RangeValidator>
    <asp:Button ID="btnSubmit" runat="server" Text="提交"/>
</div>
```

运行该页面，当输入 0~200 以外的数据时，验证失败。

注意　如果不用 RequiredFieldValidator 控件对 txtAge 控件进行空验证，则用户不输入年龄，RangeValidator 也会认为验证成功。这是因为输入控件为空时，同样不会调用 RangeValidator 的任何验证函数而认为验证成功。

4. RegularExpressionValidator 控件 

有些输入具有固定的模式，如电话、电子邮件、身份证等。要验证这些输入，需要使用

RegularExpressionValidator 控件来实施验证，设置 RegularExpressionValidator 控件的 ValidationExpression 属性，即验证表达式。该控件将按正则表达式设置来判断输入是否满足条件。

（1）正则表达式。正则表达式提供了功能强大、灵活而又高效的方法来处理文本。正则表达式的全面模式匹配表示可用于快速分析大量文本以找到特定的字符模式；提取、编辑、替换或删除文本子字符串；对于处理字符串（如 HTML 处理、日志文件分析和 HTTP 标头分析）的许多应用程序而言，正则表达式是不可缺少的工具。

正则表达式语言由两种基本字符类型组成：原义(正常)文本字符和元字符。元字符使正则表达式具有处理能力。比如，在 DOS 文件系统中使用的？和 * 元字符，这两个元字符分别代表任意单个字符和字符组。DOS 文件命令“COPY *.DOC D:\”表示当前目录下所有扩展名为 .DOC 的文件均复制到 D 盘根目录中。元字符 * 代表文件扩展名为 .DOC 前的任何文件名。正则表达式极大地拓展了此基本思路，提供大量的元字符，使通过相对少的字符描述非常复杂的文本匹配表达式成为可能。

表 4-11 列出了常用的元字符，供用户创建自定义的正则表达式。

表 4-11　常用的元字符

字　符	定　义
?	零次或一次匹配前面的字符或子表达式
*	零次或多次匹配前面的字符或子表达式
+	一次或多次匹配前面的字符或子表达式
.	匹配任意一个字符
[ ]	定义一个字符集合，匹配该集合中的一个字符。如［0-9］表示 0 到 9 之间的一个数字
{n}	匹配前一个字符或子表达式的 *n* 次重复
{n, m}	匹配前一个字符或子表达式至少 *n* 次至多 *m* 次
|	分隔多个有效的模式、逻辑或操作符
\	对下一个字符转义，如 \a 表示响铃
\w	匹配任意字母、数字、下划线，等价于［A-Z，a-z，0-9，-］
\d	匹配任意一个数字字符，等价于［0-9］
\.	匹配点字符

例如：

[A-Z,a-z]{2,5}表示由 2 ~ 5 个字母组成的字符串。

\d{5}表示 5 个数字。

.*[@#&].*表示至少包含@#& 中的一个字符。

此外，正则表达式还提供了大量的元字符，结合替换、构造等原则，可以高效地创建、比较和修改字符串，以及迅速地分析大量文本和数据以搜索、删除和替换文本模式。对这些复杂应用，本书不做讨论。

（2）使用预定义表达式。ASP. NET 提供了一些预定义的格式，如 Internet 地址、电子邮件地址、电话号码和邮政编码。因此，在使用 RegularExpressionValidator 控件进行验证时，可以直接使用这些格式。

【例 4-26】 演示如何使用预定义表达式来验证输入的电子邮件地址。

在 WebValidator 网站中新建 RegularExpressionValidator.aspx 页面，页面的设计视图如图 4-40 所示。

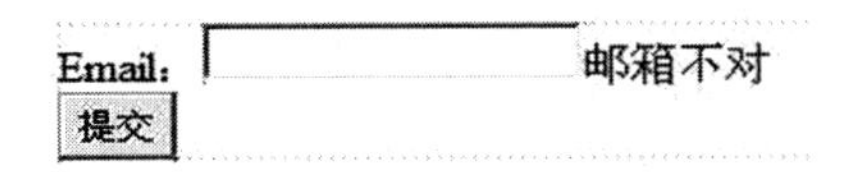

图 4-40　页面的设计视图

首先，选中 RegularExpressionValidator 控件，在属性窗口中选择 ValidationExpression 属性，打开“正则表达式编辑器”窗口，如图 4-41 所示。

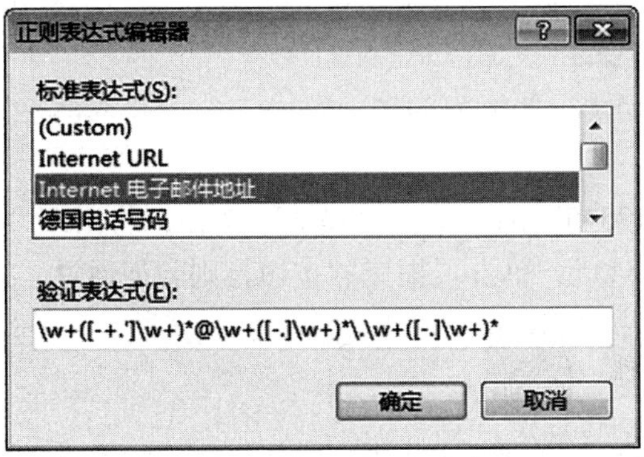

图 4-41　正则表达式编辑器

在该窗口中选择“Internet 电子邮件地址”后，单击“确定”按钮。该页面源视图控件声明代码如下：

```
<div>
    Email: <asp:TextBox ID="txtEmail" runat="server"></asp:TextBox>
     <asp:RegularExpressionValidator ID="RegularExpressionValidator2" runat=
        "server" ControlToValidate="txtEmail" ErrorMessage="邮箱不对"
    ValidationExpression="\w+([-+.']\w+)*@\w+([-.]\w+)*\.\w+([-.]\w+)*"
      ></asp:RegularExpressionValidator><br/>
     <asp:Button ID="btnSubmit" runat="server" Text="提交"/>
</div>
```

浏览该页面，在文本框 txtEmail 中输入“123”后，单击“提交”按钮，将出现“邮箱不对”的错误信息。当重新输入“aaa@sina.com”后，再单击“提交”按钮，则验证通过。

(3) 使用自定义表达式。如果要求用户输入一个以大写字母开头，再加 5 位阿拉伯数字的格式化数据。很显然，预定义表达式里没有这样的格式定义，只能通过正则表达式进行自定义。按照上面的格式要求，该表达式应该为“[A-Z]\d{5}”。

【例 4-27】演示如何使用自定义表达式验证输入。

新建一个网页，页面的设计视图如图 4-42 所示。

图 4-42　页面的设计视图

设置各控件相关属性后，源视图控件声明代码如下。

```
<div>
  <asp:TextBox ID="TextBox1" runat="server"></asp:TextBox>
  <asp:RegularExpressionValidator ID="RegularExpressionValidator3" runat="server"
     ControlToValidate="TextBox1" ValidationExpression="[A-Z]\d{5}">输入不正确
        </asp:RegularExpressionValidator>
  <br /><asp:Button ID="btnSubmit" runat="server" Text="提交"/>
</div>
```

浏览页面，输入“a12345”后，单击“提交”按钮，将出现“输入不正确”的错误信息。再次重新输入“A12345”，单击“提交”按钮，则验证通过。

5. CustomValidator 控件

如果前面所讲的几种验证控件都无法满足验证要求，可以通过使用 CustomValidator 控件来完成自定义验证。可在服务器端自定义一个验证方法，然后使用该控件来调用它从而完成服务器端验证；还可以通过编写 ECMAScript(JavaScript)脚本，重复服务器验证的逻辑，在客户端进行验证，即在提交页面之前检查用户输入内容。

【例 4-28】下面编写 CustomValidator 控件的验证方法用来验证 TextBox 控件中用户输入不超过 8 个字符。

新建 CustomValidator.aspx 页面，页界面的设计视图如图 4-43 所示。

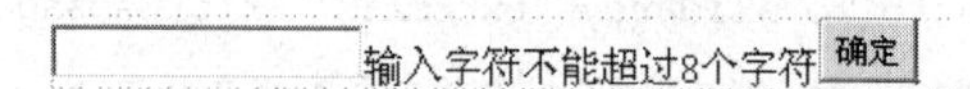

图 4-43　CustomValidator.aspx 页面的设计视图

设置各控件相关属性后，源视图控件声明代码如下：

```
<asp:TextBox ID="TextBox1" runat="server"></asp:TextBox>
<asp:CustomValidator ID="CustomValidator1" runat="server" Display="Dynamic"
   ErrorMessage="输入字符不能超过 8 个字符" ControlToValidate="TextBox1">
</asp:CustomValidator>
<asp:Button ID="Button1" runat="server" Text="确定"/>
```

为 CustomValidator1 控件添加 ServerValidate 事件，该事件用来指定服务器端验证方法，将验证方法命名为 Server_Validate。

在 CustomValidator1 控件的服务器端验证方法 Server_Validate 中添加以下代码：

```
protected void Server_Validate(object source,ServerValidateEventArgs args)
{
        if (args.Value.Length > 8)
             args.IsValid = false;
        else
             args.IsValid = true;
}
```

source 参数是对触发此事件的自定义验证控件的引用。args 的 Value 属性将包含要验证的用户输入内容，如果值是有效的，则将 args. IsValid 设置为 true；否则设置为 false。

运行该示例，输入“1234567891”，单击“提交”按钮，提示错误信息，验证未通过。

当输入的字符串长度不超过 8 位时，单击“提交”按钮，验证通过。

除了添加服务器端验证方法外，还可以为 CustomValidator 控件添加客户端验证脚本，步骤如下。

首先，设置 CustomValidator1 控件的 ClientValidationFunction 属性的值为“ClientValidate”。

然后，添加如下客户端验证脚本：

```
<script language="javascript" type="text/javascript">
        function ClientValidate(source,arguments)
        {
              if(arguments.Value.length>8)
                      arguments.IsValid=false;
              else
                      arguments.IsValid=true;
        }
</script>
```

6. ValidationSummary 控件 

ValidationSummary 控件用于在页面中的一处显示整个网页中所有验证错误的列表。这个控件在表单比较大时特别有用。如果用户在页面底部的表单字段中输入了错误的值，那么这个用户可能不会注意到这个错误信息。不过，如果使用 ValidationSummary 控件，就可以始终在表单的顶端显示错误列表。

每个验证控件都有 ErrorMessage 属性和 Text 属性。ErrorMessage 属性和 Text 属性的不同之处在于，赋值给 ErrorMessage 属性的信息显示在 ValidationSummary 控件中，而赋值给 Text 属性的信息显示在页面主体中。通常，需要保持 Text 属性的错误信息简短（例如“必填!”）。另一方面，赋值给 ErrorMessage 属性的信息应能识别有错误的表单字段（例如“名字是必填项!”）。

【例 4-29】演示如何使用 ValidationSummary 控件显示错误信息摘要。

新建 ValidationSummary.aspx 页面，页面的设计视图如图 4-44 所示。

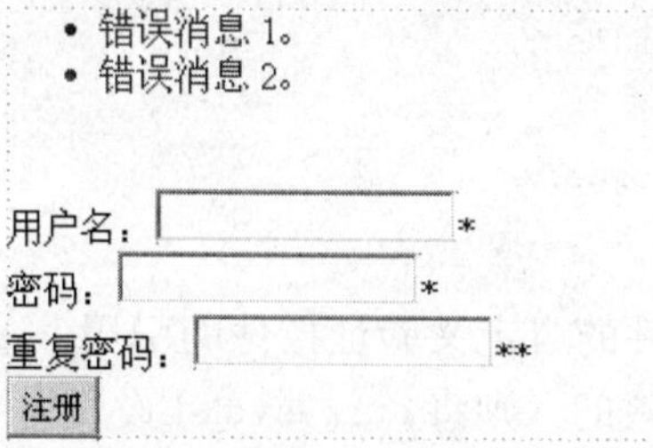

• 错误消息 1。
• 错误消息 2。

用户名：*
密码：*
重复密码：**
注册

图 4-44　ValidationSummary.aspx 页面的设计视图

设置各控件相关属性后，源视图控件声明代码如下：

```
<div>
    <asp:ValidationSummary ID="ValidationSummary1" runat="server"/> <br/>
    用户名：<asp:TextBox ID="txtName" runat="server"> </asp:TextBox>
    <asp:RequiredFieldValidator ID="RequiredFieldValidator1" runat="server"
      ControlToValidate="txtName" ErrorMessage="用户名不能为空">*
    </asp:RequiredFieldValidator>
    <br/>密码：<asp:TextBox ID="txtPassword" runat="server">
    </asp:TextBox>
    <asp:RequiredFieldValidator ID="RequiredFieldValidator2" runat="server"
      ControlToValidate="txtPassword" ErrorMessage="密码不能为空">*
    </asp:RequiredFieldValidator>
    <br />重复密码：<asp:TextBox ID="txtRePassword" runat="server">
       </asp:TextBox>
    <asp:RequiredFieldValidator ID="RequiredFieldValidator3" runat="server"
      ControlToValidate="txtRePassword" ErrorMessage="重复密码不能为空">*
    </asp:RequiredFieldValidator>
    <asp:CompareValidator ID="CompareValidator1" runat="server"
      ControlToCompare="txtPassword" ControlToValidate="txtRePassword"
      ErrorMessage="密码不一致">* </asp:CompareValidator>
    <br/> <asp:Button ID="btnRegister" runat="server" Text="注册"/>
</div>
```

如果不输入任何内容就单击“注册”按钮，那么验证控件的 ErrorMessage 的错误信息将显示在 ValidationSummary 控件中，而页面主体显示 Text 的信息，如图 4-45 所示。

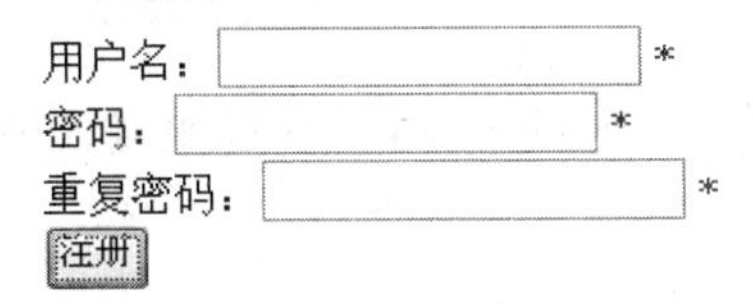

图 4-45　页面运行效果

ValidationSummary 控件支持下列属性。

◆ DisplayMode 属性：用于指定如何格式化错误信息。可能的值有 BulletList、List 和 SingleParagraph。

◆ HeaderText 属性：用于在错误信息上方显示标题文本。

◆ ShowMessageBox 属性：是否以提示框形式显示错误信息。

◆ ShowSummary 属性：是否显示错误信息。

如果把 ShowMessageBox 属性设置为 true，并把 ShowSummary 属性设置为 false，那么错误信息只显示在弹出的提示框中，运行效果如图 4-46 所示。

图 4-46　错误信息提示框

注意　如果验证控件的 Display 属性的值设为 None，验证错误信息只会显示在 ValidationSummary 控件中。

4. 4. 3　验证组的使用 

由于在页面上控件比较多，可以将不同的控件归为一组，ASP. NET 在对每个验证组进行验证时，与同页的其他组无关。通过把要分在一组的所有控件的 ValidationGroup 属性设置为同一个名称，即可创建一个验证组。

【例 4-30】 演示在 Button 控件回发到服务器时，如何使用 ValidationGroup 属性指定要验证的控件。

新建 ValidationGroup.aspx 页面，页界面的设计视图如图 4-47 所示。页面包含四个文本框、四个 RequiredFieldValidator 控件和两个 Button 控件。验证前两个文本框的 RequiredFieldValidator 控件和 Button1 控件位于 Button1Group 验证组中，而验证后两个文本框的 RequiredFieldValidator 控件和 Button2 控件位于 Button2Group 验证组中。

图 4-47　ValidationGroup.aspx 页面的设计视图

源视图控件声明代码如下：

```
<asp:TextBox ID="TextBox1" runat="server"></asp:TextBox>
<asp:RequiredFieldValidator ID="RequiredFieldValidator1" runat="server"
   ControlToValidate="TextBox1" ErrorMessage="不能为空"
   ValidationGroup="Button1Group"></asp:RequiredFieldValidator><br/>
<asp:TextBox ID="TextBox2" runat="server"></asp:TextBox>
<asp:RequiredFieldValidator ID="RequiredFieldValidator2" runat="server"
   ControlToValidate="TextBox2" ErrorMessage="不能为空"
   ValidationGroup="Button1Group"></asp:RequiredFieldValidator>
<asp:Button ID="Button1" runat="server" Text="Button" ValidationGroup
   ="Button1Group"/><br/><asp:TextBox ID="TextBox3" runat="server"
ValidationGroup="Button2Group"></asp:TextBox>
<asp:RequiredFieldValidator ID="RequiredFieldValidator3" runat="server"
   ControlToValidate="TextBox3" ErrorMessage="不能为空"
   ValidationGroup="Button2Group"></asp:RequiredFieldValidator><br/>
<asp:TextBox ID="TextBox4" runat="server" ValidationGroup="Button2Group">
</asp:TextBox>
<asp:RequiredFieldValidator ID="RequiredFieldValidator4" runat="server"
   ControlToValidate="TextBox4" ErrorMessage="不能为空"
   ValidationGroup="Button2Group"></asp:RequiredFieldValidator>
<asp:Button ID="Button2" runat="server" Text="Button"
   ValidationGroup="Button2Group"/>
```

浏览该网页，当单击 Button2 按钮时，只会对 Button2Group 验证组的控件进行验证，效果如图 4-48 所示。

图 4-48　页面运行效果

4.4.4　禁用验证

在特定条件下，可能需要禁用验证。例如，一个在用户没有正确填写所有验证字段的情况，需要提交网页，此时，就需要用到禁用验证的功能。

在实际应用中，可以通过以下两种方法来禁用验证。

方法1：可以设置 ASP. NET 服务器控件的属性（CausesValidation = "false"）来禁用客户端和服务器端的验证。例如，通过设置 Button 控件的 CausesValidation 属性来禁用验证功能。

方法2：如果要执行服务器端的验证，而不执行客户端的验证，则可以将验证控件设置为不生成客户端脚本，即将其 EnableClientScript 属性设置为 false。

4.4.5　以编程方式测试验证有效性

当验证控件在客户端验证用户输入时，如果验证未通过，则页面不提交。但当客户端验证代码失效，数据被提交到服务器端时，则要执行服务器端验证，此时验证控件在服务器端测试用户输入，设置错误状态，并生成错误信息。无论服务器端验证是否通过，都不会更改页面的处理流程。也就是说，即使在服务器端检测到用户输入已经发生错误，但仍会继续执行代码。因此，可以在执行应用程序的特定逻辑之前编写代码测试验证控件的状态，如果检测到错误，代码将不被执行，页面继续处理并返回给用户，向用户显示所有错误信息。

例如，当禁用了客户端验证，单击页面提交按钮后，即使页面中的验证控件没有通过验证，也会继续执行按钮单击事件方法中的代码。

为了防止这种情况的发生，一般可以在代码中测试页面的 IsValid 属性，如果为 true，则执行代码；否则不执行。代码如下：

```
protected void Button1_Click(object sender,EventArgs e)
{
    if (this.Isvalid)
    {
        //验证成功后执行的代码
    }
}
```

4.5　用户控件 

在某些情况下，需要使用一些特殊的控件，在 ASP. NET 的内置服务器控件中又没有合适的控件可以使用。在这种情况下，用户可以创建自己的控件。有两个选择，可以创建自定义控件和用户控件。自定义控件是编写的一个类，此类从 Control 或 WebControl 派生。用户控件是能够在其中放置标记和服务器控件的容器。然后，可以将用户控件作为一个单元对待，为其定义属性和方法。创建用户控件比创建自定义控件方便很多，因此本节主要介绍用户控件的创建和使用。

用户控件是一种复合控件，可以像创建 Web 窗体一样创建，然后在多个网页上重复使用。例如，在一个电子商务站点中，需要保存客户的联系方式（包括公司地址、电话、联系人等），这些信息往往会被多个页面引用（如客户查询和编辑、销售员的查询等）。对于这样的需求，可以在每个页面中分别添加多个控件来实现客户联系方式信息的查看和编辑。但是，一旦需求有所变化（如要增加电子邮件地址），那么只好通过修改每个页面来满足需求。这样做，虽然最终需求得以满足，但是开发量和以后的维护成本都将大大增加，也不符合面向对象的编程思想。对于这类情况，可以使用 ASP. NET 提供的用户控件技术，将客户的联系方式等信息封装成一个用户控件，并实现信息的查看和编辑功能，然后，在每个页面中添加对该控件的引用，如图 4-49 所示。

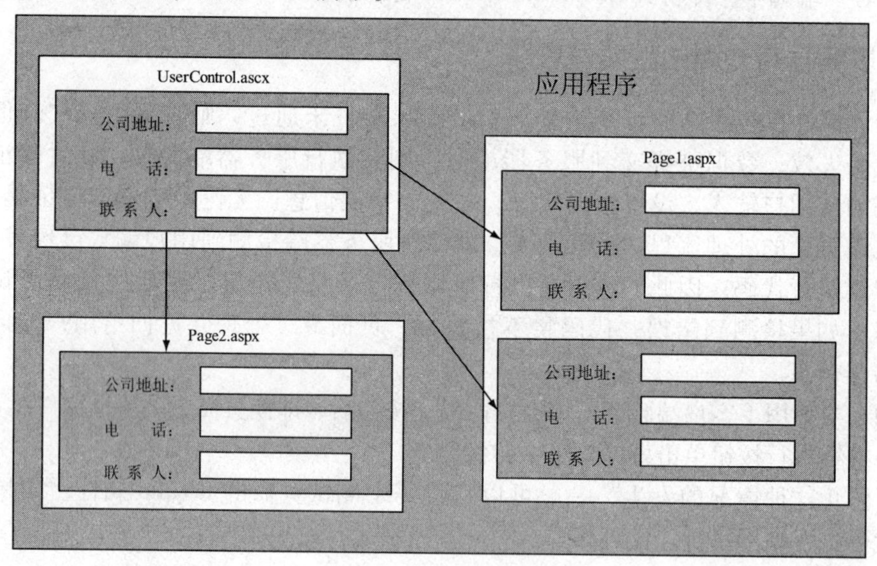

图 4-49　用户控件示意图

用户控件与 Web 窗体相似，具有用户界面页和后台代码页。因此，可以采取与创建 Web 窗体相似的方式创建用户控件，然后添加其中所需的子控件和标记，最后添加对控件进行操作的代码。

但用户控件与 Web 窗体有以下区别。

- 用户控件的文件扩展名为 . ascx。
- 用户控件中没有@ Page 指令，而是包含@ Control 指令，该指令对配置及其他属性进行定义。
- 用户控件不能作为独立文件运行。必须像处理其他控件一样，将用户控件添加到 Web 窗体中，才能运行。
- 用户控件中没有 html、body 或 form 元素。这些元素必须位于宿主页中。所谓宿主页即为使用用户控件的页面。
- 可以在用户控件上添加 HTML 元素（html、body 或 form 元素除外）和 Web 服务器控件。例如，如果要创建一个工具栏的用户控件，则可以将一系列 Button 服务器控件添加到一个用户控件中，并创建这些 Button 控件的事件处理程序。

4.5.1 用户控件的创建

在 Visual Studio 中，创建用户控件的步骤与创建 Web 窗体的步骤非常相似。

【例 4-31】 演示如何创建一个用户控件。该控件包含一个文本框和两个 up 和 down 按钮，用户可单击两个按钮来增加或减少文本框中的值（值的范围可以设置）。

（1）运行 Visual Studio，打开 WebControlDemo 网站。在“解决方案资源管理器”窗口中，用鼠标右击网站名 WebControlDemo，在弹出的快捷菜单中选择“添加新项”菜单项，在弹出的“添加新项”窗口的模板中选择“Web 用户控件”，如图 4-50 所示。将该用户控件命名为 WebUserControlDemo. ascx，单击“添加”按钮，Visual Studio 自动为用户控件添加了一个 ascx 文件和一个后缀为 . cs 的后台代码文件。

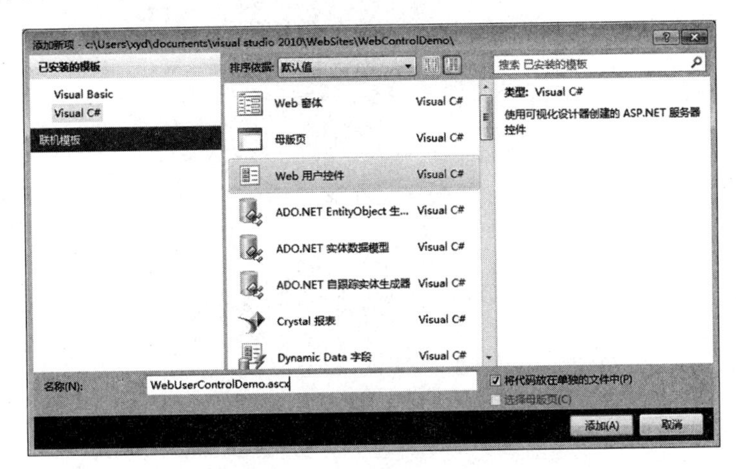

图 4-50 添加用户控件

在“解决方案资源管理器”窗口中，双击 WebUserControlDemo. ascx 文件，切换到源视图，可以看到自动生成了一行代码。

```
<%@Control Language="C#" AutoEventWireup="true"
CodeFile="WebUserControlDemo.ascx.cs" Inherits="WebUserControlDemo"%>
```

从该代码中可以看出，除了声明开头以@ Control 开始之外，其他的声明都与 Web 窗体类似。此外，该文件和网页文件最大的不同就是它没有 <head>、<body>、<form> 等元素。

（2）切换到设计视图。从工具箱中依次拖一个 TextBox 控件、两个 Button 控件到页面中，并简单地设置它们的属性。页面的设计视图如图 4-51 所示。

图 4-51 WebUserControlDemo. ascx 页面的设计视图

切换到源视图，控件声明代码如下：

```
<asp:TextBox ID="txtNum" runat="server" ReadOnly="True"></asp:TextBox>
```

```
<asp:Button ID="btnUp" runat="server" Text="Up"/>
<asp:Button ID="btnDown" runat="server" Text="Down"/>
```

（3）公开用户控件中的属性。在用户控件中公开属性，这样宿主页可以通过访问和设置用户控件的属性来与用户控件交互。下面的代码为用户控件的每个输入域，分别定义一个公共属性。

```
private int minValue=0;//最小值
private int maxValue=100;//最大值
private int currentValue;//当前值
public int MaxValue//公开最大值属性
{
    get
    {
        return maxValue;
    }
    set
    {
        maxValue=value;
    }
}
public int MinValue//公开最小值属性
{
    get
    {
        return minValue;
    }
    set
    {
        minValue=value;
    }
}
public int CurrentValue//公开当前值属性
{
    get
    {
        return currentValue;
    }
    set
    {
        CurrentValue=value;
        txtNum.Text=CurrentValue.ToString();
    }
}
```

在上面代码中，添加了三个私有变量，用来存储文本框的值的范围（整数）和当前值，并对应新增三个公共属性：读取和设置文本框的最大值和最小值及读取当前值。

（4）为Page_Load事件添加初始化代码。

```
protected void Page_Load(object sender,EventArgs e)
{
CurrentValue = int.Parse(txtNum.Text);
}
```

从上面的代码中可以看出，Page_Load事件中需要将txtNum文本框内的值取出来解析成整型后放到CurrentValue中。

（5）单击两个按钮，需要实现文本框内数字的增减。因此为两个按钮创建服务器端单击事件，事件处理代码如下：

```
protected void btnUp_Click(object sender,EventArgs e)
{
      if (currentValue < MaxValue)
            currentValue ++;
      txtNum.Text = currentValue.ToString();
protected void btnDown_Click(object sender,EventArgs e)
{
      if (currentValue > MinValue)
            currentValue --;
      txtNum.Text = currentValue.Tostring();
}
```

从上面代码可以看出，用户控件中的服务器端事件和网页中控件的服务器端事件的声明方法完全一样。

用户控件创建好后不能直接运行，必须将其添加到Web窗体中，才能运行。下面就介绍如何使用用户控件。

4.5.2　用户控件的使用

为了在Web窗体上使用用户控件，需要以下两个步骤。

（1）使用@ Register指令在页面顶部注册用户控件。

（2）在需要使用用户控件的位置放置用户控件。

在Visual Studio中，将自动完成这两个步骤。

【例4-32】演示如何在Visual Studio中使用用户控件。

（1）在WebControlDemo网站中新建一个名为UcSample.aspx的Web窗体，直接从“解决方案资源管理器”窗口中拖动一个用户控件到Web窗体的div标记中，Visual Studio会自动帮助生成注册用户控件的代码，并且在页面上添加一个用户控件的声明，源视图控件声明代码如下：

```
<%@ Page Language = "C#" AutoEventWireup = "true" CodeFile = "UcSample.aspx.cs"
Inherits = "UcSample"%>
```

```
<%@ Register src="WebUserControlDemo.ascx" tagname="WebUserControlDemo"
tagprefix="uc1"%>
<!DOCTYPE html PUBLIC "-//W3C//DTD XHTML 1.0 Transitional//EN"
"http://www.w3.org/TR/xhtml1/DTD/xhtml1-transitional.dtd">
<html xmlns="http://www.w3.org/1999/xhtml">
<head runat="server">
    <title></title>
</head>
<body>
    <form id="form1" runat="server">
    <div>
        <uc1:WebUserControlDemo ID="WebUserControlDemo1" runat="server"/>
    </div>
    </form>
</body>
</html>
```

从上面的代码中可以看到，在<%@ Page%>指令下面，Visual Studio 自动添加了<%@ Register% >指令，该指令需要指定以下三个属性。

- tagprefix 属性：指定与用户控件关联的命名空间，可以指定任何字符串。
- tagname 属性：指定在 Web 窗体中使用的用户控件的名称，可以指定任何字符串。
- src 属性：指定用户控件的虚拟路径。

Visual Studio 默认生成的 tagprefix 以 uc 开头，tagname 则直接使用用户控件的文件名，建议为用户控件取一个具有代表意义的名字，以免难以维护。在用户控件的声明区中，使用<tagprefix:tagname...>这样的语法来定义用户控件。

（2）在 UcSample.aspx 页面的设计视图中，选中刚拖过来的用户控件，在“属性”窗口中可以直接设置用户控件的属性，如图 4-52 所示。

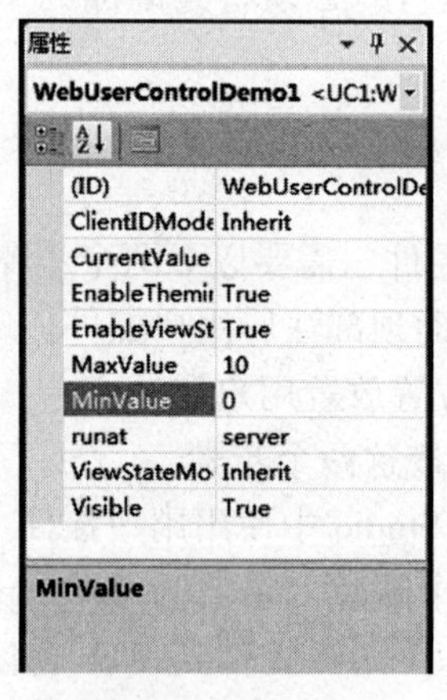

图 4-52　用户控件的“属性”窗口

另外，也可以通过编程的方式设置用户控件的属性，在 UcSample.aspx.cs 文件中添加以下代码：

```
protected void Page_Load(object sender,EventArgs e)
{
    if(!IsPostBack)
    {
        WebUserControlDemo1.MaxValue =50;
        WebUserControlDemo1.MinValue =20;
}
}
```

（3）现在运行 UcSample.aspx 页面，可以看到嵌入了用户控件的页面的运行效果。

4.6 小　　结

本章主要讨论了 Visual Studio 的标准控件，首先简单介绍了 HTML 服务器控件，并通过一个综合示例演示了 HTML 控件的使用。接着详细阐述了 Web 服务器控件及验证控件，并对常用的控件分别举例介绍。最后通过一个简单的用户控件示例讨论了用户控件的创建和使用方法。

实训 4　ASP. NET 服务器控件

1. 实训目的

熟悉 ASP. NET 服务器控件的使用，学会使用 ASP. NET 服务器控件设计 Web 页面。

2. 实训内容和要求

（1）新建一个名为 Practice 4 的网站。

（2）添加一个名为 ImageButton. aspx 的 Web 页面，在该页面上使用 ImageButton 控件，当在图像上单击鼠标时，在 Label 控件中显示鼠标单击的位置。

（3）添加一个名为 CheckBoxList. aspx 的 Web 页面，在该页面上添加一个 CheckBoxList 控件，运行时在 Page_ Load 事件中动态地为该控件添加六门课程，当用户更改课程的选择时，通过 Label 控件显示所有被选择的课程名。

（4）添加一个名为 Calendar. aspx 的 Web 页面，在该页面上添加一个 Calendar 控件来实现日历的显示和选择，设置日历显示样式为彩色型 1，并将选择的日期通过 Label 控件显示出来。

（5）添加一个名为 RangeValidator. aspx 的 Web 页面，在其中添加一个“考生年龄”的输入文本框，要求输入的值必须在 18 ~ 80 之间，使用 RangeValidator 控件验证用户在文本框中输入的内容是否在有效范围内。

（6）添加一个名为 CompareValidator. aspx 的 Web 页面，在其中添加一个文本框，用于输入日期，要求输入的日期必须是一个 2001 年 9 月 1 日以后的日期，使用 CompareValidator 控件来验证文本框的输入。

（7）添加一个名为 RegularExpressionValidator.aspx 的 Web 页面，该窗体中包含两个文本框控件，分别用来输入“姓名(拼音)”和“电话”，再创建两个 RegularExpressionValidator 控件来验证文本框的输入是否正确。

（8）添加一个名为 CustomValidator.aspx 的 Web 页面，编写自定义验证控件的验证代码用于验证输入的正整数是素数。

（9）添加一个名为 Login.aspx 的 Web 页面，设计一个登录窗体，并使用合适的验证控件实现登录验证功能，无须编写后台代码。

（10）在网站上经常看到用户注册页面，请使用本章所学的控件，设计一张用户注册页面 Register.aspx。要求：页面输入需使用合适的验证控件进行验证，无须编写后台代码。

习　　题

一、单选题

1. 在 Web 窗体中，放置一个 HTML 控件，将采用下列的（　　）方法更改为 HTML 服务器控件。
   A. 添加 runat = "server" 和设置 Attribute 属性
   B. 添加 id 属性和 Attribute 属性
   C. 添加 runat = "server" 和设置 id 属性
   D. 添加 runat = "server" 和设置 Value 属性
2. 要把一个 TextBox 设置成密码输入框，应该设置（　　）属性。
   A. Columns　　B. Rows　　C. Text　　D. TextMode
3. 下面（　　）控件不包含 ImageUrl 属性。
   A. HyperLink　　B. Image　　C. ImageButton　　D. LinkButton
4. AlternateText 属性是（　　）控件特有的属性。
   A. HyperLink　　B. Image　　C. ListBox　　D. LinkButton
5. 添加一个服务器控件 CheckBox，单击该控件不能生成一个回发，（　　）可以让 CheckBox 的事件导致页面被提交。
   A. 设置 IE 浏览器可以运行脚本　　B. AutoPostBack 属性设置为 true
   C. AutoPostBack 属性设置为 false　　D. 为 CheckBox 添加 Click 事件
6. 如果希望控件的内容变化后，立即回传页面，需要在控件中添加（　　）属性。
   A. AutoPostBack = "true"　　B. AutoPostBack = "false"
   C. IsPostBack = "true"　　D. IsPostBack = "false"
7. 下面控件中，（　　）可以将其他控件包含在其中，所以它常常用来包含一组控件。
   A. Calendar　　B. Button　　C. Panel　　D. DropDownList
8. 下面针对服务器验证控件说法正确的是（　　）。
   A. 可以在客户端直接验证用户输入，并显示出错消息
   B. 服务器验证控件种类丰富，共有十种之多
   C. 服务器验证控件只能在服务器端使用

D. 各种验证控件不具有共性，各自完成功能

9. 用户登录界面中要求用户必须填写用户名和密码，才能提交，应使用（　　）控件。

A. RequiredFieldValidator　　B. RangeValidator

C. CustomValidator　　D. CompareValidator

10. 假设开发了一个用户注册界面，要求填写 E-mail 地址，并保证为必填项。下面为代码片段，如果填写不正确，提示“邮箱不对”紧随文本框后面出现，那么应该(　　)。

```
<div>
E-mail: <asp:TextBox ID = "txtE-mail" runat = "server"> </asp:TextBox>
    <asp:RequiredFieldValidator ID = "RequiredFieldValidator1" runat = "server"
    ControlToValidate = "txtEmail" ErrorMessage = "不允许为空"/>
    <asp:RegularExpressionValidator ID = "RegularExpressionValidator2"
      runat = "server" ControlToValidate = "txtEmail" ErrorMessage = "邮箱不对"
    ValidationExpression = "\w + ([ -+. '] \w + ) * @ \w + ([ -. ] \w + ) * \. \w + ([ -. ] \w + ) * "
      > </asp:RegularExpressionValidator> <br/>
    <asp:Button ID = "btnSubmit" runat = "server" Text = "提交"/>
</div>
```

A. 设置 RegularExpressionValidator 控件的 Display 属性为 Dynamic

B. 设置 RegularExpressionValidator 控件的 Display 属性为 Static

C. 设置 RequiredFieldValidator 控件的 Display 属性为 Static

D. 设置 RequiredFieldValidator 控件的 Display 属性为 Dynamic

11. 在一个注册界面中，包含用户名、密码、身份证三项注册信息，并为每个控件设置了必须输入的验证控件。但为了测试的需要，暂时取消该页面的验证功能，应该（　　）。

A. 将提交按钮的 CausesValidation 属性设置为 true

B. 将提交按钮的 CausesValidation 属性设置为 false

C. 将相关的验证控件属性 ControlToValidate 设置为 true

D. 将相关的验证控件属性 ControlToValidate 设置为 false

12. 现有一课程成绩输入框，成绩范围为 0 ~ 100，这里最好使用（　　）验证控件。

A. RequiredFieldValidator　　B. CompareValidator

C. RangeValidator　　D. RegularExpressionValidator

13. 如果需要确保用户输入大于 30 的值，应该使用（　　）验证控件。

A. RequiredFieldValidator　　B. CompareValidator

C. RangeValidator　　D. RegularExpressionValidator

14. RegularExpressionValidator 控件中可以加入正则表达式，下面选项对正则表达式说法正确的是（　　）。

A. "." 表示任意数字

B. " * " 表示和其他表达式一起，可以任意组合

C. "\ d" 表示任意字符

D. "[A-Z]" 表示 A-Z 有顺序的大写字母

15. 下面对 CustomValidator 控件说法错误的是（　　）。

A. 控件允许用户根据程序设计需要自定义控件的验证方法

B. 控件可以添加客户端验证方法和服务器端验证方法

C. ClientValidationFunction 属性指定客户端验证方法

D. runat 属性用来指定服务器端验证方法

16. 使用 ValidationSummary 控件时需要以提示框的形式来显示错误信息，应该(　　)。

A. 设置 ShowSummary 属性的值为 true　　B. 设置 ShowMessage 属性的值为 true

C. 设置 ShowMessage 属性的值为 false　　D. 设置 ShowSummary 属性的值为 false

17. 创建一个 Web 窗体，其中包括多个控件，并添加了验证控件进行输入验证，同时禁止所有客户端验证。当单击按钮提交窗体时，为了确保只有当用户输入的数据完全符合验证时才执行代码处理，需（　　）。

A. 在 Button 控件的 Click 事件处理程序中，测试 Page. IsValid 属性，如果该属性为 true，则执行代码

B. 在页面的 Page_Load 事件处理程序中，测试 Page. IsValid 属性，如果该属性为 true，则执行代码

C. 在 Page_Load 事件处理程序中调用 Page 的 Validate 方法

D. 为所有的验证控件添加 runat = "server"

18. ASP. NET 中用户控件的扩展名通常为（　　）。

A.aspx　　B. ascx　　C. asax　　D. resx

19. 已知用户控件中有一文本框，该用户控件的后台代码如下所示。

```
public partial class LoginControl:System.Web.UI.UserControl{
    public string Value{get;set;}
    protected void Page_Load(object sender,EventArgs e){Value = TextBox1. Text;}
}
```

在 Default.aspx 页面中添加该用户控件，ID 为 LoginControl1。在该页面中需要输出用户控件中文本框的内容，需要使用（　　）代码。

A. Response. write(this.Value)　　B. Response. write(LoginControl1.Value)

C. Response. write(Value)　　D. Response. write(LoginControl.Value)

二、填空题

1. RadioButtonList 服务器控件的________属性决定单选按钮是以水平还是垂直方式显示。________属性可以获取或设置在 RadioButtonList 控件中显示的列数。

2. 使用________控件可以在页面上显示一个日历。

3. 完成下列代码，使其实现当 DropDownList 控件选择项改变时，Calendar 控件的背景颜色发生改变。页面代码如下：

```
<asp:Calendar ID = "Calendar1" runat = "server" > </asp:Calendar >
<asp :DropDownList ID = "DropDownList1" runat = "server" AutoPostBack = "________"
    onselectedindexchanged = "DropDownList1_SelectedIndexChanged" >
    <asp:ListItem Value = "White" >白色 </asp:ListItem >
    <asp:ListItem Value = "Red" >红色 </asp:ListItem >
```

```
    <asp:ListItem Value="Yellow">黄色</asp:ListItem>
</asp:DropDownList>
```

DropDownList 控件的 SelectedIndexChanged 事件处理代码如下：

```
protected void DropDownList1_SelectedIndexChanged(object sender,EventArgs e)
{
    Calendar1.DayStyle.BackColor=System.Drawing.Color.FromName
    (DropDownList1.________);
}
```

4. 完成下列代码，以确定列表框控件 ListBox 中的所有选定内容。

```
string msg="";
foreach(__________item in ListBox1.Items)
{
    if(__________)
    {
        msg+=item.Text;
    }
}
Label1.Text=msg;
```

5. 完成下列代码，以动态的方式为 RadioButtonList 控件添加项和设置该控件排序方向和显示列数。

```
protected void Button1_Click(object sender,EventArgs e)
{
    string[] colors={"Red","Blue","Green","Yellow","Orange"};
    for(int i=0;i<colors.GetLength(0);i++)
    {
        this.RadioButtonList1.Items.________(colors[i]);
    }
    this.RadioButtonList1.________=RepeatDirection.Horizontal;
    this.RadioButtonList1.RepeatColumns=3;
}
```

6. Image 控件除了显示图像外，还可以为图像指定各种类型的文本，如使用________属性设置工具提示显示的文本，使用________属性用于指定在无法找到图像时显示的文本。
7. 如果希望将特定的输入控件与另一个输入控件相比较，需要使用________验证控件。
8. RangeValidator 控件中，通过________属性指定要验证的输入控件，________属性指定有效范围的最小值，________属性指定有效范围的最大值，________属性指定要比较的值的数据类型。
9. 验证 6 位数字的正则表达式为________。
10. 通过________控件验证用户是否在文本框中输入了数据；通过________控件将输入控件

的值与常数值或其他输入控件的值相比较，以确定这两个值是否与比较运算符（小于、等于、大于）指定的关系相匹配；通过________控件可以自定义验证规则；________控件用于罗列网页上所有验证控件的错误消息。

11. 需要在 WebForm1 窗体中添加一个名为 LoginControl 的用户控件，请完善下列代码。

```
<%@Page Language="C#" AutoEventWireup="true" CodeBehind="WebForm1.aspx.cs"
Inherts="WebForm1">
<%@Register src="LoginControl.ascx" tagname="LoginControl" tagprefix="______">
    <form ID="form1" runat="Server">
        <uc1:_______ ID="LoginControl1" runat="server"/>
    </form>
```

三、问答题

1. Button 控件、LinkButton 控件和 ImageButton 控件有什么共同点？
2. 比较 ListBox 控件和 DropDownList 控件有什么相同点和不同点。
3. 验证控件有几种类型？分别写出它们的名称。
4. 验证控件的 ErrorMessage 属性和 Text 属性都可以设置验证失败时显示的错误信息，两者有什么不同？
5. 在使用 RangeValidator 控件或 CompareValidator 控件时，如果相应的输入框中没有输入内容，验证是否通过？
6. 如何创建并使用 Web 用户控件？
7. 简述 ASP. NET 中用户控件和 Web 窗体的区别。

第 5 章　Web 应用的状态管理

在开发 Windows 应用程序时，不会留意应用程序状态维护，因为应用程序本身就在客户端运行，可以直接在内存中维护其应用程序状态。但是对于 Web 应用程序来说，因为 Web 应用程序运行在服务器端，客户端使用无状态的 HTTP 协议向服务器端发送请求，服务器端响应用户请求，向客户端发送请求的 HTML 代码，服务器端不会维护任何客户端状态，即一个请求的信息对下一个请求是不可用的。

在实际应用中，完成一个业务往往需要经过很多步骤。例如，在电子商务网站购物时，首先需要找到你想要的商品，并将它添加到购物车，然后继续浏览商品，直到选购完所有商品后提交购物车，完成订单。由于 Web 应用是无状态的，因此需要学习一下 Web 应用的状态管理技术来维护订购商品过程中的这些信息。

5.1　Web 应用状态管理概述

Web 服务器每分钟对成千上万个用户进行管理的一种方式就是执行所谓的“无状态”连接。只要有一个用户希望返回页面、图像或其他资源的请求，就发生以下事情：

- 连接到服务器；
- 告诉服务器想要的页面、图像或其他资源；
- 服务器发送请求资源；
- 服务器切断连接，把用户忘得干干净净。

由于使用无状态的 HTTP 协议作为 Web 应用程序的通信协议，当客户端每次请求页面时，ASP. NET 服务器端都将重新生成一个网页的新实例。这意味着客户端用户在浏览器中的一些状态或者是一些修改都将丢失。比如一个客户端管理系统，用户在很多文本框中输入了内容，当单击“提交”按钮到服务器后，从服务器返回的将是一个全新的网页。如果没有采用相应的状态管理技术，则在全新网页中，将无法访问前一个网页的内容，即用户所添加的内容将全部丢失，如图 5-1(a)所示。如果采用了相应的状态管理技术，则即使在全新网页中，也能访问到前一个网页的内容，如图 5-1(b)所示。

状态管理是在同一页或不同页的多个请求之间管理状态和页信息的过程。在 ASP. NET 中提供了以下几种状态管理技术。

- 视图状态：用于在同一页的多个请求之间保存页面和页面中控件的状态数据。
- 控件状态：当开发自定义控件时，保存控件的状态数据。
- 隐藏域：将信息存储在 HiddenField 控件中，此控件将呈现为一个标准的 HTML 隐藏域。

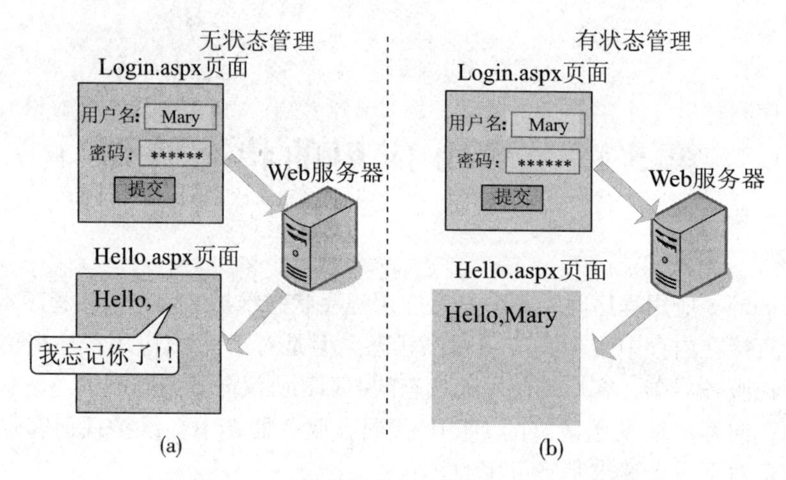

图 5-1　有状态管理和无状态管理效果图

- Cookie：用于在客户端保存少量的数据。
- 查询字符串：查询字符串是在页 URL 的结尾附加的信息。
- 应用程序状态：用于保存服务器端的全局应用程序信息。
- 会话状态：保存当前会话状态信息。
- 配置文件属性：ASP. NET 提供了一个称为配置文件属性的功能，可以保存服务器端的全局应用程序信息。

在这些技术中，视图状态、控件状态、隐藏域、Cookie、查询字符串是基于客户端的状态管理技术，它们以不同的方式将状态信息存储在客户端；而应用程序状态、会话状态、配置文件属性则是基于服务器端的状态管理技术，它们是将状态信息存储在服务器端。

以上这些状态管理技术各有其优缺点，因此，对这些状态管理技术的选择主要取决于应用程序自身。

5.2　客户端状态管理

使用客户端状态管理技术主要是在页中或客户端计算机上存储信息，在各往返过程中不会在服务器上维护任何信息。客户端状态管理的安全性较低，但具有较快的服务器性能。本节主要介绍视图状态、查询字符串及 Cookie 管理技术。

5.2.1　视图状态

视图状态是一项非常重要的技术，它使得页面和页面中的控件在从服务器到客户端，再从客户端返回的往返过程中保持状态信息。这样就可以在 Web 这种无状态的环境之上创建一个有状态并持续执行的页面效果。本节主要介绍有关视图状态的运行机制及如何在应用程序中使用视图状态的信息。

1. 视图状态的运行机制

视图状态的具体运行过程为：每当用户请求某个.aspx 页面时，. NET 框架首先把相关控件的状态数据序列化成一个字符串，然后，将其作为名为_VIEWSTATE 的隐藏域的 Value 值发送到客户端。如果页面是第一次被请求，那么服务器控件第一次被执行时，名为_VIEWSTATE的隐藏域中只包含该控件的默认信息，通常为空或者 null。在随后的回送事件中，_VIEWSTATE 中就保存了服务器控件在前面回送中可用的属性状态。这样服务器控件就可以监视在当前被处理的回送事件发生之前的状态了。这些过程是由 . NET 框架负责的，对用户来说，执行.aspx 页面就有了持续执行的效果。

运行网页，通过查看源文件，可以看到_VIEWSTATE 的隐藏域字段的值，如下所示：

```
<input type="hidden" name="_VIEWSTATE" id="_VIEWSTATE"
value="/wEPDwULLTE4MDE3NTcxODdkGAEFCUdyaWRWaWV3MQ9nZLyQLH1/a4kqIlPtIon1GT+4Zq3q"/>
```

下面介绍如何开启和关闭页面的视图状态，具体有两种方法。

方法 1：设置页面是否保留视图状态。

通过设置@ Page 指令或 Page 类的 EnableViewState 属性指示当前请求结束时，该页是否保持其视图状态及它包含的任何服务器控件的视图状态。代码如下：

```
<%@  Page EnableViewState="false"%>
```

该属性默认值为 true。不过即使为 false，ASP. NET 用于检测回发的页中也可能呈现隐藏的视图状态字段。

另外，该属性还可以通过编程来设置，代码如下：

```
protected void Page_Load(object sender,EventArgs e)
{
      Page.EnableViewState=false;
}
```

如果不需要将整个页面的视图状态都关闭，而只是关闭某一个控件的视图状态，则可以去掉@ Page 指令中的 EnableViewState 设置或将它设置为 true，然后设置控件的 EnableViewState 为 false，这样就可以关闭该控件的视图状态，而其他控件仍然启用视图状态。例如，关闭控件的视图状态，代码如下：

```
<asp:GridView ID="GridView1" runat="server" EnableViewState="false">
</asp:GridView>
```

方法 2：在配置文件中设置是否保留视图状态。

在配置文件 web. config 的 system. web 节点下，可以修改 pages 元素的 enableViewState 属性，来控制所有页面是否启用视图状态信息。代码如下：

```
<system.web>
    ...
    <pages enableViewState="false">
        ...
    </pages>
```

```
    ...
</system.web>
```

这样设置后，所有页面将禁用视图状态，不过可以在单独页面中开启视图状态。

2. 使用视图状态存取数据

视图状态（ViewState）是一个字典对象，通过 Page 类的 ViewState 属性公开，是页用来在往返行程之间保留页和控件属性值的默认方法，只在本页有效。

视图状态中可以存储的数据类型包括：字符串、整数、布尔值、Array 对象、ArrayList 对象、哈希表等。只要可以序列化的数据类型（注：使用 Serializable 属性编译的数据类型），都可以用视图状态来存取，这样视图状态便可以将这些数据序列化为 XML。

【例 5-1】 视图状态示例程序。

（1）新建 ClientStateDemo 网站，在该网站中添加一个名为 ViewStateDemo.aspx 的 Web 窗体。

（2）在窗体中放置一个 Button 按钮和一个 Label 控件。要求：运行页面后，单击该按钮，统计用户单击按钮的次数，并在 Label 控件上显示。

（3）添加 Page_Load 事件和按钮的 Click 事件，事件处理代码如下所示。

```
protected void Page_Load(object sender,EventArgs e)
{
    //判断是否第1次访问
    if(!IsPostBack)
    {
            //第1次访问时,初始化 ViewState["ClickNumber"]变量为0
            this.ViewState["ClickNumber"]=0;
            Label1.Text="单击按钮次数:"+this.ViewState["ClickNumber"].ToString()+"次";
    }
}
protected void Button1_Click(object sender,EventArgs e)
{
    //用户单击按钮回发页面时,用 ViewState["ClickNumber"]变量累计按钮单击次数
    this.ViewState["ClickNumber"]=int.Parse(this.ViewState["ClickNumber"].ToString())+1;
    //在 Label 控件上显示单击次数
    Label1.Text="单击按钮次数:"+this.ViewState["ClickNumber"].ToString()+"次";
}
```

（4）运行该页面，效果如图 5-2 所示。

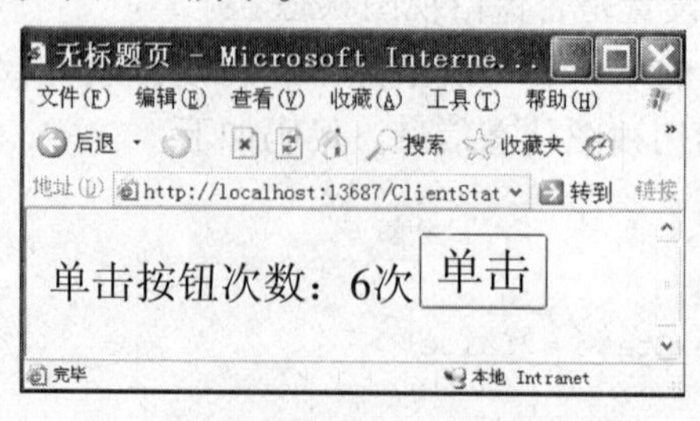

图 5-2　页面运行效果

注意　视图状态只能在同一页面上保留信息。如果需要在不同页面上共享信息，或者需要在访问网站时保留信息，则应当使用其他状态管理技术（如应用程序状态、会话状态或 Cookie）来维护状态。

3. 使用视图状态的利弊

使用视图状态具有以下三个优点。

◆ 耗费的服务器资源较少（与 Application、Session 相比）。因为，视图状态数据都写入了客户端计算机中。

◆ 易于维护。默认情况下，. NET 系统自动启用对控件状态数据的维护。

◆ 增强的安全功能。视图状态中的值经过哈希计算和压缩，并且针对 Unicode 实现进行编码，其安全性要高于使用隐藏域。

使用视图状态具有以下缺点。

◆ 性能问题。由于视图状态存储在页本身，因此如果存储较大的值，用户显示页和发送页时的速度可能减慢。

◆ 设备限制。移动设备可能没有足够的内存容量来存储大量的视图状态数据。因此，移动设备上的服务器控件状态将使用其他的方法实现。

◆ 潜在的安全风险。视图状态存储在页上的一个或多个隐藏域中。虽然视图状态以哈希格式存储数据，但它可以被篡改。如果在客户端直接查看页源文件，可以看到隐藏域中的信息，这导致潜在的安全性问题。

5.2.2　查询字符串

查询字符串提供了一种维护状态信息的方法，它可以很容易地将信息从一页传递到它本身或另一页。这种方式是将要传递的值追加在 URL 后面，如 http://product. dangdang. com/product. aspx? product_id = 8988603。在 URL 路径中，查询字符串以问号（?）开始，后面跟上属性/值对。如果有多个属性/值对，则用 & 串接。如上面的 URL 传递了 1 个属性/值对：属性名为 product_id，值为 8988603。

【**例 5-2**】演示查询字符串的使用。

（1）在 ClientStateDemo 网站中，添加两个 Web 页面，分别为 QueryString. aspx 和 Hello. aspx，页面的设计视图分别如图 5-3 和图 5-4 所示。

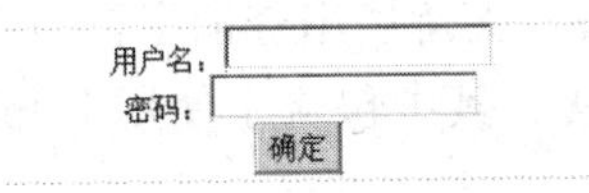

图 5-3　QueryString.aspx 页面的设计视图

用户名：[lblName]
密码：[lblPassword]

图 5-4　Hello.aspx 页面的设计视图

（2）为 QueryString.aspx 页面的“确定”按钮添加 Click 事件，事件处理代码如下。

```
protected void Button1_Click(object sender,EventArgs e)
{
    //重定向到 Hello.aspx,将用户名和密码通过查询字符串方法传递给 Hello.aspx
    Response.Redirect("~/Hello.aspx?userName =" + txtName.Text.Trim() + "&pwd =" +
      txtPassword.Text.Trim());
}
```

通过 Response. Redirect 方法实现客户端的重定向。这种方式可以实现在两个页面之间传递信息。

（3）为 Hello.aspx 页面添加 Page_Load 事件，事件处理代码如下。

```
protected void Page_Load(object sender,EventArgs e)
{
        //读取用户名信息
        lblName.Text = Request.QueryString["userName"].ToString();
        //读取密码信息
        lblPassword.Text = Request.QueryString["pwd"].ToString();
}
```

通过 Request. QueryString ["属性名"] 可以读取相应字符串的信息，也可以通过 Request. Params["属性名"] 或 Request ["属性名"] 的方法读取相应字符串的信息。

（4）运行 QueryString.aspx 页面，效果如图 5-5 所示，输入用户名“syman”，密码“123”，单击“确定”按钮后，页面跳转到 Hello.aspx 页面，并在该页面中显示用户名和密码的信息，效果如图 5-6 所示。

图 5-5　QueryString.aspx 页面运行效果

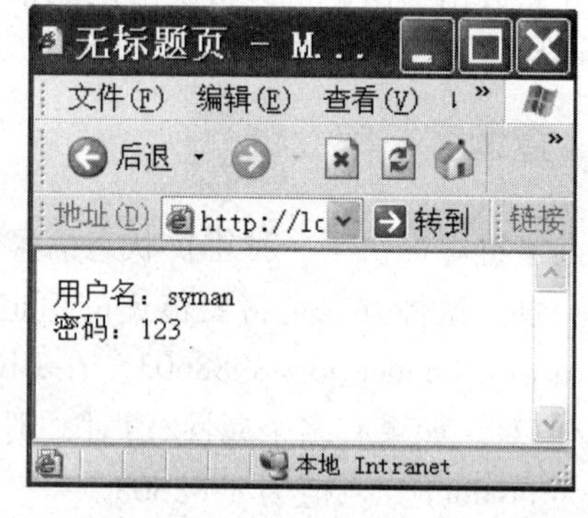

图 5-6　Hello.aspx 页面运行效果

使用查询字符串的优点如下。

- 不需要任何服务器资源：查询字符串包含在对特定 URL 的 HTTP 请求中。
- 广泛的支持：几乎所有的浏览器和客户端设备均支持使用查询字符串传递值。
- 实现简单：ASP. NET 完全支持查询字符串方法，其中包含了使用 HttpRequest 对象的 Params 属性读取查询字符串的方法。

使用查询字符串的缺点如下。

- 潜在的安全性风险。用户可以通过浏览器直接看到查询字符串中的信息。用户可将此 URL 设置为书签或发送给别的用户，从而通过此 URL 传递查询字符串中的信息。
- 有限的容量。有些浏览器和客户端设备对 URL 的长度有 2 083 个字符的限制。

5. 2. 3　Cookie

Cookie 提供了一种在 Web 应用程序中存储用户特定信息的方法。它是一小段文本信息，随着请求和响应在 Web 服务器和客户端之间传递。Cookie 是存储在客户端文件系统的文本

文件中，或者存储在客户端浏览器会话的内存中的少量数据。存储在客户端浏览器会话的内存中的 Cookie 是临时性的，随着浏览器的关闭而自动消失；存储在客户端文件系统的文本文件中的 Cookie 是永久性的，即使浏览器关闭，Cookie 也不会消失，这些文件一般存储在 C:\ Documents and Settings\ 用户名\ Cookies文件夹中，如图 5-7 所示。硬盘中 Cookie 文件的文件名格式为：用户名@ 网站地址[数字]. txt，如林菲@ 19lou[1]. txt。

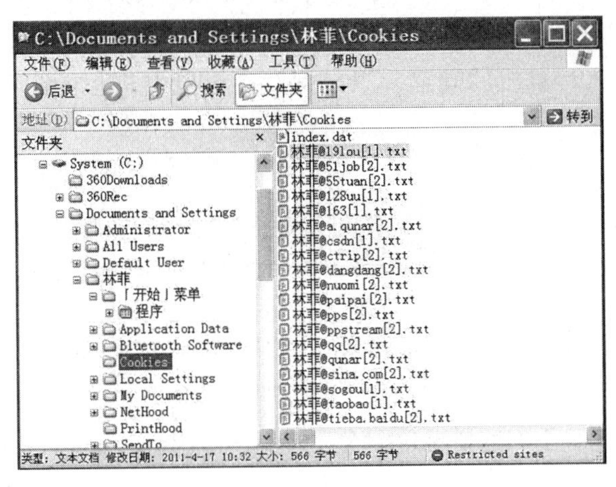

图 5-7　硬盘中 Cookies 文件夹中的 Cookie 文件

Cookie 信息保存在客户端的文件中，只要用户未清除客户端的 Cookie 文件，以后再次请求站点中的页面时，浏览器便会在本地硬盘上查找与该 URL 关联的 Cookie，如果 Cookie 存在，会将该请求与 Cookie 一起发送到站点，服务器可以读取 Cookie 的值。

1. 编写 Cookie

浏览器负责管理用户系统上的 Cookie。Cookie 通过 Response 对象发送到浏览器，该对象有一个 Cookies 的集合。要发送给浏览器的所有 Cookie 都必须添加到此集合中。创建 Cookie 时，需要指定 Name 和 Value。每个 Cookie 必须有一个唯一的名称，以便以后从浏览器读取 Cookie 时可以识别它。由于 Cookie 按名称存储，因此用相同的名称命名两个 Cookie 会导致其中一个 Cookie 被覆盖。

还可以设置 Cookie 的到期日期和时间。用户访问编写 Cookie 的站点时，浏览器将删除过期的 Cookie。对于永不过期的 Cookie，可将到期日期设置为从现在起 50 年后。

注意　即使存储的 Cookie 距到期日期还有很长时间，用户可随时清除其计算机上的 Cookie。

如果没有设置 Cookie 的有效期，仍会创建 Cookie，但不会将其存储在用户的硬盘上。而会将 Cookie 作为用户会话信息的一部分进行维护。当用户关闭浏览器时，Cookie 便会被丢弃。这种非永久性 Cookie 很适合用来保存只需短时间存储的信息，或者保存由于安全原因不应该写入客户端计算机磁盘上的信息。例如，如果用户在使用一台公用计算机，但不希望将 Cookie 写入该计算机的磁盘中，这时就可以使用非永久性 Cookie。因此，这种 Cookie 也被称为临时 Cookie。

可以通过多种方法将 Cookie 添加到 Cookies 集合中。下面的示例演示两种编写 Cookie 的方法。

方法 1：

```
Response.Cookies["userName"].Value = "patrick";//通过键/值对添加 Cookie
//设置 Cookie 的过期时间
Response.Cookies["userName"].Expires = DateTime.Now.AddDays(1);
```

上面代码中，向 Cookies 集合添加一个名为 userName 的 Cookie，并设定它的 Expires 属性为当前时间加一天。因此，该 Cookie 将在客户端计算机上保存一天。如果未指定过期时间，则 Cookie 不会被写入计算机的硬盘，只是保存在浏览器进程的内存中，当关闭浏览器后将会丢失。

方法 2：

```
//通过新建 HttpCookie 对象添加 Cookie
HttpCookie aCookie = new HttpCookie("userName");//新建 HttpCookie 对象
aCookie.Value = "patrick";//设置相应的值
aCookie.Expires = DateTime.Now.AddDays(1);//设置 Cookie 的过期时间
Response.Cookies.Add(aCookie);//将 Cookie 添加到 Cookies 集合
```

上面代码中，先新建一个 HttpCookie 对象，然后再调用 Response. Cookies 集合的 Add 方法来添加 Cookie。

上面的两种方法都完成了同一任务，即向浏览器写入一个 Cookie。它们都是在一个 Cookie 中存储一个值，称为单值 Cookie。另外在一个 Cookie 中可以存储多个名称/值对，称为多值 Cookie。名称/值对称为子键。例如，不用创建两个名为 userName 和 lastVisit 的单值 Cookie，而可以创建一个名为 userInfo 的多值 Cookie，其中包含两个子键 userName 和 lastVisit。

下面的示例演示编写多值 Cookie 的两种方法，其中的每个 Cookie 都带有两个子键：

方法 1：

```
//直接添加
Response.Cookies["userInfo"]["userName"] = "patrick";
Response.Cookies["userInfo"]["lastVisit"] = DateTime.Now.ToString();
Response.Cookies["userInfo"].Expires = DateTime.Now.AddDays(1);
```

方法 2：

```
//通过新建 HttpCookie 对象来添加
HttpCookie aCookie = new HttpCookie("userInfo");
aCookie.Values["userName"] = "patrick";
aCookie.Values["lastVisit"] = DateTime.Now.ToString();
aCookie.Expires = DateTime.Now.AddDays(1);
Response.Cookies.Add(aCookie);
```

下面介绍如何读取 Cookie 的信息。浏览器向服务器发出请求时，会随请求一起发送该服务器的 Cookie。在 ASP. NET 应用程序中，可以使用 Request 对象读取 Cookie，读取方式与将 Cookie 写入 Response 对象的方式基本相同。下面的代码示例演示两种读取单值 Cookie 的方法，通过这两种方法可获取名为 userName 的 Cookie 的值，并将其值显示在 Label 控件中。

方法 1：

```
if(Request.Cookies["userName"]!=null)
    Label1.Text=Server.HtmlEncode(Request.Cookies["userName"].Value);
```

方法 2：

```
if(Request.Cookies["userName"]!=null)
{
    HttpCookie aCookie=Request.Cookies["userName"];
    Label1.Text=Server.HtmlEncode(aCookie.Value);
}
```

在尝试获取 Cookie 的值之前，应确保该 Cookie 存在。注意，在页面中显示 Cookie 的内容前，先调用 HtmlEncode 方法对 Cookie 的内容进行编码。这样可以确保恶意用户没有向 Cookie 中添加可执行脚本。

上面的代码是读取单值 Cookie 的方法，下面介绍读取多值 Cookie 的方法，它与读取单值 Cookie 的方法类似，只是需要访问 Cookie 的子键值。代码如下：

```
if(Request.Cookies["userInfo"]!=null)
{
    if(Request.Cookies["userInfo"]["userName"]!=null &&
        Request.Cookies["userInfo"]["lastVisit"]!=null)
    {
      Label1.Text=Server.HtmlEncode(Request.Cookies["userInfo"]["userName"]);
      Label2.Text=Server.HtmlEncode(Request.Cookies["userInfo"]["lastVisit"]);
    }
}
```

在上面的示例中，读取了名为 userInfo 的 Cookie 的两个子键 userName 和 lastVisit 的值。获取子键的代码还可以写成：Request.Cookies["userInfo"].Values["userName"]。

2. 控制 Cookie 的范围

默认情况下，一个站点的全部 Cookie 都一起存储在客户端上，而且所有 Cookie 都会随着对该站点发送的任何请求一起发送到服务器。也就是说，一个站点中的每个页面都能获得该站点的所有 Cookie。但是，可以通过两种方式设置 Cookie 的范围。

- 将 Cookie 的范围限制到服务器上的文件夹或应用程序。
- 将 Cookie 的范围限制为某个域，即允许指定域中的哪些子域可以访问 Cookie。

下面分别介绍这两种方式的使用。

（1）限制 Cookie 的文件夹或应用程序范围。

若要将 Cookie 限制到服务器上的某个文件夹，可按下面的示例设置 Cookie 的 Path 属性：

```
HttpCookie appCookie=new HttpCookie("AppCookie");
appCookie.Value="written"+DateTime.Now.ToString();
appCookie.Expires=DateTime.Now.AddDays(1);
appCookie.Path="/Application1";
Response.Cookies.Add(appCookie);
```

路径可以是站点根目录下的物理路径，也可以是虚拟根目录。所产生的效果是 Cookie 只能用于 Application1 文件夹或虚拟目录中的页面。例如，如果站点名称为 www. contoso. com，则在前面示例中创建的 Cookie 将只能用于路径为 http://www. contoso. com/Application1/ 的所有页面及其子文件夹中的所有页面，而不能用于该站点其他文件夹中的页面，如 http://www. contoso. com/Application2/或 http://www. contoso. com/中的页面。

（2）限制 Cookie 的域范围。

默认情况下，Cookie 与特定域关联。例如，如果站点是 www. contoso. com，那么当用户向该站点请求任何页时，该站点的所有 Cookie 就会被发送到服务器。如果站点具有子域（例如，sales. contoso. com 和 support. contoso. com），则可以将 Cookie 与特定的子域关联。若要执行此操作，可设置 Cookie 的 Domain 属性，代码如下：

```
Response.Cookies["domain"].Value = DateTime.Now.ToString();
Response.Cookies["domain"].Expires = DateTime.Now.AddDays(1);
Response.Cookies["domain"].Domain = "support.contoso.com";
```

这样，Cookie 只能用于指定的子域 support. contoso. com 的页面，而不能用于其他子域的页面。

利用 Domain 属性，还可创建可在多个子域间共享的 Cookie，如下面的示例所示：

```
Response.Cookies["domain"].Value = DateTime.Now.ToString();
Response.Cookies["domain"].Expires = DateTime.Now.AddDays(1);
Response.Cookies["domain"].Domain = "contoso.com";
```

这样，Cookie 将可用于主域，也可用于 sales. contoso. com 和 support. contoso. com 子域。

3. 修改和删除 Cookie

由于 Cookie 存储在客户端，不能直接修改 Cookie。因此，要修改一个 Cookie，就必须创建一个具有新值的同名 Cookie，然后将其发送到客户端来覆盖客户端上的旧 Cookie。下面的代码示例演示如何更改 Cookie 的值，该 Cookie 用于存储用户对站点的访问次数。

```
int counter;
//读取 Cookie 值
if (Request.Cookies["counter"] == null)
      counter = 0;
else
      counter = int.Parse(Request.Cookies["counter"].Value);
//累加 1 后,重新创建 Cookie,发送到客户端覆盖旧 Cookie
counter++;
Response.Cookies["counter"].Value = counter.ToString();
Response.Cookies["counter"].Expires = DateTime.Now.AddDays(1);
```

删除 Cookie（从用户的硬盘中物理移除 Cookie）是修改 Cookie 的一种形式。由于 Cookie 在用户的计算机中，因此无法将其直接移除。但是，可以让浏览器来删除 Cookie。创建一个与要删除的 Cookie 同名的新 Cookie，并将该 Cookie 的到期日期设置为早于当前日期的某个日期。当浏览器检查 Cookie 的到期日期时，会删除已过期的 Cookie。下面的代码示例演示删除应用程序中所有可用Cookie的方法：

```
HttpCookie aCookie;
string cookieName;
int limit = Request.Cookies.Count;
for (int i = 0;i < limit;i ++)
{
        cookieName = Request.Cookies[i].Name;
        aCookie = new HttpCookie(cookieName);
        aCookie.Expires = DateTime.Now.AddDays( -1);
        Response.Cookies.Add(aCookie);
}
```

在上面代码中，通过循环访问Cookies集合，将所有Cookie的到期时间设置为昨天，那么当这些Cookie发送到客户端后，浏览器检测到它们都已过期，就会将它们全部删除。

对于多值Cookie，其修改方法与创建它的方法相同，如下面的示例所示：

```
Response.Cookies["userInfo"]["lastVisit"] = DateTime.Now.ToString();
Response.Cookies["userInfo"].Expires = DateTime.Now.AddDays(1);
```

若要删除单个子键，可以操作Cookie的Values集合，该集合用于保存子键。首先通过从Cookies对象中获取Cookie来重新创建Cookie。然后调用Values集合的Remove方法，把要删除的子键名称传递给Remove方法。最后，将Cookie添回到Cookies集合，这样Cookie便会以修改后的格式发送回客户端。下面的代码示例演示如何删除子键。在此示例中，要移除的子键的名称在变量中指定。

```
string subkeyName;
subkeyName = "userName";
HttpCookie aCookie = Request.Cookies["userInfo"];
//调用Remove方法从Values集合中删除子键
aCookie.Values.Remove(subkeyName);
aCookie.Expires = DateTime.Now.AddDays(1);
Response.Cookies.Add(aCookie);
```

4. Cookie的应用

一般只要有会员、用户机制的网站或论坛在登录的时候都会有这么一个复选框——[记住我的名字 | 两周内不再登录 | 在此计算机上保存我的信息]，说法较多，实现起来差不多，下面就来实现这样一个简单的例子。

【例5-3】 演示Cookie的使用。

（1）在ClientStateDemo网站中，添加一个名为CookieDemo.aspx页面，页面的设计视图如图5-8所示。

源视图控件声明代码如下：

```
<form id = "form1" runat = "server">
    <div>
```

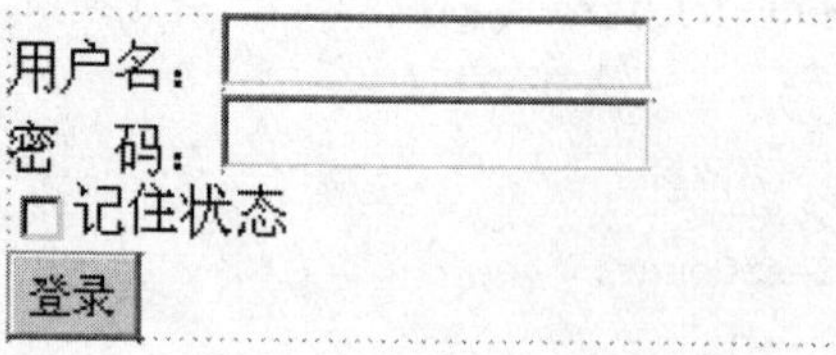

用户名：
密　码：
□记住状态
登录

图 5-8　CookieDemo.aspx 页面的设计视图

```
        用户名：<asp:TextBox ID="txtUserName" runat="server" Width="128px">
                </asp:TextBox>
        <br/>
        密   码：<asp:TextBox ID="txtPassword" runat="server">
                        </asp:TextBox>
        <br/>
        <asp:CheckBox ID="remUserInfo" runat="server" Text="记住状态"/>
        <br/>
        <asp:Button ID="btnLogin" runat="server" Text="登录"/>
    </div>
</form>
```

（2）添加 Page_Load 事件和“登录”按钮的 Click 事件，事件处理代码如下：

```
protected void Page_Load(object sender,EventArgs e)
{
    if(!IsPostBack)
    {
        //读取名为 UserInfo 的 Cookie
        HttpCookie cookie=Request.Cookies["UserInfo"];
        if(cookie!=null)
        {
            txtUserName.Text=Server.HtmlEncode(cookie.Values["UserName"]);
            txtPassword.Text=Server.HtmlEncode(cookie.Values["Password"]);
        }
    }
}
protected void btnLogin_Click(object sender,EventArgs e)
{
    //验证用户名密码是否正确
    if(txtUserName.Text.Trim()=="user"&& txtPassword.Text.Trim()=="123")
    {
        if(remUserInfo.Checked)
        {
            HttpCookie cookie=new HttpCookie("UserInfo");
            cookie.Values["UserName"]=txtUserName.Text.Trim();
            cookie.Values["Password"]=txtPassword.Text.Trim();
```

```
                //设置过期时间为 30 天
                cookie.Expires = System.DateTime.Now.AddDays(30);
                Response.Cookies.Add(cookie);
            }
            Response.Redirect("~/Default.aspx");
        }
    }
```

上述代码表明在用户登录成功之后，如果选中了记住状态，就把用户名和密码存入客户端的 Cookie 中，并设置过期时间为 30 天。在 30 天内用户再次在该计算机上访问该网页时，在页面加载的时候将显示名为 UserInfo 的 Cookie 中记录的用户名和密码，无须用户重新输入。上面代码中采用了简单的验证用户名和密码的方法，实际使用时，用户名和密码需要从数据库中读取。

（3）运行 CookieDemo.aspx 页，输入用户名“user”，密码“123”，单击“登录”按钮。由于用户名、密码正确，因此将保存有用户名和密码信息的 Cookie 发送到客户端，并跳转到 Default.aspx 页。关闭 Default.aspx 页，重新运行 CookieDemo.aspx 页，可以发现 CookieDemo.aspx页上的用户名和密码都已自动填好，只要单击“登录”按钮，就可以快速完成登录。

5. Cookie 的安全性

Cookie 的安全性问题与从客户端获取数据的安全性问题类似。在应用程序中，Cookie 是另一种形式的用户输入，因此很容易被他人非法获取和利用。由于 Cookie 保存在用户自己的计算机上，因此，用户至少能看到存储在 Cookie 中的数据。用户还可以在浏览器向服务器发送 Cookie 之前更改该 Cookie。因此，千万不要在 Cookie 中存储机密性强的信息，如信用卡账号、密码等。不要在 Cookie 中放置任何不应由用户掌握的内容，也不要放置可能被窃取 Cookie 的人控制的内容。

同样，不要轻信从 Cookie 中得到的信息。处理 Cookie 值时采用的安全措施应该与处理网页中用户输入数据时采用的安全措施相同。

Cookie 以明文形式在浏览器和服务器间发送，任何可以截获 Web 通信的人都可以读取 Cookie。因此，可以设置 Cookie 属性，使 Cookie 只能在使用安全套接字层（SSL）的连接上传输。SSL 并不能防止保存在用户计算机上的 Cookie 被读取或操作，但可防止 Cookie 在传输过程中被读取，因为 Cookie 已被加密。

除了安全性的问题外，Cookie 还有以下缺点。

- 大小受到限制。大多数浏览器对 Cookie 的大小限制在 4 096 字节，目前的浏览器和客户端设备版本支持的 Cookie 大小为 8 192 字节。
- 用户可以禁用 Cookie。有些用户禁用了浏览器或客户端设备接收 Cookie 的能力，因此限制了这一功能。

同时，Cookie 也具有以下优点。

- 可配置到期规则。Cookie 可以在浏览器会话结束时到期，或者可以在客户端计算机上无限期存在，这取决于 Cookie 的到期规则。
- 不需要任何服务器资源。Cookie 存储在客户端，并在发送请求后由服务器读取。
- 简单性。Cookie 是一种基于文本的轻量结构，包含简单的键/值对。

◆ 数据持久性。虽然客户端计算机上 Cookie 的持续时间取决于客户端上的 Cookie 过期处理和用户干预，Cookie 通常是客户端上持续时间最长的数据保留形式。

5.3 服务器端状态管理

使用服务器端状态管理技术主要在服务器上存储状态信息。服务器端状态管理的安全性较高，但影响服务器性能。本节主要介绍会话状态和应用程序状态管理技术。

5.3.1 会话状态

会话状态是 ASP. NET 中非常重要的服务器端状态管理技术，同时也是功能很强大的状态管理技术。会话状态是特定于用户的，当一个用户开始访问 Web 应用程序时，将会产生一个会话状态。不同的用户具有不同的会话状态，如果有一万个用户，将会有一万个会话状态。会话状态在存储与用户相关的信息方面非常有用，如博客登录后就可以使用会话状态存储通过验证的用户信息。

1. 会话 ID

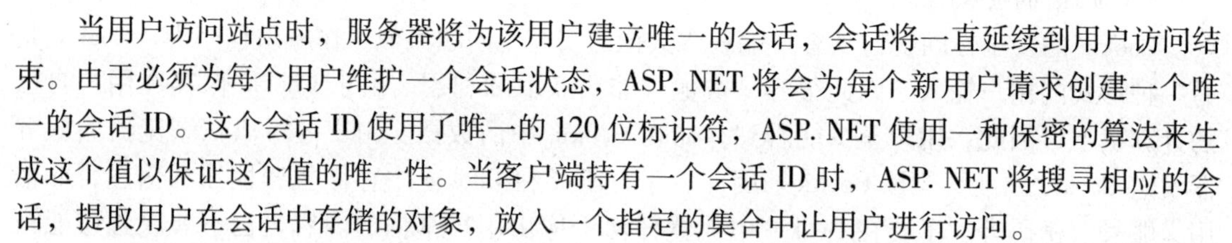

当用户访问站点时，服务器将为该用户建立唯一的会话，会话将一直延续到用户访问结束。由于必须为每个用户维护一个会话状态，ASP. NET 将会为每个新用户请求创建一个唯一的会话 ID。这个会话 ID 使用了唯一的 120 位标识符，ASP. NET 使用一种保密的算法来生成这个值以保证这个值的唯一性。当客户端持有一个会话 ID 时，ASP. NET 将搜寻相应的会话，提取用户在会话中存储的对象，放入一个指定的集合中让用户进行访问。

浏览器的会话使用存储在 SessionID 属性中的唯一标识符进行标识。会话 ID 使 ASP. NET 应用程序能够将特定的浏览器与 Web 服务器上相关的会话数据和信息相关联。会话 ID 在浏览器和 Web 服务器间通过 Cookie 进行传输，如果指定了无 Cookie 会话，则通过 URL 进行传输。

在 web. config 文件中通过将 sessionState 配置节的 cookieless 属性设置为 UseUri 或 true，可以指定不将会话 ID 存储在 Cookie 中，而是存储在 URL 中。sessionState 配置节代码如下：

```
<configuration>
    <system.web>
        <sessionState cookieless="UseUri"/>
    </system.web>
</configuration>
```

这时，浏览 Default.aspx 页面，将看到浏览器地址栏中的 URL 自动添加了一段字符，也就是会话 ID，如下所示：

```
http://localhost:10765/StateManageDemo/(S(hfuvhje2whhmnhyaocja54r0))/Default.aspx
```

可以看出，上面代码中“hfuvhje2whhmnhyaocja54r0”就是会话 ID。

采用无 Cookie 会话，会话 ID 保存在 URL 中，如果用户与他人共享 URL（可能是用户将 URL 发送给其他人，而该用户的会话仍然处于活动状态），则最终这两个用户可能共享同一个会话，结果将难以预料。

2. 配置会话状态 

ASP. NET 允许开发人员在 web. config 文件中配置当前应用程序的会话状态，除了上面提到的 cookieless 属性外，还可以配置一些高级的会话状态属性。下面是一个简单的 sessionState 配置节的代码：

```
<configuration>
      <system.web>
          <sessionState cookieless="UseCookies" cookieName="SessionId"
            timeout="20" mode="InProc"/>
      </system.web>
</configuration>
```

下面分别对该配置节的主要属性进行详细的讨论。

（1）cookieless 属性。cookieless 属性可以指定 Web 应用程序是否使用 Cookie 的方式保存会话 ID，它是一个 HttpCookieMode 枚举类型的属性值，可选值如下。

- UseCookies：不管客户端是否支持 Cookie，都使用 Cookie 保存会话 ID，这是默认选项。
- UseUri：不使用 Cookie，而是将会话 ID 保存在 URL 中。
- UseDeviceProfile：ASP. NET 将通过检测 BrowserCapability 对象来判断是否应该使用 Cookie。
- AutoDetect：自动检测客户端实际是否支持Cookie，来判断是否应该使用 Cookie。

（2）timeout 属性。该属性用于指定应用程序会话的超时时间。所谓超时，是指当应用程序在指定时间段内对当前会话没有任何响应动作时，则自动中断会话状态。该属性以分钟为单位，默认为 20 分钟。

除了在 web. config 配置文件中指定超时时间外，还可以在程序代码中直接设置超时时间，代码如下：

```
Session.Timeout=10;
```

（3）cookieName 属性。这是一个字符串类型的属性，用于指定存储会话 ID 的 Cookie 名称。默认情况下，cookieName属性指定为 ASP. NET_SessionId。

（4）mode 属性。mode 属性是一个 SessionStateMode 枚举类型的值，用于指定如何存储会话状态数据。mode 具有以下可选项。

- InProc 模式。mode 属性的默认模式，将会话状态存储在 Web 服务器的内存中。对于小量用户数的 Web 站点来说，使用该模式将能提供最佳性能。由于会话信息保存在服务器的内存中，当服务器重启或意外停机时，将导致会话信息的丢失。如果用户访问量很大，或者是在多台服务器上部署了 ASP. NET 程序（也称为 Web 服务场），则应该考虑使用 StateServer 和 SQL Server 模式将会话状态存储在单独的进程或者独立的数据库服务器中。
- StateServer 模式。将 mode 属性设置为 StateServer，也就是将会话状态存储在一个称为

ASP. NET状态服务的单独进程中，该进程独立于ASP. NET辅助进程或IIS应用程序池的单独进程。这确保了在重新启动Web应用程序时保留会话状态，并使会话状态在Web服务场中共享。若要使用StateServer模式，必须首先确保ASP. NET状态服务运行在用于存储会话状态的服务器上。ASP. NET状态服务在安装ASP. NET和. NET Framework时作为一个服务进行安装。因此，在状态服务器的机器上打开Windows服务，启动“ASP. NET状态服务”。若要将某个ASP. NET应用程序配置为使用StateServer模式，则在web. config文件中还需配置stateConnectionString属性。该属性指定了状态服务所在的服务器，以及要监视的端口：

```
<sessionState mode = "StateServer" stateConnectionString = "tcpip = myserver:42424"
      cookieless = "false" timeout = "20"/>
```

在这个例子中，状态服务在一台名为myserver的机器的42424端口（默认端口）运行。显然，使用状态服务的优点在于进程隔离，并可在Web服务场中共享。使用这种模式，会话状态的存储将不依赖于IIS进程的失败或者重启。但是，一旦状态服务中止，所有会话数据都会丢失。换言之，状态服务不像SQL Server那样能持久存储数据，它只是将数据存储在内存中。

◆ SQL Server模式。ASP. NET还允许将会话数据存储到一个数据库服务器中，方法是将mode属性设置为SQLServer。在这种情况下，ASP. NET尝试将会话数据存储到由sqlConnectionString属性（其中包含数据源及登录服务器所需的安全凭证）指定的SQL Server中。

为了用恰当的数据库对象来配置SQL Server，管理员还需要创建ASPState数据库，方法是：选择“开始”|“程序”|Microsoft Visual Studio 2010|Visual Studio Tools|Visual Studio命令提示（2010），打开命令提示窗口执行以下的命令。

```
Aspnet_regsql. exe - S localhost - E - ssadd
```

命令行中localhost表示数据库服务器的名称，可以替换为其他服务器或者IP地址，运行完成后，可以打开SQL Server数据库的企业管理器，会发现多了一个名为ASPState的数据库。

如果想移除这个数据库，可以使用如下所示的命令。

```
Aspnet_regsql. exe - S localhost - E - ssremove
```

数据库准备好后，将web. config文件中的sessionState元素的mode改为“SQLServer”，并且指定SQL连接字符串。具体如下：

```
mode = "SQLServer" sqlConnectionString = "data source = 127. 0. 0. 1;Integrated Security = SSPI"
```

配置好SQL Server后，应用程序代码运行时就和InProc模式没有什么区别。但要注意的是，由于数据不存储在本地内存，所以存储会话状态的对象需要进行序列化和反序列化，以便通过网络传给数据库服务器，以及从数据库服务器传回。这当然会影响性能。通过在数据库中存储会话状态，可分别针对扩展性及可靠性来有效地平衡性能。另外，可以利用SQL Server的集群，使状态存储不依赖于单个的SQL Server，这样就可以为应用程序提供极大限度的可靠性。

◆ Custom模式。此模式允许指定自定义存储提供程序。如果使用自定义模式，需要为

customProvider 属性指定一个会话提供程序，customProvider 属性指向一个位于 App_Code 文件夹中的类，或者是一个位于自定义程序集或 GAC 中的类。关于如何定义自定义模式的信息，可参考 MSDN 中的资料。

◆ Off 模式。此模式禁用会话状态。ASP. NET 的会话状态管理是要产生开销的。所以，假如某个网页不需要访问 Session 对象，开发者应将该页的 Page 指令的 EnableSessionState 属性设置为 false。要为整个网站禁用会话状态，可在 web. config 文件中将 sessionState 配置节的 mode 属性设置为 Off。

3. 会话状态的事件 

ASP. NET 提供了两个管理用户会话的事件：Session_Start 事件和 Session_End 事件。前者在新会话开始时引发，后者在会话被放弃或过期时引发。

（1）Session_Start 事件。通过向 Global.asax 文件添加一个名为 Session_Start 的事件过程来处理。如果开始一个新会话请求，Session_Start 事件过程会在请求开始时运行。如果请求不包含 SessionID 值或请求所包含的 SessionID 属性引用一个已过期的会话，则会开始一个新会话。可以使用 Session_Start 事件初始化会话变量并跟踪与会话相关的信息。

（2）Session_End 事件。通过向 Global.asax 文件添加一个名为 Session_End 的事件过程来处理。Session_End 事件过程在调用 Session 对象的 Abandon 方法或会话过期时运行。如果某一会话超过了会话 Timeout 属性指定的分钟数并且在此期间内没有新请求，则该会话过期。

只有会话状态的 Mode 属性设置为 InProc（默认值）时，才支持 Session_End 事件。如果会话状态的 Mode 属性为 StateServer 或 SQLServer，则忽略 Global.asax 文件中的 Session_End 事件。如果会话状态属性 mode 设置为 Custom，则由自定义会话状态存储提供程序决定是否支持 Session_End 事件。

可以使用 Session_End 事件清除与会话相关的信息，如由 SessionID 值跟踪的数据源中的用户信息。

4. 会话状态变量的使用 

在访问网页时，经常在一个页面中需要访问另一个页面的信息，如登录页面，在登录成功后，后续的网页中经常需要显示登录用户的信息。由于 Web 应用本质上是无状态的，因此，这里可以通过会话状态变量来完成这个功能。

会话状态变量采用键/值对的结构形式来存储特定于会话的信息，这些信息需要在服务器往返行程之间及页请求之间进行维护。存储在会话状态变量中的数据是特定于单独会话的短期的、敏感的数据。

（1）向会话状态中添加会话状态变量。以键/值对的形式直接向 Session 对象中添加变量。例如，将登录成功的用户名保存在会话状态中，代码如下：

```
Session["UserName"] = "mary";
```

也可以调用 Session 对象的 Add 方法，传递键名称和键值，向会话状态集合中添加变量。代码如下：

```
Session.Add("UserName","mary");
```

（2）读取会话状态变量的值。添加会话状态变量后，就可以在任意页面中访问它们的值。代码如下：

```
if(Session["UserName"]!=null)
{
    string strUserName=Session["UserName"].ToString();
}
```

在上面的代码中，首先判断会话状态变量是否已经存在，然后再访问该会话状态变量的值。这是访问会话状态变量值的推荐做法。

（3）删除会话状态变量。通过调用 Session 对象的 Clear 和 RemoveAll 方法，可以清除会话状态集合中的所有变量，或调用 Remove 和 RemoveAt 删除一个变量。也可以调用Abandon 方法取消当前会话，即会话立即过期。

例如，要从会话状态中删除 UserName 变量，可以调用 Remove 方法，并传递要删除变量的名称。代码如下：

```
Session.Remove("UserName");
```

在实际应用中，出于对客户会话状态信息的保护，应该提供让客户注销登录的功能。通过调用 Session 对象的 Abandon 方法可完成注销功能，其代码如下：

```
Session.Abandon();
```

一旦调用该方法，ASP. NET 立即注销当前会话，清除所有有关该会话的数据。如果再次访问网站，将开启新的会话。

【例 5-4】 演示会话状态变量的使用。

（1）新建 ServerStateDemo 网站，添加 Login.aspx 和 Hello.aspx 两个 Web 页面，Login. aspx 页面的设计视图如图 5-9 所示。

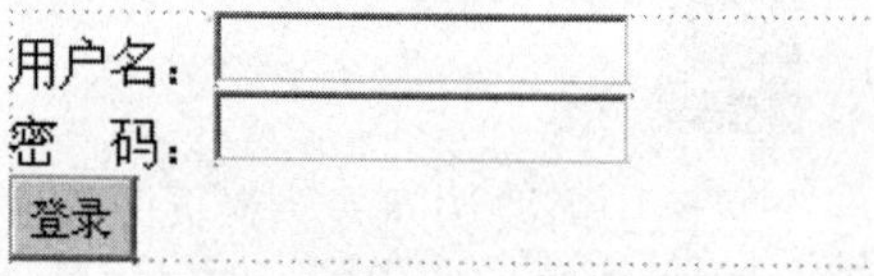

用户名：
密　码：
登录

图 5-9　Login.aspx 页面的设计视图

Login.aspx 页面的源视图中，控件声明代码如下：

```
<form id="form1" runat="server">
  <div>
      用户名:<asp:TextBox ID="txtUserName" runat="server"></asp:TextBox>
      <br/>密    码:
      <asp:TextBox ID="txtPassword" runat="server"></asp:TextBox>
      <br/><asp:Button ID="btnLogin" runat="server" Text="登录"/>
  </div>
```

```
</form>
```

（2）为 Login.aspx 页面的“登录”按钮添加 Click 事件，事件处理代码如下。

```
protected void btnLogin_Click(object sender,EventArgs e)
{
    string userName = txtUserName.Text.Trim();
    string password = txtPassword.Text.Trim();
    if(userName == "mary" && password == "123")
    {
        Session["UserName"] = userName;
        Response.Redirect("~/Hello.aspx");
    }
}
```

（3）添加 Hello.aspx 页面的 Page_Load 事件，事件处理代码如下。

```
protected void Page_Load(object sender,EventArgs e)
{
    Response.Write("欢迎" + Session["UserName"].ToString());
}
```

（4）运行 Login.aspx 页面，用户名密码分别输入“Mary”和“123”，单击“登录”按钮，则跳转到 Hello.aspx 页面，并在该页面上输出“欢迎 Mary”。

5. 使用会话状态的利弊

使用会话状态的优点如下。

- 实现简单。会话状态功能易于使用。
- 会话特定的事件。会话管理事件可以由应用程序引发和使用。
- 数据持久性。放置于会话状态变量中的数据可以经受得住 Internet 信息服务（IIS）重新启动和辅助进程重新启动，而不丢失会话数据，这是因为这些数据可以存储在另一个进程空间中。此外，会话状态数据可跨多进程保持（例如在 Web 服务场中）。
- 平台可伸缩性。会话状态可在多计算机和多进程配置中使用，因而优化了可伸缩性方案。
- 无须 Cookie 支持。尽管会话状态最常见的用途是与 Cookie 一起向 Web 应用程序提供用户标识功能，但会话状态可用于不支持 HttpCookie 的浏览器，而是将会话状态标识符放置在查询字符串中。
- 可扩展性。可通过编写自己的会话状态提供程序自定义和扩展会话状态。然后可以通过多种数据存储机制（如数据库、XML 文件甚至 Web 服务）将会话状态数据以自定义数据格式存储。

但是，使用会话状态时，要注意其性能问题。会话状态变量在被移除或替换前保留在内存中，因而可能降低服务器性能。如果会话状态变量包含诸如大型数据集之类的信息块，则可能会因服务器负荷的增加影响 Web 服务器的性能。

5.3.2 应用程序状态

ASP. NET 应用程序是指单个 Web 服务器上的某个虚拟目录及其子目录范围内的所有文件、页、处理程序、模块和代码的总和。应用程序状态是指在整个应用程序范围内可被任何客户端访问的一些全局对象。它是可供 ASP. NET 应用程序中的所有类使用的数据储存库。它存储在服务器的内存中，因此与在数据库中存储和检索信息相比，它的执行速度更快。与特定于单个用户会话的会话状态不同，应用程序状态应用于所有的用户和会话，它是一种全局存储机制，可从 Web 应用程序中的所有页面（或 Global.asax 文件）访问。因此，应用程序状态用于存储那些数量较少、不随用户的变化而变化的常用数据。

应用程序状态基于 System. Web.HttpApplicationState 类，可以在任何位置使用 Page 类内置的 Application 对象来访问应用程序状态，Application 对象的使用方法和 Session 对象基本一致。

1. 添加和读取应用程序状态中的值

应用程序状态存储在一个键/值对中，可以将特定于应用程序的信息添加到应用程序状态中，并在页请求期间读取它。通常，可在 Global.asax 文件中的应用程序启动事件中初始化某个应用程序状态变量的值，代码如下：

```
void Application_Start(object sender,EventArgs e)
{
    Application["WebVisitCount"] =0;
}
```

也可以通过调用 Application 对象的 Add 方法将某个对象值添加到应用程序状态集合中，代码如下：

```
void Application_Start(object sender,EventArgs e)
{
    Application.Add("WebVisitCount",0);
}
```

由于 Web 应用程序是多线程的，因此应用程序状态变量可以同时被多个线程访问。为了防止产生无效的数据，必须在设置值前先锁定应用程序状态，限制其只能由一个线程写入。具体方法是通过 Application 对象的 Lock 和 UnLock 方法进行锁定和取消锁定。代码如下：

```
Application.Lock();
Application["WebVisitCount"] = (int)Application["WebVisitCount"] +1;
Application.UnLock();
```

上面代码中，首先调用了 Lock 方法，锁定对应用程序状态的访问，然后读取 WebVisitCount 的值加 1 后再写入，最后调用 Unlock 方法解除锁定。除了像上面一样直接读取应用程序变量的值外，还可以通过调用 Application 对象的 Get 方法进行读取。代码如下：

```
Application["WebVisitCount"] = (int)Application.Get("WebVisitCount") +1;
```

上面代码都是直接读取 WebVisitCount 变量的值。不过，在实际应用中，还是要先判断该应用程序状态集合中是否存在该变量，然后再读取。

2. 修改和删除应用程序状态的值

要修改应用程序状态变量的值，可采用上面所示的直接更改的方法，也可以通过调用 Application 对象的 Set 方法，传递变量名和变量值来更新已添加的变量的值。代码如下：

```
Application.Set("WebVisitCount",(int)Application.Get("WebVisitCount")+1);
```

如果传递的变量不在应用程序状态集合中，则需先添加该变量后，才能用 Set 方法进行修改。

要删除应用程序状态变量，可以通过调用 Application 对象的 Clear 或 RemoveAll 方法删除应用程序状态集合中所有变量；也可以通过调用 Remove 或 RemoveAt 方法来删除一个变量。代码如下：

```
Application.Remove("WebVisitCount");//通过指定变量名来删除
Application.RemoveAt(0);//通过指定序号来删除
```

3. 应用程序状态举例

使用应用程序状态变量的一个最典型的例子就是网站计数器。

【例 5-5】 下面利用应用程序状态变量实现网站在线人数和访问总人数的统计功能。

（1）在 ServerStateDemo 网站中，添加一个 Global.asax 文件，在该文件中的应用程序启动事件中初始化两个应用程序状态变量的值，分别为 total 和 online。代码如下：

```
void Application_Start(object sender,EventArgs e)
{
    //在应用程序启动时运行的代码
    Application["total"]=0;
    Application["online"]=0;
}
```

当第一个用户访问该网站时，首先运行该事件过程，初始化 total 和 online 两个变量的值为 0。

（2）初始化后，只要有一次会话开始，就会执行 Session_Start 事件过程，在该事件过程中将在线人数和访问总人数加 1，代码如下：

```
void Session_Start(object sender,EventArgs e)
{
    //在新会话启动时运行的代码
    Application.Lock();
    Application["total"] = (int)Application["total"]+1;
    Application["online"] = (int)Application["online"]+1;
    Application.UnLock();
}
```

（3）每当一次会话结束，就必须将在线人数减 1，因此在 Session_End 事件过程中添加以下代码：

```
void Session_End(object sender,EventArgs e)
{
        //在会话结束时运行的代码
        //注意:只有在 web.config 文件中的 sessionState 模式设置为
        //InProc 时,才会引发 Session_End 事件。如果会话模式设置为 StateServer
        //或 SQLServer,则不会引发该事件
        Application.Lock();
        Application["online"] = (int)Application["online"] -1;
        Application.UnLock();
}
```

（4）在 Default.aspx 文件中读取在线人数和访问总人数的信息并显示，代码如下：

```
protected void Page_Load(object sender,EventArgs e)
{
        Label1.Text = "网站访问总人数:" + (int)Application["total"];
        Label2.Text = "当前在线人数:" + (int)Application["online"];
}
```

（5）运行 Default.aspx 页面，可以看到网站访问总人数及当前在线人数分别都为 1。再重新开启浏览器运行该页面，网站访问总人数及当前在线人数分别都为 2。网站访问总人数随着会话次数的增加而增加，当前在线人数和会话过期时间有关，当会话过期时，人数会减少。

4. 使用应用程序状态的利弊

使用应用程序状态的优点如下。

- 实现简单。应用程序状态易于使用，通过键/值对进行存储和访问。
- 应用程序的范围。由于应用程序状态可供应用程序中的所有页来访问，因此，在应用程序状态中存储信息可能意味着仅保留信息的一个副本。

使用应用程序状态的缺点如下。

- 资源要求。由于应用程序状态存储在服务器内存中，因此，比将数据保存到磁盘或数据库中速度更快。但是，在应用程序状态中存储较大的数据块可能会耗尽服务器内存，这会导致服务器将内存分页到磁盘。
- 易失性。由于应用程序状态存储在服务器内存中，因此每当停止或重新启动应用程序时应用程序状态都将丢失。例如，如果更改了 web. config 文件，则要重新启动应用程序，此时除非将应用程序状态值写入非易失性存储媒体（如数据库）中，否则所有应用程序状态都将丢失。上例中的网站总人数如果不写入数据库中，一旦重新启动应用程序，总人数数据就会丢失，重新从 0 开始计数。因此通常是在应用程序启动时，从数据库中读取网站访问人数并保存在 Application 状态变量中。只要应用程序正常运行，网站访问人数保存在 Application 状态变量中，一旦应用程序发生异常或停止，将网站访问人数重新写入数据库进行保存。
- 可伸缩性。应用程序状态不能在为同一应用程序服务的多个服务器间（如在网络场

中）共享，也不能在同一服务器上为同一应用程序服务的多个辅助进程间（如在网络园中）共享。因此，应用程序不能依靠应用程序状态来实现在不同的服务器或进程间包含相同的应用程序状态数据。如果应用程序要在多处理器或多服务器环境中运行，可以考虑对必须在应用程序中准确保存的数据使用伸缩性更强的选项（如数据库）。

从以上的叙述中可以看出，通过对应用程序状态的精心设计和实现，可以提高Web应用程序的性能。但是，这里存在一种性能平衡，当服务器负载增加时，包含大块信息的应用程序状态变量就会降低Web服务器的性能。

5.4　小　　结

本章主要介绍了客户端状态管理技术和服务器端状态管理技术。其中客户端状态管理技术包括视图状态、查询字符串和Cookie；服务器端状态管理技术包括会话状态和应用程序状态。在介绍各种状态管理技术使用方法的基础上，还分析了各种技术的优缺点，以便你能正确地选用合适的状态管理技术。

实训5　Web应用的状态管理

1. 实训目的

熟练掌握客户端状态管理技术和服务器端状态管理技术。

2. 实训内容和要求

（1）新建一个名为Practice5的网站。

（2）添加一个名为Cookie.aspx的Web页面，该页面中包含三个文本框，分别输入姓名、电子邮件和电话。该页面中还包含两个按钮，单击第1个按钮，将文本框中的数据保存到Cookie中；单击第2个按钮，读取客户端Cookie中的数据，并在相应文本框中显示。

（3）添加两个Web页面，分别为QueryString.aspx和QueryString_Hello.aspx。使用QueryString方法将QueryString.aspx网页中输入的用户数据，如姓名、电子邮件和电话，传递到QueryString_Hello.aspx网页中显示。

（4）在Global.asax文件的Session_Start( )事件处理程序中建立Session变量，记录用户登录时间和IP地址，然后在Default.aspx页面中显示这些信息。（提示：IP地址可以通过Request.ServerVariables["REMOTE_ADDR"]获得。

（5）添加两个Web页面，分别为Session.aspx和Session_Hello.aspx。使用Session对象将Session.aspx网页中输入的用户数据，如姓名、电子邮件和电话，传递到Session_Hello.aspx网页中显示。

（6）在Global.asax文件中使用Application对象实现网站在线用户数的统计，并在Default.aspx页面中显示。

习　题

一、单选题

1. 创建一个显示金融信息的 Web 用户控件。如果希望该 Web 用户控件中的信息能在网页的请求之间一直被保持，应该采取（　　）方法。

A. 设置该 Web 用户控件的 PersistState 属性为 true

B. 设置该 Web 用户控件的 EnableViewState 属性为 true

C. 设置该 Web 用户控件的 PersistState 属性为 false

D. 设置该 Web 用户控件的 EnableViewState 属性为 false

2. 会话状态的默认有效期为（　　）分钟。

A. 10　　B. 15　　C. 20　　D. 30

3. 开发一个 ASP. NET 应用程序，该程序将在多服务器上运行。使用会话状态来管理状态信息。如果想要把会话信息存储在一台非处理服务器上，在 web. config 文件中采用（　　）设置来正确地配置会话状态。

A. `<sessionState mode="Inproc"/>`　　B. `<sessionState mode="Off"/>`

C. `<sessionState mode="Outproc"/>`　　D. `<sessionState mode="StateServer"/>`

4. 下面程序段执行完毕，页面显示的内容是（　　）。

```
string strName;
strName="user_name";
Session["strName"]="Mary";
Session[strName]="John";
Response.Write(Session["user_name"]);
```

A. Mary　　B. John

C. user_ name　　D. 语法有错，无法正常运行

5. 下列（　　）对象经常用来制作网站访问量计数器。

A. Response　　B. Application　　C. Request　　D. Session

6. 在同一个应用程序的页面 1 中执行 Session. Timeout = 30，那么在页面 2 中执行 Response. Write(Session. Timeout)，则输出值为（　　）。

A. 15　　B. 20　　C. 30　　D. 25

7. Application 对象的默认有效期为（　　）。

A. 10 天　　B. 15 天

C. 20 天　　D. 从网站启动到终止

8. 下面代码实现一个站点访问量计数器，空白处的代码为（　　）。

```
void ________(object sender,EventArgs e)
{
    Application.Lock();
```

```
    Application["AccessCount"] = (int)Application["AccessCount"] +1;
    Application.UnLock();
}
```

A. Application_Start　　　　B. Application_Error

C. Session_Start　　　　D. Session_End

二、问答题

1. 试说明什么是 Application 对象和 Session 对象，其差异是什么？如果存储用户专用信息，应该使用哪个对象变量？
2. 什么是 Cookie？如何创建和读取 Cookie 对象？
3. Application 对象的 Lock 方法和 UnLock 方法具有什么作用？

第 6 章　页面外观设计与布局

Web 产业在某种程度上可以说是一种“眼球经济”，能带来良好用户体验的 Web 应用就能抓住眼球并汇聚大量用户，同时带来经济效益。本章将主要介绍使 Web 应用外观更加美观，布局更加统一合理的三种技术：CSS 样式、主题和母版页。CSS 样式和主题是用于美化页面外观的技术，而母版页是用于统一页面布局的技术。

6.1　CSS 样式控制

级联样式表（cascading style sheet，CSS）不是 ASP. NET 中所特有的技术，而是一个用于为 Web 设计带来全新的构思空间，提供平面 HTML 所不具备的功能和灵活性的工业标准，它已得到大多数主流浏览器的完全支持。相对于以前的版本，CSS 在 Visual Studio中得到了更好的支持，包括 CSS 属性窗口、CSS 继承图示器、CSS 预览，以及 CSS 管理器等，使得页面设计人员可以很方便地开发出 CSS 样式并与网页相结合。

CSS 是用于声明 Web 浏览器如何显示文档的简单语言。通过 CSS 的应用，用户能够控制 Web 页面的外观，如字体、颜色、布局、图像和链接等。CSS 最重要的用处是能让 HTML 标记、文本、图像和多媒体等页面内容与表达相分离，使得程序开发人员与页面设计人员可以很好地协同工作。

6.1.1　页面中使用 CSS 的三种方法

CSS 被设计用来与 HTML 联合建立网页，它不能独立运行，需要依附到页面上才能发挥作用。通常在网页中 CSS 规定了以下三种定义样式的方法。

- 直接将 CSS 放置在单个 HTML 标记内，称为内联式样式。
- 在网页的 head 部分定义样式，称为嵌入式样式。
- 以扩展名 . css 的文件保存样式定义，称为链接式样式，被链接的文件称为 CSS 文件。

1. 内联式样式

内联式样式直接将 CSS 放在某个 HTML 标记内，通过使用 style 属性设置，一般形式为：

```
style="属性名1:值1;属性名2:值2;…"
```

属性名与属性值之间用“:”分隔，如果一个样式中有多个属性，各属性之间用分号“;”隔开。

在 Visual Studio 中，有两种设置样式的方法，一种是在源视图下直接设置样式，另一种是在设计视图下，利用可视化界面设置样式。虽然在源视图下输入样式信息时，系统将提供智能提示以帮助用户完成样式输入，但是对于初学者来说，使用源视图设置样式还是比较困难的，因此下面介绍如何通过 Visual Studio 的可视化窗口设置样式。

【例 6-1】 内联式样式设置示例。

打开 Visual Studio，新建一个名为 StyleDemo 的 ASP. NET Web 应用程序，添加一张名为 6-1. aspx 的新网页，在源视图或设计视图下选择要设置样式的标签元素，这里选择 DIV 标签，在 DIV 内输入“内联式样式示例”文本内容。然后，单击属性窗口中 Style 属性右边的按钮，如图 6-1 所示。弹出“修改样式”对话框，如图 6-2 所示。

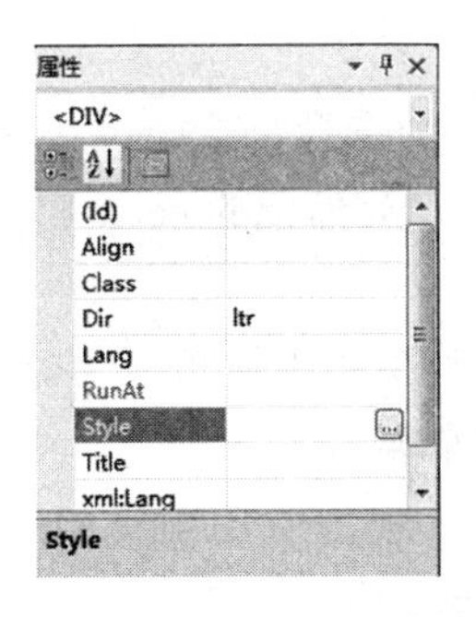

图 6-1　属性窗口中的 Style 属性

图 6-2　“修改样式”对话框

该对话框分为两个窗格，左窗格有 9 个类别，当选择某个类别时，右窗格显示所选类别下的选项。例如，在左窗格中选择“字体”，在右窗格中，将“color”设置为“red”，即将 div 标记的字体颜色设置为红色。同时，将 div 标签的背景颜色设置为蓝色。设置好样式选项后，单击“确定”按钮。在设计视图中可以查看到最新的效果，切换到源视图，新的样式定义将自动生成，代码如下。

```
<div style="color:Red;background-color:blue">内联式样式示例</div>
```

使用这种方法设置样式的优点是直观、方便；缺点是大量修改某些元素的样式时，需要对各个元素逐一修改，非常烦琐，维护起来较为困难，因为它们分散于整个 HTML 源代码之中。

2. 嵌入式样式

嵌入式样式是在网页的 head 部分直接定义 CSS 样式。CSS 一般位于 HTML 文件的头部，即 <head>与</head>标记内，并且以<style>开始，以</style>结束。

CSS 规则由两部分组成：选择符和声明。声明由属性名和属性值组成。所以简单的 CSS 规则如下：

```
选择符{属性名1:值1;属性名2:值2;…}
```

例如：`p{color:Green;}`

在这个例子中，p（段落标记）为选择符，color（颜色）是 p 的属性名，Green（绿色）是 color 的属性值。该规则声明所有段落标记的 color 属性值为 Green，即所有<p>中文本将变成绿色。

注意 用户可以在 CSS 内根据需要自由使用任意的空格和行，使其方便阅读和维护。

下面讲述 CSS 规则中主要的四个要素。

①选择符。选择符部分表明 CSS 规则应用到页面的哪个部分。选择符最简单的类型是元素选择符，它指出明确的标记元素，例如 HTML 中的<p>标记。

②声明。CSS 规则的下一部分是声明。声明包含在 {} 大括号内。大括号内应首先给出属性名，接着是冒号，然后是属性值。结尾分号是可选项，推荐使用结尾分号，以便于规则的扩展。

③属性。属性按官方 CSS 规范定义。用户可以定义特有的样式效果，与 CSS 兼容的浏览器可能会支持这些效果，不支持这些效果的浏览器会忽略这些属性。

④值。声明的值放置在属性名和冒号之后。它确切定义应该如何设置属性。每个属性值的范围也在 CSS 规范中定义。

同样，在 Visual Studio 中，也有两种设置嵌入式样式的方法，一种是在源视图下直接设置样式，另一种是通过可视化窗口设置样式。下面介绍如何通过可视化窗口设置样式。

【例 6-2】 嵌入式样式设置示例。

在 Visual Studio 中，打开 StyleDemo 网站，新建一张名为 6-2. aspx 新网页。在 div 标签内输入“嵌入式样式示例”文本内容。然后，选择“格式”菜单中的“新建样式”菜单项来定义嵌入式样式，也可以选择“视图”菜单中的“管理样式”或“CSS 属性”菜单项来定义嵌入式样式。

选择“格式”菜单中的“新建样式”菜单项，弹出“新建样式”对话框，如图 6-3 所示。

该对话框和图 6-2 所示的“修改样式”对话框相似，不同的是“新建样式”对话框中包含了“选择器”下拉列表，用于选择对哪一个标签进行定义，以及“定义位置”下拉列表，用于设置将当前定义的 CSS 样式存放到哪里。

在选择器中，选择“div”，就可以创建应用于 div 元素的样式。在“定义位置”下拉列表中，选择“当前网页”，表示该样式规则在<style>元素中创建。使用同样的方法，设置“body”的样式。

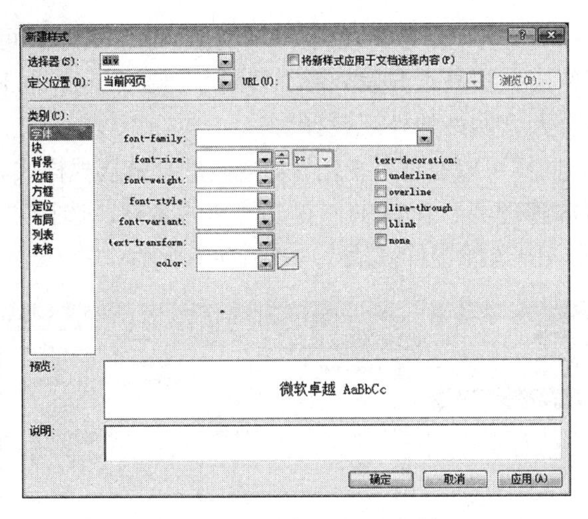

图 6-3　“新建样式”对话框

设置好样式后，单击“确定”按钮。在设计视图中可以查看最新的效果，切换到源视图，找到 <style> 元素，该元素位于 <head> 元素内，自动生成以下代码。

```
<html xmlns="http://www.w3.org/1999/xhtml">
<head>
    <title>例 6-2 </title>
    <style type="text/css">
        body{text-align:center;}
        div{color:Red;background-color:blue}
    </style>
</head>
<body>
    <form id="form1" runat="runat">
        <div>嵌入式样式示例</div>
    </form>
</body></html>
```

该页面中嵌入了 CSS 规则，页面内容对齐方式设为居中，并设置了 <div> 字体颜色和背景颜色。

这样，CSS 规则就成为 HTML 文件的一部分，使得编辑它更加容易。嵌入式样式对只应用于特定页面和不需要被网站其他页面使用的规则有用，这样有助于保持用户的全局样式表相对较小。例如，如果用户只有一条只应用于网站首页头版的规则，那么，在其他页面能够访问的范围之内的样式表中，就不需要该规则了。

采用这种方式的优点是当修改某些元素的样式时，只需要修改 head 中 style 的部分样式即可，该网页内的所有具有相同样式的元素会自动应用新的样式。但是，这种方式仅仅适用于修改某个网页内具有相同样式的元素，如果多个网页内很多元素均采用相同的样式，仍然需要在各个网页中分别修改。

3. 链接式样式

在页面中使用 CSS 最常用的方法是链接式样式。利用这种方法可以在网页中调用已经定义好的样式表文件（CSS 文件）。与嵌入式样式相比，链接式样式可以将定义好的样式在网站的多个页面上重复使用，提高了开发效率，降低了维护成本，同时也实现了将页面结构和表现彻底分离，最适合大型网站的外观设计。

在 Visual Studio 中，同样可以通过可视化界面创建外部链接式样式。具体步骤如下。

①在“解决方案资源管理器”窗口中，右击网站的名称，选择“添加新项”。在“Visual Studio 已安装的模板”中选择“样式表”，如图 6-4 所示。

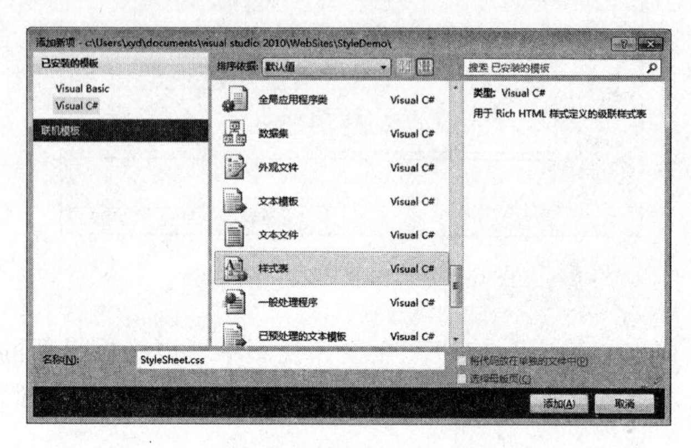

图 6-4　添加样式表文件

②在“名称”文本框中，输入 StyleSheet1. css，然后单击“添加”按钮。样式表编辑窗口将打开，其中显示一个包含空 body 样式规则的新样式表，如图 6-5 所示。

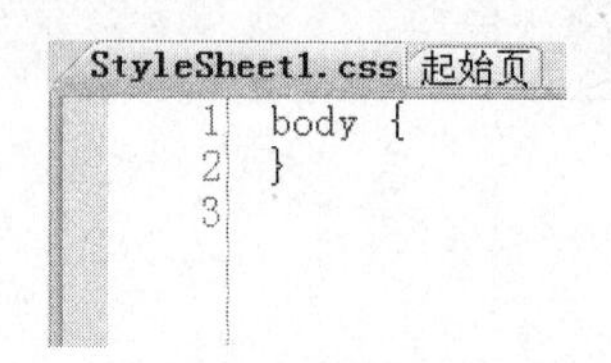

图 6-5　样式表编辑窗口

③在样式表编辑窗口中大括号的外边右击，在弹出的快捷菜单中选择“添加样式规则”菜单项，或者在“样式”菜单中选择“添加样式规则”菜单项，都会弹出“添加样式规则”对话框，如图 6-6 所示。

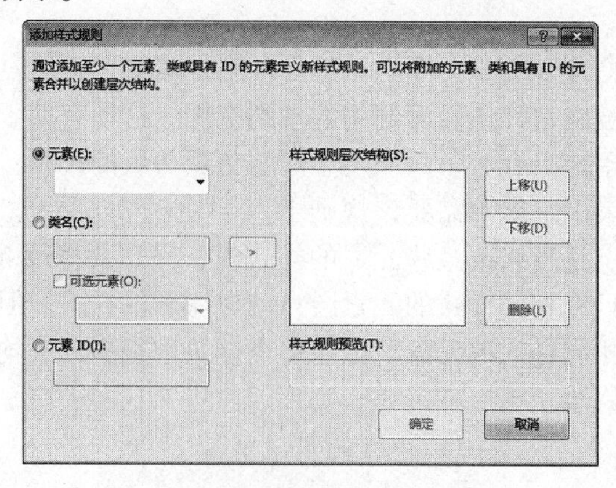

图 6-6　“添加样式规则”对话框

在“添加样式规则”对话框中选择某个元素，或者定义一个类，或者定义一个元素ID，单击“确定”按钮即可添加一个新的样式规则。例如，添加一个元素h1，在样式表文件中可以看到新建的h1样式规则。

```
h1
{
}
```

该规则默认是仅有元素名称的空规则，在h1的大括号内右击，在弹出的快捷菜单中选择“生成样式”菜单项，即弹出“修改样式”对话框，和图6-2相同。在该对话框中可以为元素h1添加样式规则。

④为Web页面指定该样式表。最简单的方法是将样式表文件直接从“解决方案资源管理器”窗口拖到Web页面的head元素中或者直接拖到Web页面的设计视图中。

【例6-3】链接式样式设置示例。

在Visual Studio中，打开StyleDemo网站。添加一个名为6-3.css的样式表文件。将例6-2中的样式（<style>标记中的内容，但不包含<style>标记）提取出来保存到6-3.css文件中，该文件的内容如下所示。

```
body
{
  text-align:center;
}
div
{
  color:Red;
  background-color:blue;
}
```

新建一张6-3.aspx新网页。将6-3.css样式表文件直接从“解决方案资源管理器”窗口拖到页面的head元素中，6-3.aspx网页的<head>标记中自动生成以下代码。

```
<head>
    <title>例6-3</title>
    <link href="Style.css" rel="stylesheet" type="text/css"/>
</head>
…
```

上述代码中通过<link>标记将样式表引入Web页面中。其中，href属性指出了样式表的路径。路径可以是相对路径，也可以是绝对路径。如果没有目录路径，表示与当前Web页面位于相同路径下。rel属性指明了链接的是一个样式表，之所以需要rel，是因为<link>是一个通用链接标记，它不但可以链接样式表，还可以链接其他类型的文档。type属性值应为“text/css”，表明样式类型是CSS，CSS是当前业界应用最广泛的样式类型，实际上很少有其他类型。

6.1.2　样式规则

从上一节的学习中可以看出，无论是定义嵌入式样式还是链接式样式，每个样式的定义格式相同：

```
选择符{属性名1:值1;属性名2:值2;…}
```

其中，选择符是指样式定义的对象，可以是 HTML 标记元素、用户自定义的类、用户自定义的 id、伪类、具有层次关系的样式规则及并列的样式选择符等。

1. 元素选择符

在上一节的嵌入式样式和链接式样式中，均采用这种类型的选择符。任何 HTML 元素都可以是一个 CSS 的元素选择符，例如，div{color:red}，该样式规则中的元素选择符是 div，div 块内的所有文字颜色为红色。

2. 类选择符

类选择符用于定义页面上的相关 HTML 元素组，使它们具有相同样式规则。创建类时，用户需要给它命名，命名时最好使用字母和数字。

定义了类之后，用户可以使用它作为 CSS 的选择符。类选择符以“.”为起始标记，一般格式为：

```
.类选择符{属性名1:值1;属性名2:值2;…}
```

例如：

```
.c1{color:Red;}
.c2{font-size:large;}
```

上面定义了两个类，类“c1”定义了颜色属性，类“c2”定义了字体大小属性。在 HTML 文档中可以按下列方式引用：

```
<div>
    <h1 class="c1">通知</h1>
    <p class="c2">将于今天下午2点召开各部门会议。</p>
</div>
```

标记<h1>中的文本颜色为红色，标记<p>中的字体大小为“large”。因为它们各自的 class 属性值为类“c1”和类“c2”。下面来看一个关于类选择符的完整示例。

【例 6-4】 类选择符示例程序。

在 StyleDemo 网站中，添加一个名为 6-4. css 的样式表文件。在该文件中设置样式规则如下：

```
.whitewine{
    color:#FFBB00;
}
.redwine{
    color:#800000;
}
```

添加一张名为 6-4. aspx 的新网页，从解决方案资源管理器中将 6-4. css 文件直接拖曳到 head 元素中，并在网页中添加以下 HTML 代码。

```
<p>制造白葡萄酒的葡萄：</p>
<li><a href="#" class="whitewine">Riesling</a></li>
<li><a href="#" class="whitewine">Chardonnay</a></li>
<li><a href="#" class="whitewine">Pinot Blanc</a></li>
<p>制造红葡萄酒的葡萄：</p>
<li><a href="#" class="redwine">Cabernet Sauvignon</a></li>
<li><a href="#" class="redwine">Merlot</a></li>
<li><a href="#" class="redwine">Pinot Noir</a></li>
```

上面的例子通过两个类规定了两种葡萄酒相关内容的显示样式，运行效果如图 6-7 所示。

制造白葡萄酒的葡萄：
Riesling
Chardonnay
Pinot Blanc

制造红葡萄酒的葡萄：
Cabernet Sauvignon
Merlot
Pinot Noir

图 6-7　页面运行效果

在 Visual Studio 中，使用类选择符定义的样式，不仅可以供 HTML 引用，也可以供 Web 服务器控件引用，例如：

```
<asp:TextBox ID="TextBox1" CssClass="whitewine" runat="server"></asp:TextBox>
```

还可以指定某个元素内的自定义类，一般形式为：

```
元素选择符.类选择符{属性名1:值1;属性名2:值2;…}
```

例如：

```
h1.whitewine
{
    color:#FFBB00;
}
```

其含义是只有在 h1 中引用 whitewine 时才采用该样式显示。

3. id 选择符

id 选择符与类选择符相似，可以作为 CSS 选择符使用，但是它具有很多限制。只有在页面上的标记才能具有给定的 id，它必须是唯一的，并只用于指定该元素。下面的例子为标记 <a> 定义了一个 id 属性，值是“next”。

```
<a href="next.htm" id="next">下一步</a>
```

在 CSS 中，id 选择符由 id 值前面的“#”（井号）符号指示，例如：

```
#next{font-size:large;}
```

在实际应用中，用户应如何选取类选择符或 id 选择符设置样式呢？类选择符更灵活，id 选择符能完成的它都能完成，甚至比 id 选择符能完成的功能还要多。如果想重用样式，用户可以使用类选择符来完成。但是用 id 选择符就无法重用样式，因为 id 值在页面文档中必须是唯一的，即只有一个元素具有该值。

注意 如果在一个元素的样式定义中，既引用了元素选择符，又引用了类选择符和 id 选择符，则 id 选择符的优先级最高，其次是类选择符，元素选择符的优先级最低。

4. 伪类

伪类可以看作是一种特殊的类选择符，是能被支持 CSS 的浏览器自动识别的特殊选择符。它的最大用处就是可以对链接在不同状态下定义不同的样式效果。

在 CSS 中用 4 个伪类来定义链接样式，分别是 a:link、a:visited、a:hover 和 a:active，例如：

```
a:link{color:#FF0000}       /* 未被访问的链接 红色 * /
a:visited{color:#00FF00}    /* 已被访问过的链接 绿色 * /
a:hover{color:#FFCC00}      /* 鼠标悬停在上方的链接 橙色 * /
a:active{color:#0000FF}     /* 鼠标点中激活的链接 蓝色 * /
```

以上语句分别定义了未被访问的链接、已被访问过的链接、鼠标悬停在上方的链接、鼠标点中激活的链接样式。建议按以上顺序书写，否则可能不会按预期效果显示。

5. 包含选择符

包含选择符用于定义具有层次关系的样式规则，它由多个样式选择符组成，选择符之间用空格隔开。一般格式为：

```
选择符1 选择符2 …{属性名1:值1;属性名2:值2;…}
```

例如，div h1 {color:red}，这种方式只对 div 中包含的 h1 起作用，对单独的 div 或 h1 均无效。

6. 并列选择符

如果有多个不同的样式选择符的样式相同，则可以使用并列选择符简化定义，每个样式选择符之间用逗号隔开。一般格式为：

```
选择符1,选择符2,…{属性名1:值1;属性名2:值2;…}
```

例如：.classone,#bb,h1{color:red}

关于 CSS 更进一步的知识,有兴趣的读者请参考相关资料。

6.2 主　题

在 ASP. NET Web 应用程序中,可以利用 CSS 控制页面上各元素的样式及部分服务器控件的样式。但是,有些服务器控件的外观无法通过 CSS 进行控制。为了解决这个问题,

ASP. NET 引入了主题的概念。主题由一组文件组成:外观文件(扩展名为 . skin)、级联样式表文件(扩展名为 . css)、图像和其他资源。它的主要作用是控制应用程序的外观,以提供设计良好的用户界面。Windows 操作系统用户一定非常了解 Windows 主题,当选择不同的主题设置时,Windows 用户界面会发生很大的变化。ASP. NET 同样提供了主题功能,这让用户可以对 Web 站点进行统一的控制,例如博客,当选择不同的主题时会发现页面的许多方面都发生了变化。

6.2.1　主题的创建与应用 

使用主题的一般步骤如下。

步骤 1:定义一个或多个主题。在 App_Themes 文件夹下创建一个或多个主题,然后将主题包含的文件(包括 . css 文件、. skin 文件、图片文件、Flash 动画文件及其他资源文件等)保存到相应主题文件夹下。

步骤 2:将主题应用到网页中,用以控制页面和控件外观。

ASP. NET 中所有的主题应存放在名为“App_Themes”的专有目录中,该目录在默认状态下没有自动生成,可以右击“解决方案资源管理器”窗口中的网站名称,在弹出的快捷菜单中选择“添加 ASP. NET 文件夹”|“主题”,如图 6-8 所示。系统会自动判断是否已经存在 App_Themes 文件夹,如果不存在该文件夹,就自动创建它,并在该文件夹下添加一个名为“主题 1”的主题;如果已经存在该文件夹,就直接在该文件夹下添加新的主题。

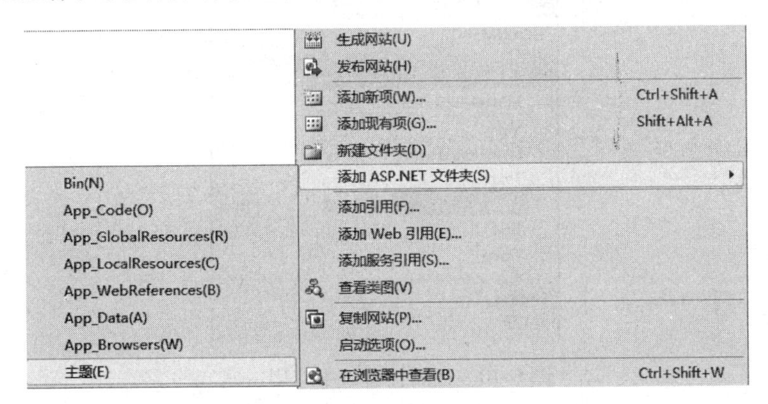

图 6-8　创建主题

每个主题存放在“App_Themes”目录下的一个单独子目录中,子目录名即为主题名。将系统自动生成的子目录“主题 1”的名称改为“Theme1”,即创建了一个名为“Theme1”的主题(内容为空)。在“Theme1”主题文件夹中可以存放多种类型的文件,包括图片、文本文件等,通常有两种类型的主题文件:外观文件和级联样式表文件。这两种文件的创建和使用将分别在后续两节中介绍。

图 6-9 中创建了三个主题,分别是 Theme1、Theme2 和 Theme3。在 Theme1 中,包含了两个外观文件和一个样式表文件;Theme2 中包含了一个外观文件和一个样式表文件;而 Theme3 中则只包含一个外观文件。

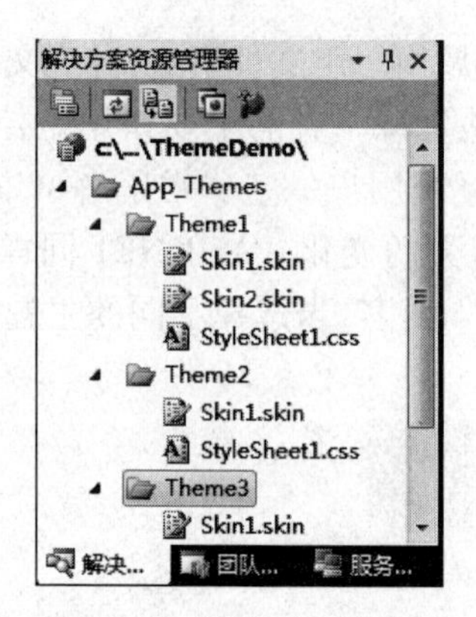

图 6-9　定义多个主题

创建完主题后,既可以在 Web 站点中局部应用,也可以全局应用。

(1)主题的局部应用。局部应用是指将主题应用于一张页面上,通过在 Page 指令中添加 Theme 属性实现,代码如下:

```
<%@ Page Language = "C#" AutoEventWireup = "true" CodeFile = "Default. aspx. cs"
Inherits = "_Default" Theme = "Theme1"%>
```

也可以在属性窗口中通过可视化的方式指定主题，如图 6-10 所示，效果是一样的。

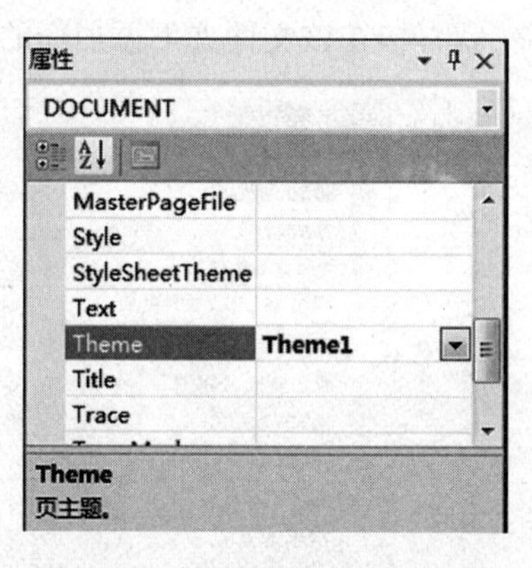

图 6-10　在属性窗口中应用主题

除了可以将主题应用于一张页面之外，也可以将主题应用于某一个单一的服务器控件上，具体做法与设置页面主题相似，即通过设置 Theme 属性来实现。

应用一个主题到页面上时，ASP. NET 会检查 Web 页面上控件的属性与主题中外观文件中定义的属性是否冲突。如果有冲突，将以外观文件中定义的属性为准。也就是说，如果页面上应用了外观，那么在外观文件中定义的属性将具有优先权。

但有些时候可能需要让控件的属性设置不被外观文件中的设置覆盖。此时可以使用 StyleSheetTheme 属性来代替 Theme 属性，那么在页面中所有控件自定义的属性将不会再被外观文件覆盖。为页面添加样式表主题的示例代码如下所示。

```
<%@ Page Language = "C#" AutoEventWireup = "true" CodeFile = "Default. aspx. cs"
Inherits = "_Default" StyleSheetTheme = "Theme2"%>
```

也可以在图 6-10 中通过可视化的方式指定 StyleSheetTheme 属性。

如果页面内同时定义 StyleSheetTheme 和 Theme 属性指定主题，那么优先级是 Theme > 页面内控件的属性 > StyleSheetTheme。

（2）主题的全局应用。全局应用是指将主题应用于整个站点，一般是通过配置文件实现的。在网站根目录下的 web. config 文件中为站点设置主题的部分代码如下：

```
<system.web>
    <pages theme="Theme3"/>
</system.web>
```

当配置了全局主题后，所有页面将具有相同的主题，如果希望某个页面例外，可在该页面中的 Page 指令里使用 EnableTheming 属性禁用主题，代码如下：

```
<%@ Page Language="C#" AutoEventWireup="true" CodeFile="Default.aspx.cs"
Inherits="_Default" EnableTheming="false"%>
```

6.2.2　主题中的外观文件

外观文件专门用于定义服务器控件的外观。在一个主题中可以包含一个或多个外观文件，其扩展名为 . skin。

【例 6-5】 演示外观文件的定义方法。

（1）运行 Visual Studio，新建一个名为 ThemeDemo 的网站。添加一个“Theme1”主题。

（2）右击“Theme1”，在弹出的快捷菜单中选择“添加新项”，弹出“添加新项”对话框，如图 6-11所示。在该对话框中选择“外观文件”，取名为“Skin1. skin”，单击“添加”按钮，则在该主题中添加了一个名为“Skin1. skin”的外观文件。

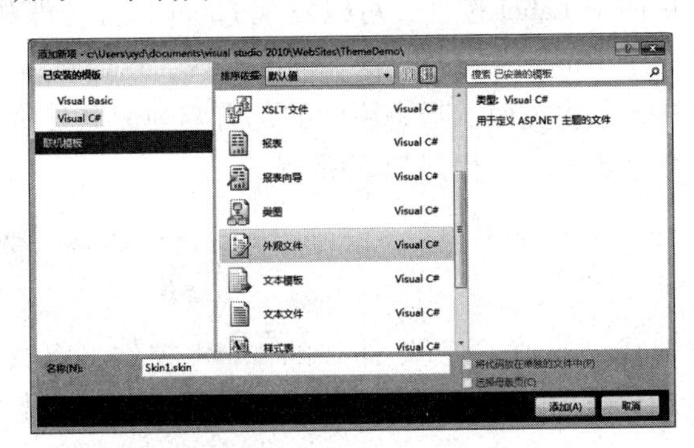

图 6-11　创建外观文件对话框

（3）在 Skin1. skin 的外观文件中，由于系统没有提供控件属性设置的智能提示功能，所以一般不在外观文件中直接编写代码定义控件外观，而是按以下步骤为外观文件添加代码。

步骤 1：打开 Web 页面的设计视图，从工具箱中将需要设置外观的控件拖放到页面上，例如，拖放 1 个 Label 控件到页面中，设置 Label 控件的外观属性，如图 6-12 所示。

设置完属性后，源视图中自动生成的代码如下：

```
<asp:Label ID="Label1" runat="server" BackColor="Red" BorderColor="#000099"
```

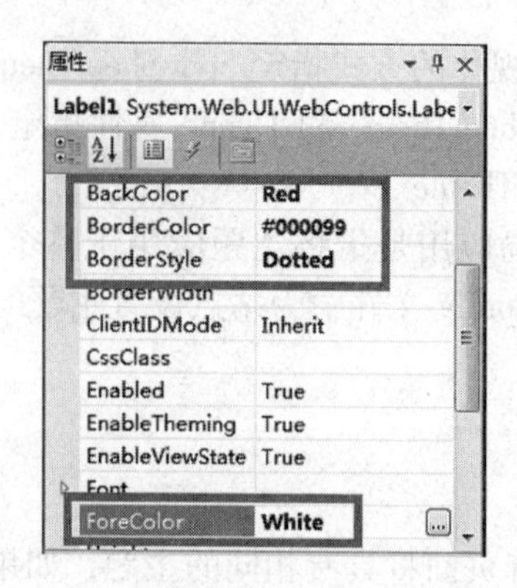

图 6-12　设置 Label 控件的属性

```
BorderStyle = "Dotted" ForeColor = "White" Text = "Label" > </asp:Label >
```

步骤 2：将自动生成的控件声明源代码复制到 Skin1. skin 文件中，并删除控件的 ID 属性，代码如下：

```
<asp:Label runat = "server" BackColor = "Red" BorderColor = "#000099"
BorderStyle = "Dotted" ForeColor = "White" Text = "Label" > </asp:Label >
```

从上述代码中可以看出，外观文件实际上是一系列服务器控件标记的列表，但是外观文件中的控件标记并不是一个完整的控件定义，只需要定义想要被主题化的部分即可，并且不用指定 ID 属性，但 runat = " server" 是必需的。

（4）保存 Skin1. skin 文件，切换到 Default.aspx 的设计视图，在属性窗口的对象列表中选择“DOCUMENT”，将其“StyleSheetTheme”属性设置为“Theme1”。

（5）从工具箱中拖放两个 Label 控件，可以发现 Label 控件的外观都是“红底白字”。

（6）有时可能希望某个 Label 应用另一种不同的外观，这时可以考虑使用命名外观。创建命名外观与创建普通外观方法类似，唯一不同的是需要为命名外观指定一个 SkinID 属性。在外观文件中再添加一个命名外观，代码如下所示。

```
<asp:Label runat = "server" BackColor = "lightblue" ForeColor = "white"
      SkinID = "WhiteSkin"/ >
```

对于页面上希望设置成“蓝底白字”外观的 Label 控件，将其 SkinID 属性值设置为“WhiteSkin”即可。而没有指定 SkinID 属性的 Label 控件还是呈现出“红底白字”。

6. 2. 3　主题中的 CSS 样式文件

主题中也可以添加 CSS 样式文件来控制页面中的 HTML 元素和 Web 服务器控件的外观，主题中的 CSS 样式将被应用到所有应用了主题的页面上。

【例 6-6】演示如何在主题中添加样式文件。

（1）打开 ThemeDemo 网站，在“解决方案资源管理器”窗口中，右击“Theme1”主题，在弹出的快捷菜单中选择“添加新项”，在弹出的“添加新项”对话框中，选择“样式表”模板，并取名为“Stylesheet1. css”，单击“添加”按钮，则在 Theme1 主题下添加了一个名为“Stylesheet1. css”样式表文件。

（2）在该样式文件中添加如下代码：

```
body{background-color:Yellow;}
```

则所有应用“Theme1”主题的页面的背景色将呈现为黄色。在主题中应用 CSS 样式的好处就是如果要更换主题，会同时更换掉 CSS 样式的定义，特别是有时需要动态切换主题时，将会为整个应用程序带来一种全新的视觉外观呈现效果。

6. 2. 4　主题的动态应用

当前许多流行的 Web 应用软件都提供了外观切换功能，获得了用户的好评与认可。在 ASP. NET 中也可以让用户动态地选择主题，以达到换肤的效果。动态应用主题需要以编程方式来实现，对于一个 Web 页面来说，只需要在 PreInit 事件中动态地指定 Page 对象的 Theme 属性即可，示例代码如下：

```
protected void Page_PreInit(object sender,EventArgs e)
{
    Page.Theme = "Theme1";
}
```

以上代码动态地将页面主题指定为“Theme1”。这种方式适合于为单一页面动态应用主题，如果想要在整个网站范围内动态应用主题可以通过修改 web. config 文件来实现。

【例 6-7】 演示如何动态应用主题实现换肤功能。

（1）在 ThemeDemo 网站中添加两个名为“fashion”和“classic”的主题，并分别为两个主题各添加一个外观文件和一个 CSS 文件。“fashion”主题的外观文件内容如下：

```
<asp:Label runat = "server" BackColor = "lightgreen" ForeColor = "black" Font-size = "x -
  large"/ >
<asp:Button runat = "server" BackColor = "lightgreen" ForeColor = "black" Font-size = "x -
  Lorge"/ >
```

“fashion”主题的 CSS 文件内容如下：

```
body{background-color:Yellow;}
```

“classic”主题的外观文件内容如下：

```
<asp:Label runat = "server" BackColor = "lightgray" ForeColor = "black" Font-size = "
  x - large"/ >
<asp:Button runat = "server" BackColor = "lightgray" ForeColor = "black" Font-size = "x -
  Large"/ >
```

“classic”主题的 CSS 文件内容如下：

```
body{background-color:Gray;}
```

（2）添加一张名为“6-7. aspx”的新页面，为页面添加一个 Label 控件和两个 Button 控件，设置各控件的 Text 属性，并将该页面的主题设置为“classic”。页面的设计视图如图 6-13所示。

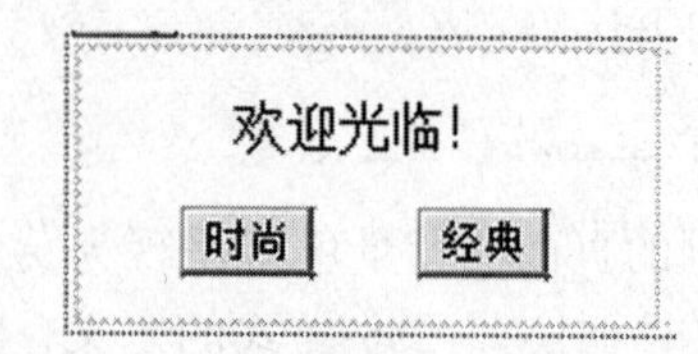

图 6-13　换肤示例程序页面的设计视图

（3）编辑两个 Button 控件的 Click 事件。

```
protected void Button1_Click(object sender, EventArgs e)
    {
      Session["Theme"] = "Fashion";
      Response.Redirect("~/6-7.aspx");
    }
protected void Button2_Click(object sender, EventArgs e)}
    {
      Session["Theme"] = "Classic";
      Response.Redirect("~/6-7.aspx");
    }
```

（4）在 Page_PreInit 事件中添加以下代码来动态地应用主题。

```
protected void Page_PreInit(object sender,EventArgs e)
{
      if(session["Theme"]! =null)
      {
      Theme=session["Theme"].ToString();
      }
      else
      {
      Theme="Classic";
      }
}
```

（5）运行该页面，分别单击“经典”与“时尚”链接，会发现页面的外观发生了相应的变化，如图 6-14 所示。

图 6-14　换肤示例程序运行界面

6.3　母　版　页

CSS 和主题技术主要关注的是 Web 页面的视觉外观，而 ASP. NET 中的母版页技术则主要关注如何统一网站的布局，使得用户在访问网站时有一致的用户体验，整个网站具有统一的布局和风格。运用母版页技术，可以将网站的主框架和内容分开处理，主框架部分由母版页统一定义，而各个内容展现页面嵌套在母版页中。这样的开发模式使得主框架和内容完全分离，只有在运行的时候，通过 ASP. NET 再整合到一起，以统一的页面形式呈现给用户。

6.3.1　创建母版页 

母版页为开发人员提供在页面上进行统一布局的功能。这样做的好处是，开发人员不必花时间考虑如何将统一的布局嵌套到各个页面。在没有母版页技术的时候，这项工作需要编程来实现，比较复杂。

在母版页中可以包括静态文本、HTML 元素和 ASP. NET 服务器控件等各种内容。通常情况下，母版页中包括各个页面的通用部分，如导航条、页眉、页脚及版权信息等，图 6-15是微软公司 MSDN 网站的一张页面，圈起来的部分即为母版页内容，当用户从左边的目录树选择相应条目进行浏览时，会发现页面框架并未发生变化。

图 6-15　MSDN 网站页面

【**例 6-8**】设计一张母版页，效果如图 6-16 所示。

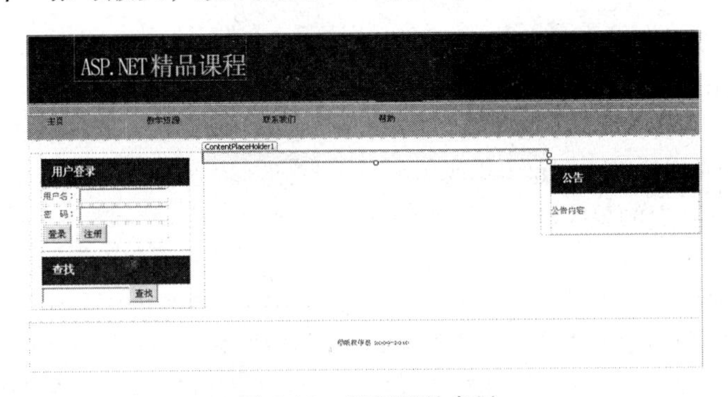

图 6-16　母版页的布局

（1）打开 Visual Studio，新建一个名为 MasterDemo 的网站。在“解决方案资源管理器”

窗口中，右击网站名称，在弹出的快捷菜单中选择“添加新项”，弹出“添加新项”对话框，在该对话框的模板列表中选择“母版页”，取名为“MasterPage. master”。单击“添加”按钮，则在网站的根目录下添加了一个名为“MasterPage. master”的母版页文件。

切换到母版页的源视图，可以看到，与普通的页面由@ Page 指令指示所不同的是，母版页由@ Master 指令所指示，表明它是一张母版页，代码如下所示：

```
<%@ Master Language = "C#" CodeFile = "MasterPage.master.cs"
    Inherits = "MasterPage"%>
```

此外，页面的主体还包含一个内容占位符控件 ContentPlaceHolder，通过占位符，可以预先在母版页中定义放置页面内容的区域，在页面真正运行的时候，这些占位符将被真正的内容页代替。为了方便母版页的编辑，通常情况下先将 ContentPlaceHolder 控件删除，母版页编辑完成后再放置 ContentPlaceHolder 占位符控件。

（2）按图 6-16 布局母版页。布局母版页可以采用两种不同的页面布局方法：一种是利用表格布局，这是早期的网页布局方法，其优点是布局方便直观，缺点是页面显示速度慢，要等到整个表格下载完毕后才开始显示，同时也不利于结构和表现的分离；另一种是利用 DIV 和 CSS 布局，这是 Web 标准推荐的方法。一般整个网页的布局采用 DIV 和 CSS 布局方法，表格布局只用于网页的部分内容的布局。

下面采用 DIV 和 CSS 布局方法设计母版页。在网站的根目录下添加一个样式表文件 Style. css，并添加以下样式规则。

```
body{margin-top:50px;padding:0;text-align:justify;font-size:12px;color:#616161;
font-family:Georgia,"Times New Roman",Times,serif;}
h1,h2,h3{margin-top:0;color:#8C0209;}
h1{font-size:1.6em;font-weight:normal;}
h2{font-size:1.6em;}
/* Header */
#header{width:1000px;margin:0 auto;height:150px;}
/* logo */
#logo{width:1000px;height:100px;margin:0 auto;padding:0 10px 0 70px;
  background-color:#800000;}
#logo h1{float:left;margin:0;color:#99FFCC;padding:25px 0 0 0;letter-spacing: -1px;
    text-transform:lowercase;font-weight:normal;font-size:3em;}
/* Menu */
#menu{width:1000px;margin:0 auto;padding:0;height:50px;background-color:#33CCCC;}
#menu ul{margin:0;padding:0;list-style:none;}
#menu li{display:inline;}
#menu a{display:block;float:left;height:32px;margin:0;padding:18px 30px 0 30px;
    text-decoration:none;text-transform:capitalize;color:#0000FF;
    font-family:Georgia,"Times New Roman",Times,serif;font-size:12px;}
/* Page */
#page{width:990px;margin:0 auto;padding:20px 5px;background:#FFFFFF;}
/* Content */
```

```
#content{float:left;width:500px;}
#footer p{margin:0;padding:25px 0 0 0;text-align:center;font-size:x-large;}
/* Sidebars * /
#sidebar1{float:left;}
#sidebar2{float:right;}

.sidebar{float:left;width:250px;padding:0;font-size:12px;}
.sidebar ul{margin:0;padding:0;list-style:none;}
.sidebar li{padding:0 0 20px 0;}
.sidebar li{margin:0 20px 0 15px;padding:8px 0px;border-bottom:1px #BBBBBB dashed;}
.sidebar li h2{height:30px;margin:0 0 0 0;padding:10px 15px 0px 15px;
    background:#890208 url(images/img05.jpg) no-repeat left top;letter-spacing: -1px;
    font-size:16px;color:#FFFFFF;}
/* Footer * /
#footer{width:960px;height:70px;margin:0 auto;padding:0 20px;text-align:center;}
#footer p{margin:0;padding:25px 0 0 0;text-align:center;font-size:smaller;}
```

（3）布局母版页 MasterPage.master，并将样式表文件 Style.css 引入母版页，最终母版页的源视图代码如下：

```
<head runat="server">
    <title>母版页示例</title>
    <link href="Style.css" rel="stylesheet" type="text/css"/>
</head>
<body>
    <form id="form1" runat="server">
        <div id="header">
            <div id="logo"><h1>ASP.NET 精品课程</h1></div>
            <div id="menu">
                <ul>
                    <li><a href="#">主页</a></li>
                    <li><a href="#">教学资源</a></li>
                    <li><a href="#">联系我们</a></li>
                    <li><a href="#">帮助</a></li>
                </ul>
            </div>
        </div>
        <div id="page">
            <div id="sidebar1" class="sidebar">
                <ul>
                    <li id="Login"><h2>用户登录</h2>
                        <div id="calendar_wrap">
                            <table>
                                <tr><td colspan="2">用户登录:</td></tr>
```

```
                    <tr><td>用户名:</td>
                        <td><asp:TextBox ID="TextBox1" runat="server">
                        </asp:TextBox></td>
                    </tr>
                    <tr><td>密   码:</td>
                        <td><asp:TextBox ID="TextBox2" runat="server">
                    </asp:TextBox></td>
                    </tr>
                    <tr><td><asp:Button ID="btnLogin" runat="server"
                      Text="登录"/></td>
                        <td><asp:Button ID="btnRegister"
                          runat="server" Text="注册"/></td>
                    </tr>
                </table>
            </div>
        </li>
        <li><h2>查找</h2>
            <div><asp:TextBox ID="TextBox3" runat="server">
                </asp:TextBox>
                <asp:Button ID="btnFind" runat="server" Text="查找"/>
                    </div>
        </li>
    </ul>
</div>
<div id="content">
    <asp:ContentPlaceHolder ID="ContentPlaceHolder1" runat="server">
    </asp:ContentPlaceHolder>
</div>
<div id="sidebar2" class="sidebar">
    <ul><li><h2>公告</h2><p>公告内容</p></li></ul>
</div>
        </div>
        <div id="footer"><p>&copy;版权信息 2009-2010</p></div>
    </form>
</body>
```

6.3.2 创建内容页

应用母版页的.aspx页面称为内容页，它实际上是通过内容占位符控件与母版页建立起关系。母版页中定义的占位符，最终需要由内容页来代替，内容页中的内容在运行时将自动绑定到特定的母版页中。母版页的ContentPlaceHolder控件预留的可编辑区会被自动替换为内容页中相应的Content控件，开发人员只需要在内容页的Content控件区域中填充内容即可，在母版页中定义的其他标记将自动出现在使用了该母版页的内容页面中。

【**例 6-9**】设计两个引用了例 6-8 中 MasterPage. master 母版页的内容页 Default. aspx 和 Study_Resource. aspx，运行效果如图 6-17 和图 6-18 所示。

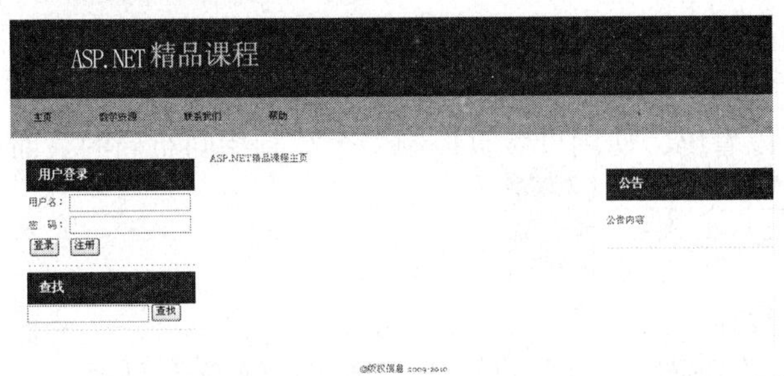

图 6-17　Default. aspx 的运行效果

图 6-18　Study_Resource. aspx 的运行效果

（1）打开 MasterDemo 网站，在“解决方案资源管理器”窗口中，删除 Default. aspx 文件，然后重新添加一张引用了 MasterPage. master 母版页的 Defalut. aspx 内容页，创建内容页时注意需要为其指定母版页，如图 6-19 所示，需选中“选择母版页”复选框。

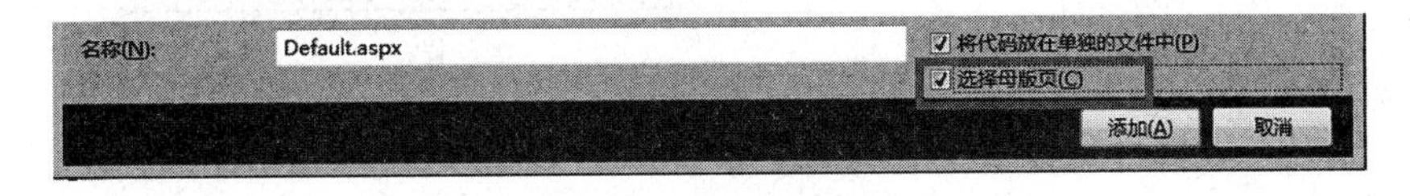

图 6-19　创建内容页界面

（2）单击“添加”按钮，此时会弹出另一个窗口供选择母版页，在此窗口中选择母版页为 MasterPage. master，然后单击“确定”按钮。

（3）切换到 Default. aspx 的设计视图，可以看到，母版页的内容被自动解析到当前页面上，同时可以发现页面中与母版页对应的位置有一个名为 Content1 的控件，该控件的“contentplaceholderid”属性被自动设置为“ContentPlaceHolder1”，此属性指定与母版页合并时 Content 控件被合并到哪个 ContentPlaceHolder 控件中。

在 Default. aspx 页面的 Content 控件中填充相应内容后，切换到源视图，代码如下。

```
<%@ Page Title = "" Language = "C#" MasterPageFile = " ~/MasterPage.master"
AutoEventWireup = "true" CodeFile = "Default. aspx. cs" Inherits = "_Default"%>
<asp:Content ID = "Content1" runat = "server" contentplaceholderid =
    "ContentPlaceHolder1" >
        <div style = "height:200px;font-size:larger;" >
```

```
    ASP. NET 精品课程主页 </div>
</asp:Content>
```

（4）运行 Default. aspx 页面，效果如图 6-17 所示。

（5）按照上面的步骤，设计 Study_Resource. aspx 页面。

从这个例子中可以看出，使用母版页控制多个具有相同布局的页面非常方便。

6. 3. 3　母版页的工作过程

母版页的工作过程如下。

（1）用户在浏览器中通过内容页的 URL 来请求访问 Web 页面。

（2）服务器获取该页后，读取页面的 Page 指令。如果该指令引用一个母版页，则读取相应的母版页。如果是第一次请求这两个页，则两个页都要进行编译。

（3）将内容页中各个 Content 控件的内容合并到母版页中相应的 ContentPlaceHolder 控件中，生成结果页，发送回客户端。

（4）用户浏览器中呈现服务器返回的由母版页与内容页合并的结果页。

步骤（2）和步骤（3）由服务器自动完成，用户只需提供内容页的 URL 即可。图 6-20 对上述过程进行了阐释。

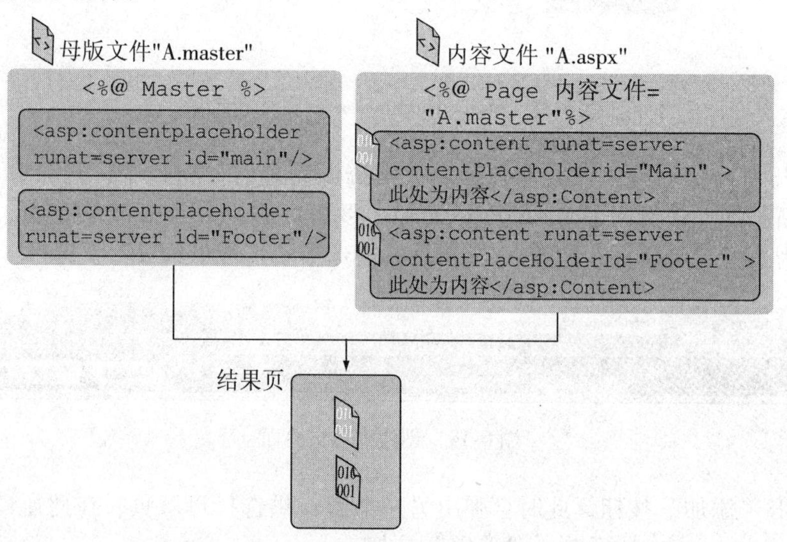

图 6-20　母版页工作过程

注意　母版页不能独立运行，如果试图在浏览器中直接访问母版页，会得到错误反馈。实际上，母版页最终是作为内容页的一部分呈现给用户的。

6. 3. 4　母版页和内容页中的事件

母版页和内容页都可以包含控件的事件处理程序。对于控件而言，事件是在本地处理的，即内容页中的控件在内容页中触发事件，母版页中的控件在母版页中触发事件。也就是说，控件事件不会从内容页发送到母版页，同样，也不能在内容页中处理来自母版页控件的事件。

在某些情况下，内容页和母版页中会触发相同的事件。例如，两者都触发 Init 和 Load

事件。当页面运行时，由于母版页会合并内容页而被视为内容页的一个控件。因此，母版页与内容页合并后事件的发生顺序如下。

①母版页控件 Init 事件。
②内容页控件 Init 事件。
③母版页 Init 事件。
④内容页 Init 事件。
⑤内容页 Load 事件。
⑥母版页 Load 事件。
⑦内容页控件 Load 事件。
⑧内容页 PreRender 事件。
⑨母版页 PreRender 事件。
⑩母版页控件 PreRender 事件。
⑪内容页控件 PreRender 事件。

6.3.5　从内容页访问母版页的内容

有时需要在内容页中访问母版页的内容，可以在内容页中编写代码来引用母版页中的属性、方法和控件，但这种引用有一定的限制。要实现内容页对母版页中定义的属性或方法进行访问，则该属性和方法必须声明为公有成员。

【例6-10】 演示如何从内容页访问母版页的内容。

（1）在 MasterDemo 网站中，打开 MasterPage. master. cs 文件，在该文件中添加以下代码：

```
public string UserName
{
    get{return TextBox1.Text;}
    set{TextBox1.Text = value;}
}
```

此代码为母版页创建了一个名为 UserName 的公有属性。用于访问母版页中 TextBox1 控件的内容。

（2）在“解决方案资源管理器”窗口中，右击网站名称，在弹出的快捷菜单中选择“生成网站”，将网站重新生成。

（3）添加一张引用了 MasterPage. master 母版页的内容页 6-10. aspx，在该内容页的 Content控件区域中添加一个 TextBox 控件和两个 Button 控件，将 ID 分别命名为 txtcontent、btnSet 和 btnRead，页面的设计视图如图 6-21 所示。

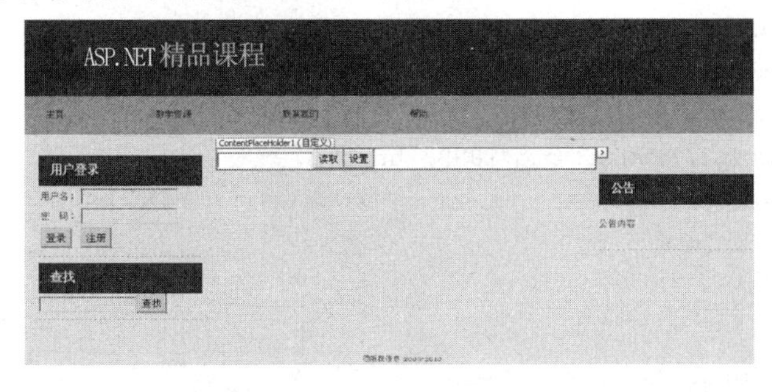

图6-21　页面的设计视图

（4）切换到6-10. aspx 的源视图，在页面顶部的@ Page 指令下面，添加如下@ MasterType 指令。

```
<%@ MasterType VirtualPath = " ~/MasterPage.master"%>
```

该指令的 VirtualPath 属性指向母版页的位置，使内容页的 Master 属性与 MasterPage.master母版页绑定。

（5）为6-10. aspx 页面的“读取”和“设置”按钮添加 Click 事件，后台代码如下。

```
protected void btnRead_Click(object sender,EventArgs e)//“读取”按钮的事件
{
    //读取母版页中 UserName 的属性,并显示在内容页的文本框中
    txtContent. Text = Master. UserName;
}
protected void btnSet_Click(object sender,EventArgs e)//“设置”按钮的事件
{
    //将内容页中文本框的输入设置到母版页的 UserName 属性中
    Master. UserName = txtContent. Text;
}
```

（6）运行6-10. aspx 页面，查看运行效果。

调用母版页中的方法与访问属性相类似，这里不做赘述。如果希望直接访问母版页中某个控件，可通过调用 Master 对象的 FindControl 方法来实现，调用时需提供要访问控件的 ID 属性作为 FindControl 方法的输入参数。

6. 3. 6　母版页的嵌套

有时一个母版页需要引用另一个页作为其母版页，这可以采用母版页的嵌套技术实现。例如，大型 Web 站点可能包含一个用于定义站点外观的总体母版页。然后，不同的站点内容合作伙伴又可以定义各自的子母版页，这些子母版页引用站点总体母版页，并相应定义该合作伙伴的内容的外观。

Visual Studio 支持母版页嵌套的可视化开发，这使得开发嵌套的母版页更为方便。下面的例子演示了一个简单的嵌套母版页的配置。

【例6-11】 嵌套母版页示例程序。

（1）在 MasterDemo 网站中，添加一张名为6-11-father. master 的母版页，作为父母版页，代码如下：

```
<%@ Master Language = "C#" AutoEventWireup = "true" CodeFile = "6-11-father. master. cs"
Inherits = "_6_11_father"%>
<! DOCTYPE html PUBLIC "-//W3C//DTD XHTML 1. 0 Transitional//EN"
"http://www. w3. org/TR/xhtml1/DTD/xhtml1-transitional. dtd" >
<html xmlns = "http://www. w3. org/1999/xhtml" >
<head runat = "server" >
    <title > </title >
</head >
<body >
    <form id = "Form1" runat = "server" >
```

```
        <div>
            <h1>父母版页</h1>
            <p style="font:color=red">父母版页的内容控件</p>
            <asp:ContentPlaceHolder ID="MainContent" runat="server"/>
        </div>
    </form>
</body>
</html>
```

（2）添加名为 6-11-child. master 的母版页作为网站的子母版页，该子母版页引用了父母版页6-11-father. master，代码如下：

```
<%@ Master Language="C#" MasterPageFile="~/6-11-father.master"
AutoEventWireup="true" CodeFile="6-11-child.master.cs" Inherits="_6_11_child"%>
<asp:Content ID="Content1" ContentPlaceHolderID="MainContent" runat="server">
    <asp:Panel runat="server" ID="panelMain" BackColor="lightyellow">
        <h2>子母版页</h2>
        <asp:Panel runat="server" ID="panel1" BackColor="lightblue">
            <p>子母版页的内容控件</p>
            <asp:ContentPlaceHolder ID="ChildContent" runat="server"/>
        </asp:Panel>
    </asp:Panel>
</asp:Content>
```

（3）添加一张名为 6-11. aspx 内容页，该内容页引用了子母版页 6-11-child. master，代码如下：

```
<%@ Page Title="" Language="C#" MasterPageFile="~/6-11-child.master"
AutoEventWireup="true" CodeFile="6-11.aspx.cs" Inherits="_6_11"%>
<asp:Content ID="Content1" ContentPlaceHolderID="ChildContent" Runat="Server">
    <asp:Label runat="server" id="Label1" text="欢迎光临!" font-bold="true"/>
</asp:Content>
```

（4）运行 6-11. aspx 该页面，效果如图 6-22 所示，会发现页面实现了母版页的嵌套。

图6-22　页面运行效果

6.4　小　　结

本章主要介绍了 ASP. NET 中的页面外观与布局技术。首先阐述了 CSS 样式，以及如何在ASP. NET页面中应用CSS。注意，CSS在AJAX中也是非常有用的一个技术，关于AJAX技术将在第12章中介绍。接下来讨论了ASP. NET中的主题，以及利用主题为页面提供一致外观的方法。最后介绍了母版页的创建与使用方法，以及母版页的嵌套技术。

实训6　页面外观设计与布局

1. 实训目的

熟悉DIV和CSS布局方法；掌握CSS样式、主题和母版页的创建和使用。

2. 实训内容和要求

（1）新建一个名为Practice6的网站。

（2）设计一张母版页MasterPage. master，效果如图6-23所示。要求：母版页的外观设置均采用链接式样式方法实现。

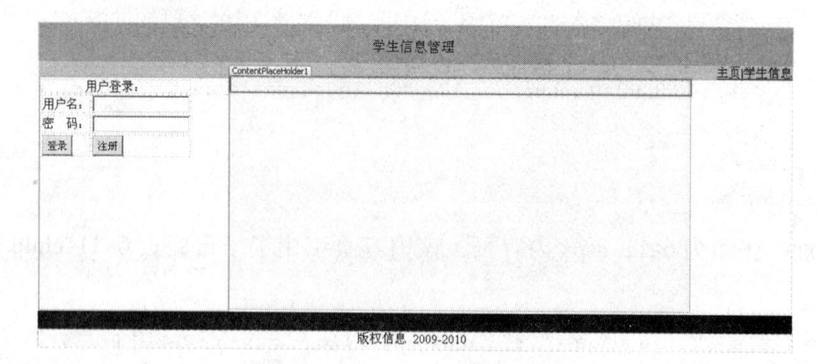

图6-23　母版页外观

（3）设计两张基于该母版页的内容页Default. aspx和StuInfo. aspx，内容页运行效果如图6-24和图6-25所示。

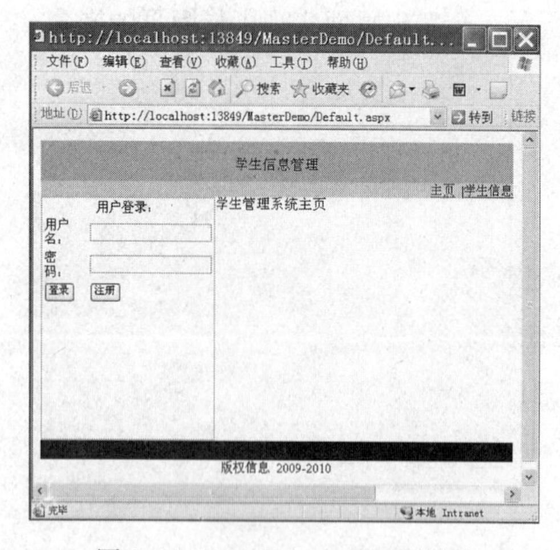

图6-24　Default. aspx的运行效果

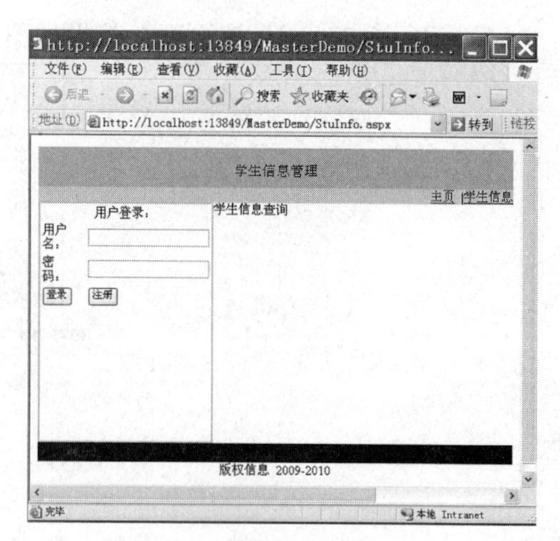

图6-25　StuInfo. aspx的运行效果

习　　题

一、单选题

1. 下面说法错误的是（　　）。
   A. CSS 样式表可以将内容和外观分离
   B. CSS 样式表可以控制页面的布局
   C. CSS 样式表可以使许多网页同时更新
   D. CSS 样式表不能制作体积更小、下载更快的网页
2. CSS 样式表不可能实现（　　）功能。
   A. 将内容和外观分离　　B. 一个 CSS 文件控制多个网页
   C. 控制图片的精确位置　　D. 兼容所有的浏览器
3. 下面不属于 CSS 插入形式的是（　　）。
   A. 索引式　　B. 内联式　　C. 嵌入式　　D. 链接式
4. 若要在网页中插入样式表 main. css，以下用法中，正确的是（　　）。
   A. `<link href="main.css" type="text/css" rel="stylesheet">`
   B. `<link src="main.css" type="text/css" rel="stylesheet">`
   C. `<link href="main.css" type="text/css">`
   D. `<include href="main.css" type="text/css" rel="stylesheet">`
5. 若要在当前网页中定义一个独立类的样式 myText，使具有该类样式的正文字体为"Arial"，字体大小为 9 pt，行间距为 13. 5 pt，以下定义方法中，正确的是（　　）。
   A. `<style>.myText{font-family:Arial;font-size:9pt;line-height:13.5pt}</style>`
   B. `<style>#myText{font-family:Arial;font-size:9pt;line-height:13.5pt}</style>`
   C. `<style>.myText{fontname:Arial;font-size:9pt;line-height:13.5pt}</style>`
   D. `<style>#myText{fontname:Arial;font-size:9pt;line-height:13.5pt}</style>`
6. 需要动态地改变内容页的母版页，应该在页面的（　　）事件方法中进行设置。
   A. Page_Load　　B. Page_Render　　C. Page_PreRender　　D. Page_PreInit
7. 创建一个 Web 页面，同时也有一个名为"master. master"的母版页，要让 Web 窗体使用 master. master 母版页，应该（　　）。
   A. 加入 ContentPlaceHolder 控件
   B. 加入 Content 控件
   C. 加入 MasterPageFile 属性到"@Page"指令中，并指向 master. master，将窗体中 <form> </form>之间的内容放置在 <asp:ContentPlaceHolder>… </ContentPlaceHolder>内
   D. 在 Web 页面的"@ Page"指令中设置 MasterPageFile 属性为 master. master，然后将窗体中 <form> </form>之间的内容放置在 <asp:Content>… </asp:Content>内
8. 在一个页面中，通过编写代码来动态地应用主题，应该使用以下（　　）事件方法。
   A. Page_Load　　B. Page_Render
   C. Page_PreRender　　D. Page_PreInit

9. 下列（　　）是有效的 . Skin 文件。

A. <asp:Label ID = "Label1" BackColor = "lightgreen" ForeColor = "black"/ >

B. <asp:Label BackColor = "lightgreen" ForeColor = "black"/ >

C. <asp:Label ID = "Label1" runat = "server" BackColor = "lightgreen" ForeColor = "black"/ >

D. <asp:Label runat = "server" BackColor = "lightgreen" ForeColor = "black"/ >

二、填空题

1. 在 ASP. NET 页面中使用 CSS 的三种方法分别是________、________、________。
2. 主题中通常有两种类型的文件，分别是________、________。
3. 母版页是具有扩展名________的 ASP. NET 文件，是可以包括静态文本、HTML 元素和服务器控件的预定义布局。母版页由特殊________指令识别，该指令替换了用于普通 . aspx 页的@ Page 指令。

三、问答题

1. 简述 CSS 样式中，样式选择符可以有几种类型。
2. CSS 的主要功能是什么？
3. 简述主题中可以包含哪几类文件。
4. 简述母版页和内容页之间的关系。
5. 简述母版页的工作过程。

第7章　站点导航技术

对于一个大型的企业级网站，不可能在一个网页中完成整个网站的所有功能，通常会按照不同的功能将其划分成各自相对独立的模块进行处理，所以一个网站通常由很多网页组成。这样就需要在不同的网页间进行切换，还可能用到网页间的数据传递或数据共享。同时，为了让访问网站的用户顺利地找到自己需要访问的网页，节省查找时间，ASP. NET 提供了内置的站点导航技术。使用站点导航，用户可以在不同网页间自由来回浏览，可以随时查看到自己访问的网页所处的位置及各网页间的关系。

本章着重介绍 ASP. NET 的站点导航技术，包括站点地图的创建及常用站点导航控件的使用。

7.1　ASP. NET 站点导航概述

随着站点内容的增加及用户在站点内来回切换网页，管理所有的链接可能会变得比较困难。ASP. NET 站点导航能够将指向所有页面的链接存储在一个文件中，并用一个特定的 Web 服务器控件在页面上呈现导航菜单。

ASP. NET 站点导航提供下列组件，用于为站点创建一致的、容易管理的站点导航方案。

1. 站点地图

可以使用 XML 文件描述站点的层次结构，但也可以使用其他方法，如数据库。当需要修改网页上的导航方案时，只需要修改站点地图文件，而不是修改所有页面的超链接。

2. 站点地图提供程序

默认的 ASP. NET 站点地图提供程序会自动加载存放站点地图数据的 XML 文档，并在应用程序启动时将其作为静态数据进行缓存。超大型站点地图文件在加载时可能要占用大量的内存和 CPU 资源。ASP. NET 站点导航功能根据文件通知来使导航数据保持为最新。更改站点地图文件时，ASP. NET 会重新加载站点地图数据。也可以创建自定义站点地图提供程序，以便使用自己的站点地图后端（如存储链接信息的数据库），并将提供程序插入到 ASP. NET 站点导航系统。

3. ASP. NET 导航控件

创建一个反映站点结构的站点地图只完成了 ASP. NET 站点导航系统的一部分。导航系统的另一部分是在 ASP. NET 网页中显示导航结构，这样用户就可以在站点内轻松地移动。通过使用 SiteMapPath、TreeView、Menu 这三个站点导航控件，可以轻松地在页面中建立导航信息。

4. 站点导航 API

通过导航控件，只需编写极少的代码甚至不需要代码，就可以在页面中添加站点导航。除此之外，还可以通过编程的方式处理站点导航。当 Web 应用程序运行时，ASP. NET 公开一个反映站点地图结构的 SiteMap 对象。SiteMap 对象的所有成员均为静态成员。而 SiteMap 对象会公开 SiteMapNode 对象的集合，这些对象包含地图中每个节点的属性。

图 7-1 演示了 ASP. NET 各个站点导航组件之间的关系。

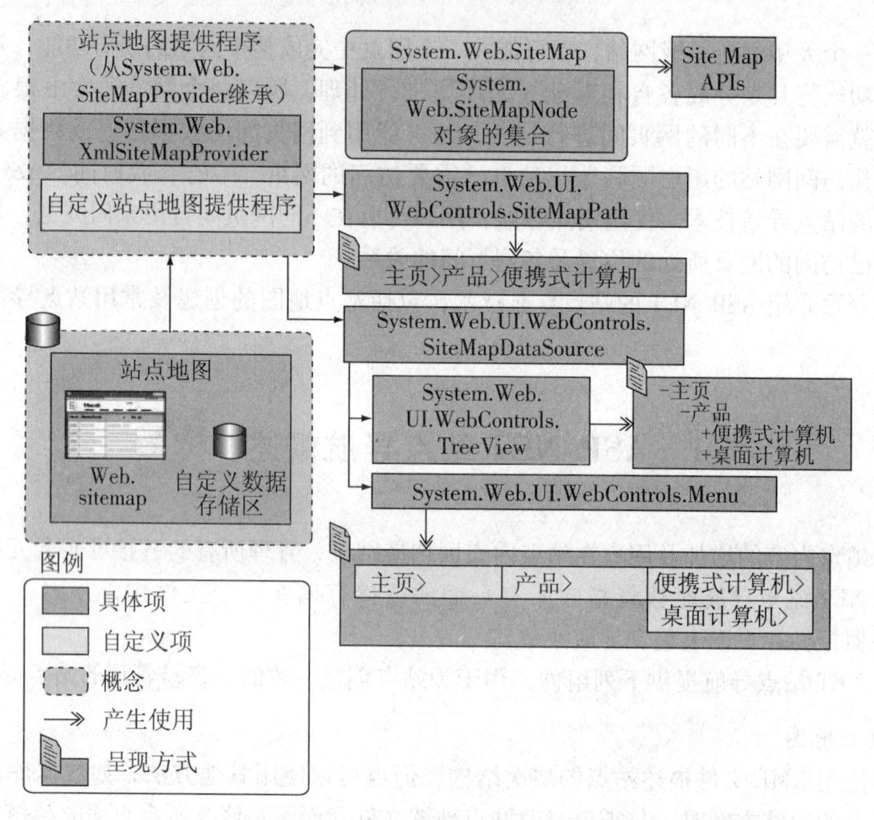

图 7-1　ASP. NET 站点导航组件关系图

7.2　站 点 地 图

站点地图，由其名称不难想象，其功能是用于定义站点结构的。在 ASP. NET 中，微软公司为了简化创建站点地图的工作，提供了一套用于导航的站点地图技术。通过 ASP. NET 站点导航，可以按层次结构描述站点的布局。假定一个企业网站共有 8 页，构建如图 7-2 所示的站点导航结构。

若要使用站点导航，先创建一个名为 Web. sitemap 的站点地图文件。该文件用 XML 描述站点的层次结构。

在详细讨论 Web. sitemap 文件前，先介绍一下 ASP. NET 站点地图的基本原理。

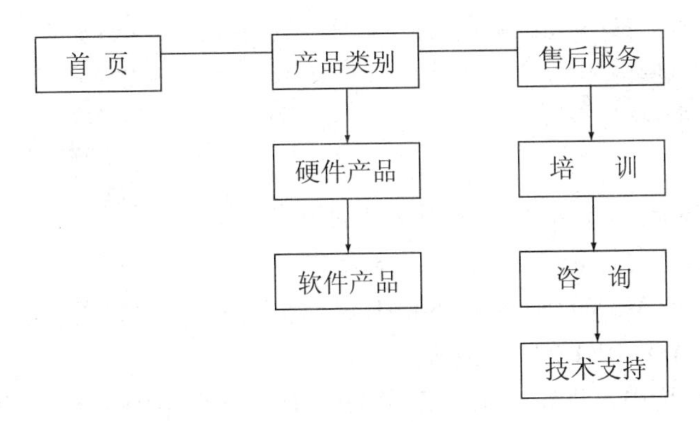

图 7-2　站点导航结构

ASP. NET 内置了一个称为站点地图提供程序的提供程序类，名为 XmlSiteMapProvider，该提供程序能够从 XML 文件中获取提供程序信息。XmlSiteMapProvider 将查找位于应用程序根目录中的 Web. sitemap 文件，然后提取该文件中的站点地图数据，并创建相应的 SiteMap 对象。SiteMapDataSource 将使用 SiteMap 对象向导航控件提供导航信息。

由上述可知，Web. sitemap 必须位于应用程序的根目录下，并且不能被更改为其他的名称。如果想要具有其他名称，或者想从其他的位置来获取站点地图数据，可以创建自定义的站点地图提供程序类。

【例 7-1】 演示如何创建一个站点地图文件。

（1）新建一个 ASP. NET 网站，命名为 SiteMapDemo。右击“解决方案资源管理器”窗口中的 SiteMapDemo 网站名称，在弹出的快捷菜单中选择“添加新项”菜单项，在弹出的“添加新项”对话框中选择“站点地图”，如图 7-3 所示。

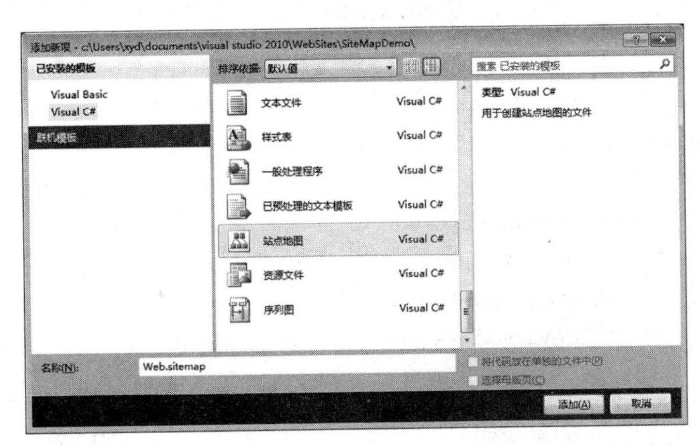

图 7-3　创建站点地图文件

（2）单击“添加”按钮。Visual Studio 自动为 Web. sitemap 文件提供了以下的代码框架。

```
<?xml version="1.0" encoding="utf-8" ?>
<siteMap xmlns="http://schemas.microsoft.com/AspNet/SiteMap-File-1.0" >
    <siteMapNode url="" title="" description="">
```

```
            <siteMapNode url = "" title = "" description = "" />
            <siteMapNode url = "" title = "" description = "" />
        </siteMapNode>
</siteMap>
```

下面分析一下 Web. sitemap 站点地图文件的组成。

每个 Web. sitemap 文件都由 <siteMap>元素开始，<siteMap>中的 xmlns = "http://schemas. microsoft. com/AspNet/SiteMap-File-1. 0" 命名空间是必需的，其用于告诉 ASP. NET 这个 XML 文件用于 ASP. NET 的站点导航。

在<siteMap>标记中，将每个页面定义为一个<siteMapNode>标记。因此，为了向站点地图中插入一个页面，需要添加一个<siteMapNode>标记，并为其指定以下三个主要的属性。

- title：关联到的节点的简短标题。
- description：对关联到的节点的描述。
- url：指定节点指向页面的链接。

注意 url 属性不是必需的，不指定 url 属性的节点可以看成是一个站点分类。每个<siteMapNode>能够包含任意数量的子节点。每个节点的 url 属性必须以"~/"字符序列开始，"~/"表示当前网站的根目录，虽然这不是强制性的要求，但是这样做有利于使节点能够导航到正确的页面。

从代码框架中可以发现，<siteMapNode>节点是可以嵌套的。嵌套的<siteMapNode>有利于站点地图的逻辑分组，比如，一些大中型网站通常会分为几个大组，如图 7-2 所示，分为产品分类和售后服务两组。

根据图 7-2 所示，创建一个简单的站点地图文件，代码如下。

```
<?xml version = "1.0" encoding = "utf-8" ?>
<siteMap xmlns = "http://schemas.microsoft.com/AspNet/SiteMap-File-1.0" >
    <siteMapNode title = "首页" description = "网站首页" url = "~/default.aspx" >
        <siteMapNode title = "产品分类" description = "企业经营的产品" >
            <siteMapNode title = "硬件产品" description = "包括主机、显示器等"
                url = "~/Products/Hardware.aspx" />
            <siteMapNode title = "软件产品" description = "包括各类系统软件"
                url = "~/Products/Software.aspx" />
        </siteMapNode>
        <siteMapNode title = "售后服务" description = "软硬件的售后服务" >
            <siteMapNode title = "培训" description = "软硬件的培训"
                url = "~/Service/Training.aspx" />
            <siteMapNode title = "咨询" description = "软硬件的咨询"
                url = "~/Service/Consulting.aspx" />
            <siteMapNode title = "技术支持" description = "软硬件的技术支持"
                url = "~/Service/Support.aspx" />
        </siteMapNode>
    </siteMapNode>
```

```
</siteMap>
```

为了后续章节演示方便，先创建一个母版页，然后创建 Products 和 Service 两个文件夹，并在这些文件夹下创建基于母版页的 Web 页面，“解决方案资源管理器”窗口如图7-4所示。

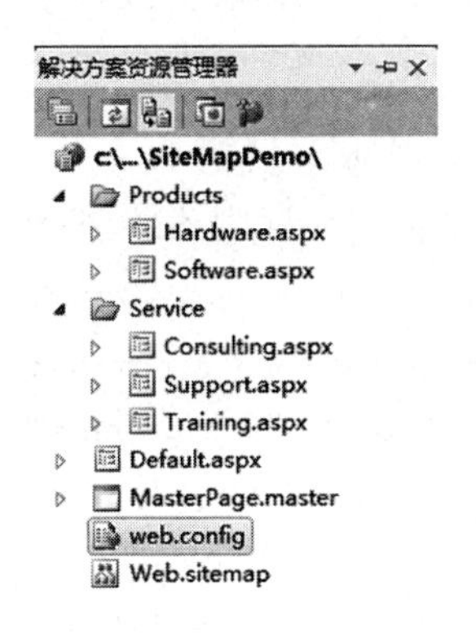

图7-4　示例程序的“解决方案资源管理器”窗口

7.3　配置多个站点地图

默认情况下，ASP. NET 站点导航使用一个名为 Web. sitemap 的站点地图文件来描述站点的层次结构。但是，有时可能要使用多个站点地图文件或站点地图提供程序来描述整个网站的导航结构。

下面介绍两种配置多个站点地图的方法：从父站点地图链接到子站点地图文件；在 web. config 文件中配置多个站点地图。

7.3.1　从父站点地图链接到子站点地图文件

对于具有多个子站点的大型站点，有时需要在父站点的导航结构中加入子站点的导航结构，对于每个子站点都有其独立的站点地图文件。这种情况，在父站点地图中需要显示子站点地图的位置创建一个 siteMapNode 节点，并将其属性 siteMapFile 指定到子站点的站点地图文件即可，代码如下：

```
<siteMapNode siteMapFile = "~/Service/Service.sitemap"/>
```

注意　ASP. NET 站点导航不允许访问应用程序目录结构之外的文件，如果站点地图包含引用另一站点地图文件的节点，而该文件又位于应用程序之外，则会发生异常。

【例7-2】演示如何从父站点地图链接到子站点地图文件。下面将例7-1的站点地图配置为多个站点地图，步骤如下。

（1）在 Products 文件夹下创建一个站点地图文件 Products. sitemap，代码如下。

```
<?xml version = "1.0" encoding = "utf-8" ?>
<siteMap xmlns = "http://schemas.microsoft.com/AspNet/SiteMap-File-1.0" >
```

```
    <siteMapNode title="产品分类" description="企业经营的产品">
        <siteMapNode title="硬件产品" description="包括主机、显示器等"
            url="~/Products/Hardware.aspx" />
        <siteMapNode title="软件产品" description="包括各类系统软件"
            url="~/Products/Software.aspx" />
    </siteMapNode>
</siteMap>
```

（2）在 Service 文件夹下创建一个站点地图文件 Service. sitemap，代码如下。

```
<?xml version="1.0" encoding="utf-8" ?>
<siteMap xmlns="http://schemas.microsoft.com/AspNet/SiteMap-File-1.0" >
    <siteMapNode title="售后服务" description="软硬件的售后服务">
        <siteMapNode title="培训" description="软硬件的培训"
            url="~/Service/Training.aspx" />
        <siteMapNode title="咨询" description="软硬件的咨询"
            url="~/Service/Consulting.aspx" />
        <siteMapNode title="技术支持" description="软硬件的技术支持"
            url="~/Service/Support.aspx" />
    </siteMapNode>
</siteMap>
```

（3）将根目录下的 Web. sitemap 站点地图文件中的代码改为：

```
<?xml version="1.0" encoding="utf-8" ?>
<siteMap xmlns="http://schemas.microsoft.com/AspNet/SiteMap-File-1.0" >
    <siteMapNode title="首页" description="网站首页" url="~/default.aspx">
        <siteMapNode siteMapFile="~/Products/Products.sitemap"/>
        <siteMapNode siteMapFile="~/Service/Service.sitemap"/>
    </siteMapNode>
</siteMap>
```

按照上面的步骤配置后，效果和例 7-1 相同。

7.3.2 在 web. config 文件中配置多个站点地图

如前面所述，将站点地图链接在一起可以从许多块地图生成一个站点地图结构。要配置多个站点地图，还可以在 web. config 文件中配置站点提供程序，添加对不同站点地图的引用。

【例 7-3】 演示在 web. config 文件中配置多个站点地图，步骤如下。

（1）按例 7-2 中的方法创建 Products 和 Service 目录下的站点地图文件 Products. sitemap 和 Service. sitemap。

（2）在根目录下的 web. config 文件中配置多个站点地图，web. config 文件中部分配置代码如下：

```
<system.web>
```

```
        <siteMap>
            <providers>
                <add name="ProductsSiteMap" type="System.Web.XmlSiteMapProvider"
                siteMapFile="~/Products/Products.sitemap"/>
                <add name="ServiceSiteMap" type="System.Web.XmlSiteMapProvider"
                siteMapFile="~/Service/Service.sitemap"/>
            </providers>
        </siteMap>
    </system.web>
```

（3）将根目录下的 Web. sitemap 文件中代码改为：

```
<?xml version="1.0" encoding="utf-8" ?>
<siteMap xmlns="http://schemas.microsoft.com/AspNet/SiteMap-File-1.0" >
    <siteMapNode title="首页" description="网站首页" url="~/default.aspx">
        <siteMapNode provider="ProductsSiteMap"/>
        <siteMapNode provider="ServiceSiteMap"/>
    </siteMapNode>
</siteMap>
```

按照上面的步骤配置后，效果和例 7-1 相同。

在上面的配置文件中，可以看到使用 ASP. NET 的默认站点地图提供程序（XmlSiteMap-Provider），但有时可能需要开发适合特定需要的站点地图提供程序。例如，站点地图不是存放在 XML 文件，而是存放在 TXT 文件或其他介质（如关系型数据库），那么就需要开发自定义的站点地图提供程序，实现从 TXT 文件或其他介质中获取站点导航结构，关于自定义站点提供程序可参考 MSDN，这里不做详细介绍。

7.4　SiteMapPath 控件

前两节中分别介绍了两种不同的定义站点地图文件的方法，下面将介绍如何使用 SiteMapPath 控件来显示站点的导航路径。该控件根据 Web. sitemap 定义的数据自动显示当前页面的位置，并以链接的形式显示返回主页的路径。

必须注意的是，只有在站点地图中列出的页面，才能在 SiteMapPath 控件中显示导航信息。如果将 SiteMapPath 控件放置在站点地图中未列出的页面上，该控件将不会向客户端显示任何信息。

【例 7-4】 演示 SiteMapPath 的使用，步骤如下。

（1）在 SiteMapDemo 网站中，打开 MasterPage. master 母版页，从工具箱的导航栏中拖一个 SiteMapPath 控件到母版页的设计视图中，源视图控件声明代码如下：

```
<asp:SiteMapPath ID="SiteMapPath1" runat="server"></asp:SiteMapPath>
```

（2）运行 Software. aspx 页面，可以看到 SiteMapPath 根据 Web. sitemap 中定义的站点地

图自动显示站点导航路径，如图 7-5 所示。

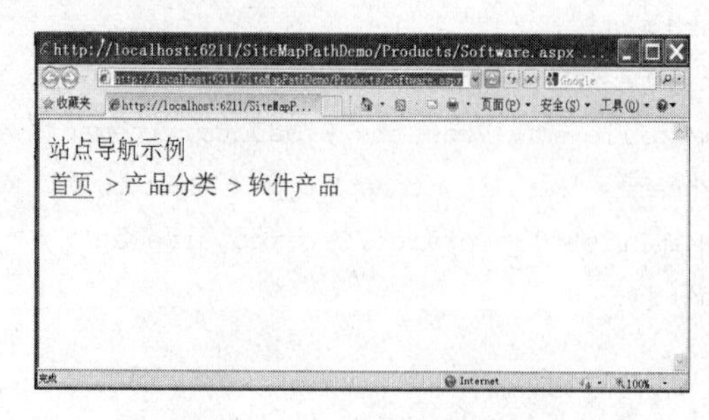

图 7-5　SiteMapPath 示例

本示例将 SiteMapPath 控件添加到母版页，这样所有的子页面只要应用了母版页，就都具有导航效果。SiteMapPath 控件能够访问 Web. sitemap 文件是因为它直接工作在 ASP. NET 的导航模型之上。表 7-1 列出了 SiteMapPath 的一些重要属性。

表 7-1　SiteMapPath 的重要属性

属　性	说　　明
ParentLevelsDisplayed	要显示的父节点的数目，默认为 -1，表示显示所有父节点
PathDirection	要呈现的路径方向，可选值有：RootToCurrent，这是默认值，表示从根级显示到当前级；CurrentToRoot，表示从当前级显示到根级
PathSeparator	指定每个节点间的分隔字符串，默认为 >，可以指定任何字符
RenderCurrentNodeAsLink	当前节点是否呈现为链接
ShowToolTips	是否显示工具提示
SiteMapProvider	允许为 SiteMapPath 控件指定其他站点地图提供程序的名称

使用这些属性，开发人员可以很轻松地控制 SiteMapPath 控件的显示方式。例如，在上例中，将 SiteMapPath 控件的属性设为如下：

```
<asp:SiteMapPath ID = "SiteMapPath1" runat = "server" PathDirection = "CurrentToRoot"
PathSeparator = " -> ;" RenderCurrentNodeAsLink = "True" >
</asp:SiteMapPath >
```

上述代码中将 PathDirection 设置为 CurrentToRoot，那么最开头的导航节点应该是当前节点,然后将 PathSeparator 改为“ - > ”符，并将当前节点显示为链接，运行效果如图 7-6 所示。

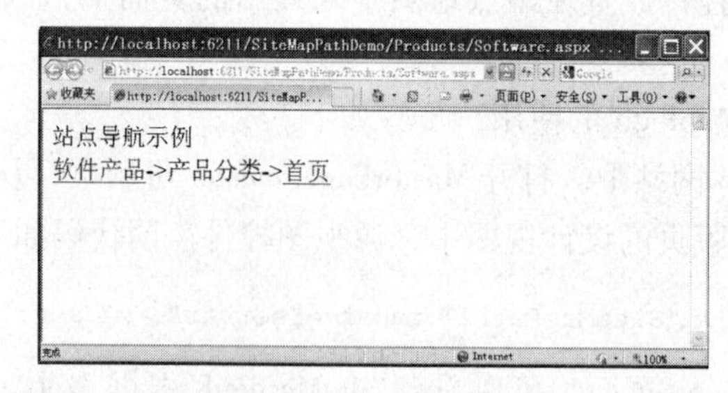

图 7-6　更改 SiteMapPath 控件的属性后的运行效果

SiteMapPath 控件提供了很多的样式控制选项，允许开发人员对其外观进行控制。另外，还提供了几种常用的格式套用。单击 SiteMapPath 控件右上角的小三角符号，弹出“SiteMapPath 任务”下拉菜单，如图 7-7 所示。选择“自动套用格式”菜单项，将出现如图 7-8 所示的“自动套用格式”对话框，在该对话框中可以选择四种常用的格式。

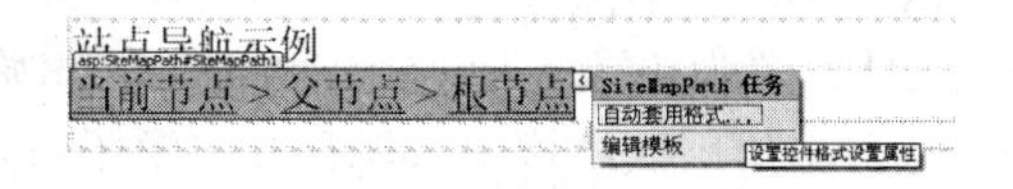

图 7-7　设置 SiteMapPath 控件的格式

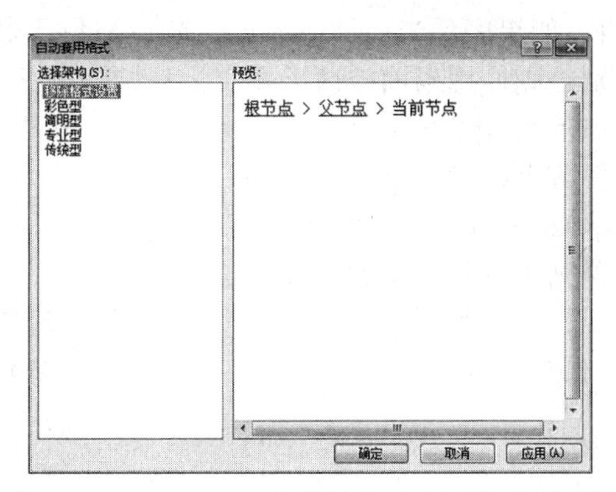

图 7-8　SiteMapPath 控件的自动套用格式对话框

7.5　SiteMapDataSource 控件

SiteMapDataSource 控件是站点地图数据的数据源控件，该控件能使那些并非专门作为站点导航控件的 Web 服务器控件（如 TreeView、Menu 和 DropDownList 控件）绑定到分层的站点地图数据，并使用这些 Web 服务器控件将站点地图显示为一个目录或导航栏。当然，也可以使用 SiteMapPath 控件，该控件被专门设计为一个站点导航控件，因此不需要 SiteMapDataSource 控件。

SiteMapDataSource 控件绑定到站点地图数据，并基于在站点地图层次结构中指定的起始节点显示其视图。默认情况下，起始节点是层次结构的根节点，但也可以是层次结构中的任何其他节点。起始节点由 SiteMapDataSource 的属性值来标识，如表 7-2 所示。

表 7-2　SiteMapDataSource 的属性与起始节点关系

属 性 值	起始节点
StartFromCurrentNode 为 false；未设置 StartingNodeUrl	层次结构的根节点（默认设置）
StartFromCurrentNode 为 true；未设置 StartingNodeUrl	当前正在查看的网页的节点
StartFromCurrentNode 为 false；已设置 StartingNodeUrl	层次结构的特定节点

如果 StartingNodeOffset 属性设置为非 0 的值，则它会影响起始节点。StartingNodeOffset

的值为一个负整数或正整数，该值标识从 StartFromCurrentNode 和 StartingNodeUrl 属性所标识的起始节点沿站点地图层次结构上移或下移的层级数。

如果 StartingNodeOffset 属性设置为负数 n，则由该数据源控件公开的子树的起始节点是所标识的起始节点上移 n 个级别的上级节点。如果 n 的值大于上移到根节点的层级数，则子树的起始节点是站点地图层次结构的根节点。

如果 StartingNodeOffset 属性设置为正数 n，则公开的子树的起始节点是位于所标识的起始节点下移 n 个级别的子节点。由于层次结构中可能存在多个子节点的分支，因此，如果可能，SiteMapDataSource 控件会尝试根据所标识起始节点与表示当前被请求页的节点之间的路径，直接解析子节点。如果表示当前被请求页的节点不在所标识起始节点的子树中，则忽略 StartingNodeOffset 属性的值。如果表示当前被请求页的节点与位于其上级所标识起始节点之间的层级差距小于 n 个级别，则使用当前被请求页作为起始节点。

下面的代码示例演示如何使用 SiteMapDataSource 控件将 TreeView 控件绑定到一个站点地图。该站点地图数据从根节点级别开始检索。

【例 7-5】 演示 SiteMapDataSource 控件的使用，步骤如下。

（1）在 SiteMapDemo 网站中，打开 MasterPage. master 母版页，分别从工具箱的数据栏和导航栏中拖一个 SiteMapDataSource 控件和一个 TreeView 控件到母版页的设计视图中，设置 TreeView 控件的 DataSourceID 为 SiteMapDataSource1。源视图控件声明代码如下：

```
< asp:SiteMapDataSource ID = "SiteMapDataSource1" runat = "server" / >
< br / >
< asp:TreeView ID = "TreeView1" runat = "server" DataSourceID = "SiteMapDataSource1" >
< /asp:TreeView >
```

（2）运行 Software. aspx 页面，运行效果如图 7-9 所示。

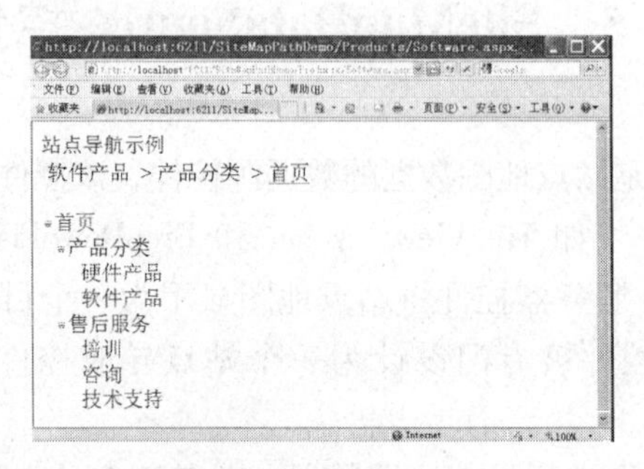

图 7-9　页面运行效果

（3）将 SiteMapDataSource1 的 StartingNodeUrl 属性设置为 ~/Products/Hardware. aspx，将 StartingNodeOffset 属性设置为 0，浏览 Hardware. aspx 页面，TreeView 控件的显示效果如图 7-10(a)所示。将 StartingNodeOffset 属性设置为 -1 后，浏览 Hardware. aspx 页面，TreeView 控件的显示效果如图 7-10(b)所示。

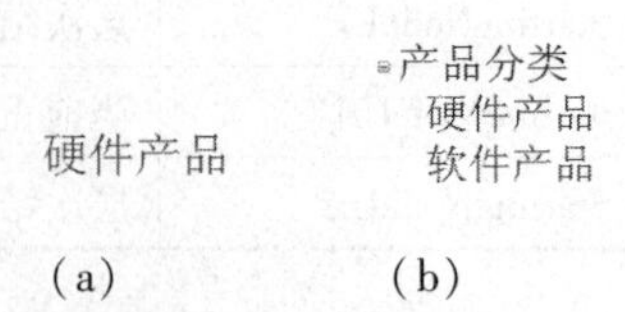

(a)　　(b)

图 7-10　SiteMapDataSource 控件的属性设置后的效果

7.6 Menu 控件

ASP. NET 提供了一系列拥有页面导航功能的控件，这些控件除 SiteMapPath 控件外，还包含在页面中显示菜单的 Menu 控件和显示树形层次结构的 TreeView 控件。使用 Menu 控件可以在网页上模拟 Windows 的菜单导航效果。本节主要介绍 Menu 控件的使用。

7.6.1 定义 Menu 菜单内容

定义菜单内容有三种方法：设计时手动添加菜单内容；以编程方式添加菜单内容；以绑定到数据源的方式来显示菜单内容。

1. 设计时手动添加菜单内容

【例 7-6】 在设计时手动添加菜单内容示例。

（1）在 SiteMapDemo 网站中，新建一个名为 StaticInsertMenuItem. aspx 的窗体文件，从工具箱的导航栏中将 Menu 控件拖放到该窗体上，Menu 控件的声明代码如下：

```
<asp:Menu ID = "Menu1" runat = "server" > </asp:Menu >
```

Visual Studio 将自动弹出“Menu 任务”下拉菜单，如图 7-11 所示。

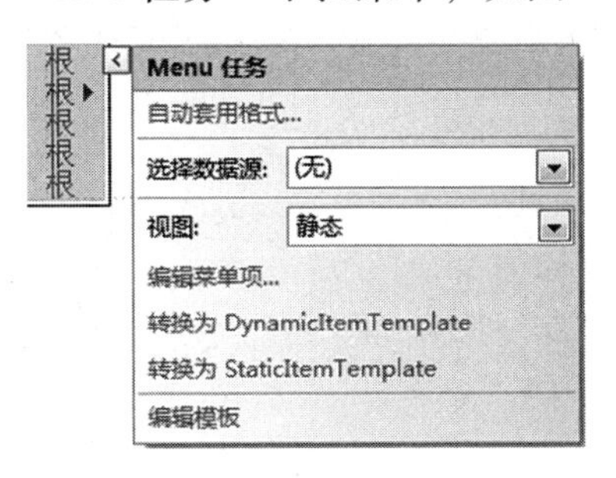

图 7-11 Menu 控件下拉菜单

（2）在图 7-11 所示的下拉菜单中，选择“编辑菜单项”，打开“菜单项编辑器”对话框，在该对话框中添加“主页”“产品分类”和“售后服务”三个菜单项，在“产品分类”菜单项下建立两个子项“硬件产品”和“软件产品”，在“售后服务”菜单项下添加三个子项“培训”“咨询”和“技术支持”，同时，为各菜单项设置 NavigateUrl 属性，如图 7-12 所示。

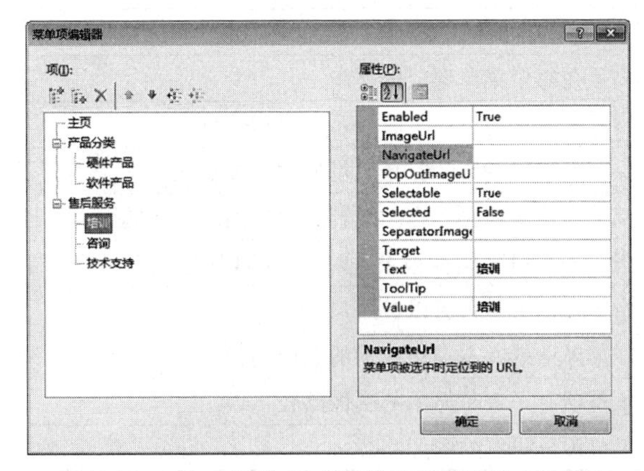

图 7-12 Menu 控件的“菜单项编辑器”对话框

通过在“菜单项编辑器”对话框中添加菜单项，Visual Studio 自动同步生成控件声明代码如下：

```
<asp:Menu ID = "Menu1" runat = "server" >
   <Items >
      <asp:MenuItem NavigateUrl = " ~/Default. aspx" Text = "主页" Value = "主页" >
         </asp:MenuItem >
      <asp:MenuItem Text = "产品分类" Value = "产品分类" >
         <asp:MenuItem NavigateUrl = " ~/Products/Hardware. aspx" Text = "硬件产品"
            Value = "硬件产品" >
         </asp:MenuItem >
         <asp:MenuItem NavigateUrl = " ~/Products/Software. aspx" Text = "软件产品"
            Value = "软件产品" >
         </asp:MenuItem >
      </asp:MenuItem >
      <asp:MenuItem Text = "售后服务" Value = "售后服务" >
         <asp:MenuItem NavigateUrl = " ~/Service/Training.aspx" Text = "培训" Value = "培训" >
         </asp:MenuItem >
         <asp:MenuItem NavigateUrl = " ~/Service/Consulting.aspx" Text = "咨询"
            Value = "咨询" >
         </asp:MenuItem >
         <asp:MenuItem NavigateUrl = " ~/Service/Support.aspx" Text = "技术支持"
            Value = "技术支持" >
         </asp:MenuItem >
      </asp:MenuItem >
   </Items >
</asp:Menu >
```

由声明代码可以看到，Menu 菜单控件用 <asp:Menu> 作为根元素，在其中包含一个 <Items> 集合，由多个嵌套的 <asp:MenuItem> 组成。由图 7-12 可以看出，每个 MenuItem 又有多个属性可供设置。表 7-3 列出了 MenuItem 的常用属性。

表 7-3　MenuItem 的常用属性

属　性	说　　明
Text	显示在每个菜单项上的文本
ToolTip	当鼠标悬停在菜单上时显示的提示信息
Value	保存菜单项的值，它是不可见的附加数据
NavigateUrl	当单击菜单项时，自动跳转到菜单项所链接的网页地址
Target	当 NavigateUrl 属性被设置时，Target 属性用于设置目标 URL 的打开框架或窗体
Selectable	指定菜单项是否可以被用户选择
ImageUrl	在菜单项的文本左边显示的图像路径
PopOutImageUrl	菜单项有子级时显示的图像路径
SepratorImageUrl	菜单项分隔符的图像路径

ASP. NET的Menu控件具有两种显示模式：静态显示模式和动态显示模式。静态显示意味着Menu控件始终是完全展开的。整个结构都是可视的，用户可以单击任何部位。动态显示是指只有用户将鼠标指针放置在父节点上时才会显示其子菜单项。Menu菜单有两个非常重要的属性，用于控制菜单的静态显示和动态显示，介绍如下。

◆ StaticDisplayLevels属性。该属性用于控制静态显示的菜单的层次，默认值为1，表示只显示<asp:MenuItem>中第1层嵌套的节点。如果将StaticDisplayLevels设置为3，菜单将以静态显示的方式展开其前三层。静态显示的最小层数为1，如果将该值设置为0或负数，该控件将会引发异常。

◆ MaximumDynamicDisplayLevels属性。该属性用于控制动态显示的节点层次数，默认值是3，表示能动态地弹出三个层次的菜单。如果设置为0，则不会动态显示任何菜单节点。如果菜单有三个静态层和两个动态层，则菜单的前三层静态显示，后两层动态显示。如果将MaximumDynamicDisplayLevels设置为负数，则会引发异常。

Menu控件还有一个Orientation属性，用于控制菜单的显示方向，可选值有Horizontal和Vertical，图7-13和图7-14分别表示垂直和水平方向显示菜单项的效果。

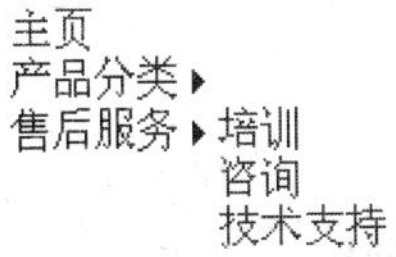

主页
产品分类 ▸
售后服务 ▸ 培训
咨询
技术支持

图7-13　Orientation属性为Vertical效果

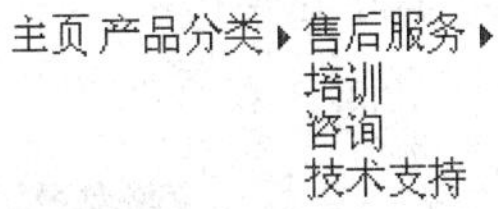

主页 产品分类 ▸ 售后服务 ▸
培训
咨询
技术支持

图7-14　Orientation属性为Horizontal效果

2. *以编程方式添加菜单内容*

Menu控件提供了一个Items的集合属性，这是一个MenuItemCollection集合类型的属性，可以向该属性添加菜单项来实现动态添加菜单项的效果。使用动态编程的方式可以从数据库、文件等多种途径导入菜单项数据，一个最常用的场合就是根据用户权限动态产生菜单项，这在大型应用系统开发中经常被用到。下面将演示如何以编程的方式动态添加例7-6中手工创建的菜单项。

【例7-7】以编程方式动态添加菜单内容示例。

步骤如下。

(1) 在SiteMapDemo网站中，新建一个名为DynamicInsertMenuItem. aspx的Web窗体，在该窗体中放置一个Menu控件，并将Menu控件的Orientation属性设置为Horizontal。

(2) 在后台代码页的Page_Load事件中添加以下代码。

```
protected void Page_Load(object sender, EventArgs e)
{
    MenuItem homeItem = new MenuItem();
    homeItem.Text = "首页";
    homeItem.ToolTip = "网站的首页";
    homeItem.NavigateUrl = "~/Default.aspx";
    Menu1.Items.Add(homeItem);
    MenuItem productItem = new MenuItem("产品分类");
    Menu1.Items.Add(productItem);
```

```
        productItem.ChildItems.Add(new MenuItem("硬件产品", "", null," ~ /Products/Hardw-
are.aspx"));
        productItem.ChildItems.Add(new MenuItem("软件产品", "", null," ~ /Products/Soft-
ware.aspx"));
        MenuItem serviceItem = new MenuItem("售后服务");
        Menu1.Items.Add(serviceItem);
        serviceItem.ChildItems.Add(new MenuItem("培训", "", null, " ~ Service/Training.
aspx"));
        serviceItem.ChildItems.Add(new MenuItem("咨询", "", null, " ~ Service/Consulting.
aspx"));
        serviceItem.ChildItems.Add(new MenuItem("技术支持", "", null, " ~ Service/Support.
aspx"));
    }
```

从上述代码中可以看出，Menu 控件有一个 MenuItemCollection 类型的 Items 集合属性，每个 MenuItem 又具有一个 MenuItemCollection 类型的 ChildItems 集合属性。使用这两个属性就可以将菜单项关联起来形成一个菜单列表。

（3）运行该页面，效果如图 7-15 所示。

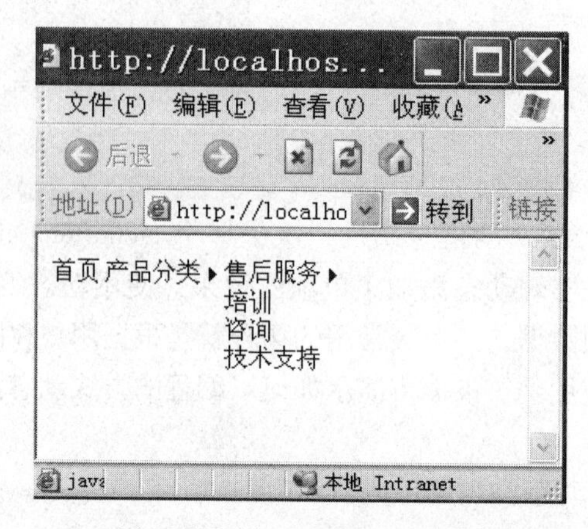

图 7-15　例 7-7 页面运行效果

3. *以绑定到数据源的方式来显示菜单内容*

对于一些小型站点或个人站点，可以通过手工方式添加导航菜单的内容，但对于一些企业级的站点，这种方式很不利于后期维护，因此通常是将菜单内容集中存储，如站点地图或 XML 文件等，然后通过使用数据源控件和 Menu 控件关联来展示站点的导航层次结构。

【例 7-8】 将 Menu 控件绑定站点地图示例。

在 SiteMapDemo 网站中，新建一个名为 MenuSiteMap.aspx 的 Web 窗体，从工具箱的导航栏中将 Menu 控件拖放到该窗体上，再从工具箱的数据栏中将 SiteMapDataSource 控件拖放到该窗体上。然后设置 Menu 的 DataSourceID 属性为 SiteMapDataSource1，如图 7-16 所示。设置 Menu 控件的 Orientation 属性为 Horizontal。

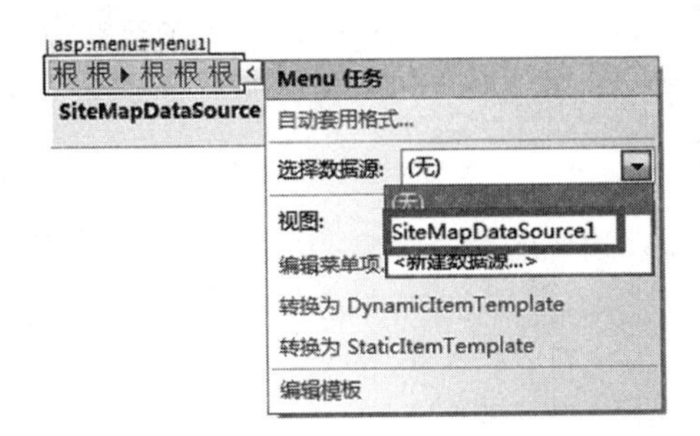

图 7-16　设置 Menu 控件的数据源

源视图控件声明代码如下：

```
<asp:Menu ID="Menu1" runat="server" DataSourceID="SiteMapDataSource1"
  Orientation="Horizontal">
</asp:Menu>
<asp:SiteMapDataSource ID="SiteMapDataSource1" runat="server" />
```

SiteMapDataSource 控件是站点地图数据的数据源控件，Menu 控件使用该控件绑定到分层的站点地图数据。浏览该页面将发现菜单只显示了一级，如图 7-17 所示，因为 StaticDisplayLevels 属性值为 1，当鼠标移动到相应菜单项时，将会看到其下级子菜单。

首页 ▸

图 7-17　只显示一级的站点导航菜单

将 StaticDisplayLevels 设置为 2，浏览该页面，效果如图 7-18 所示。

首页　产品分类 ▸　售后服务 ▸

图 7-18　StaticDisplayLevels 设置为 2 时的导航菜单

Menu 控件除了与站点地图绑定外，还可以与 XML 文件进行轻松的绑定，只需将 Menu 控件的 DataSourceID 属性指定为 XmlDataSource 控件即可。

【例 7-9】 将 Menu 控件绑定到一个 XML 文件的示例。

（1）在 SiteMapDemo 网站中，新建一个名为 Books. xml 的 XML 文件，并在该文件中添加以下代码。

```
<?xml version="1.0" encoding="utf-8" ?>
<Books title="ASP.NET 案例书籍">
  <Book title="ASP.NET 案例教程">
    <Chapter title="第 1 章 Web 应用基础及案例介绍">
      <Section title="1.1Web 应用概述" />
      <Section title="1.2Web 应用的相关技术" />
    </Chapter>
    <Chapter title="第 2 章 Visual Studio2010 集成开发环境简介">
```

```
            <Section title="2.1Visual Studio2010 的安装" />
            <Section title="2.2 开发中常用的窗口" />
        </Chapter>
    </Book>
    <Book Title="ASP.NET 网络开发技术">
        <Chapter title="第 1 章 ASP.NET 网络开发技术">
            <Section title="1.1ASP.NET 概述" />
            <Section title="1.2ASP.NET 动态网页" />
        </Chapter>
        <Chapter title="第 2 章 类、对象、命名空间">
            <Section title="2.1 类和对象" />
            <Section title="2.2 类的成员" />
        </Chapter>
    </Book>
</Books>
```

（2）新建一个名为 MenuXmlFile.aspx 的窗体文件，在该窗体中添加一个 Menu 控件和一个 XmlDataSource 控件，将 Menu 控件的 Orientation 属性设置为 Horizontal，水平显示菜单；将 StaticDisplayLevels 属性设置为 2。设置 Menu 控件的 DataSourceID 属性为 XmlDataSource1 控件。单击 XmlDataSource 的 DataFile 属性的[...]按钮，将弹出“选择 XML 文件”对话框，如图 7-19 所示。在该对话框中选择刚添加的 Books.xml 文件。

单击 Menu 控件右上角的三角符号，如图 7-20 所示，在弹出的“Menu 任务”菜单中选择“编辑 MenuItem Databindings...”菜单项，将弹出如图 7-21 所示的“菜单 DataBindings 编辑器”对话框。

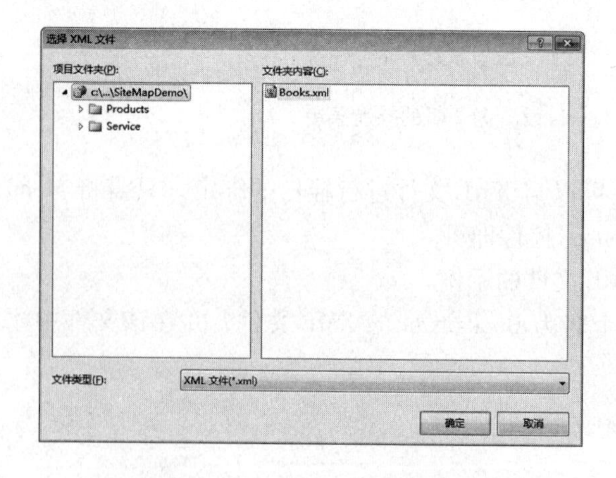

图 7-19 “选择 XML 文件”对话框

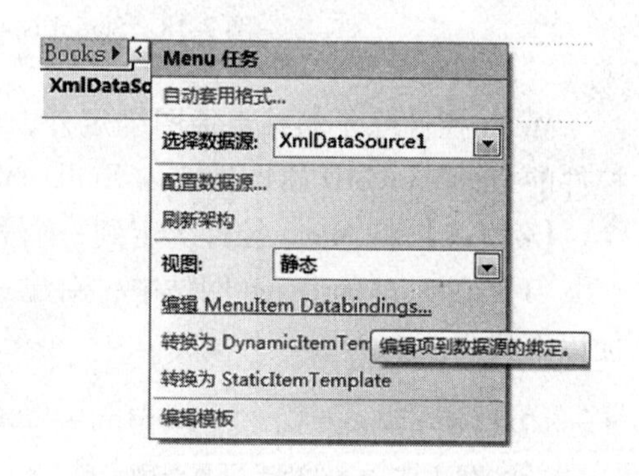

图 7-20 “Menu 任务”菜单

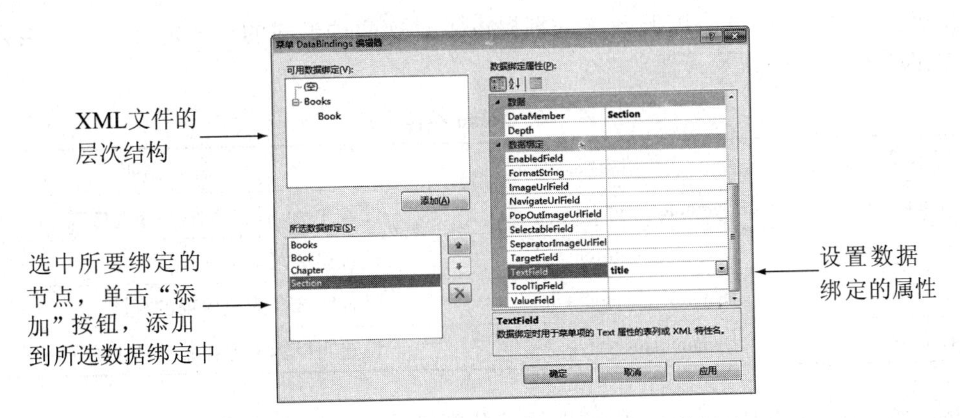

图 7-21　“菜单 DataBindings 编辑器”对话框

在“菜单 DataBindings 编辑器”对话框中显示了 XML 文件的层次结构，选择所要编辑数据绑定的节点，在右侧的“数据绑定属性”列表中设置其绑定属性，本示例中将 4 个层次的节点的 TextField 属性都设置为 title，最终生成的控件声明代码如下所示。

```
<form id="form1" runat="server">
    <div>
        <asp:Menu ID="Menu1" runat="server" DataSourceID="XmlDataSource1"
            Orientation="Horizontal">
            <DataBindings>
                <asp:MenuItemBinding DataMember="Books" TextField="title" />
                <asp:MenuItemBinding DataMember="Book" TextField="title" />
                <asp:MenuItemBinding DataMember="Chapter" TextField="title" />
                <asp:MenuItemBinding DataMember="Section" TextField="title" />
            </DataBindings>
        </asp:Menu>
        <asp:XmlDataSource ID="XmlDataSource1" runat="server"
DataFile="~/Books.xml">
        </asp:XmlDataSource>
    </div>
</form>
```

（3）运行该窗体，将看到 XML 文件的内容已经绑定到了 Menu 控件中，如图 7-22 所示。

ASP.NET案例书籍 ASP.NET案例教程 ▸ ASP.NET网络开发技术 ▸
第1章Web应用基础及案例介绍 ▸
第2章Visual Studio 2010集成开发环境简介 ▸ 2.1Visual Studio 2010的安装
2.2开发中常用的窗口

图 7-22　Menu 控件与 XML 文件的绑定示例结果

7.6.2　Menu 控件样式

Menu 控件与 SiteMapPath 控件类似，提供了大量的外观控制属性。由于 Menu 控件具有静态和动态两种菜单模式，因此系统分别提供了对这两种模式的样式定义，表 7-4 列出了 Menu 控件中的一些样式及其含义。

表 7-4　Menu 控件样式

静态模式样式	动态模式样式	样式说明
StaticMenuStyle	DynamicMenuStyle	设置 Menu 控件的整个外观样式
StaticMenuItemStyle	DynamicMenuItemStyle	设置单个菜单项的样式
StaitcSelectedStyle	DynamicSelectedStyle	设置所选择的菜单项的样式
StaticHoverStyle	DynamicHoverStyle	设置当鼠标悬停在菜单项上时的样式

StaticMenuStyle 和 DynamicMenuStyle 属性分别影响整组静态或动态菜单项。例如，如果使用 StaticMenuStyle 属性指定一个边框，则整个静态区域将会有一个边框。

StaticMenuItemStyle 和 DynamicMenuItemStyle 属性影响单个菜单项。例如，如果使用 DynamicMenuItemStyle 属性指定一个边框，则每个动态菜单项都有它自己的边框。

StaitcSelectedStyle 和 DynamicSelectedStyle 仅影响所选的菜单项。StaticHoverStyle 和 DynamicHoverStyle影响鼠标悬停在菜单项上时的样式。

另外，Visual Studio 为 Menu 控件提供了很多预定义的格式，单击 Menu 控件右上角的三角符号，在弹出的任务菜单中选择“自动套用格式”，将弹出如图 7-23 所示的“自动套用格式”对话框，可以在该对话框中选择一种样式。

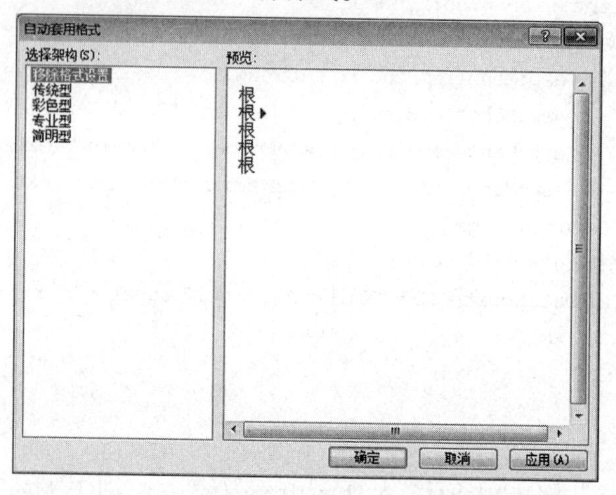

图 7-23　Menu 控件的“自动套用格式”对话框

7.7　TreeView 控件

ASP. NET 提供了另一个重要的导航控件 TreeView 控件。TreeView 控件的应用相当普及，它以树形结构显示分层数据，如 Windows 的资源管理器左侧的文件目录就是一个相当经典的 TreeView 控件的应用例子，如图 7-24 所示。

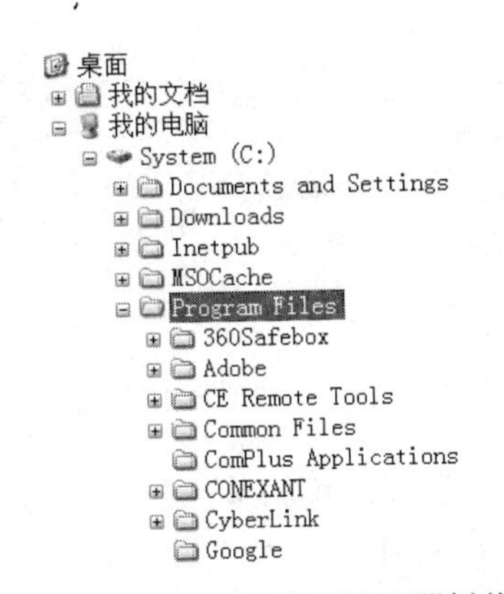

图 7-24　Windows 资源管理器树状视图

本节将详细讨论如何使用 TreeView 控件开发 ASP. NET 应用程序的导航功能。

7.7.1　定义 TreeView 节点内容

TreeView 控件由一个或多个节点构成，树形结构中的每一项都称为“节点”。表 7-5 列出了三种不同的节点类型。

表 7-5　TreeView 控件的节点类型

节点类型	说　　明
根节点	没有父节点，但具有一个或多个子节点的节点
父节点	具有一个父节点，且有一个或多个子节点的节点
叶节点	没有子节点的节点

尽管一个典型的树形结构只有一个根节点，但 TreeView 控件允许向树形结构中添加多个根节点。如果希望在显示项列表的同时不显示单个根节点（例如在产品分类表中），此功能将十分有用。

下面详细介绍定义 TreeView 控件节点内容的三种方法：设计时手动添加节点内容；以编程方式添加节点内容；以绑定到数据源的方式来显示节点内容。

1. 设计时手动添加节点内容

【例 7-10】 在设计时添加 TreeView 控件的节点内容示例。

步骤如下。

(1) 在 SiteMapDemo 网站中，新建一个名为 StaticInsertTreeNode. aspx 的窗体文件，从工具箱的导航栏中将 TreeView 控件拖放到该窗体上，TreeView 控件的声明代码如下。

```
<asp:TreeView ID="TreeView1" runat="server"> </asp:TreeView>
```

Visual Studio 将自动弹出“TreeView 任务”菜单，如图 7-25 所示。

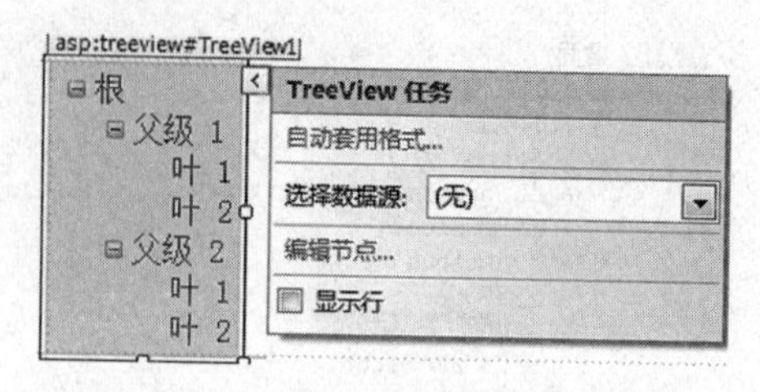

图 7-25　TreeView 控件的任务菜单

（2）在图 7-25 的任务菜单中，选择“编辑节点”后打开“TreeView 节点编辑器”对话框，在该对话框中添加“主页”“产品分类”和“售后服务”三个根节点，在“产品分类”节点下建立两个子节点“硬件产品”和“软件产品”，在“售后服务”节点下添加三个子节点“培训”“咨询”和“技术支持”，同时为各节点设置 NavigateUrl 属性，如图 7-26 所示。

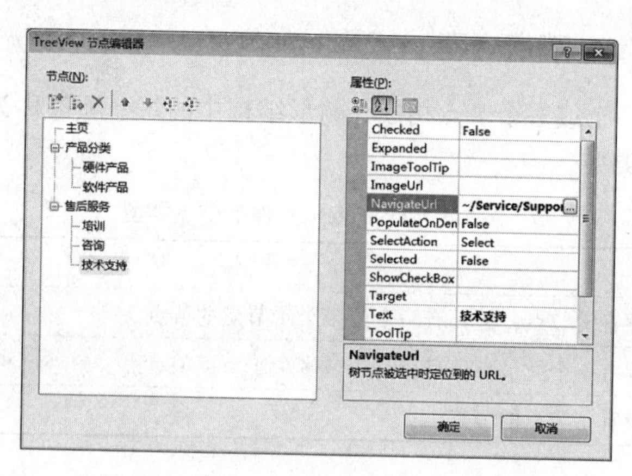

图 7-26　“TreeView 节点编辑器”对话框

通过在“TreeView 节点编辑器”中添加节点，Visual Studio 自动同步生成代码如下：

```
<asp:TreeView ID="TreeView1" runat="server">
    <Nodes>
        <asp:TreeNode NavigateUrl="~/Default.aspx" Text="主页" Value="主页">
        </asp:TreeNode>
        <asp:TreeNode Text="产品分类" Value="产品分类">
            <asp:TreeNode NavigateUrl="~/Products/Hardware.aspx" Text="硬件产品"
              Value="硬件产品">
            </asp:TreeNode>
            <asp:TreeNode NavigateUrl="~/Products/Software.aspx" Text="软件产品"
              Value="软件产品">
            </asp:TreeNode>
        </asp:TreeNode>
        <asp:TreeNode Text="售后服务" Value="售后服务">
            <asp:TreeNode NavigateUrl="~/Service/Training.aspx" Text="培训"
              Value="培训">
            </asp:TreeNode>
```

```
            <asp:TreeNode NavigateUrl = " ~/Service/Consulting.aspx" Text = "咨询"
              Value = "咨询" >
            </asp:TreeNode >
            <asp:TreeNode NavigateUrl = " ~/Service/Support.aspx" Text = "技术支持"
              Value = "技术支持" >
            </asp:TreeNode >
        </asp:TreeNode >
    </Nodes >
</asp:TreeView >
```

由代码声明可以看到，TreeView 控件用 <asp:TreeView> 作为根元素，在其中包含一个 <Nodes> 集合，由多个嵌套的 <asp:TreeNode> 组成。

（3）运行 StaticInsertTreeNode. aspx 页面，TreeView 控件的效果如图 7-27 所示。

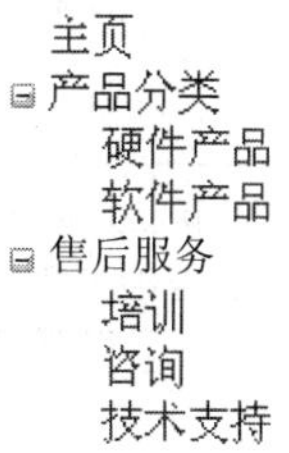

主页
⊟ 产品分类
　　硬件产品
　　软件产品
⊟ 售后服务
　　培训
　　咨询
　　技术支持

图 7-27　TreeView 控件运行效果

下面来详细了解 TreeView 控件的组成，TreeView 控件由许许多多的 TreeNode 组成，每个 TreeNode 代表树状结构中的一个节点，每个节点又可以包含其他节点。由图 7-26 的节点编辑器中可以看到每个节点具有多个属性可供设置，常用属性如表 7-6 所示。

表 7-6　TreeNode 的常用属性

属　　性	说　　明
Text	显示在每个节点中的文本
ToolTip	当鼠标悬停在节点上时显示的提示信息
Value	保存节点的值，节点的值是一种不可见的附加数据
NavigateUrl	指定节点所链接的网页路径
Target	当 NavigateUrl 属性被设置时，Target 属性用于设置链接网页的打开框架或窗体
SelectAction	指定选择节点时引发的事件
ImageUrl	显示在节点前面的图像路径
ImageToolTip	显示在节点前面的图像提示信息

由代码可见，每个节点都有一个 Text 属性和一个 Value 属性。Text 属性的值显示在 TreeView 控件的每个节点中，而 Value 属性则用于存储有关该节点的任何附加数据，例如传递给与节点关联的回发事件的数据。

TreeView 控件中的节点可以处于两种模式：选择模式或导航模式。若要使一个节点处于导航模式，需将该节点的 NavigateUrl 属性值设置为一个 URL 的值。若要使节点处于选择模式，则将节点的 NavigateUrl 属性设置为空字符串。

当节点处于导航模式时，禁用节点的选择事件。单击节点时用户将被定向到指定的 URL，而不是将页面回发到服务器并引发事件。

当节点处于选择模式时，使用节点的 SelectAction 属性指定选择节点时引发的事件。表 7-7列出了可用的选项。

表 7-7　SelectAction 属性

属性值	说　明
TreeNodeSelectAction. Expand	选定节点，并切换节点的展开和折叠状态时，相应地引发 TreeNodeExpanded 事件或 TreeNodeCollapsed 事件
TreeNodeSelectAction. None	在选定节点时不引发任何事件
TreeNodeSelectAction. Select	在选定节点时引发 SelectedNodeChanged 事件
TreeNodeSelectAction. SelectExpand	选定节点并展开时引发 SelectedNodeChanged 事件和 TreeNodeExpanded 事件

2. *以编程方式添加节点内容*

在设计时使用节点编辑器添加节点内容虽然方便，但是在许多情况下树状数据是动态的，需要以编程的方式进行添加。TreeView 控件提供了一个 Nodes 的集合属性，该属性表示 TreeView 控件的节点集合，每个 TreeNode 对象也具有一个 ChildNodes 属性，表示当前节点的子节点集合。下面将演示如何以编程的方式添加前面手工创建的节点项。

【例 7-11】演示以编程方式添加 TreeView 控件的节点内容。

步骤如下。

（1）在 SiteMapDemo 网站中，新建一个名为 DynamicInsertTreeNode. aspx 的 Web 窗体，在该窗体中放置一个 TreeView 控件。

（2）在后台代码页中，添加 Page_Load 事件处理代码如下。

```
protected void Page_Load(object sender, EventArgs e)
{
        TreeNode homeNode = new TreeNode();
        homeNode.Text = "首页";
        homeNode.ToolTip = "网站的首页";
        TreeView1.Nodes.Add(homeNode);
        TreeNode productItem = new TreeNode("产品分类");
        TreeView1.Nodes.Add(productItem);
        productItem.ChildNodes.Add(new TreeNode("硬件产品"));
        productItem.ChildNodes.Add(new TreeNode("软件产品"));
        TreeNode serviceItem = new TreeNode("售后服务");
        TreeView1.Nodes.Add(serviceItem);
        serviceItem.ChildNodes.Add(new TreeNode("培训"));
        serviceItem.ChildNodes.Add(new TreeNode("咨询"));
```

```
        serviceItem.ChildNodes.Add(new TreeNode("技术支持"));
    }
```

这段代码将产生和前面使用节点编辑器相同的效果。TreeView 的 Nodes 属性是一个 TreeNodeCollection 类型的集合属性，可以调用该类型的 Add、Remove、Count 等集合方法来操作 TreeNode 节点。

如果要加载到 TreeView 控件中的数据量非常大，一次性加载将显著增加服务器端的负载和客户端内存的占用量，并且会造成请求延迟。TreeView 控件提供了按需加载的功能来解决这个问题。在首次加载时，TreeView 只显示顶级节点的少量数据，当用户单击 TreeView 中的展开节点图标时，将再次从服务器端加载所需要的数据。

按需加载功能在数据库应用程序中效果非常明显，如果需要从数据库中加载成千上万的数据，对于服务器端和客户端都是个很大的考验，最重要的是会导致应用程序假死。如果有成千上万的用户同时并发访问，后果不堪设想。MSDN 中有一个非常有代表性的按需加载示例程序，读者可以打开 MSDN 并搜索 TreeNode.PopulateOnDemand 属性，将会看到这个示例程序的源代码。

3. *以绑定到数据源的方式来显示节点内容*

与 Menu 控件类似，为了便于后期维护，通常将数据内容集中存储，如站点地图或 XML 文件等，然后通过使用数据源控件和 TreeView 控件关联来展示数据内容的信息。

【例 7-12】 TreeView 控件绑定站点地图的示例。

在 SiteMapDemo 网站中，新建一个名为 TreeViewSiteMap.aspx 的窗体文件，从工具箱的导航栏中将 TreeView 控件拖放到该窗体上，再从工具箱的数据栏中将 SiteMapDataSource 控件拖放到该窗体中。然后，设置 TreeView 的 DataSourceID 属性以指定它将使用的数据源控件，如图 7-28 所示。

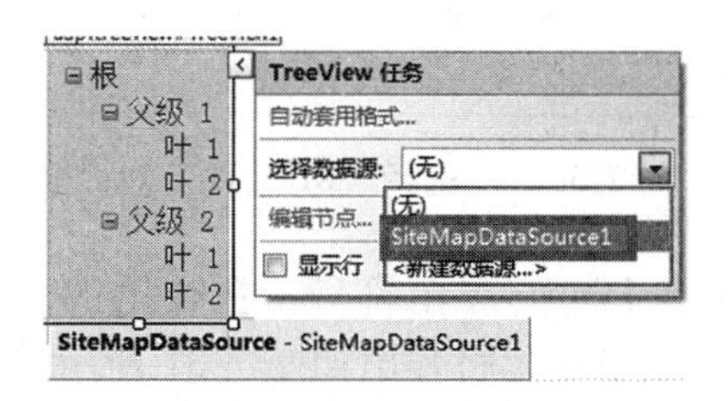

图7-28　设置 TreeView 控件的数据源

源视图控件声明代码如下：

```
<asp:TreeView ID="TreeView1" runat="server" DataSourceID="SiteMapDataSour-
  ce1">
</asp:TreeView>
<asp:SiteMapDataSource ID="SiteMapDataSource1" runat="server" />
```

SiteMapDataSource 控件是站点地图数据的数据源控件，TreeView 控件使用该控件绑定到分层的站点地图数据。浏览该页面，如图 7-29 所示，可见 TreeView 控件已经绑定了站点地图数据。

TreeView 控件除了可以与站点地图绑定外，同样也可以与 XML 文件进行绑定。

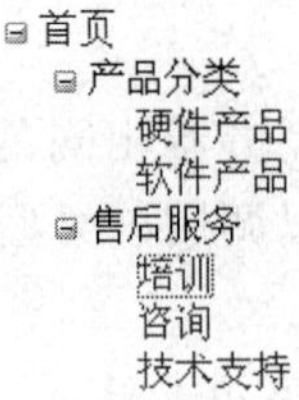

- 首页
  - 产品分类
    - 硬件产品
    - 软件产品
  - 售后服务
    - 培训
    - 咨询
    - 技术支持

图 7-29　使用 TreeView 控件显示站点地图数据

【例 7-13】 将 TreeView 控件绑定到一个 XML 文件示例。

(1) 在 SiteMapDemo 网站中，已经创建了一个名为 Books. xml 的 XML 文件，并已在该文件中添加相应的代码，对该文件，这里不再赘述。

新建一个名为 TreeViewXMLFile. aspx 的窗体文件，在该窗体中添加一个 TreeView 控件和一个 XmlDataSource 控件。设置 TreeView 控件的 DataSourceID 属性为 XmlDataSource1 控件。单击 XmlDataSource 的 DataFile 属性的 ... 按钮，将弹出“选择 XML 文件”对话框，如图 7-30所示。在该对话框中选择 Books. xml 文件。

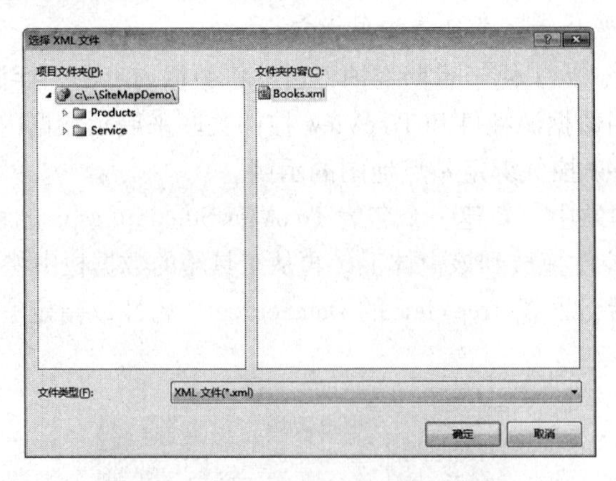

图 7-30　“选择 XML 文件”对话框

(2) 单击 TreeView 控件右上角的三角符号，在弹出的“TreeView 任务”菜单中选择“编辑 TreeNode 数据绑定...”菜单项，将弹出如图 7-31 所示的“TreeView DataBindings 编辑器”对话框。

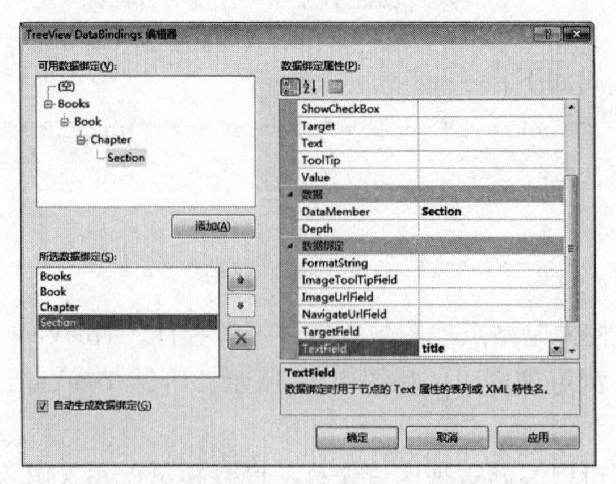

图 7-31　“TreeView DataBindings 编辑器”对话框

在“TreeView DataBindings 编辑器”对话框中显示了 XML 文件的层次结构，选择所要编辑数据绑定的节点，在右侧的属性窗口中设置其绑定属性，本示例中将 4 个层次的节点的 TextField 属性都设置为 title，最终生成的控件声明代码如下所示。

```
<form id="form1" runat="server">
    <div>
      <asp:TreeView ID="TreeView1" runat="server" DataSourceID="XmlDataSource1">
         <DataBindings>
            <asp:TreeNodeBinding DataMember="Books" TextField="title" />
            <asp:TreeNodeBinding DataMember="Book" TextField="title" />
            <asp:TreeNodeBinding DataMember="Chapter" TextField="title" />
            <asp:TreeNodeBinding DataMember="Section" TextField="title" />
         </DataBindings>
      </asp:TreeView>
      <asp:XmlDataSource ID="XmlDataSource1" runat="server"
        DataFile="~/Books.xml">
      </asp:XmlDataSource>
    </div>
</form>
```

(3) 运行该页面，将看到 XML 文件的内容已经绑定到 TreeView 控件中，如图 7-32 所示。

```
⊟ ASP.NET案例书籍
  ⊟ ASP.NET案例教程
    ⊟ 第1章Web应用基础及案例介绍
        1.1Web应用概述
        1.2Web应用的相关技术
    ⊟ 第2章Visual Studio 2010集成开发环境简介
        2.1Visual Studio 2010的安装
        2.2开发中常用的窗口
  ⊟ ASP.NET网络开发技术
    ⊟ 第1章ASP.NET网络开发技术
        1.1ASP.NET概述
        1.2ASP.NET动态网页
    ⊟ 第2章类、对象、命名空间
        2.1类和对象
        2.2类的成员
```

图 7-32　TreeView 控件与 XML 文件的绑定示例结果

7.7.2　带复选框的 TreeView 控件

当用户在 TreeView 控件中单击一个节点时，将会触发 TreeView 控件的 SelectedNodeChanged 事件。打开例 7-13 的 TreeViewXMLFile.aspx 窗体文件，使用如下的代码可以获取当前选择的节点的文本。

```
protected void TreeView1_SelectedNodeChanged(object sender, EventArgs e)
{
    Response.Write(TreeView1.SelectedNode.Text);
}
```

SelectedNode 是一个 TreeNode 类型，表示当前选中的节点，可以调用该节点的属性来获取节点信息。

在 TreeView 控件中，可以使用 ShowCheckBoxes 属性来允许用户进行多选，ShowCheckBoxes 是一个 TreeNodeType 枚举类型的值，具有以下的 5 个可选值。

- TreeNodeType.All：为所有节点显示复选框。
- TreeNodeType.Leaf：为所有叶节点显示复选框。
- TreeNodeType.None：不显示复选框。
- TreeNodeType.Parent：为所有父节点显示复选框。
- TreeNodeType.Root：为所有根节点显示复选框。

【例 7-14】 演示使用 ShowCheckBoxes 属性进行多选，并显示出选择的结果。

（1）在 SiteMapDemo 网站中，新建一个名为 ShowCheckBox. aspx 的窗体文件，在该窗体中添加一个 TreeView 控件、一个 XmlDataSource 控件、一个 Button 控件和一个Label控件。按例 7-13 的方法，将 TreeView 控件绑定到 Books. xml 文件。

（2）将 TreeView 控件的 ShowCheckBoxes 属性设置为 Leaf，表示为所有叶节点显示复选框；将每个节点的 SelectAction 属性设置为 None，表示节点被选中时不执行任何操作。

（3）添加 Button 控件的 Click 事件，获取节点信息。事件处理代码如下。

```
protected void Button1_Click(object sender, EventArgs e)
{
    if (TreeView1.CheckedNodes.Count > 0)
    {
        Label1.Text = "当前选择了以下节点:" + "<br/>";
        foreach (TreeNode node in TreeView1.CheckedNodes)
        {
            Label1.Text += node.Text + "<br/>";
        }
    }
    else
    {
        Label1.Text = "没有节点被选择。";
    }
}
```

（4）运行该页面，在 TreeView 控件中选择多个选项，单击“获取选中节点信息”按钮后，将显示出选择的结果，效果如图 7-33 所示。

树形控件本身提供了很多样式，以下是树形控件的样式属性。

- NodeStyle：设定所有节点的默认样式。
- RootNodeStyle：设定根节点的样式。
- HoverNodeStyle：设定鼠标悬停在节点上时的样式。
- LeafNodeStyle：设定叶节点的样式。
- LevelStyles：设定要在树中的每个级别应用的树样式。
- ParentNodeStyle：设定父节点的样式。

◆ SelectedNodeStyle：设定选定节点的样式。

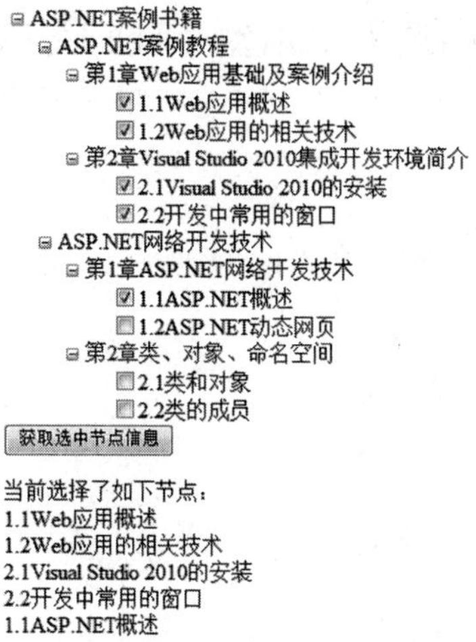

ASP.NET案例书籍
ASP.NET案例教程
第1章Web应用基础及案例介绍
1.1Web应用概述
1.2Web应用的相关技术
第2章Visual Studio 2010集成开发环境简介
2.1Visual Studio 2010的安装
2.2开发中常用的窗口
ASP.NET网络开发技术
第1章ASP.NET网络开发技术
1.1ASP.NET概述
1.2ASP.NET动态网页
第2章类、对象、命名空间
2.1类和对象
2.2类的成员
获取选中节点信息
当前选择了如下节点：
1.1Web应用概述
1.2Web应用的相关技术
2.1Visual Studio 2010的安装
2.2开发中常用的窗口
1.1ASP.NET概述

图 7-33　带复选框的多选 TreeView 控件示例

同样，Visual Studio 为 TreeView 控件提供了很多预定义的格式，单击 TreeView 控件右上角的三角符号，在弹出的“任务”菜单中选择“自动套用格式”，在打开的“自动套用格式”对话框中可以选择一种预定义的样式。

7.8 小　　结

本章主要介绍了 ASP. NET 的站点导航技术，首先介绍了站点地图，介绍如何定义站点地图文件及如何配置多个站点地图的方法。

7.4 节详细介绍了 SiteMapPath 控件显示站点导航路径。

7.5 节介绍了 SiteMapDataSource 控件的使用。

7.6 节详细介绍了 Menu 控件的使用，使用 Menu 控件可以创建出类似于 Windows 应用程序的菜单，本节讨论了如何使用 Visual Studio 的设计功能创建 Menu 菜单项，如何以编程的方式动态编辑菜单项，如何使用 Menu 控件与 SiteMapDataSource 控件进行绑定显示站点地图，如何将 Menu 控件绑定到 XML 文件，以及如何在 Menu 控件中应用样式。

7.7 节详细介绍了 TreeView 控件，它是一个功能强大的树状列表控件，提供强大的导航功能。本节介绍了如何使用 Visual Studio 的设计功能创建 TreeView 控件，如何以编程的方式动态编辑节点项，如何使用 TreeView 控件与 SiteMapDataSource 控件进行绑定显示站点地图，如何将 TreeView 控件绑定到 XML 文件，以及如何处理 TreeView 控件中的多选问题。

实训 7　站点导航技术

1. 实训目的

了解站点导航技术，掌握站点地图文件的创建方法及常用站点导航控件的使用。

2. 实训内容和要求

（1）新建一个名为 Practice7 的网站。

（2）按图 7-34 所示的结构，配置站点地图文件。

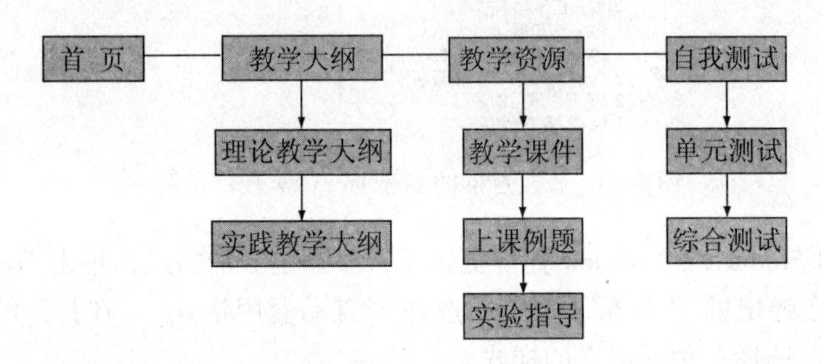

图 7-34　站点导航结构

（3）在母版页中，分别使用 TreeView 和 Menu 两个控件显示上述站点地图。

习　　题

一、单选题

1. 在一个 Web 站点中，有一个站点地图文件 Web.sitemap 和一个 Default.aspx 页面，在 Default.aspx 页面中包含一个 SiteMapDataSource 控件，该控件的 ID 为 SiteMapDataSource1。如果想以树形结构显示站点地图，应该（　　）。

   A. 拖曳一个 Menu 控件到页面中，并将其绑定到 SqlDataSource 控件

   B. 拖曳一个 TreeView 控件到页面中，并将其绑定到 SqlDataSource 控件

   C. 拖曳一个 Menu 控件到页面中，并将该控件的 DataSourceID 属性设置为 SiteMapDataSource1

   D. 拖曳一个 TreeView 控件到页面中，并将该控件的 DataSourceID 属性设置为 SiteMapDataSource1

2. 在一个产品站点中，使用 SiteMapDataSource 控件和 TreeView 控件进行导航，站点地图 Web. sitemap 配置如下：

```
<?xml version="1.0"encoding="utf-8"?>
<siteMap xmlns="http://schemas.microsoft.com/AspNet/SiteMap-File-1.0">
```

```
    <siteMapNode title="首页" description="网站首页" url="~/default.aspx">
        <siteMapNode title="产品分类" url="~/Products.aspx"/>
        <siteMapNode title="系统管理" url="~/Admin/Default.aspx">
            <siteMapNode title="产品修改" url="~/Admin/Edit.aspx"/>
            <siteMapNode title="订单查询" url="~/Admin/Query.aspx"/>
        </siteMapNode>
    </siteMapNode>
</siteMap>
```

要求当用户进入管理员页面后，只显示管理员节点及其子节点。应该（　　）。

A. 将 SiteMapDataSource 控件的 ShowStartingNode 属性设置为 false

B. 在 Admin/Default.aspx 页重新应用一个新的只包含系统管理节点内容的 Web.sitemap 站点地图

C. 将 SiteMapPath 控件的 SkipLinkText 属性设置为 ~/Admin/Default.aspx

D. 将 SiteMapDataSource 控件的 StartingNodeUrl 属性设置为 ~/Admin/Default.aspx

二、填空题

1. 设计动态菜单时需要注意菜单动态显示部分从显示到消失的时间长度，可以调整______属性来设置。默认值为 500 毫秒。如果将该属性值设置为________，鼠标在 Menu 控件之外暂停便会使其立即消失。将此值设置为________表示暂停时间无限长，只有在 Menu 控件之外单击，才会使动态部分消失。
2. 如果希望用户能够选择多个节点，则可以使用 TreeView 控件，并在节点图像旁边显示复选框。将________属性设置为一个不是 TreeNodeTypes. None 的值，则会在指定节点旁边显示复选框。当显示复选框时，可以使用________事件以在每次发送给服务器的复选框状态发生更改时运行。

三、问答题

1. 简述 SiteMapDataSource 控件的功能。
2. 简述 SiteMapPath、Menu 和 TreeView 控件的用途。

第 8 章　ADO. NET 数据访问技术

从本章开始，将介绍数据库驱动的 ASP. NET 应用程序开发，目前大多数 Web 应用程序都是基于数据库的，如电子商务网站、客户关系信息管理系统等。数据库具有强大和灵活的后端管理与存储数据的能力，ADO. NET 则是一个中间的数据访问层，ASP. NET 通过 ADO. NET 来操作数据库。

本章首先介绍 ADO. NET 的基础知识，然后从连接模式和断开模式两个角度详细介绍 ADO. NET 的 5 个核心类的使用。第 9 章将详细介绍数据源控件及数据绑定控件的使用。

8. 1　ADO. NET 基础 

微软在 . NET Framework 中集成了 ADO. NET，在 ADO. NET 3. 5 以上版本中，微软集成了语言集成查询（LINQ）的功能，这是一项重大的技术改进，有关 LINQ 的使用可以参见 MSDN。

8. 1. 1　ADO. NET 简介

ADO. NET 是 . NET Framework 提供的数据访问类库，它为 Microsoft SQL Server、Oracle 和 XML 等数据源提供了一致的访问。应用程序可以使用 ADO. NET 连接到这些数据源，并可对这些数据源进行操作。ADO. NET 数据提供程序的模型如图 8-1 所示。

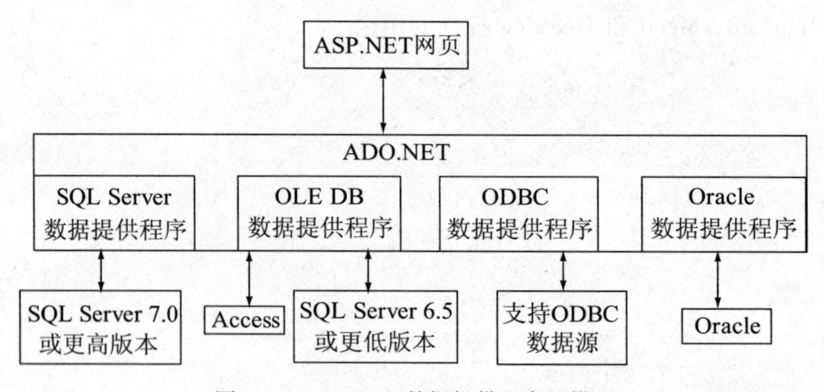

图 8-1　ADO. NET 数据提供程序的模型

ADO. NET 是通过 . NET 数据提供程序来访问数据源、执行命令和检索结果的。它为不同的数据源提供了不同的数据提供程序。其中，SQL Server 数据提供程序用于访问 Microsoft SQL Server 7. 0 或更高版本的数据库，该数据提供程序是为此类数据库专门设计的，具有较高的访问效率，使用 System. Data. SqlClient 命名空间。OLE DB 数据提供程序则用于访问 Access、SQL Server 6. 5 或更低版本的数据库，使用 System. Data. OleDb 命名空间。ODBC 数据提供程序提供对使用 ODBC 公开的数据源中数据的访问，使用 System. Data. Odbc 命名空间。Oracle 数据提供程序支持 Oracle 客户端软件 8. 1. 7 和更高版本的访问，使用 System. Data. OracleClient 命名空间。

在 ASP. NET 中，上述四类数据提供程序的使用方法类似。本书将以使用 SQL Server 数据提供程序访问 SQL Server 2008 数据库为例进行讲授。本章中所有的示例代码都假定工作在微软 SQL Server 数据库上，因此所有示例代码中使用的类都来自 System. Data. SqlClient 命名空间。同时，由于 ADO. NET 使用接口提供模型，因此在其他数据库中使用的数据访问方法和本章所介绍的方法非常类似。

8. 1. 2　ADO. NET 的组件

ADO. NET 3. 5 用于访问和操作数据的两个主要组件是 . NET Framework 数据提供程序和 DataSet。ADO. NET 的结构图如图 8-2 所示。

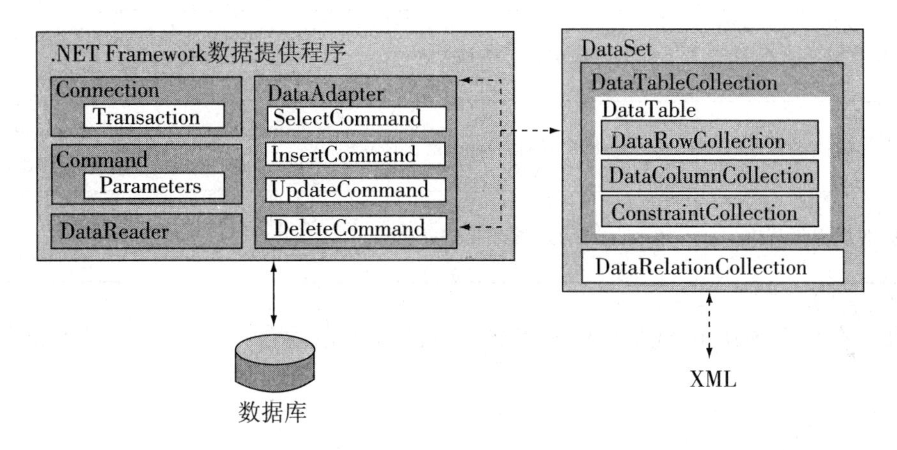

图 8-2　ADO. NET 结构图

. NET Framework 数据提供程序是专门为数据操作设计的组件，包含以下四个核心类。

- Connection：创建与数据库的连接。
- Command：用于执行查询数据、修改数据、运行存储过程等数据库命令。
- DataReader：读取数据库数据，提供向前只读的游标，用于快速读取数据。
- DataAdapter：使用 Command 对象在数据源中执行 SQL 命令以向 DataSet 中加载数据，并将对 DataSet 中数据的更改更新回数据库。

数据集 DataSet 位于 System. Data 命名空间下，用于在内存中暂存数据，可以把它看成是内存中的小型数据库。DataSet 包含一个或多个数据表(DataTable)，表数据可来自数据库、文件或 XML 数据。DataSet 的结构如图 8-3 所示。DataSet 一旦读取到数据库中的数据，就在内存中建立数据库的副本，在此之后的所有操作都是在内存中的 DataSet 中完成，直到执行更新命令为止。

在 ADO. NET 中，连接数据源有四种数据提供程序。如果要在应用程序中使用任何一种数据提供程序，必须在后台代码中引用对应的命名空间，类的名称也随之变化，如表 8-1 所示。

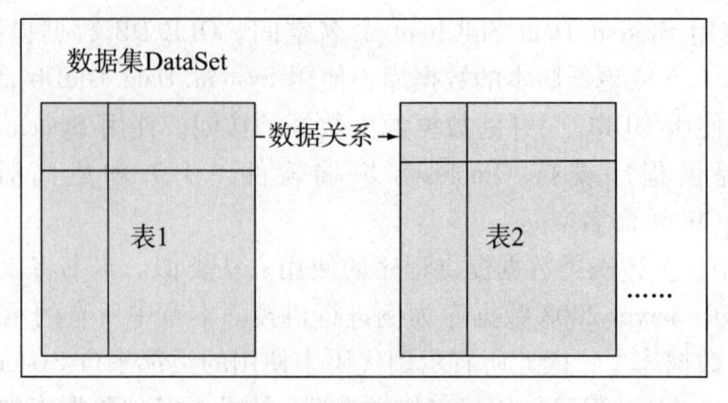

图 8-3　DataSet 的结构

表 8-1　数据访问提供程序、命名空间与对应的类名称

数据访问提供程序	命名空间	对应的类名称
SQL Server 数据提供程序	System. Data. SqlClient	SqlConnection；SqlCommand；SqlDataReader；SqlDataAdapter
OLE DB 数据提供程序	System. Data. OleDb	OledbConnection；OledbCommand；OledbDataReader；OledbDataAdapter
ODBC 数据提供程序	System. Data. Odbc	OdbcConnection；OdbcCommand；OdbcDataReader；OdbcDataAdapter
Oracle 数据提供程序	System. Data. OracleClient	OracleConnection；OracleCommand；OracleDataReader；OracleDataAdapter

例如，在程序中访问 SQL Server 2008，通常需要在后台代码中使用以下语句引入命名空间：

```
using System. Data. SqlClient;
```

8.1.3　ADO. NET 的数据访问模式

ADO. NET 支持两种数据访问模式(如图 8-4 所示)。

(1) 连接模式。提供连接到数据库，具有操作数据库数据的功能。使用 ADO. NET 中的 Connection、Command 和 DataReader 类来获取和修改数据库中的数据。

(2) 断开模式。提供离线编辑与处理数据的功能，在处理完成后交由连接类型进行数据的更新。使用 ADO. NET 中的 Connection、DataAdapter 和 DataSet 类来获取和修改数据库中的数据。

在连接模式下，当用户要求访问数据库时，首先通过数据库连接对象(Connection)建立与数据库的连接，然后使用数据库命令对象(Command)执行针对数据库的一个 Insert、Update或 Delete 命令或者用于执行数据库的Select命令，并通过检索 DataReader 查询结果集将数据读取到应用程序中，最后关闭数据库连接。

断开模式则是 ADO. NET 中才具有的。相对于传统的数据库访问模式，断开模式提供了更大的可升级性和灵活性。在该模式下，当用户要求访问数据库时，可通过数据库连接对象

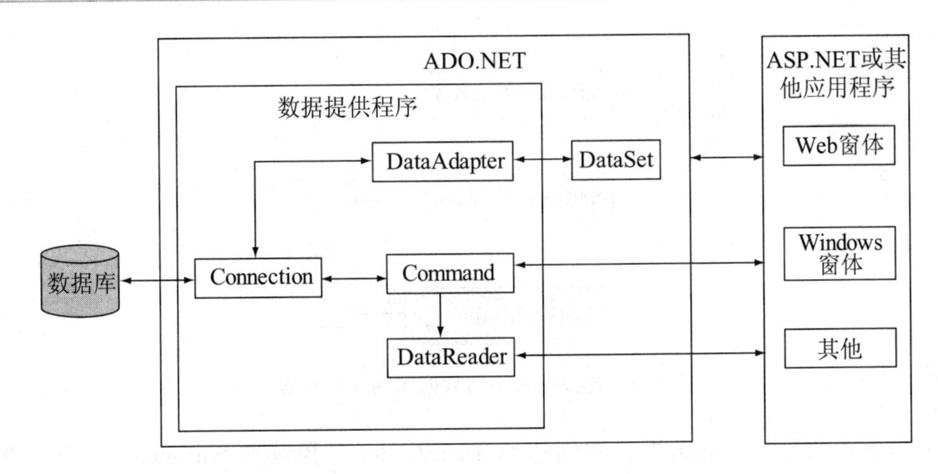

图 8-4　ADO. NET 的数据访问过程

(Connection)建立与数据库的连接；运用数据适配器对象(DataAdapter)从数据库中读取数据填充到内存的(DataSet)对象中供应用程序使用。一旦应用程序从数据库中获得所需的数据，它就断开与原数据库的连接。在应用程序处理完数据集中的数据后，再重新取得与原数据库的连接并通过数据适配器对象将数据集(DataSet)对象中的更改更新到数据库中，完成数据的更新工作。

这两种不同的访问模式适合有不同需要的数据库应用程序。DataReader 一次只能把数据表中的一条记录读入内存中，因此使用 DataReader 对象从数据库读取数据时，必须在应用程序和数据库之间保持一个已打开的数据源连接。而 DataSet 是一个内存数据库，它是 DataTable 的容器，可以一次将数据表中的多条记录读入 DataTable 中，不再需要在应用程序和数据库之间保持已打开的数据源连接，以断开模式操作 DataSet 中的数据。

第一种模式的优点是数据读取速度快，不额外占用内存资源，但缺点是不能处理整个查询结果集，并且操作数据时一直与数据源保持连接；第二种模式的优缺点正好相反，它可以处理整个结果集，但数据读取速度较慢，要额外占用内存资源。

下面分别介绍在连接模式和断开模式下 ADO. NET 访问 SQL 数据库的五个核心类的使用。

8.2　连接模式数据库访问

本书的数据源以 Microsoft SQL Server 2008 的数据库为例，也就是说，访问数据库使用 SqlConnection、SqlCommand、SqlDataReader 和 SqlDataAdapter 对象。

在 Web 应用中，连接模式访问 SQL 数据库的开发流程如图 8-5 所示，主要有以下几个步骤。

(1) 创建 SqlConnection 对象，并与数据库建立连接。

(2) 创建 SqlCommand 对象，对数据库执行 SQL 命令或存储过程，包括增、删、改及查询数据库等命令。

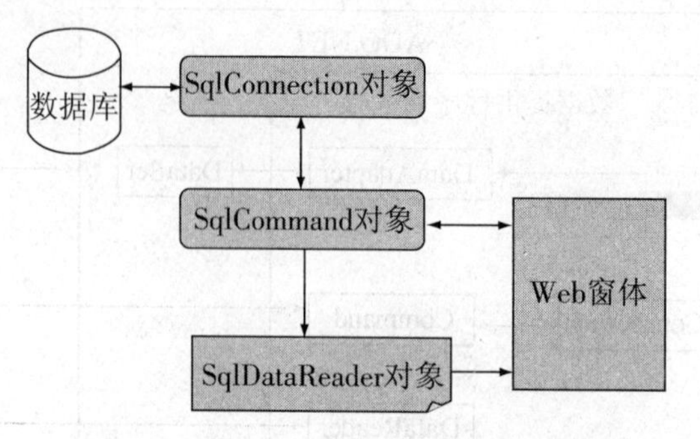

图 8-5 连接模式访问数据库的开发流程

（3）如果查询数据库的数据，则创建 SqlDataReader 对象读取 SqlCommand 命令查询到的结果集，并将查到的结果集绑定到控件上。

下面分别介绍 SqlConnection、SqlCommand 和 SqlDataReader 三个对象的使用。

8.2.1 使用 SqlConnection 对象连接数据库

1. 示例数据库的创建 

为了便于后续章节的讲解，首先创建一个示例数据库 Student，该数据库包含 StuInfo、Major 和 UserInfo 三张表，数据库表结构关系图如图 8-6 所示。本书的例子都是将数据库创建在 SQL Server 2008 Express 中，是因为该版本的数据库能与 Visual Studio 2010 开发环境很好地集成，并且在 Visual Studio 2010 开发环境中使用起来非常方便。

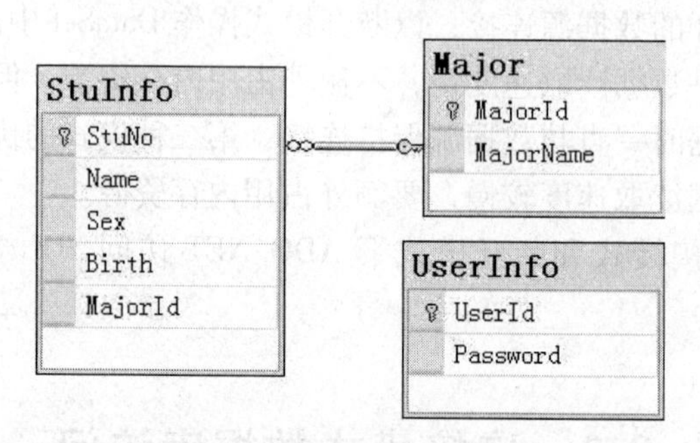

图 8-6 数据库表结构关系图

【例 8-1】在 Visual Studio 2010 开发环境下创建数据库示例。

（1）运行 Visual Studio 2010，新建一个名为 SqlServerDemo 的 ASP. NET 空网站。

（2）在“解决方案资源管理器”窗口中，右击项目名称，在弹出的快捷菜单中选择“添加新项”菜单项，在弹出的“添加新项”对话框中选择“SQL Server 数据库”模板，更改名称为 Student. mdf，如图 8-7所示。

如果数据库已经创建，可以选择“添加现有项”命令，将数据库文件添加到 App_Data 目录中。

（3）单击“添加”按钮，创建数据库，将数据库文件 Student. mdf 和 Student_log. ldf 保存到

App_Data 文件夹中。注意，创建数据库前，必须确保 SQL Server（SQLEXPRESS）的服务启动。

图 8-7　创建数据库对话框

（4）在“服务器资源管理器”中，展开“数据连接”及数据库 Student. mdf，服务器资源管理器界面如图 8-8 所示。

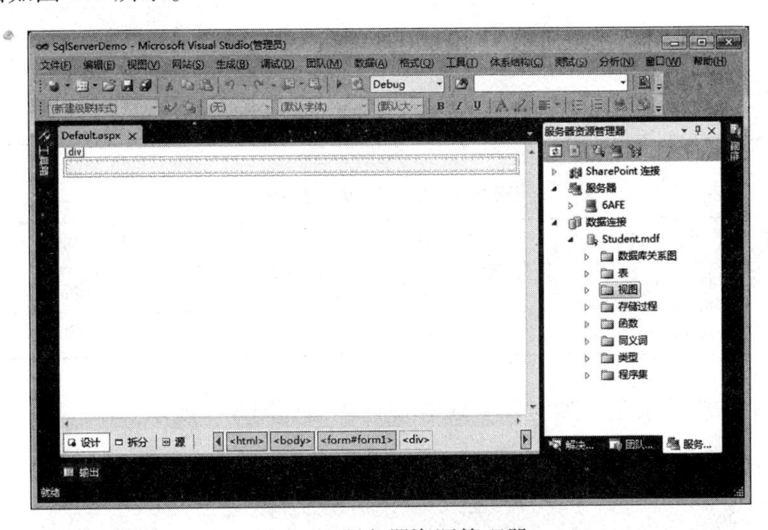

图 8-8　服务器资源管理器

（5）在服务器资源管理器中，右击表节点，创建 StuInfo、Major 和 UserInfo 三张表，并在表中添加一些记录，StuInfo 表结构和记录如表 8-2 所示，Major 表结构和记录如表 8-3 所示，UserInfo 表结构如表 8-4 所示。

表 8-2　StuInfo 表结构和记录

StuNo（Varchar，8）（学号，主键）	Name（Varchar，20）（姓名）	Sex（char，2）（性别）	Birth（date）（出生日期）	MajorId（int）（专业编号）
1	张三	男	1990 - 9 - 20	1
2	李四	男	1990 - 8 - 10	1
3	王五	男	1989 - 3 - 4	2
4	陈豪	男	1988 - 2 - 3	2

续表

StuNo (Varchar，8) (学号，主键)	Name (Varchar，20) (姓名)	Sex (char，2) (性别)	Birth (datetime) (出生日期)	MajorId (int) (专业编号)
5	张庭	女	1991－5－6	3
6	李勇	男	1988－4－6	3
7	王燕	女	1990－5－12	4
8	赵倩	女	1989－12－23	4

表 8-3　Major 表结构和记录

MajorId (int) (专业编号)	MajorName (Varchar，50) (专业名称)
1	计算机应用
2	软件技术
3	网络技术
4	多媒体技术

表 8-4　UserInfo 表结构

字　段　名	类　　型	说　　明
UserId	Varchar，20	用户名
Password	Varchar，32	密　码

（6）创建完数据库表后，服务器资源管理器界面如图 8-9 所示。

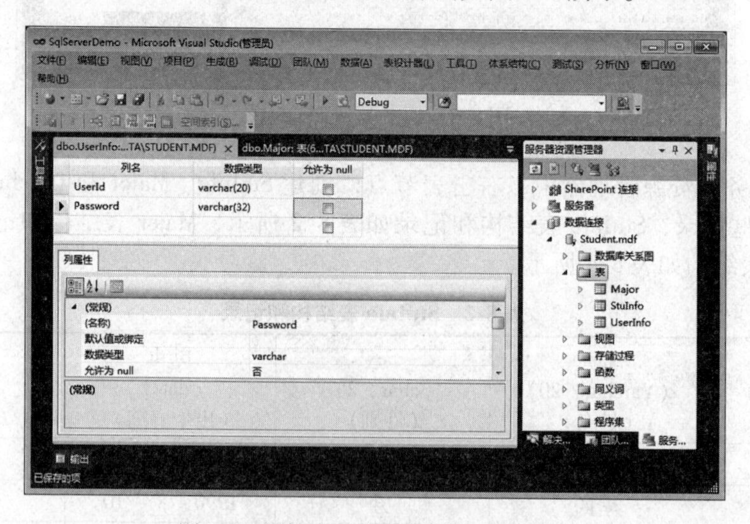

图 8-9　添加表后的服务器资源管理器

本示例创建的数据库将供后续第 8 章和第 9 章的示例使用，在后续示例中将不再创建其他的数据库。

2. 创建数据库连接

操作数据库的第一步是建立与数据库的连接，因此首先要创建 SqlConnection 对象。要创建 SqlConnection 对象必须先了解 SqlConnection 对象的常用属性和方法。

SqlConnection 对象的常用属性列于表 8-5 中。

表 8-5　SqlConnection 对象的常用属性

属　　性	说　　明
ConnectionString	获取或设置数据库连接字符串
ConnectionTimeout	获取在尝试建立连接时终止尝试并生成错误之前所等待的时间
Database	获取当前数据库名称
DataSource	获取数据源的完整路径和文件名，若是 SQL Server 数据库，则获取所连接的 SQL Server 服务器名称
State	获取数据库的连接状态，它的值是 ConnectionState 枚举值

ConnectionString：设置数据库连接参数。对于不同的数据库而言，需要使用不同的数据提供程序，因此设置的连接参数也不同。连接 OLE DB 数据库，ConnectionString 属性通常包含以下参数，各参数间用“;”分隔。

◆ Provider：用于设置数据源的 OLE DB 驱动程序。如：Access 数据库为“Microsoft. Jet. OLEDB. 4. 0”；SQL Server 6. 5 或之前版本为“SQLOLEDB”。

◆ Data Source：设置数据源的实际路径。

◆ Password：设置登录数据库时所使用的密码。

◆ User ID：设置登录数据库时所使用的账号。

例如，连接 Access 数据库的连接参数为：

```
Provider = Microsoft. Jet. OLEDB. 4. 0;Data Source = D: \abc. mdb
```

对于 SQL Server 7. 0 或更高版本的 SQL 数据库，ConnectionString 属性包含的主要参数如下。

◆ Data Source 或 Server：设置需连接的数据库服务器名称。

◆ Initial Catalog 或 Database：设置连接的数据库名称。

◆ AttachDBFilename：数据库的路径和文件名。

◆ User ID 或 Uid：登录 SQL Server 数据库的账户。

◆ Password 或 Pwd：登录 SQL Server 数据库的密码。

◆ Integrated Security：是否使用 Windows 集成身份验证，值有三种：true、false 和 SSPI，true 和 SSPI 表示使用 Windows 集成身份验证。

◆ Connection Timeout：设置 SqlConnection 对象连接 SQL 数据库服务器的超时时间，单位为秒，若在所设置的时间内无法连接数据库，则返回失败信息。默认值为 15 秒。

连接数据库时，有两种验证模式：混合验证模式和 Windows 集成验证模式。

（1）使用混合验证模式连接 SQL Server 2008 数据库的连接参数为：

```
Data Source=localhost; Initial Catalog=northwind; User ID=sa;Pwd=123
```

其中，Data Source=localhost 表示连接本机 SQL 数据库的默认服务器。

（2）使用 Windows 集成验证模式连接 SQL Server 2008 数据库的连接参数为：

```
Data Source=localhost; Initial Catalog=northwind; Integrated Security=True
```

混合验证模式必须在连接字符串中以明文形式保存用户名和密码，因此安全性较差。Windows 集成验证模式不发送用户名和密码，仅发送用户通过身份验证的信息。从安全角度考虑，建议使用 Windows 集成验证模式。

在本书的示例中，数据库都是放在网站的 App_Data 目录下。如例 8-1 中创建的 Student 数据库的连接参数应设置为：

```
Data Source=.\SQLEXPRESS;AttachDbFilename=|DataDirectory|\Student.mdf;
Integrated Security=True;User Instance=True
```

其中，Data Source=.\SQLEXPRESS 表示 SQL Server 2008 的 SQLEXPRESS 数据库服务器，AttachDbFilename表示数据库的路径和文件名，|DataDirectory| 表示网站默认数据库路径 App_Data。

表 8-6 列出了 SqlConnection 对象的常用方法。

表 8-6　SqlConnection 对象的常用方法

方　法	说　明
Open( )	打开与数据库的连接
Close( )	关闭与数据库的连接
BeginTransaction( )	开始一个数据库事务，可以指定事务的名称和隔离级别
ChangeDatabase( )	在打开连接的状态下，更改当前数据库
CreateCommand( )	创建并返回与 SqlConnection 对象有关的 SqlCommand 对象
Dispose( )	调用 Close( )方法关闭与数据库的连接，并释放所占用的系统资源

讨论完连接对象的属性和方法后，下面讨论数据库连接对象的创建。在创建数据库连接对象时，需要指定连接字符串。通常有以下两种方法设置连接字符串。

①创建连接对象，并在应用程序中硬编码连接字符串。

```
SqlConnection 对象名称=new SqlConnection("连接字符串");
```

或

```
SqlConnection 对象名称=new SqlConnection();
对象名称.ConnectionString="连接字符串";
```

例如：

```
SqlConnection cnn=new SqlConnection("Data Source=.\SQLEXPRESS;
```

```
AttachDbFilename = |DataDirectory|\Student.mdf;Integrated Security = True;
User Instance = True");
```

或

```
SqlConnection cnn = new SqlConnection();
cnn.ConnectionString = "Data Source =.\SQLEXPRESS;AttachDbFilename =
|DataDirectory|\Student.mdf;Integrated Security = True;User Instance = True"
```

②把连接字符串放在应用程序的 web. config 文件中，再引用 web. config 文件。在 ASP. NET 中，使用 web. config 文件管理连接字符串的存储有一种简单的方式，这种存储连接字符串的方式优于在应用程序的代码中硬编码连接字符串，便于维护和修改。

在 web. config 文件的 <configuration> 配置节中添加以下的代码。

```
<connectionStrings>
    <add name = "StudentCnnString" connectionString = "Data Source =.\SQLEXPRESS;
   AttachDbFilename = |DataDirectory|\Student.mdf;Integrated Security = True;
   User Instance = True" providerName = "System.Data.SqlClient" />
</connectionStrings>
```

这里采用手工输入的方式在 web. config 文件中保存连接字符串，通过第 9 章的学习，将会发现，通过配置数据源的方法可以自动将连接字符串保存到 web. config 文件中，无须编写任何代码。

web. config 文件中有了连接字符串后，就可以从 web. config 文件中读取连接字符串。需要使用 System. Configuration. ConfigurationManager 类读取连接字符串。代码如下：

```
string strCnn = ConfigurationManager.ConnectionStrings
            ["StudentCnnString"].ConnectionString;//读取连接字符串
SqlConnection cnn = new SqlConnection(strCnn);//定义连接对象
```

为了使上述代码正常工作，必须使用 using System. Configuration 语句引入命名空间。

创建好 SqlConnection 连接对象后，并没有与数据库建立连接，要建立数据库连接，还必须使用 cnn. Open( )方法打开数据库连接，然后才可以对数据库进行各种操作。操作完数据库后，一定要使用 cnn. Close( )方法关闭连接。

【例 8-2】 建立 Student 数据库连接示例。

（1）打开 SqlServerDemo 网站的 web. config 配置文件，在 <configuration> 配置节中添加以下代码。

```
<connectionStrings>
    <add name = "StudentCnnString" connectionString = "Data Source =.\SQLEXPRESS;
   AttachDbFilename = |DataDirectory|\Student.mdf;Integrated Security = True;
   User Instance = True" providerName = "System.Data.SqlClient" />
</connectionStrings>
```

（2）在网站中添加一个名为 ConnectionDemo. aspx 的页面，切换到设计视图，向该页面拖放一个 Label 控件。

（3）在 ConnectionDemo. aspx. cs 文件中使用下列代码引入命名空间。

```
using System.Data;
using System.Data.SqlClient;
using System.Configuration;
```

（4）在 Page_Load 事件处理方法中添加以下代码。

```
protected void Page_Load(object sender,EventArgs e)
{
    //从 web.config 文件中读取数据库连接字符串
    string strCnn = ConfigurationManager.ConnectionStrings
                ["StudentCnnString"].ConnectionString;
    //定义连接对象
    SqlConnection cnn = new SqlConnection(strCnn);
    //打开数据库连接
    cnn.Open();
    Label1.Text = "成功建立 Sql Server 2008 数据库连接";
    cnn.Close();
}
```

（5）运行 ConnectionDemo. aspx 的页面，效果如图 8-10 所示。

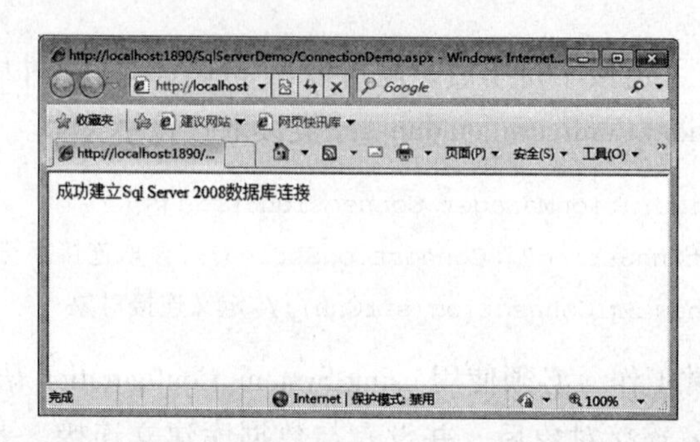

图 8-10　ConnectionDemo. aspx 页面运行效果

在连接数据库的过程中，可能发生各种异常，如非法的连接字符串；服务器或数据库不存在；登录失败；非法的 SQL 语法；非法的表名或字段名。因此在编写数据库连接代码时，经常使用结构化异常处理语句 try-catch-finally 来处理异常。将上例的 Page_Load 代码改写如下：

```
protected void Page_Load(object sender,EventArgs e)
{
     //从 web.config 文件中读取数据库连接字符串
     string strCnn = ConfigurationManager.ConnectionStrings
                 ["StudentCnnString"].ConnectionString;
     //定义连接对象
     SqlConnection cnn = new SqlConnection(strCnn);
```

```
        try
        {
            //判断数据库连接状态,如果是关闭的,则需要用 Open()打开
            if(cnn.State==ConnectionState.Closed)
                cnn.Open();//打开数据库连接
            Label1.Text="成功建立 Sql Server 2008 数据库连接";
        }
        catch (Exception ex)
        {
            Label1.Text="创建连接失败,错误原因:"+ex.Message;
        }
        finally
        {
            //判断数据库连接状态,如果是打开的,则需要用 Close()关闭
            if(cnn.State==ConnectionState.Open)
                cnn.Close();
        }
    }
```

8.2.2　使用 SqlCommand 对象执行数据库命令

成功连接数据库后，接着就可以使用 SqlCommand 对象对数据库进行各种操作，如读取、插入、修改和删除等操作。

SqlCommand 对象的常用属性列于表 8-7 中。

表 8-7　SqlCommand 对象的常用属性

属　　性	说　　明
CommandText	获取或设置要对数据源执行的 SQL 命令、存储过程或数据表名称
CommandType	获取或设置命令类型，可取的值：CommandType. Text、CommandType. StoredProduce 或 CommandType. TableDirect，分别对应 SQL 命令、存储过程或数据表名称，默认值为 Text
Connection	获取或设置 SqlCommand 对象所使用的数据连接属性
Parameters	SQL 命令参数集合
Transaction	设置 Command 对象所属的事务

建立 SqlCommand 对象的方法有四种：

- SqlCommand 对象名 = new SqlCommand( );
- SqlCommand 对象名 = new SqlCommand("SQL 命令");
- SqlCommand 对象名 = new SqlCommand("SQL 命令" ,连接对象);
- SqlCommand 对象名 = new SqlCommand("SQL 命令" ,连接对象,事务对象);

例如:

```
SqlCommand cmd=new SqlCommand("Select * from StuInfo",cnn);
```

等价于：

```
SqlCommand cmd = new SqlCommand();
cmd.CommandText = "Select * from StuInfo";
cmd.Connection = cnn;
```

下面介绍 SqlCommand 对象的常用方法，如表 8-8 所示。

表 8-8　SqlCommand 对象的常用方法

方　　法	说　　明
Cancel	取消 SqlCommand 对象的执行
CreateParameter	创建 Paramater 对象
ExecuteNonQuery	执行 CommandText 属性指定的内容，返回数据表被影响的行数。该方法用于执行 Insert、Update 和 Delete 命令
ExecuteReader	执行 CommandText 属性指定的内容，返回 DataReader 对象。该方法用于执行返回多条记录的 Select 命令
ExecuteScalar	执行 CommandText 属性指定的内容，以 object 类型返回结果表第一行第一列的值。该方法一般用来执行查询单值的 Select 命令
ExecuteXmlReader	执行 CommandText 属性指定的内容，返回 XmlReader 对象。该方法以 XML 文档格式返回结果集

SqlCommand 对象主要提供了四种执行 SQL 命令的方法：ExecuteNonQuery( )、ExecuteReader ( )、ExecuteScalar( ) 和 ExecuteXmlReader( )，要注意每种方法的特点及使用场合。

本节主要讨论 ExecuteNonQuery( )和 ExecuteScalar( )方法的使用，由于 ExecuteReader( )方法必须与 DataReader 对象一起使用，因此该方法将在 8.2.3 节中讨论。

1. ExecuteNonQuery 方法 

ExecuteNonQuery 方法用于执行 Insert、Update 和 Delete 命令，因此可以增加、修改和删除数据库中的数据。增加、修改和删除数据库中数据的步骤相同，具体描述如下。

①创建 SqlConnection 对象，设置连接字符串。

②创建 SqlCommand 对象，设置它的 Connection 和 CommandText 属性，分别表示数据库连接和需要执行的 SQL 命令。

③打开数据库连接。

④使用 SqlCommand 对象的 ExecuteNonQuery 方法执行 CommandText 中的命令；并根据返回值判断对数据库操作是否成功。

⑤关闭数据库连接。

下面分别演示如何增加、修改和删除数据库中的数据。

【例 8-3】 使用 ExecuteNonQuery 方法增加 Student 数据库中 UserInfo 表的用户信息。

（1）在 SqlServerDemo 网站中，添加一个名为 Command_InsertDemo.aspx 的网页。

（2）Command_InsertDemo.aspx 页面的设计视图如图 8-11 所示。

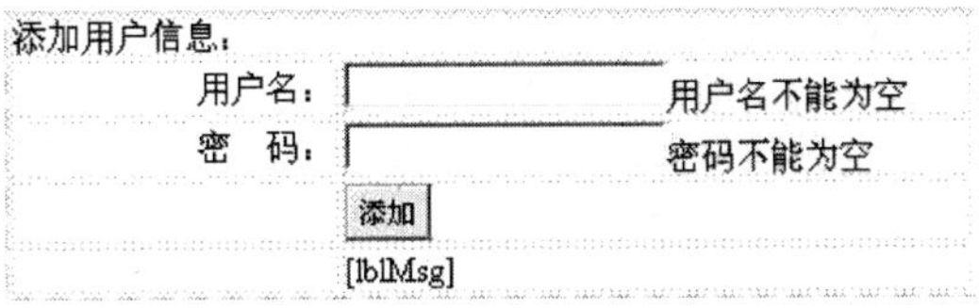

添加用户信息：
用户名：　用户名不能为空
密　码：　密码不能为空
添加
[lblMsg]

图8-11　Command_InsertDemo. aspx 页面的设计视图

Command_InsertDemo. aspx 页面设计视图中控件的主要属性列于表 8-9 中。

表 8-9　Command_InsertDemo. aspx 页面设计视图中控件的主要属性

控件类型	名　　称	属性名称	属性值
TextBox	txtName		
TextBox	txtPassword	TextMode	Password
Button	btnAdd	Text	添加
RequiredFieldValidator	RequiredFieldValidator1	ControlToValidate	txtName
		ErrorMessage	用户名不能为空
RequiredFieldValidator	RequiredFieldValidator2	ControlToValidate	txtPassword
		ErrorMessage	密码不能为空
Label	lblMsg		

为 btnAdd 按钮添加 Click 事件，其事件处理方法为 btnAdd_Click。切换源视图，控件声明代码如下：

```
<table width = "450" >
    <tr >
        <td colspan = "2" >添加用户信息：</td >
  </tr >
    <tr >
        <td style = "text-align: right" width = "150" > 用户名：</td >
        <td >
          <asp:TextBox ID = "txtName" runat = "server" Width = "150px" >
              </asp:TextBox >
          <asp:RequiredFieldValidator ID = "RequiredFieldValidator1" runat = "server"
                ControlToValidate = " txtName" ErrorMessage = "用户名不能为空" >
          </asp:RequiredFieldValidator >
        </td >
    </tr >
    <tr >
        <td style = "text-align: right" > 密     码：</td >
        <td >
            <asp:TextBox ID = "txtPassword" runat = "server" TextMode = "Password"
                  Width = "150px" > </asp:TextBox >
            <asp:RequiredFieldValidator ID = "RequiredFieldValidator2"
```

```
                runat = "server"
                ControlToValidate = "txtPassword" ErrorMessage = "密码不能为空" >
            </asp:RequiredFieldValidator>
        </td>
    </tr>
    <tr>
        <td > </td>
        <td><asp:Button ID = "btnAdd" runat = "server" Text = "添加"
              onclick = "btnAdd_Click" />
        </td>
    </tr>
    <tr>
        <td>  </td>
        <td><asp:Label ID = "lblMsg" runat = "server" > </asp:Label> </td>
    </tr>
</table>
```

(3) 双击设计视图中的"添加"按钮，在后台代码页 Command_InsertDemo. aspx. cs 文件中添加命名空间的引用及 btnAdd_Click 事件处理代码。

```
...
using System.Data;
using System.Data.SqlClient;
using System.Configuration;
using System.Web.Security;
...
protected void btnAdd_Click(object sender,EventArgs e)
{
    if (this.IsValid)//页面验证通过
    {
        string strCnn = ConfigurationManager.ConnectionStrings
                ["StudentCnnString"].ConnectionString;
        SqlConnection cnn = new SqlConnection(strCnn);
        SqlCommand cmd = new SqlCommand();//创建命令对象
        cmd.Connection = cnn;//设置命令对象的数据连接属性
        string name = txtName.Text.Trim();//读取用户名
        string password = txtPassword.Text.Trim();//读取密码
        //使用 md5 加密算法对密码进行加密
          password = FormsAuthentication.HashPasswordForStoringInConfigFile (password,"
        md5");
        //把 SQL 语句赋给命令对象
        cmd.CommandText = "insert into UserInfo(UserId,Password) values('" + name + "',
        '" + password + "')";
        try
```

```
        {
            cnn.Open();//打开数据库连接
            cmd.ExecuteNonQuery();//执行SQL命令
            lblMsg.Text="用户添加成功!";
        }
        catch (Exception ex)
        {
            lblMsg.Text="用户添加失败,错误原因:"+ex.Message;
        }
        finally
        {
            if (cnn.State==ConnectionState.Open)
                  cnn.Close();
        }
    }
}
```

（4）运行该页面，添加一个用户名为admin，密码为123的用户，单击“添加”按钮后，用户添加成功。页面运行效果如图8-12所示。

图8-12　Command_InsertDemo. aspx页面运行效果

本例的代码中通过System. Web. Security. FormsAuthentication. HashPasswordForStoringIn-ConfigFile(password,"md5")方法将输入的密码经过md5加强算法加密后保存到数据库中，这种加密方法是单向的，无法解密，较为安全，适合本例的使用场景。查看UserInfo表，可以看到admin用户添加成功，并且密码为加密后的值202CB962AC59075B964B07152D234B70。在ASP. NET中还有一些其他的加密方法，这里就不作讨论。

【**例8-4**】使用ExecuteNonQuery方法修改Student数据库中UserInfo表的用户信息。

（1）在SqlServerDemo网站中，添加一个名为Command_UpdateDemo. aspx的网页。

（2）Command_UpdateDemo. aspx页面的设计视图如图8-13所示。

将Command_UpdateDemo. aspx页面的设计视图中控件的主要属性列于表8-10中。

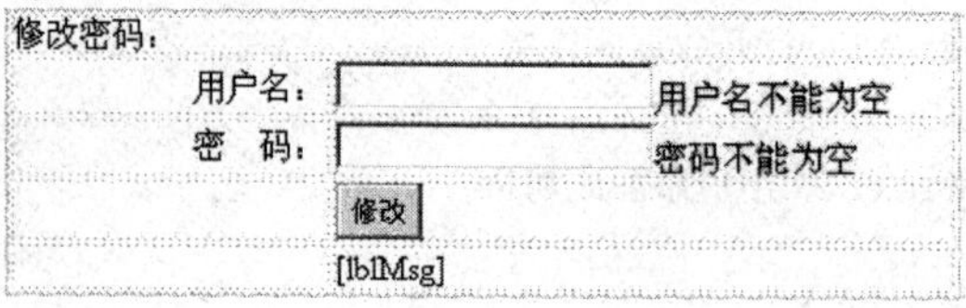

图8-13 Command_UpdateDemo. aspx 页面的设计视图

表 8-10 Command_UpdateDemo. aspx 页面的设计视图中控件的主要属性

控件类型	名 称	属性名称	属性值
TextBox	txtName		
TextBox	txtPassword	TextMode	Password
Button	btnUpdate	Text	修改
RequiredFieldValidator	RequiredFieldValidator1	ControlToValidate	txtName
		ErrorMessage	用户名不能为空
RequiredFieldValidator	RequiredFieldValidator2	ControlToValidate	txtPassword
		ErrorMessage	密码不能为空
Label	lblMsg		

（3）为 btnUpdate 按钮添加 Click 事件，其事件处理方法为 btnUpdate_Click。在后台代码页 Command_UpdateDemo. aspx. cs 文件中添加命名空间的引用及 btnUpdate_Click 事件处理代码。

```
...
using System.Data;
using System.Data.SqlClient;
using System.Configuration;
using System.Web.Security;
...
protected void btnUpdate_Click(object sender,EventArgs e)
{
    if (this.IsValid)//页面验证通过
    {
        string strCnn = ConfigurationManager.ConnectionStrings
                ["StudentCnnString"].ConnectionString;
        SqlConnection cnn = new SqlConnection(strCnn);
        SqlCommand cmd = new SqlCommand();//创建命令对象
        cmd.Connection = cnn;//设置命令对象的数据连接属性
        string name = txtName.Text.Trim();//读取用户名
        string password = txtPassword.Text.Trim();//读取密码
        //使用 md5 加密算法对密码进行加密
        password = FormsAuthentication.HashPasswordForStoringInConfigFile (password,"
        md5");
        //把 SQL 语句赋给命令对象
```

```
            cmd.CommandText = "update UserInfo set Password = '" + password + "'where UserId = '" + name + "'";
            try
            {
                cnn.Open();//打开数据库连接
                int updateCount = cmd.ExecuteNonQuery();//执行 SQL 命令
                if(updateCount == 1)
                    lblMsg.Text = "密码修改成功!";
                else
                    lblMsg.Text = "该用户记录不存在!";
            }
            catch (Exception ex)
            {
                lblMsg.Text = "密码修改失败,错误原因:" + ex.Message;
            }
            finally
            {
                if (cnn.State == ConnectionState.Open)
                    cnn.Close();
            }
        }
    }
```

(4) 运行该页面，将 admin 用户的密码修改为 111，单击“修改”按钮后，密码修改成功。效果如图 8-14 所示。

图 8-14　Command_UpdateDemo. aspx 页面运行效果

【例 8-5】 使用 ExecuteNonQuery 方法删除 Student 数据库中 UserInfo 表的用户信息。

(1) 在 SqlServerDemo 网站中，添加一个名为 Command_DeleteDemo. aspx 的网页。

(2) Command_DeleteDemo. aspx 页面的设计视图如图 8-15 所示。

将 Command_DeleteDemo. aspx 页面设计视图中控件的主要属性列于表 8-11 中。

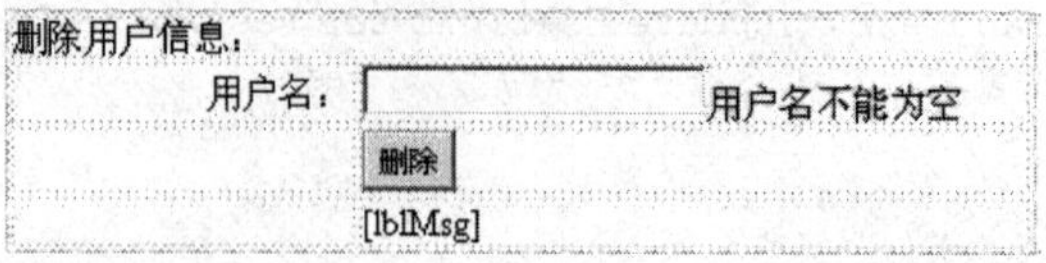

图8-15　Command_DeleteDemo. aspx 页面的设计视图

表 8-11　Command_DeleteDemo. aspx 页面设计视图中控件的主要属性

控件类型	名　　称	属性名称	属性值
TextBox	txtName		
Button	btnDelete	Text	删 除
RequiredFieldValidator	RequiredFieldValidator1	ControlToValidate	txtName
		ErrorMessage	用户名不能为空
Label	lblMsg		

（3）为 btnDelete 按钮添加 Click 事件，其事件处理方法为 btnDelete_Click。在后台代码页 Command_DeleteDemo. aspx. cs 文件中添加命名空间的引用及 btnDelete_Click 事件处理代码。

```
...
using System. Data;
using System. Data. SqlClient;
using System. Configuration;
...
protected void btnDelete_Click(object sender,EventArgs e)
{
    if (this. IsValid)//页面验证通过
    {
        string strCnn = ConfigurationManager. ConnectionStrings
                    ["StudentCnnString"]. ConnectionString;
        SqlConnection cnn = new SqlConnection(strCnn);
        SqlCommand cmd = new SqlCommand();//创建命令对象
        cmdConnection = cnn;//设置命令对象的数据连接属性
        //把 SQL 语句赋给命令对象
        cmd. CommandText = "delete UserInfo where UserId = "'" +
                      txtName. Text. Trim() + "'";
        try
        {
            cnn. Open();//打开数据库连接
            int deleteCount = cmd. ExecuteNonQuery();//执行 SQL 命令
            if (deleteCount == 1)
                lblMsg. Text = "用户删除成功!";
            else
                lblMsg. Text = "该用户记录不存在!";
```

```
            }
            catch (Exception ex)
            {
                lblMsg.Text = "用户删除失败,错误原因:" + ex.Message;
            }
            finally
            {
                if (cnn.State == ConnectionState.Open)
                    cnn.Close();
            }
        }
    }
```

(4) 运行该页面，输入 admin 用户，单击“删除”按钮后，用户删除成功。效果如图 8-16所示。

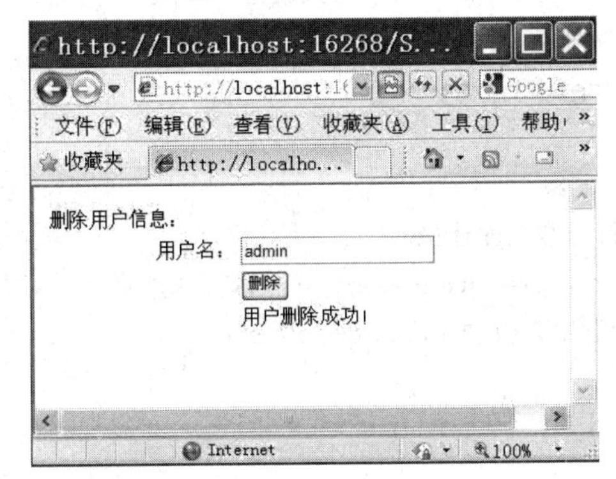

图 8-16　Command_DeleteDemo. aspx 页面运行效果

从以上三例中可以看出，使用 Command 对象的 ExecuteNonQuery 方法对数据库进行增、删、改操作时，处理方法类似。

2. ExecuteScalar *方法* 

ExecuteScalar 方法一般用来执行查询单值的 Select 命令，它以 object 类型返回结果表第一行第一列的值。对数据库进行操作时，具体步骤如下。

①创建 SqlConnection 对象，设置连接字符串。

②创建 SqlCommand 对象，设置它的 Connection 和 CommandText 属性。

③打开数据库连接。

④使用 SqlCommand 对象的 ExecuteScalar 方法执行 CommandText 中的命令；并返回结果表第一行第一列的值供应用程序使用。

⑤关闭数据库连接。

【例 8-6】 使用 ExecuteScalar 方法查询 Student 数据库中 StuInfo 表的学生人数。

(1) 在 SqlServerDemo 网站中，添加一个名为 Command_ExecuteScalar. aspx 的网页。在页面中放置一个 Label 控件，取名为 lblMsg。

（2）在后台代码页 Command_ExecuteScalar. aspx. cs 文件中添加命名空间的引用及 Page_Load 事件处理代码。

```
...
using System.Data;
using System.Data.SqlClient;
using System.Configuration;
...
protected void Page_Load(object sender,EventArgs e)
{
    string strCnn = ConfigurationManager.ConnectionStrings
                    ["StudentCnnString"].ConnectionString;
    SqlConnection cnn = new SqlConnection(strCnn);
    SqlCommand cmd = new SqlCommand();//创建命令对象
    cmd.Connection = cnn;//设置命令对象的数据连接属性
    //把 SQL 语句赋给命令对象
    cmd.CommandText = "select count(*) from stuInfo";
    try
    {
        cnn.Open();//打开数据库连接
        object count = cmd.ExecuteScalar();//执行 SQL 命令,返回 object 类型的数据
        lblMsg.Text = "学生人数:" + count.ToString();
    }
    catch (Exception ex)
    {
        lblMsg.Text = "查询失败,错误原因:" + ex.Message;
    }
    finally
    {
        if (cnn.State == ConnectionState.Open)
          cnn.Close();
    }
}
```

（3）运行该页面，效果如图 8-17 所示。

图 8-17　Command_ExecuteScalar. aspx 页面运行效果

8.2.3 使用 SqlDataReader 读取数据

SqlDataReader 对象是一个向前只读的记录指针，用于快速读取数据。对于只需要顺序显示数据表中记录的应用而言，SqlDataReader 对象是比较理想的选择。

在读取数据时，它需要与数据源保持实时连接，以循环的方式读取结果集中的数据。这个对象不能直接实例化，而必须调用 SqlCommand 对象的 ExecuteReader 方法才能创建有效的 SqlDataReader 对象。SqlDataReader 对象一旦创建，即可通过对象的属性、方法访问数据源中的数据。

SqlDataReader 对象的常用属性如下。

- FieldCount：获取由 SqlDataReader 得到的一行数据中的字段数。
- IsClosed：获取 SqlDataReader 对象的状态。true 表示关闭，false 表示打开。
- HasRows：表示 SqlDataReader 是否包含数据。

SqlDataReader 对象的常用方法如下。

- Close( )方法：不带参数，无返回值，用来关闭 SqlDataReader 对象。
- Read( )方法：让记录指针指向本结果集中的下一条记录，返回值是 true 或 false。
- NextResult( )方法：当返回多个结果集时，使用该方法让记录指针指向下一个结果集。当调用该方法获得下一个结果集后，依然要用 Read 方法来遍历访问该结果集。
- GetValue(int i)方法：根据传入的列的索引值，返回当前记录行里指定列的值。由于事先无法预知返回列的数据类型，所以该方法使用 object 类型来接收返回数据。
- GetValues(object[ ]values)方法：该方法会把当前记录行里所有的数据保存到一个数组里。可以使用 FieldCount 属性来获知记录里字段的总数，据此定义接收返回值的数组长度。
- GetDataTypeName(int i)方法：通过输入列索引，获得该列的类型。
- GetName(int i)方法：通过输入列索引，获得该列的名称。综合使用 GetName 和 GetValue 两方法，可以获得数据表里列名和列的字段值。
- IsDBNull(int i)方法：判断指定索引号的列的值是否为空，返回 true 或 false。

使用 SqlDataReader 对象查询数据库的一般步骤如下。

①创建 SqlConnection 对象，设置连接字符串。

②创建 SqlCommand 对象，设置它的 Connection 和 CommandText 属性，分别表示数据库连接和需要执行的 SQL 命令。

③打开数据库连接。

④使用 SqlCommand 对象的 ExecuteReader 方法执行 CommandText 中的命令，并把返回的结果放在 SqlDataReader 对象中。

⑤通过循环，处理数据库查询结果。

⑥关闭数据库连接。

【例 8-7】 使用 SqlDataReader 对象读取 StuInfo 表的记录。

（1）在 ServerDemo 网站中，添加一个名为 DataReaderDemo. aspx 的网页。

（2）在后台代码页 DataReaderDemo. aspx. cs 文件中添加命名空间的引用及 Page_Load 事件处理代码。

```
...
using System.Data;
using System.Data.SqlClient;
using System.Configuration;
...
protected void Page_Load(object sender,EventArgs e)
{
    string strCnn = ConfigurationManager.ConnectionStrings
                    ["StudentCnnString"].ConnectionString;
    SqlConnection cnn = new SqlConnection(strCnn);
    SqlCommand cmd = new SqlCommand();
    cmd.Connection = cnn;
    cmd.CommandText = "select * from StuInfo";
    SqlDataReader stuReader = null;//创建 DataReader 对象的引用
    try
    {
        if(cnn.State == ConnectionState.Closed)
            cnn.Open();
        //执行 SQL 命令,并获取查询结果
        stuReader = cmd.ExecuteReader();
        //依次读取查询结果的字段名称,并以表格的形式显示
        Response.Write("<table border = '1'><tr align = 'center'>");
        for (int i = 0; i < stuReader.FieldCount; i++)
        {
            Response.Write("<td>" + stuReader.GetName(i) + "</td>");
        }
        Response.Write("</tr>");
        //如果 DataReader 对象成功获得数据,返回 true,否则返回 false
        while (stuReader.Read())
        {
            //依次读取查询结果的字段值,并以表格的形式显示
            Response.Write("<tr>");
            for (int j = 0; j < stuReader.FieldCount; j++)
            {
                Response.Write("<td>" + stuReader.GetValue(j) + "</td>");
            }
            Response.Write("</tr>");
        }
        Response.Write("</table>");
    }
    catch (Exception ex)
    {
        Response.Write("用户添加失败,错误原因:" + ex.Message);
    }
    finally
    {
```

```
            //关闭 DataReader 对象
            if(stuReader.IsClosed == false)
                stuReader.Close();
            if(cnn.State == ConnectionState.Open)
                cnn.Close();
        }
    }
```

（3）运行该页面，效果如图 8-18 所示。

StuNo	Name	Sex	Birth	MajorId
1	张三	男	1990-9-20 0:00:00	1
2	李四	男	1990-8-10 0:00:00	1
3	王五	男	1989-3-4 0:00:00	2
4	陈豪	男	1988-2-3 0:00:00	2
5	张庭	女	1991-5-6 0:00:00	3
6	李勇	男	1988-4-6 0:00:00	3
7	王燕	女	1990-5-12 0:00:00	4
8	赵倩	女	1989-12-23 0:00:00	4

图 8-18　DataReaderDemo. aspx 页面运行效果

上述代码中，当 SqlCommand 的 ExecuteReader 方法返回 SqlDataReader 对象后，需要通过 while 循环，利用 SqlDataReader 对象的 Read 方法来获得第一条记录；当读定一条记录想获得下一条记录时，仍用 Read 方法。如果当前记录已经是最后一条，调用 Read 方法将返回 false。也就是说，只要该方法返回 true，则可以访问当前记录所包含的字段。

由于 SqlDataReader 在执行 SQL 命令时一直要保持与数据库的连接，所以在 SqlDataReader 对象开启的状态下，该对象所对应的 SqlConnection 连接对象不能用来执行其他的操作。所以，在使用完 SqlDataReader 对象时，一定要使用 Close 方法关闭该 SqlDataReader 对象，否则不仅会影响到数据库连接的效率，更会阻止其他对象使用 SqlConnection 连接对象来访问数据库。

使用 SqlDataReader 对象时，应注意以下几点。

①读取数据时，SqlConnection 对象必须处于打开状态。

②必须通过 SqlCommand 对象的 ExecuteReader( ) 方法，产生 SqlDataReader 对象的实例。

③只能按向下的顺序逐条读取记录，不能随机读取，且无法直接获知读取记录的总数。

④DataReader 对象管理的查询结果是只读的，不能修改。

上面介绍的都是通过 SqlDataReader 对象的 Read 方法遍历读取查询结果集。在 Visual Studio 2010 的 Web 应用程序中，提供了大量列表绑定控件，可以直接将 SqlDataReader 对象绑定到控件来显示查询结果。与控件绑定时，主要设置控件的以下属性和方法。

◆ DataSource 属性：设置控件的数据源，可以是 SqlDataReader 对象，也可以是 DataSet 对象。

- DataMember 属性：当数据源为 DataSet 对象时，设置控件要显示的数据表名。
- DataTextField 属性：对于绑定 DropDownList、ListBox 等控件时，设置显示数据的字段名称。
- DataValueField 属性：对于绑定 DropDownList、ListBox 等控件时，设置隐藏值的字段名称。
- DataBind 方法：设置完控件的绑定属性后，调用该方法将数据绑定到控件上。

【例 8-8】 将 SqlDataReader 对象与 DropDownList 控件绑定。本示例主要在 DropDownList 控件中显示 Major 表的记录。

（1）在 SqlServerDemo 网站中，添加一个名为 DataReader_DataBind. aspx 的网页。在页面中放置一个 DropDownList 控件。

（2）在后台代码页 DataReader_DataBind. aspx. cs 文件中添加命名空间的引用及 Page_Load 事件处理代码。

```
...
using System.Data;
using System.Data.SqlClient;
using System.Configuration;
...
protected void Page_Load(object sender,EventArgs e)
{
    string strCnn = ConfigurationManager.ConnectionStrings
                ["StudentCnnString"].ConnectionString;
    SqlConnection cnn = new SqlConnection(strCnn);
    SqlCommand cmd = new SqlCommand();
    cmd.Connection = cnn;
    cmd.CommandText = "select * from Major";
    SqlDataReader MajorReader = null;
    try
    {
        if (cnn.State == ConnectionState.Closed)
            cnn.Open();
        MajorReader = cmd.ExecuteReader();
        DropDownList1.DataSource = MajorReader;//设置 DropDownList1 的数据源
        DropDownList1.DataTextField = "MajorName";//设置显示数据的字段
        DropDownList1.DataValueField = "MajorId";//设置隐藏值的字段
        DropDownList1.DataBind();//数据绑定
    }
    catch (Exception ex)
    {
        Response.Write("用户添加失败,错误原因:" + ex.Message);
    }
    finally
    {
        //关闭 DataReader 对象
        if (MajorReader.IsClosed == false)
            MajorReader.Close();
```

```
            if (cnn.State == ConnectionState.Open)
                cnn.Close();
        }
    }
```

（3）运行该页面，效果如图 8-19 所示。

图 8-19　DataReader_DataBind.aspx 页面运行效果

8.2.4　为 SqlCommand 对象传递参数 

在讨论如何为 SqlCommand 对象传递参数前，先来看一个例子。

【例 8-9】 创建一个登录页面。

（1）在 SqlServerDemo 网站中，添加一个名为 Login. aspx 的网页。页面的设计视图如图 8-20 所示。

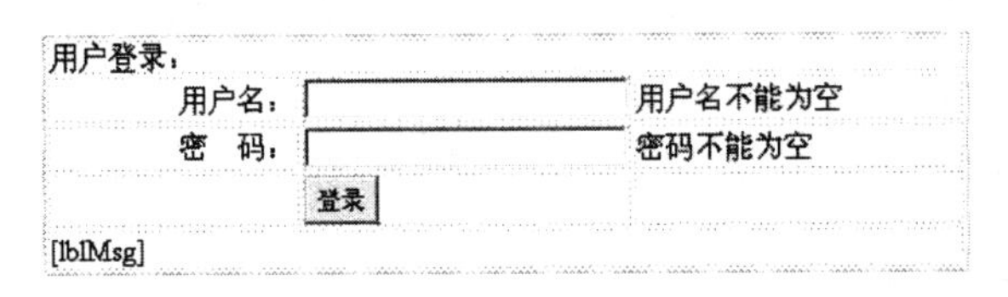

图 8-20　Login. aspx 页面的设计视图

Login. aspx 页面设计视图中控件的主要属性列于表 8-12 中。

表 8-12　Login. aspx 页面设计视图中控件的主要属性

控件类型	名　　称	属性名称	属性值
TextBox	txtName		
TextBox	txtPassword	TextMode	Password
Button	btnLogin	Text	登录
RequiredFieldValidator	RequiredFieldValidator1	ControlToValidate	txtName
		ErrorMessage	用户名不能为空
RequiredFieldValidator	RequiredFieldValidator2	ControlToValidate	txtPassword
		ErrorMessage	密码不能为空
Label	lblMsg		

（2）为 btnLogin 按钮添加 Click 事件，其事件处理方法为 btnLogin_Click。在后台代码页 Login. aspx. cs 文件中添加命名空间的引用及 btnLogin_Click 事件处理代码。

```
...
using System.Data;
using System.Data.SqlClient;
using System.Configuration;
using System.Web.Security;
...
protected void btnLogin_Click(object sender,EventArgs e)
{
    if (this.IsValid)
    {
        string strCnn = ConfigurationManager.ConnectionStrings
                        ["StudentCnnString"].ConnectionString;
        SqlConnection cnn = new SqlConnection(strCnn);
        SqlCommand cmd = new SqlCommand();
        cmd.Connection = cnn;
        string name = txtName.Text.Trim();
        string password = txtPassword.Text.Trim();
        password = FormsAuthentication.HashPasswordForStoringInConfigFile(password,"
        md5");
        //通过字符串直接串接的方法构建 SQL 命令
        cmd.CommandText = "select * from UserInfo where UserId = '" + name + "'and
        Password = '" + password + "'";
        SqlDataReader UserReader = null;
        try
        {
            if (cnn.State == ConnectionState.Closed)
                cnn.Open();
            UserReader = cmd.ExecuteReader();
            if (UserReader.Read())//读取查询结果,这里最多只有一条记录
            {
                //验证通过,保存用户名信息,并跳转到其他页面
                Session["UserId"] = name
                Response.Redirect("~/DataReaderDemo.aspx");
            }
            else
            {
                lblMsg.Text = "用户名、密码不正确!";
            }
        }
        catch (Exception ex)
        {
            Response.Write("用户登录失败,错误原因:" + ex.Message);
        }
```

```
            finally
            {
                if (UserReader.IsClosed == false)
                    UserReader.Close();
                if (cnn.State == ConnectionState.Open)
                    cnn.Close();
            }
        }
    }
```

（3）运行该页面，正确输入数据表 UserInfo 中已有的用户名和密码，可以通过验证并跳转到 DataReaderDemo. aspx 页面。如果用户恶意输入一些 SQL 脚本，将可能造成 SQL 注入性攻击。例如，在用户名处输入如图 8-21 所示的两种情况，即使没有输入正确的用户名和密码，也能通过验证继续访问网站内容，甚至可以更改数据库信息。

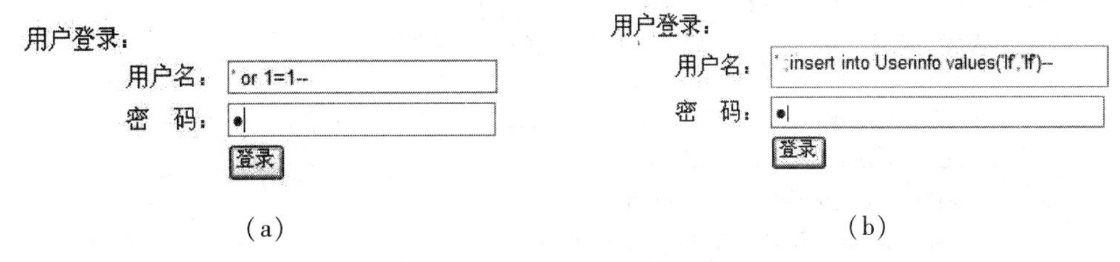

图 8-21　SQL 注入性攻击

上面这种通过简单的字符串串接配置 SQL 语句的方法，不能防止可能的 SQL 注入性攻击。因此，需要采用其他方法来防止注入性攻击，其中一种简单而有效的方法就是使用参数来配置 SQL 语句。在大多数重要的数据库编程中，无论多么简单，一般都采用参数化方法。下面来讨论参数化 SQL 语句的使用。

【例 8-10】 使用参数化的方法安全登录网站。 

（1）在 SqlServerDemo 网站的 Login. aspx 页面中。在“登录”按钮后面再添加一个“登录（带参）”按钮，取名为 btnLoginparam，页面的设计视图如图 8-22 所示。

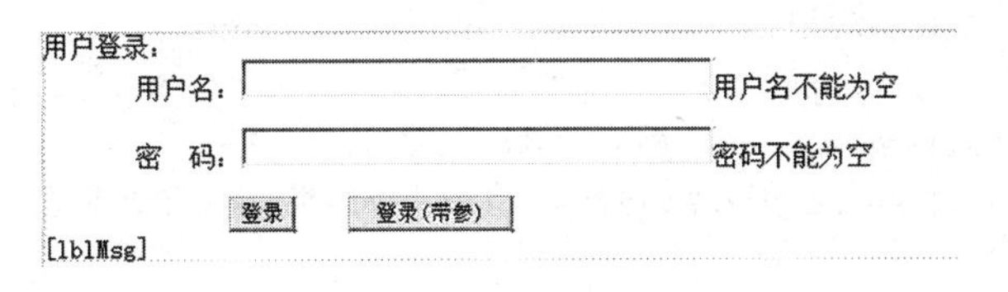

图 8-22　Login. aspx 页面的设计视图

（2）为 btnLoginparam 按钮添加 Click 事件，其事件处理方法为 btnLoginparam_Click。在后台代码页 Login. aspx. cs 文件中添加 btnLoginparam_Click 事件处理代码。

```
protected void btnLoginparam_Click(object sender,EventArgs e)
{
    if (this.IsValid)
    {
```

```
string strCnn = ConfigurationManager. ConnectionStrings
                ["StudentCnnString"]. ConnectionString;
SqlConnection cnn = new SqlConnection(strCnn);
SqlCommand cmd = new SqlCommand();
cmd. Connection = cnn;
string name = txtName.Text.Trim();
string password = txtPassword.Text.Trim();
password = FormsAuthentication.HashPasswordForStoringInConfigFile (pass-
           word,"md5");
//设置带参的 SQL 命令
cmd.CommandText = "select * from UserInfo where UserId = @UserId
                   and Password = @Password";
//为 Command 对象准备@UserId 参数
SqlParameter userIdParam = new SqlParameter();
userIdParam. ParameterName = "@UserId";
userIdParam. SqlDbType = SqlDbType. VarChar;
userIdParam. Size = 20;
userIdParam. Direction = ParameterDirection. Input;
userIdParam. Value = name;
cmd.Parameters. Add(userIdParam);
//为 Command 对象准备@Password 参数
SqlParameter passwordParam = new SqlParameter();
passwordParam. ParameterName = "@Password";
passwordParam. SqlDbType = SqlDbType. VarChar;
passwordParam. Size = 32;
passwordParam. Direction = ParameterDirection. Input;
passwordParam. Value = Password;
//将准备好的参数对象添加到 Command 对象中
cmd. Parameters. Add(passwordParam);
SqlDataReader UserReader = null;
try
{
    if (cnn. State == ConnectionState. Closed)
        cnn. Open();
    UserReader = cmd. ExecuteReader();
    if (UserReader. Read())//读取查询结果,这里最多只有一条记录
    {
        //验证通过,保存用户名信息,并跳转到其他页面
        Session["UserId"] = name;
        Response. Redirect("~/DataReaderDemo. aspx");
    }
    else
    {
        lblMsg. Text = "用户名、密码不正确!";
    }
}
```

```
            catch (Exception ex)
            {
                Response.Write("用户登录失败,错误原因:" + ex.Message);
            }
            finally
            {
                if (UserReader.IsClosed == false)
                    UserReader.Close();
                if (cnn.State == ConnectionState.Open)
                    cnn.Close();
            }
        }
    }
```

（3）运行该页面，输入一些 SQL 注入性内容，单击“登录（带参）”按钮，将无法通过验证。只有输入正确的用户名和密码才能通过验证。

从本例的代码中可以看出，在 SQL 命令中增加了参数后，必须创建相应的 SqlParameter 对象，给它提供必要的信息，如参数名、参数类型、参数值等，然后把准备好的 SqlParameter 对象添加到带参数的 SqlCommand 对象中，就可以执行 SqlCommand 对象。

表 8-13 列出了 SqlParameter 类的一些常用属性。

表 8-13　SqlParameter 类的常用属性

属　　性	说　　明
ParameterName	获取或设置参数的名称
SqlDbType	获取或设置参数的 SQL Server 数据库类型
Size	获取或设置参数值的长度
Direction	获取或设置参数的方向，例如，Input、Output 或 InputOutput
Value	获取或设置参数的值，这个值在运行期间传递给命令对象中定义的参数

当参数均为输入参数时，可以按如下方法简化参数赋值的代码：

```
cmd.Parameters.AddWithValue("@UserId",name);
cmd.Parameters.AddWithValue("@Password",Password);
```

采用这种方法，不需要定义 SqlParameter 对象，因此比较简单方便。

8.2.5　使用 SqlCommand 执行存储过程

存储过程是 SQL 语句和可选控制流语句的预编译集合，以一个名称存储并作为一个单元处理。在大中型的应用程序中，使用存储过程具有下列优点。

- 一次创建和测试好后，可以多次供应用程序调用。
- 数据库人员和 Web 应用程序开发人员可以独立地工作，简化了分工。
- Web 应用程序开发人员不直接访问数据库，提高了数据库的安全性。
- 存储过程在创建时即在服务器上进行预编译，因此具有较高的执行效率。
- 一个存储过程可以执行上百条 SQL 语句，降低网络通信量。

◆ 存储过程或数据库结构的更改不会影响应用程序，具有一定的灵活性。

存储过程按返回值的情况，同样分为三种：返回记录的存储过程；返回单个值的存储过程；执行操作的存储过程。使用 SqlCommand 对象执行存储过程与执行 SQL 语句一样，分为以下三种情况。

◆ 返回记录的存储过程：使用 SqlCommand 对象的 ExecuteReader 方法执行，并从数据库中获取查询结果集。

◆ 返回单值的存储过程：使用 SqlCommand 对象的 ExecuteScalar 方法执行，并从数据库中检索单个值。

◆ 执行操作的存储过程：使用 SqlCommand 对象的 ExecuteNonQuery 方法执行，并返回受影响的记录数。

下面举例介绍如何执行 SQL Server 数据库的存储过程。

【例 8-11】 使用存储过程的方法安全登录网站。

（1）在服务器资源管理器中，右击“存储过程”，在弹出的快捷菜单中选择“添加新存储过程”，如图 8-23 所示。创建一个名为 ProcLogin 的存储过程，代码如下：

```
CREATE PROCEDURE dbo.ProcLogin
(
    @UserId varchar(20),
    @Password varchar(32)
)
AS
    SELECT UserId,Password FROM UserInfo
        WHERE (UserId = @UserId) AND (Password = @Password)
```

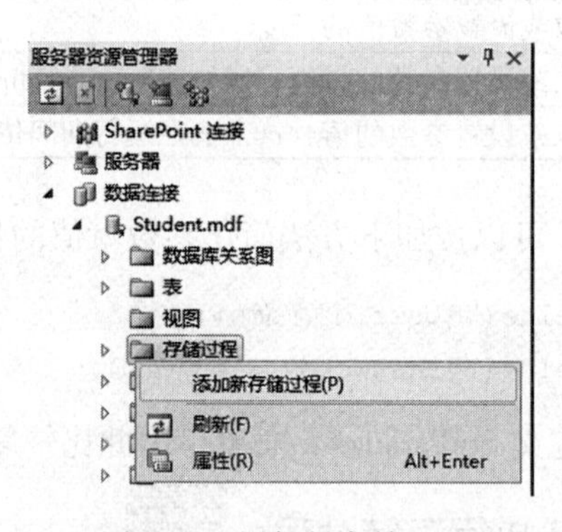

图 8-23　添加新存储过程

（2）在 SqlServerDemo 网站的 Login. aspx 页面中，再添加一个“登录（存储过程）”按钮，取名为 btnStoredProcdureLogin，页面的设计视图如图 8-24 所示。

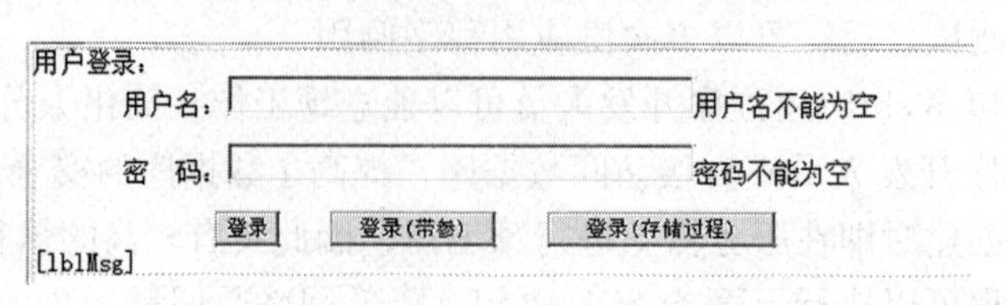

图 8-24　Login. aspx 页面的设计视图

（3）为 btnStoredProcdureLogin 按钮添加 Click 事件，其事件处理方法为 btnStoredProcdureLogin_Click。在后台代码页 Login. aspx. cs 文件中添加 btnStoredProcdureLogin_Click 事件处理代码。

```
protected void btnStoredProcdureLogin_Click(object sender,EventArgs e)
{
    if (this.IsValid)
    {
        string strCnn = ConfigurationManager.ConnectionStrings
                    ["StudentCnnString"].ConnectionString;
        SqlConnection cnn = new SqlConnection(strCnn);
        SqlCommand cmd = new SqlCommand();
        cmd.Connection = cnn;
        string name = txtName.Text.Trim();
        string password = txtPassword.Text.Trim();
        password = FormsAuthentication.HashPasswordForStoringInConfigFile(password,"
                md5");
        //设置存储过程的名称
        cmd.CommandText = "ProcLogin";
        //设置命令类型为存储过程
        cmd.CommandType = CommandType.StoredProcdure;
        //赋参数值
        cmd.Parameters.AddWithValue("@UserId",name);
        cmd.Parameters.AddWithValue("@Password",Password);
        SqlDataReader UserReader = null;
        try
        {
            if (cnn.State == ConnectionState.Closed)
                cnn.Open();
            UserReader = cmd.ExecuteReader();
            if (UserReader.Read())//读取查询结果,这里最多只有一条记录
            {
                //验证通过,保存用户名信息,并跳转到其他页面
                Session["UserId"] = name;
                Response.Redirect(" ~/DataReaderDemo.aspx");
            }
            else
            {
                lblMsg.Text = "用户名、密码不正确!";
            }
        }
        catch (Exception ex)
        {
            Response.Write("用户登录失败,错误原因:" + ex.Message);
        }
        finally
```

```
            {
                if (UserReader.IsClosed == false)
                    UserReader.Close();
                if (cnn.State == ConnectionState.Open)
                    cnn.Close();
            }
        }
    }
```

（4）运行该页面，输入正确的用户名和密码后，单击“存储过程登录”按钮，将通过验证。同样，输入一些 SQL 注入性内容，将无法通过验证。存储过程也能有效地防止可能的 SQL 注入性攻击。

8.2.6 使用事务处理

事务处理用于维护操作的一致性和完整性。一个经典的例子就是银行转账，例如，两个账户间转账时，从 A 账户转 2 000 元到 B 账户，首先需要从 A 账户中扣除 2 000 元，然后 B 账户增加 2 000 元。只有当两个操作都完成后，才表示转账成功。任何一项操作发生意外，两个操作都必须失败，即 A 账户不扣钱，B 账户不加钱。否则后果将会非常严重。

在数据库应用系统中，事务处理是指确保同时对多个表的操作要么成功，要么失败。例如，电子商务网站中的订单表 Orders 和订单明细表 OrderDetails，如果删除了 Orders 表中的某条记录，则必须要同时删除与此记录相关联的 OrderDetails 表中的记录，否则会出现数据信息的不完整。

在 . NET 中，事务处理机制共有四种：数据库事务；ADO. NET 事务；ASP. NET 事务；企业服务级事务。

每种事务处理机制都有各自的使用场景。数据库事务是应用程序调用数据库的存储过程时，在存储过程中开始一个事务，如果每条语句都执行成功则提交，如果有错误发生就会回滚。

如果在应用程序中需要多次对数据库进行操作，例如，插入订单表的记录后，需要插入多个订单明细到订单明细表中，这时可以采用 ADO. NET 事务机制。ADO. NET 事务允许在当前的连接上创建一个事务上下文，对数据库进行多次操作，全部操作成功，则提交，否则回滚。

ASP. NET 事务是在 Web 应用程序的页面层工作，只需简单地在页面属性中加一个“Transaction = "Required"”，这样在页面中的事件处理都作为页面整个事务的一部分，该页面的任何处理出现错误，所有的处理都将回滚。

企业服务型组件通过资源管理器和分布事务控制器（DTC）来实现事务，一个数据库的调用或者事务中涉及的其他资源发生错误或者异常时，整个事务将被回滚，企业服务建立在 COM + 技术的基础上来处理事务。

本节主要介绍 ADO. NET 事务。创建一个 ADO. NET 事务较为简单，仅仅是在使用 ADO. NET 访问数据库的代码上做一些扩展，需要把代码放到一个事务上下文中进行处理。

为了执行一个 ADO. NET 事务，首先需要创建一个 SqlTransaction 对象，可以调用

SqlConnection 对象的 BeginTransaction( ) 方法来创建 SqlTransaction 对象。然后把它赋给 SqlCommand对象的事务属性。当事务开始后，就可以执行任意次数的 SqlCommand 动作，但要保证 SqlCommand 对象属于同一个事务和连接。执行成功后，调用 SqlTransaction 的 Commit( ) 方法来提交事务。如果事务中发生一个错误，则使用 SqlTransaction 的 Rollback( ) 方法回滚事务。

【例 8-12】 下面演示如何使用 ADO. NET 事务。在 Student 数据库中，添加一张 Account 表，并为其中添加两个数据，如图 8-25 所示。

	列名	数据类型	允许为 null
🔑	AccountId	varchar(50)	☐
	AccountName	varchar(50)	☐
▶	Amount	money	☐
			☐

	AccountId	AccountName	Amount
	1111	A	10000,0000
	2222	B	5000.0000
▶*	*NULL*	*NULL*	*NULL*

图 8-25　Account 表设计和数据添加

（1）在 SqlSeverDemo 网站中添加一个名为 TransactionDemo. aspx 的页面。在该页面上放置三个 TextBox、一个 Button 和一个 Label 控件，将 ID 分别取名为 “txtOut” “txtAmount” “btnTransfer” “lblMsg”。页面的设计视图如图 8-26 所示。

账户转账实例：

转出账户：
转入账户：
转账金额：
转账 [lblMsg]

图 8-26　TransactionDemo. aspx 页面的设计视图

（2）双击“转账”按钮，为其添加 Click 事件。在后台代码页 TransactionDemo. aspx. cs 文件中添加命名空间的引用及 Click 事件处理代码。

```
…
using System. Data;
using System. Data. SqlClient;
using System. Configuration;
…
protected void btnTransfer_Click(object sender, EventArgs e)
    {
```

```
string strcnn = ConfigurationManager.ConnectionStrings["StudentConn"].ConnectionString;
SqlConnection cnn = new SqlConnection(strcnn);
SqlTransaction trans = null;
try
        {
        cnn.Open();//打开数据库连接
        trans = cnn.BeginTransaction();//开始一个事务
/* 以下操作用于查询转出账户是否存在,账户余额是否大于转账金额* /
SqlCommand cmdA = new SqlCommand();
            cmdA.Connection = cnn;
//将 cmdA 命令对象添加到 trans 事务中
            cmdA.Transaction = trans;
            cmdA.CommandText ="select Amount from Account where AccountId = @ AccountId";
            cmdA.Parameters.AddWithValue("@ AccountId", txtOut.Text.Trim());
Object amountA = cmdA.ExecuteScalar();//查询指定账户的余额
if (amountA = = null)//如果查询结果为空,则账户不存在
        {
            lblMsg.Text ="转出账户" + txtOut.Text.Trim() + "不存在!";
return;
        }
else if ((decimal)amountA < Convert.ToDecimal(txtAmount.Text.Trim()))
    //判断账户余额是否大于转账金额
{
            lblMsg.Text ="账户余额不足!";
return;
        }
/* 以下操作用于查询转入账户是否存在* /
SqlCommand cmdB = new SqlCommand();
            cmdB.Connection = cnn;
//将 cmdB 命令对象添加到 trans 事务中
            cmdB.Transaction = trans;
            cmdB.CommandText ="select Amount from Account where AccountId = @ AccountId";
            cmdB.Parameters.AddWithValue("@ AccountId",txtIn.Text.Trim());
Object amountB = cmdB.ExecuteScalar();//查询指定账户余额
if (amountB = = null)//如果查询结果为空,则该账户不存在
        {
            lblMsg.Text ="转入账户" + txtIn.Text.Trim() + "不存在!";
        }
/* 当转出账户存在且余额充足时,准备转出* /
SqlCommand cmdOut = new SqlCommand();
            cmdOut.Connection = cnn;
//将 cmdOut 命令对象添加到 trans 事务中
            cmdOut.Transaction = trans;
```

```
            cmdOut.CommandText = "update Account set Amount = Amount - @ TranferAmount
where AccountId = @ AccountId";
            cmdOut.Parameters.AddWithValue("@ TranferAmount",txtAmount.Text.Trim());
            cmdOut.Parameters.AddWithValue("@ AccountId",txtOut.Text.Trim());
            cmdOut.ExecuteNonQuery();
/* 转入操作* /
SqlCommand cmdIn = new SqlCommand();
            cmdIn.Connection = cnn;
//将 cmdIn 命令对象添加到 trans 事务中
            cmdIn.Transaction = trans;
            cmdIn.CommandText = "update Account set Amount = Amount + @ TranferAmount
where AccountId = @ AccountId";
cmdIn.Parameters.AddWithValue("@ TranferAmount", txtAmount.Text.Trim());
            cmdIn.Parameters.AddWithValue("@ AccountId", txtIn.Text.Trim());
            cmdIn.ExecuteNonQuery();
/* 转账成功* /
            trans.Commit();
            lblMsg.Text = "转账成功";
        }
catch(Exception ex)
        {
/* 转账失败* /
            trans.Rollback();
            lblMsg.Text = "转账失败,请重试!";
        }
finally
        {
            cnn.Close();
        }
    }
```

（3）运行该页面，转出账户填写 1111，转入账户填写 2222，转账金额填写 3000，单击“转账”按钮，结果如图 8-27 所示。

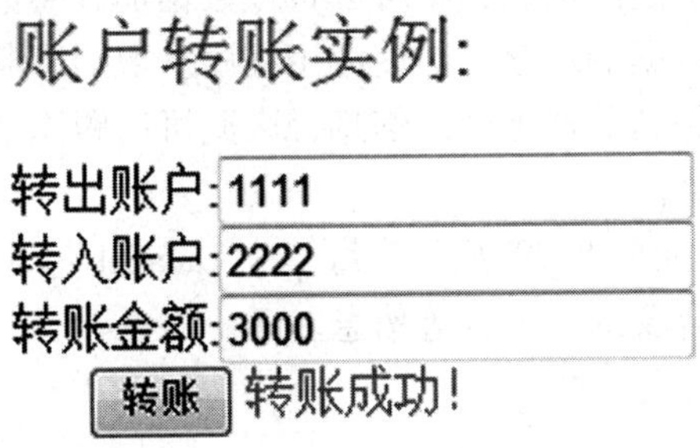

图 8-27　TransactionDemo. aspx 运行效果

8.3 断开模式数据库访问

在 Web 应用中，断开模式访问数据库的开发流程如图 8-28 所示。主要有以下几个步骤。

（1）创建 SqlConnection 对象，并与数据库建立连接。

（2）创建 SqlDataAdapter 对象，对数据库执行 SQL 命令或存储过程，包括增、删、改及查询数据库等命令。

（3）如果查询数据库的数据，则使用 SqlDataAdapter 对象的 Fill 方法填充 DataSet 对象；如果对数据库进行增、删、改操作，首先要对 DataSet 对象进行更新，然后使用 SqlDataAdapter 对象的 Update 方法将 DataSet 对象中的修改内容更新到数据库中。在使用 SqlDataAdapter 对象对数据库进行操作的过程中，连接的打开和关闭是自动完成的，无须手动编码。

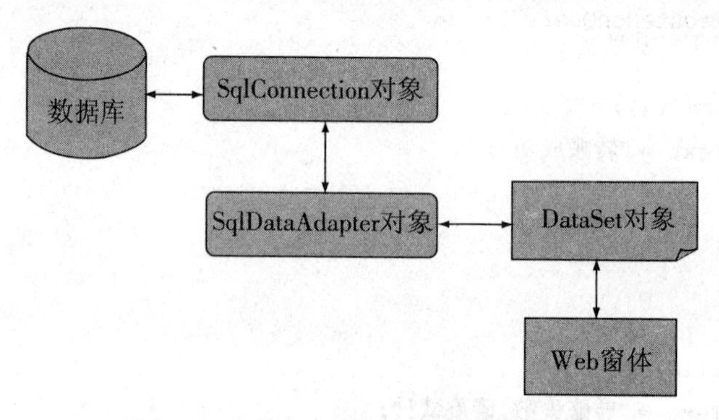

图 8-28　断开模式访问数据库的开发流程

SqlConnection 对象的使用参见 8.2.1 节，这里不再讨论。本节主要介绍 DataSet 对象和 SqlDataAdapter 对象的使用。

8.3.1 DataSet 数据集

DataSet 是 ADO.NET 的核心组件之一，位于 System.Data 命名空间下，是一个内存中的小型数据库。数据集是包含数据表的对象，可以在这些数据表中临时存储数据以便在应用程序中使用。如果应用程序要求使用数据，则可以将该数据加载到数据集中，数据集在本地内存中为应用程序提供了待用数据的缓存。即使应用程序从数据库断开连接，也可以使用数据集中的数据。数据集维护有关其数据更改的信息，因此可以跟踪数据更新，并在应用程序重新连接时将更新发送回数据库。

DataSet 对象的结构模型如图 8-29 所示，每一个 DataSet 包含表集合和关系集合，这些表又包含数据行集合、列集合及约束集合等信息。

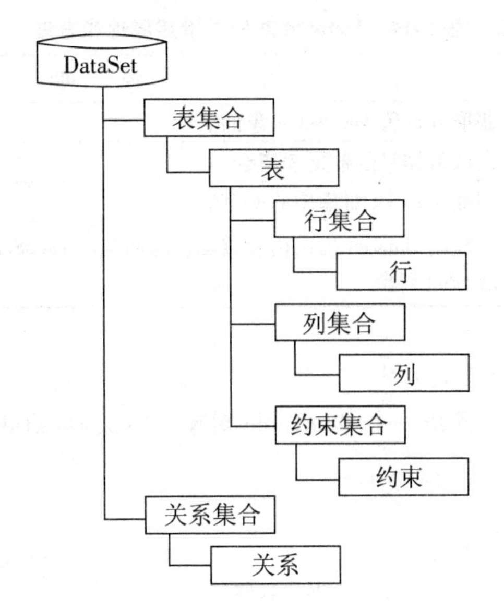

图 8-29 DataSet 对象的结构模型

数据集可以分为类型化和非类型化两种。

类型化数据集继承自 DataSet 类，通过“数据集设计器”创建一个新的强类型数据集类。其架构信息如表、行、列等都已内置。由于类型化数据集继承自 DataSet 类，因此，类型化数据集具有 DataSet 类的所有功能。

相比之下，非类型化数据集没有相应的内置架构。与类型化数据集一样，非类型化数据集也包含表、行、列等，但它们只作为集合公开。

下面先对非类型化的数据集进行讨论。

1. 数据集 DataSet 对象创建 

创建 DataSet 对象的语法格式为：

```
DataSet 对象名 = new DataSet();
```

或

```
DataSet 对象名 = new DataSet("数据集名称");
```

第一种格式未指出数据集名称，可在创建 DataSet 对象后用 DataSetName 属性进行设置。例如，创建数据集对象 dsStu，代码如下：

```
DataSet dsStu = new DataSet();
```

或

```
DataSet dsStu = new DataSet("Student");
```

DataSet 对象的常用属性和方法列于表 8-14 中。

表 8-14　DataSet 对象的常用属性和方法

属性方法	说　明
DataSetName 属性	获取或设置 DataSet 对象的名称
Tables 属性	获取数据集的数据表集合
Clear 方法	删除 DataSet 对象中的所有表
Copy 方法	复制 DataSet 的结构和数据，返回与本 DataSet 对象具有相同结构和数据的 DataSet 对象

2. 数据表 DataTable 对象的创建

数据集中的每个数据表都是一个 DataTable 对象。定义 DataTable 对象的语法格式为：

```
DataTable 对象名 = new DataTable();
```

或

```
DataTable 对象名 = new DataTable("数据表名称");
```

第一种格式定义的 DataTable 对象，需要在创建 DataTable 对象后用 TableName 属性设置表名。例如，创建数据表对象 dtStuInfo，代码如下：

```
DataTable dtStuInfo = new DataTable();
dtStuInfo.TableName = "StuInfo";
```

或

```
DataTable dtStuInfo = new DataTable("StuInfo");
```

DataTable 对象的常用属性和方法列于表 8-15 中。

表 8-15　DataTable 对象的常用属性和方法

属性方法	说　明
Columns 属性	获取数据表的所有字段
DataSet 属性	获取 DataTable 对象所属的 DataSet 对象
DefaultView 属性	获取与数据表相关的 DataView 对象
PrimaryKey 属性	获取或设置数据表的主键
Rows 属性	获取数据表的所有行
TableName 属性	获取或设置数据表名称
Clear()方法	清除表中所有的数据
NewRow()方法	创建一个与当前数据表有相同字段结构的数据行

创建好的数据表对象，可以添加到数据集对象中，代码如下：

```
dsStu.Tables.Add(dtStuInfo);
```

3. 数据列 DataColumn 对象的创建

DataTable 对象中包含多个数据列，每列就是一个 DataColumn 对象。定义 DataColumn 对象的语法格式为：

```
DataColumn 对象名 = new DataColumn();
```

或

```
DataColumn 对象名 = new DataColumn("字段名称");
```

或

```
DataColumn 对象名 = new DataColumn("字段名称",数据类型);
```

创建列对象后，一般要指定字段名称和数据类型。例如，创建数据列对象 stuNoColumn，代码如下：

```
DataColumn stuNoColumn = new DataColumn();
stuNoColumn. ColumnName = "StuNo";
stuNoColumn. DataType = System. Type. GetType("System. String");
```

或

```
DataColumn stuNoColumn = new DataColumn("StuNo",
                        System. Type. GetType("System. String"));
```

DataColumn 对象的常用属性和方法列于表 8-16 中。

表 8-16　DataColumn 对象的常用属性和方法

属性方法	说　　明
AllowDBNull	设置该字段可否为空值。默认为 true
Caption	获取或设置字段标题。若未指定字段标题，则字段标题与字段名称相同
ColumnName	获取或设置字段名称
DataType	获取或设置字段的数据类型
DefaultValue	获取或设置新增数据行时，字段的默认值
ReadOnly	获取或设置新增数据行时，字段的值是否可修改。默认值为 false

说明　通过 DataColumn 对象的 DataType 属性设置字段数据类型时，不可直接设置数据类型，而要按照以下语法格式：

```
对象名.DataType = System.Type.GetType("数据类型");
```

其中“数据类型”取值为 . NET Framework 的数据类型，如 System. DateTime 日期型。

创建好的数据列对象，可以添加到数据表对象中，代码如下：

```
dtStuInfo. Columns. Add(stuNoColumn);
```

4. 数据行 DataRow 对象的创建

DataTable 对象可以包含多个数据行，每行就是一个 DataRow 对象。定义DataRow对象的语法格式为：

```
DataRow 对象名 = DataTable对象.NewRow ();
```

注意 DataRow 对象不能用 New 来创建，而需要用数据表对象的 NewRow 方法创建。例如，为数据表对象 dtStu 添加一个新的数据行，代码如下：

```
DataRow dr = dtStuInfo.NewRow();
```

访问一行中某个单元格内容的方法为：DataRow对象名["字段名"]或 DataRow对象名[序号]，例如，dr["StuNo"]或 dr[0]。

DataRow 对象的常用属性和方法列于表 8-17 中。

表 8-17 DataRow 对象的常用属性和方法

属性方法	说明
RowState 属性	获取数据行的当前状态，属于 DataRowState 枚举型，分别为：Added、Deleted、Detached、Modified、Unchanged
AcceptChanges 方法	接受数据行的变动
BeginEdit 方法	开始数据行的编辑
CancelEdit 方法	取消数据行的编辑
Delete 方法	删除数据行
EndEdit 方法	结束数据行的编辑

5. 数据视图对象 DataView 的创建

数据视图 DataView 是一个对象，它位于数据表上面一层，提供经过筛选和排序后的表视图。通过定制数据视图可以选择只显示表记录的一个子集，同时在一个数据表上可定义多个 DataView。

定义 DataView 对象的语法格式为：

```
DataView 对象名 = new DataView(数据表对象);
```

例如：

```
DataView dvStuInfo = new DataView(dtStuInfo);
```

DataView 对象可以通过以下两个属性定制不同的数据视图。

- RowFilter 属性：设置选取数据行的筛选表达式。
- Sort 属性：设置排序字段和方式。

例如：

```
DataView dvStuInfo = new DataView (ds.Tables("StuInfo"));
dvStuInfo.Sort = "StuNo desc"; //按 StuNo 字段降序排,如果要升序,将 desc 改为 asc
dvStuInfo.RowFilter = "Name = '张三'";//筛选出姓名为张三的学生
```

【例 8-13】在内存的数据集中，创建一个数据表 StuInfo，包含学号（StuNo 字符串型）、姓名（Name 字符串型）和性别（Sex 字符串型）。对于所建立的内存数据表 StuInfo，编写程序逐行将数据填入该数据表，最后将数据绑定到页面的 GridView 控件上。

（1）在 SqlServerDemo 网站中，添加一个名为 DataSetDemo. aspx 的页面。在该页面中放置一个 TextBox 控件、一个 Button 控件和两个 GridView 控件。

（2）打开 DataSetDemo. aspx. cs 文件，引入所需的命名空间：using System. Data。

（3）添加 Page_Load 事件处理代码。

```
protected void Page_Load(object sender,EventArgs e)
{
    if (!IsPostBack)
    {
            //本例只有一张表,可以不定义数据集对象
            DataSet dsStu = new DataSet();
            //创建名为 StuInfo 表对象
            DataTable dtStuInfo = new DataTable("StuInfo");
            //将表对象添加到数据集对象中
            dsStu.Tables.Add(dtStuInfo);
            //创建名为 StuNo 的列对象,类型为 String
            DataColumn columnStuNo = new DataColumn("StuNo",
                            System.Type.GetType("System.String"));
            //将创建好的列对象添加到表中
            dtStuInfo.Columns.Add(columnStuNo);
            DataColumn columnName = new DataColumn("Name",
                            System.Type.GetType("System.String"));
            dtStuInfo.Columns.Add(columnName);
            DataColumn columnSex = new DataColumn("Sex",
                            System.Type.GetType("System.String"));
            dtStuInfo.Columns.Add(columnSex);
            //下面的代码为 StuInfo 表添加一些数据
            string[] stuNo = new string[4] { "1001","1002","1003","1004" };
            string[] name = new string[4] { "张三","李四","王五","李芳" };
            string[] sex = new string[4] { "男","男","男","女" };
            for (int i = 0;i < stuNo.Length;i ++)
            {
                DataRow row = dtStuInfo.NewRow();
                row[0] = stuNo[i];
                row[1] = name[i];
                row[2] = sex[i];
                dtStuInfo.Rows.Add(row);
            }
            //将 StuInfo 表的数据绑定到 GridView1 上
            GridView1.DataSource = dsStu;//设置数据源
            GridView1.DataMember = "StuInfo";//设置显示的表名
            GridView1.DataBind();//绑定到 GridView 控件上
            //用 Session 保存数据集信息,以便后续访问
            Session["dsStu"] = dsStu;
    }
}
```

（4）为 Button 控件添加一个 Click 事件，事件处理方法为 Button1_Click。添加 Button1_Click 事件处理代码。

```
protected void Button1_Click(object sender,EventArgs e)
{
    //从 Session 变量中取出数据集
    DataSet dsStu = (DataSet)Session["dsStu"];
    //获取 StuInfo 表的默认视图
    DataView dvStuInfo = dsStu.Tables[0].DefaultView;
    //定制视图筛选条件
    dvStuInfo.RowFilter = "Name = '" + TextBox1.Text.Trim() + "'";
    //将 dvStuInfo 视图的数据绑定到 GridView2 上
    GridView2.DataSource = dvStuInfo;
    GridView2.DataBind();
}
```

（5）运行该页面，GridView1 中将绑定 StuInfo 表中所有的内容，GridView2 中绑定的内容将根据文本框的输入进行筛选，效果如图 8-30 所示。

图 8-30 DataSetDemo. aspx 页面运行效果

6. 类型化的数据集 

创建类型化的数据集有多种方法，下面介绍如何使用“数据集设计器”创建数据集。

（1）在“解决方案资源管理器”窗口中，右击项目名称，在弹出的快捷菜单中选择“添加新项”菜单项。

（2）在“添加新项”对话框中选择“数据集”。

（3）输入该数据集的名称。

（4）单击“添加”按钮。Visual Studio 2010 会提示把强类型数据集放到 App_Code 目录中，选择“是”按钮。数据集即添加到项目的 App_Code 目录下，并打开“数据集设计器”。

（5）可以从“工具箱”的“数据集”选项卡中拖数据表等控件到设计器上，设计相应的数据集，该数据集存储在. xsd 文件中。

【例 8-14】 使用类型化的数据集完成例 8-13 的功能。

（1）在 SqlServerDemo 网站中添加一个名为 DSStudent. xsd 数据集文件，在该数据集中，添加一个名为 StuInfo 的数据表，在表中添加相应列，并设置主键。如图 8-31 所示。

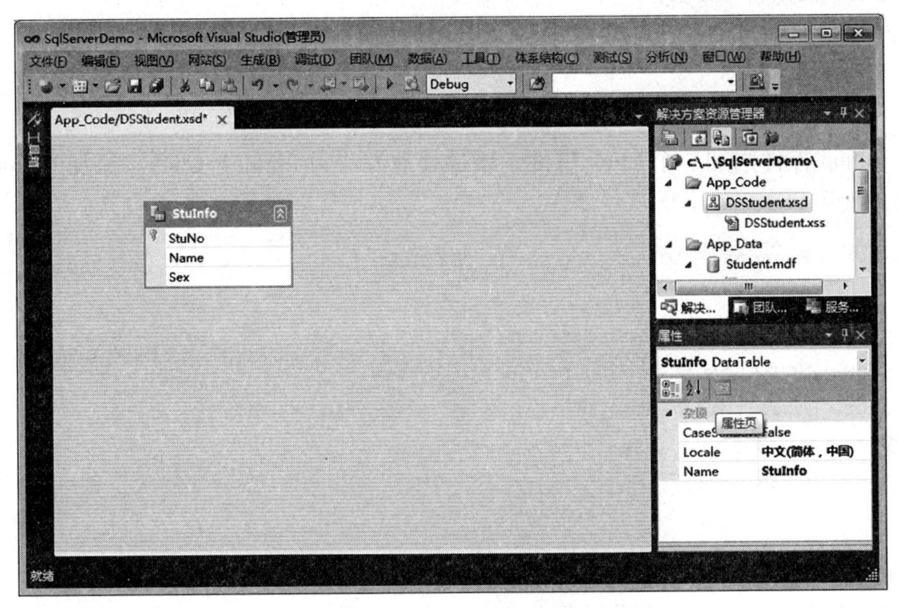

图 8-31　DSStudent 类型化数据集

（2）在 SqlServerDemo 网站中添加一个名为 DSStudentDemo. aspx 的网页。设计界面和例 8-13相同。

（3）在 DSStudentDemo. aspx. cs 文件中添加 System. Data 的命名空间及 Page_Load 事件处理代码。

```
protected void Page_Load(object sender,EventArgs e)
{
    if (!IsPostBack)
    {
        //创建类型化数据集 DSStudent 的对象
        DSStudent dsStu = new DSStudent();
        //下面的代码为 DSStudent 数据集的 StuInfo 表添加一些数据
        string[] stuNo = new string[4] { "1001","1002","1003","1004" };
        string[] name = new string[4] { "张三","李四","王五","李芳" };
        string[] sex = new string[4] { "男","男","男","女" };
        for (int i = 0;i < stuNo.Length;i ++)
        {
            DSStudent.StuInfoRow row = dsStu.StuInfo.NewStuInfoRow();
            row[0] = stuNo[i];
            row[1] = name[i];
            row[2] = sex[i];
```

```
            dsStu.StuInfo.AddStuInfoRow(row);
        }
        GridView1.DataSource = dsStu;
        GridView1.DataMember = "StuInfo";
        GridView1.DataBind();
        Session["dsStu"] = dsStu;
    }
}
```

（4）为 Button 控件添加一个 Click 事件，事件处理方法为 Button1_Click。添加 Button1_Click 事件处理代码。

```
protected void Button1_Click(object sender,EventArgs e)
{
    DSStudent dsStu = (DSStudent)Session["dsStu"];
    DataView dvStuInfo = dsStu.StuInfo.DefaultView;
    dvStuInfo.RowFilter = "Name = '" + TextBox1.Text.Trim() + "'";
    GridView2.DataSource = dvStuInfo;
    GridView2.DataBind();
}
```

（5）运行该页面，效果与例 8-13 相同。

下面将非类型化数据集与类型化数据集比较，类型化数据集有以下两个优势。

①类型化数据集的架构信息已经预先“硬编码”到数据集内。也就是说，数据集按将要获取的数据的表、列及数据类型预先初始化。这样，执行查询获取实际信息时会稍微快一些，因为数据提供程序分两步填充空 DataSet。它首先获取最基础的架构信息，然后再执行查询。

②可以通过类型化数据集的属性名称而不是基于字段查找的方式访问表和字段的值，这样，如果使用了错误的表名、字段名或数据类型，就可以在编译时而不是运行时捕获错误。

例如，要访问 StuInfo 表的第 i 行 Name 字段的值，非类型化数据集的方法是 dsStu.Tables["StuInfo"].Rows[i]["Name"]；类型化数据集的方法是 dsStu.StuInfo[i].Name。类型化数据集的方法有诸多优势。假设不小心写错了表或字段的名称，这个问题在编译时立刻会被发现。但如果采用非类型化数据集的方法，这样的问题就只能在运行时才能发现了。

8.3.2 使用 SqlDataAdapter 对象执行数据库命令

DataAdapter 是一个特殊的类，其作用是在数据源与 DataSet 对象之间沟通的一座桥梁。DataAdapter 提供了双向的数据传输机制，它可以在数据源上执行 Select 语句，把查询结果集传送到 DataSet 对象的数据表(DataTable)中，还可以执行 Insert、Update 和 Delete 语句，将 DataTable 对象更改过的数据提取并更新回数据源。使用 DataAdapter 对象通过数据集访问数据库是 ADO. NET 模型的主要方式，是学习的重点。

DataAdapter 对象模型如图 8-32 所示。DataAdapter 对象包含四个常用属性。

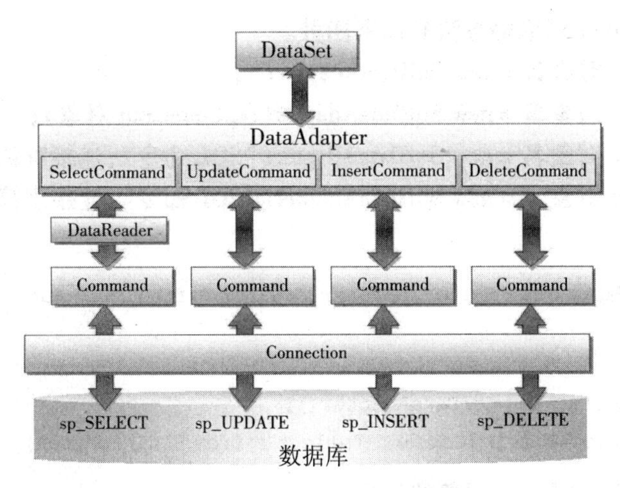

图 8-32　DataAdapter 对象模型

◆ SelectCommad 属性：是一个 Command 对象，用于从数据源中检索数据。

◆ InsertCommand、UpdateCommand 和 DeleteCommand 属性：也是 Command 对象，用于按照对 DataSet 中数据的修改来管理对数据源中数据的更新。

DataAdapter 对象的常用方法如下。

◆ Fill 方法：调用 Fill 方法会自动执行 SelectCommand 属性中提供的命令，获取结果集并填充数据集的 DataTable 对象。其本质是通过执行 SelectCommand 对象的 Select 语句查询数据库，返回 DataReader 对象，通过 DataReader 对象隐式地创建 DataSet 中的表，并填充 DataSet中表行的数据。

◆ Update 方法：调用 InsertCommand、UpdateCommand 和 DeleteCommand 属性指定的 SQL 命令，将 DataSet 对象更新到相应的数据源。在 Update 方法中，逐行检查数据表每行的 RowState 属性值，根据不同的 RowState 属性，调用不同的 Command 命令更新数据库。DataAdapter 对象更新数据库流程如图 8-33 所示。

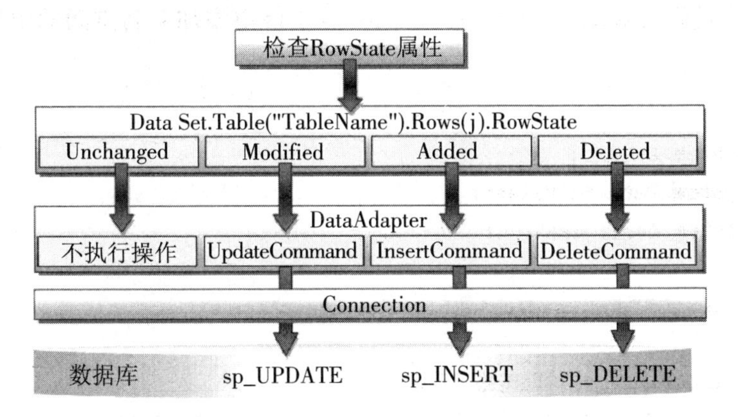

图 8-33　DataAdapter 对象更新数据库流程

◆ FillSchema 方法：使用 SelectCommand 从数据源中根据指定的 SchemaType 检索数据表的架构，创建相应的 DataTable 对象。该方法不会填充结果集数据。

定义 SqlDataAdapter 对象的方法有以下四种。

①SqlDataAdapter 对象名 = new SqlDataAdapter( );

②SqlDataAdapter 对象名 = new SqlDataAdapter(SqlCommand 对象);

③SqlDataAdapter 对象名 = new SqlDataAdapter("SQL 命令",连接对象);

④SqlDataAdapter 对象名 = new SqlDataAdapter("SQL 命令",连接字符串);

例如:

```
SqlDataAdapter daStu = new SqlDataAdapter("select * from StuInfo",cnn);
```

等价于:

```
SqlDataAdapter daStu = new SqlDataAdapter();
daStu.SelectCommand = new SqlCommand("select * from StuInfo",cnn)
```

下面来讨论 SqlDataAdapter 对象的使用。

1. 使用 SqlDataAdapter 对象查询数据库的数据

使用 SqlDataAdapter 对象查询数据库的步骤如下。

(1) 创建数据库连接对象。

(2) 利用数据库连接对象和 Select 语句创建 SqlDataAdapter 对象。

(3) 使用 SqlDataAdapter 对象的 Fill 方法把 Select 语句的查询结果放在 DataSet 对象的一个数据表中或直接放在一个 DataTable 对象中。

(4) 显示 DataTable 对象中的数据。

【例 8-15】 使用 SqlDataAdapter 对象查询数据库的数据。下面查询 Student 数据库中 StuInfo 表的信息,并在页面上显示。

(1) 在 SqlServerDemo 网站中添加一个名为 DataAdapter_Select. aspx 的页面。在该页面上放置一个 GridView 控件。

(2) 在后台代码页 DataAdapter_Select. aspx. cs 文件中添加命名空间的引用及 Page_Load 事件过程代码。

```
...
using System.Data;
using System.Data.SqlClient;
using System.Configuration;
...
protected void Page_Load(object sender,EventArgs e)
{
    //从 web.config 中读取连接字符串
    string strCnn = ConfigurationManager.ConnectionStrings
                    ["StudentCnnString"].ConnectionString;
    //创建连接对象
    using (SqlConnection cnn = new SqlConnection(strCnn))
    {
```

```
            //创建 DataAdapter 对象,使用 Select 语句和连接对象初始化
            SqlDataAdapter daStu = new SqlDataAdapter("select * from StuInfo",cnn);
            //创建 DataSet 对象
            DataSet dsStu = new DataSet();
            try
            {
                //调用 Fill 方法,填充 DataSet 的数据表 StuInfo
                daStu. Fill(dsStu,"StuInfo");
                //将 StuInfo 表绑定到 GridView 控件上显示
                GridView1. DataSource = dsStuTables["StuInfo"];
                GridView1. DataBind();
            }
            catch (Exception ex)
            {
                Response. Write(ex. Message);
            }
        }
    }
```

（3）运行该页面，效果如图 8-34 所示。

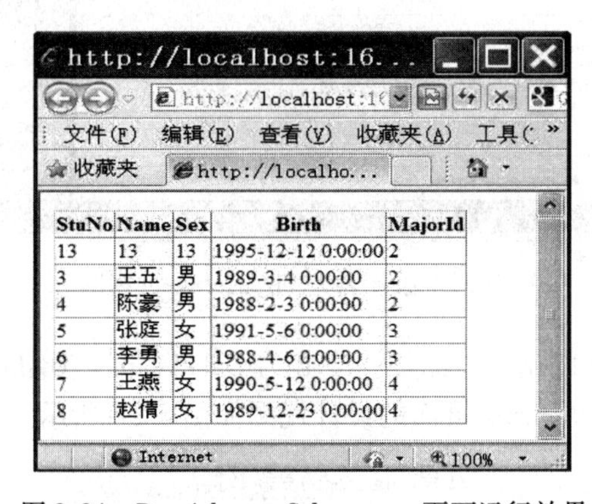

StuNo	Name	Sex	Birth	MajorId
13	13	13	1995-12-12 0:00:00	2
3	王五	男	1989-3-4 0:00:00	2
4	陈豪	男	1988-2-3 0:00:00	2
5	张庭	女	1991-5-6 0:00:00	3
6	李勇	男	1988-4-6 0:00:00	3
7	王燕	女	1990-5-12 0:00:00	4
8	赵倩	女	1989-12-23 0:00:00	4

图 8-34　DataAdapter_Select. aspx 页面运行效果

2. 使用 SqlDataAdapter 对象增、删、改数据库的数据

使用 SqlDataAdapter 对象增、删、改数据库数据的步骤如下。

（1）创建数据库连接对象。

（2）利用数据库连接对象和 Select 语句创建 SqlDataAdapter 对象。

（3）根据操作要求配置 SqlDataAdapter 对象中不同的 Command 属性。如增加数据库数据，需要配置 InsertCommand 属性；修改数据库数据，需要配置 UpdateCommand 属性；删除数据库数据，需要配置 DeleteCommand 属性。

（4）使用 SqlDataAdapter 对象的 Fill 方法把 Select 语句的查询结果放在 DataSet 对象的一

个数据表中或直接放在一个 DataTable 对象中。

（5）对 DataTable 对象中的数据进行增、删、改操作。

（6）修改完成后，通过 SqlDataAdapter 对象的 Update 方法将 DataTable 对象中的修改更新到数据库。

【例 8-16】 使用 DataAdapter 对象增加数据库的数据。设计页面，完成对 StuInfo 表中记录的添加。

（1）打开“服务器资源管理器”窗口，在 Student 数据库中，右击“视图”目录，在弹出的快捷菜单中选择“添加新视图”，添加名为 ViewStuInfo 的视图，如图 8-35 所示。

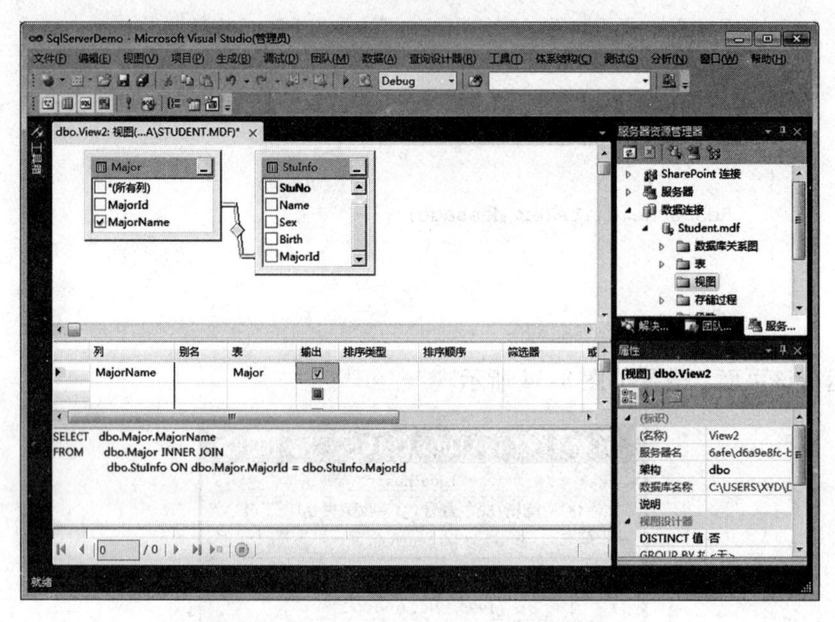

图 8-35　添加名为 ViewStuInfo 的视图

（2）在 SqlServerDemo 网站中，添加一个名为 DataAdapter_Update. aspx 的网页。

（3）DataAdapter_Update. aspx 页面的设计视图如图 8-36 所示。

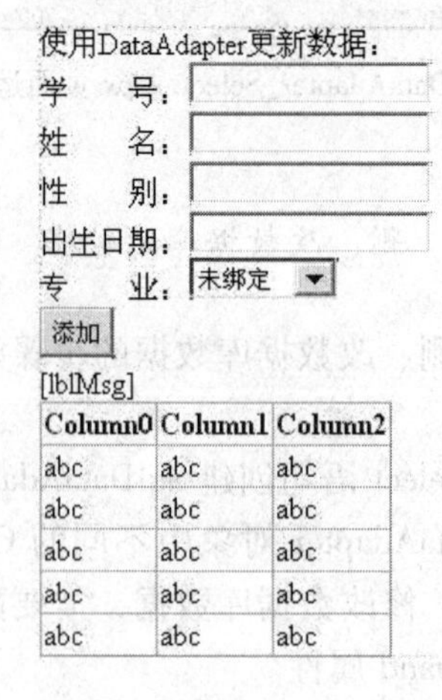

图 8-36　DataAdapter_Update. aspx 页面的设计视图

(4) 为“添加”按钮添加 Click 事件，其事件处理方法为 btnAdd_Click。切换源视图，控件声明代码如下：

```
<form id = "form1" runat = "server" >
    <div >
        使用 DataAdapter 更新数据: <br / >
        学         号:
        <asp:TextBox ID = "txtStuNo" runat = "server" > </asp:TextBox >
        <br / >
        姓         名:
        <asp:TextBox ID = "txtName" runat = "server" > </asp:TextBox >
        <br / >
        性         别:
        <asp:TextBox ID = "txtSex" runat = "server" > </asp:TextBox >
        <br / >
        出生日期: <asp:TextBox ID = "txtBirth" runat = "server" > </asp:TextBox >
        <br / >
        专         业:
        <asp:DropDownList ID = "dpMajor" runat = "server" >
        </asp:DropDownList >
        <br / >
        <asp:Button ID = "btnAdd" runat = "server" style = "text-align: center"
           Text = "添加" onclick = "btnAdd_Click" / >
        <br / >  <asp:Label ID = "lblMsg" runat = "server" > </asp:Label >
        <br / > <asp:GridView ID = "gvStuInfo" runat = "server" > </asp:GridView >
    </div >
</form >
```

(5) 打开后台代码文件 DataAdapter_Update. aspx. cs，添加以下代码。

```
...
using System. Data;
using System. Data. SqlClient;
using System. Configuration;
...
protected void Page_Load(object sender,EventArgs e)
{
    if (! IsPostBack)
    {
        //调用自定义的 FillTable 方法,将查询到的数据绑定到 GridView 控件上
        gvStuInfo. DataSource = FillTable("Select * from ViewStuInfo ");
        gvStuInfo. DataBind();
        //调用自定义的 FillTable 方法,将查询到的数据绑定到 DropDownList 控件
        dpMajor. DataSource = FillTable("Select * from Major");
        dpMajor. DataTextField = "MajorName";
```

```
            dpMajor.DataValueField = "MajorId";
            dpMajor.DataBind();
        }
    }

    /// <summary>
    /// 使用 SqlDataAdapter 对象读取数据库的数据
    /// </summary>
    /// <param name = "sql">传入 sql 语句 </param>
    /// <returns>以 DataTable 对象的形式,返回查询结果 </returns>
    private DataTable FillTable(string sql)
    {
        string strCnn = ConfigurationManager.ConnectionStrings
                        ["StudentCnnString"].ConnectionString;
        using(SqlConnection cnn = new SqlConnection(strCnn))
        {
            SqlDataAdapter da = new SqlDataAdapter(sql,cnn);
            DataTable dt = new DataTable();
            da.Fill(dt);
            return dt;
        }
    }

    protected void btnAdd_Click(object sender,EventArgs e)
    {
        //从 web.config 中读取连接字符串
        string strCnn = ConfigurationManager.ConnectionStrings
                        ["StudentCnnString"].ConnectionString;
        //创建连接对象
        using (SqlConnection cnn = new SqlConnection(strCnn))
        {
            //创建 DataAdapter 对象,使用 Select 语句和连接对象初始化
            SqlDataAdapter daStu = new SqlDataAdapter("select * from StuInfo",cnn);
            //建立 CommandBuilder 对象来自动生成 DataAdapter 对象的 Command 属性
            //否则就要自定义 InsertCommand、UpdateCommand、DeleteCommand
            SqlCommandBuilder sbStu = new SqlCommandBuilder(daStu);
            //创建 DataTable 对象
            DataTable dtStuInfo = new DataTable();
            //使用 DataAdapter 对象的 FillSchema 方法可以创建 DataTable 对象的结构
            daStu.FillSchema(dtStuInfo,SchemaType.Mapped);
            //上面这段代码也可写成 daStu.Fill(dtStuInfo);
            //增加新记录
            DataRow dr = dtStuInfo.NewRow();
```

```
            //给记录赋值
            dr[0] = txtStuNo.Text.Trim();
            dr[1] = txtName.Text.Trim();
            dr[2] = txtSex.Text.Trim();
            dr[3] = Convert.ToDateTime(txtBirth.Text.Trim());
            dr[4] = dpMajor.SelectedValue;
            dtStuInfo.Rows.Add(dr);
            //提交更新
            daStu.Update(dtStuInfo);
            lblMsg.Text = "添加成功!";
            //重新绑定数据
            gvStuInfo.DataSource = FillTable("Select * from ViewStuInfo ");
            gvStuInfo.DataBind();
        }
    }
```

上述代码中，由于需要多次查询数据库，因此定义了 FillTable 方法完成数据库表的查询工作。在 Page_Load 代码中，第一次访问页面时，将 Major 表的数据绑定到 DropDownList 控件上，ViewStuInfo 视图的数据绑定到 GridView 控件上。

在 btnAdd_Click 事件过程中，需要完成对 StuInfo 表记录的增加工作。因此按照 SqlDataAdapter对象增加数据库数据的步骤完成。在此过程中，采用了 SqlCommandBuilder 对象，该对象能自动构建 SqlDataAdapter 对象的 InsertCommand、UpdateCommand 和 DeleteCommand 属性，简化了手动构建命令的过程。但该方法只能用于 SqlDataAdapter 对象查询一张表的情况，查询多张表时，无法使用。

（6）运行该页面，输入内容后，单击“添加”按钮，提示学生信息添加成功。效果如图 8-37 所示。

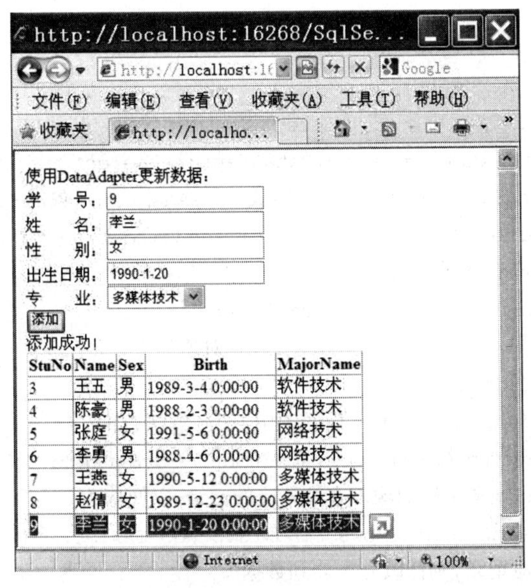

图 8-37　DataAdapter_Update. aspx 页面运行效果

【例 8-17】使用 SqlDataAdapter 对象修改数据库的数据。设计页面，完成对 StuInfo 表中记录的修改。

(1) 在 SqlServerDemo 网站中，打开 DataAdapter_Update. aspx 网页，在“添加”按钮后，再添加一个“修改”按钮，名为 btnUpdate。DataAdapter_Update. aspx 页面的设计视图如图8-38所示。

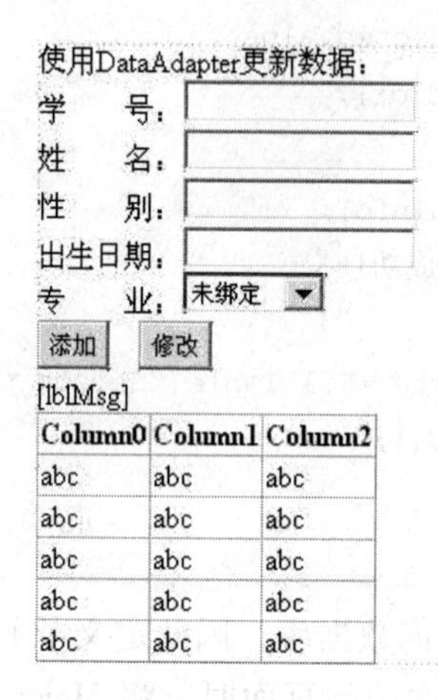

图8-38　DataAdapter_Update. aspx 页面的设计视图

(2) 为“修改”按钮添加 Click 事件，其事件处理方法为 btnUpdate_Click。打开后台代码文件 DataAdapter_Update. aspx. cs，添加 btnUpdate_Click 事件处理代码。

```
protected void btnUpdate_Click(object sender,EventArgs e)
{
    //从 web.config 中读取连接字符串
    string strCnn = ConfigurationManager.ConnectionStrings
                ["StudentCnnString"].ConnectionString;
    //创建连接对象
    using (SqlConnection cnn = new SqlConnection(strCnn))
    {
        //创建 DataAdapter 对象,使用 Select 语句和连接对象初始化
        SqlDataAdapter daStu = new SqlDataAdapter("select * from StuInfo",cnn);
        //建立 CommandBuilder 对象来自动生成 DataAdapter 对象的 Command 属性
        SqlCommandBuilder sbStu = new SqlCommandBuilder(daStu);
        //创建 DataTable 对象
        DataTable dtStuInfo = new DataTable();
        //用 Fill 方法返回的数据填充 DataTable 对象
        daStu.Fill(dtStuInfo);
        //设置 dtStuInfo 的主键,便于后面调用 Find 方法查询记录
        dtStuInfo.PrimaryKey = new DataColumn[] { dtStuInfo.Columns["StuNo"] };
        //根据 txtStuNo 文本框的输入查询相应的记录,以便修改
        DataRow row = dtStuInfo.Rows.Find(txtStuNo.Text.Trim());
        //如果存在相应记录,则修改并更新到数据库
        if (row != null)
```

```
            {
                //修改记录值
                row.BeginEdit();
                row[1] = txtName.Text.Trim();
                row[2] = txtSex.Text.Trim();
                row[3] = Convert.ToDateTime(txtBirth.Text.Trim());
                row[4] = dpMajor.SelectedValue;
                row.EndEdit();
                //提交更新
                daStu.Update(dtStuInfo);
                lblMsg.Text = "修改成功!";
                //重新绑定
                gvStuInfo.DataSource = FillTable("Select * from ViewStuInfo ");
                gvStuInfo.DataBind();
            }
            else
            {
                lblMsg.Text = "该学生不存在!";
            }
        }
    }
```

在 btnUpdate_Click 事件处理方法中，主要对 StuInfo 表中的记录进行修改。该段代码与例 8-16中的 btnAdd_Click 事件处理代码类似。只是在修改 DataTable 对象的记录时，首先需要查找到需要修改的记录，因此这里先定义了 DataTable 对象的主键，然后用 Find 方法按主键值进行查找。如果不事先定义 DataTable 对象的主键，则可以采用下列方法查找：

```
DataRow row = dtStuInfo.Select("StuNo = '" + txtStuNo.Text.Trim())[0];
```

（3）运行该页面，输入内容后，单击“修改”按钮，提示学生信息修改成功。效果如图 8-39 所示。

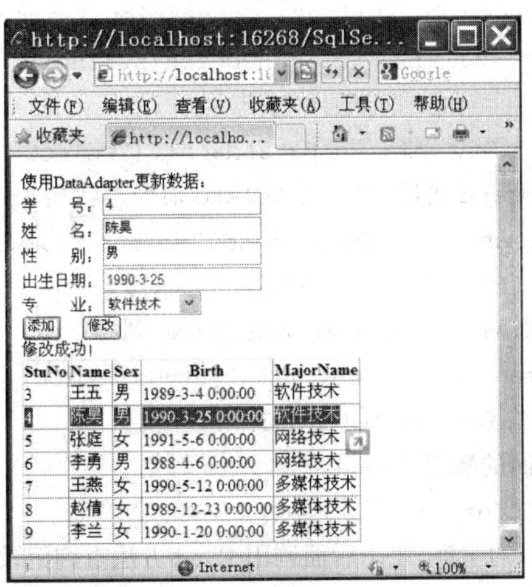

图 8-39　DataAdapter_Update. aspx 页面运行效果

在例 8-16 和例 8-17 中，使用 SqlDataAdapter 对象更新数据库均采用 SqlCommandBuilder 对象来自动构建 InsertCommand 和 UpdateCommand 属性。下面示例，将手动构建 SqlDataAdapter 对象的 DeleteCommand 属性来更新数据库，InsertCommand 和 UpdateCommand 属性的构建方法相同。

【例 8-18】 演示使用 SqlDataAdapter 对象删除数据库的数据。设计页面，完成对 StuInfo 表中记录的删除。

（1）在 SqlServerDemo 网站中，打开 DataAdapter_Update. aspx 网页，在“修改”按钮后，再添加一个“删除”按钮，名为 btnDelete。DataAdapter_Update. aspx 页面的设计视图如图 8-40 所示。

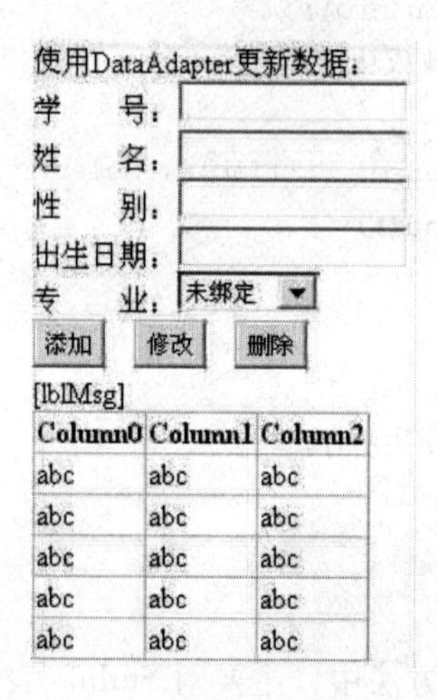

图 8-40　DataAdapter_Update. aspx 页面的设计视图

（2）为“删除”按钮添加 Click 事件，其事件处理方法为 btnDelete_Click。打开后台代码文件 DataAdapter_Update. aspx. cs，添加 btnDelete_Click 事件处理代码。

```
protected void btnDelete_Click(object sender,EventArgs e)
{
    string strCnn = ConfigurationManager. ConnectionStrings
                ["StudentCnnString"]. ConnectionString;
    using (SqlConnection cnn = new SqlConnection(strCnn))
    {
        SqlDataAdapter daStu = new SqlDataAdapter("select * from StuInfo",cnn);
        //设置 DeleteCommand 属性,自定义 Delete 命令,其中@StuNo 是参数
        daStu. DeleteCommand = new SqlCommand("delete from StuInfo where
                        StuNo = @StuNo",cnn);
        //定义@StuNo 参数对应于 StuInfo 表的 StuNo 列
        daStu.DeleteCommand.Parameters.Add ("@StuNo",SqlDbType.VarChar,8,"StuNo");
        DataTable dtStuInfo = new DataTable();
        //用 Fill 方法返回的数据,填充 DataTable 对象
        daStu.Fill(dtStuInfo);
        //设置 dtStuInfo 的主键,便于后面调用 Find 方法查询记录
        dtStuInfo.PrimaryKey = new DataColumn[]{ dtStuInfo. Columns["StuNo"] };
```

```
        //根据 txtStuNo 文本框的输入查询相应的记录,以便删除
        DataRow row = dtStuInfo.Rows.Find(txtStuNo.Text.Trim());
        // 如果存在相应记录,则删除并更新到数据库
        if (row != null)
        {
            //删除行记录
            row.Delete();
            daStu.Update(dtStuInfo);
            lblMsg.Text = "删除成功!";
            gvStuInfo.DataSource = FillTable("Select * from ViewStuInfo ");
            gvStuInfo.DataBind();
        }
        else
        {
            lblMsg.Text = "没有该记录!";
        }
    }
}
```

（3）运行该页面，输入学号后，单击“删除”按钮，提示学生信息删除成功。页面运行效果如图 8-41 所示。

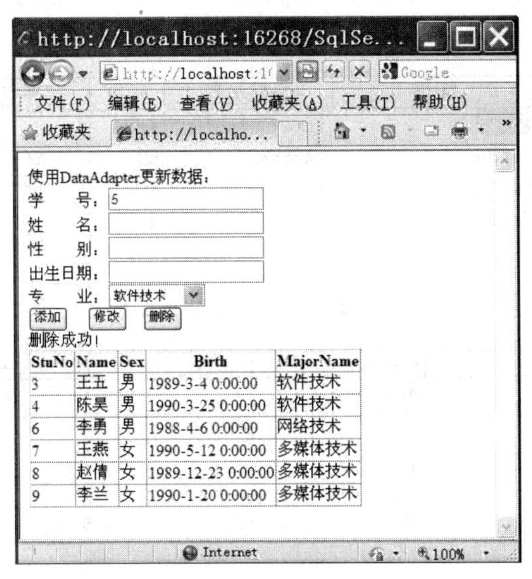

图 8-41　DataAdapter_Update. aspx 页面运行效果

8.4　小　　结

本章首先对 ADO. NET 进行了概括性的介绍，并讨论了 ADO. NET 的两种数据访问模式，即连接模式访问数据库和断开模式访问数据库，并分析了这两种模式的优缺点和适用场景。

本章第 8. 2 节主要介绍如何使用 SqlConnection、SqlCommand 和 SqlDataReader 对象来连接数据库、执行数据库命令、表示数据库查询结果，介绍了如何执行带参数的 SqlCommand 对象及如何使用 SqlCommand 对象执行存储过程。最后，介绍了事务处理的使用。

本章第 8. 3 节首先讨论了 DataSet、DataTable 和 DataView 对象的使用，然后讨论了如何使用 SqlDataAdapter 填充 DataSet 和 DataTable 对象，如何使用 SqlDataAdapter 对象来执行数据的批量更新，以及如何插入、编辑和删除 DataTable 对象中的数据行。

ADO. NET 技术是开发人员进行数据库应用开发必须具备的技能之一，更深入地讨论可以参考 ADO. NET 技术的相关书籍或 MSDN。

实训 8　ADO. NET 数据访问技术

1. 实训目的

熟悉 ADO. NET 数据访问技术，掌握连接和断开两种模式访问数据库。

2. 实训内容和要求

（1）新建一个名为 Practice8 的网站。

（2）在网站的 App_Data 文件夹中，新建数据库 MyDataBase. mdf。该数据库中包含 Employees和 Department 两张表，表 8-42 和表 8-43 列出了 Employees 表的结构和记录信息，图 8-44和表 8-45 列出了 Department 表的结构和记录信息。

列名	数据类型	长度	允许空
EmpID	int	4	
EmpName	varchar	50	✓
EmpAge	int	4	✓
EmpDepartment	int	4	✓

图 8-42　Employees 表的结构

EmpID	EmpName	EmpAge	EmpDepartment
1	张三	33	1
2	李四	34	2
3	王五	34	3
4	赵六	35	1
5	钱七	37	2
6	周八	40	5

图 8-43　Employees 表中的记录

列名	数据类型	长度	允许空
DepartmentID	int	4	
DepartmentName	varchar	50	✓

图 8-44　Department 表的结构

	DepartmentID	DepartmentName
▶	1	研发1部
	2	研发2部
	3	研发3部
	4	研发4部
	5	客户支持部
*		

表 8-45　Department 表中的记录

（3）在 web. config 中配置连接字符串。

（4）添加一张名为 InsertEmployee. aspx 的 Web 页面，利用连接模式实现新员工的录入。

（5）添加一张名为 DeleteEmployee. aspx 的 Web 页面，利用连接模式删除指定的员工记录。

（6）添加一张名为 EditEmployee. aspx 的 Web 页面，利用连接模式修改指定编号的员工记录。

（7）添加一张名为 SearchEmployee. aspx 的 Web 页面，利用断开模式查询指定部门的员工信息，并将查找到的员工信息在 GridView 控件中显示。

习　　题

一、单选题

1. （　　）对象用于从数据库中获取仅向前的只读数据流，并且在内存中一次只能存放一行数据。此对象具有较好的功能，可以简单地读取数据。

   A. DataAdapter　　B. DataSet　　C. DataView　　D. DataReader

2. 如果要从数据库中获取单值数据，应该使用 Command 对象的（　　）方法。

   A. ExecuteNonQuery　　B. ExecuteReader

   C. ExecuteScalar　　D. ExecuteXmlReader

3. 如果要从数据库中获取多行记录，应该使用 Command 对象的（　　）方法。

   A. ExecuteNonQuery　　B. ExecuteReader

   C. ExecuteScalar　　D. ExecuteXmlReader

4. 如果要对数据库执行修改、插入和删除操作，应该使用 Command 对象的（　　）方法。

   A. ExecuteNonQuery　　B. ExecuteReader

   C. ExecuteScalar　　D. ExecuteXmlReader

5. （　　）是开发人员要使用的第一个对象，被要求用于任何其他 ADO. NET 对象之前。

   A. CommandBuilder 对象　　B. 命令对象

   C. 连接对象　　D. DataAdapter 对象

6. （　　）表示一组相关表，在应用程序中这些表作为一个单元被引用。使用此对象可以快速从每一个表中获取所需的数据，当服务器断开时检查并修改数据，然后在下一次操作中就使用这些修改的数据更新服务器。

   A. DataTable 对象　　B. DataRow 对象

   C. DataReader 对象　　D. DataSet 对象

7. 如果希望将 FlightNumber 字段的值在包含信息字段的表的第一个 <td> 元素中显示，你要在表格的 <td> 元素添加（　　）代码以显示 FlightNumber 字段。

A. <td> <% =FlightNumber%> </td>

B. <td> <script runat="server">FlightNumber</script> </td>

C. <td> <script>document. write("FlightNumber"); </scripts> </td>

D. <td> =FlightNumber</td>

二、填空题

1. 已知 SQL Server 数据库服务器为本地 SQLEXPRESS，用户名为 sa，密码为 123，使用 SqlwebNews 数据库。要求在 Web. Config 文件中配置该数据库连接字符串，请在空白处填写代码。

```
<connectionStrings>
    <add name="SqlwebNews" connectionString="Data Source=________;Initial
Catalog=________;Uid=________;Pwd=________" providerName="System.Data.SqlClient"/>
</connectionStrings>
```

2. 使用上面配置的数据库连接字符串，在后台添加代码来判断该数据库连接字符串是否为空串，若不为空串，则输出该字符串，请将空白处填写完整。

```
protected void Page_Load(object sender,EventArgs e)
{
    if(!Page.IsPostBack)
    {
        string strcnn=ConfigurationManager.ConnectionStrings
                        ["________"].________;
        if(strcnn==________)
            Response.Write("该字符串为空!");
        else
            Response.Write("该字符串值为:"+strcnn);
    }
}
```

3. 当页面加载时打开数据库连接，如果打开成功，则提示“连接成功”，否则提示“连接失败”，请将空白处填写完整。

```
using System.Data.SqlClient;
using System.Configuration;
…
protected void Page_Load(object sender,EventArgs e)
{
    if(!Page.IsPostBack)
    {
        string strcnn=ConfigurationManager.ConnectionStrings
                        ["SqlwebNews"].ConnectionString;
        SqlConnection cnn=new SqlConnection(strcnn);
```

```
            try
            {
                cnn. ________;
                Label1. Text = "连接成功";
            }
            catch
            {
                Label1. Text = "连接失败";
            }
            finally
            {
                cnn. ________;
            }
        }
    }
```

4. 数据库连接字符串已知，要通过编程获取 SqlwebNews 数据库中 News 表的总记录数，并显示在页面上，在后台编写以下代码，请填写空白处代码。

```
using System. Configuration;
using System. Data. SqlClient;
...
protected void Page_Load(object sender,EventArgs e)
{
    if(! Page. IsPostBack)
    {
        string strcnn = ConfigurationManager. ConnectionStrings
                            ["SqlwebNews"]. ConnectionString;
        SqlConnection cnn = new SqlConnection(________);
        cnn. Open();
        SqlCommand cmd = new SqlCommand("select count(*) from News");
        cmd. Connection = ________;
        int count = Convert. ToInt32(cmd. ________);
        cnn. ________;
        LblMsg.Text = "总共记录数为:" + count.ToString ();
    }
}
```

5. 在 Default. aspx 窗体中添加一个 DropDownList 控件，命名为 DropDownList1，该控件通过后台代码绑定用于显示新闻标题列表。这里使用 SqlwebNews 数据库中的 News 表，新闻标题字段为 Title。下面在后台代码中添加一个 DropDownListBind( ) 方法实现 DropDownList1 的数据绑定，根据要求，补充空白处的代码。

```
protected void DropDownListBind()
{
```

```
        string strcnn = ConfigurationManager. ConnectionStrings
                            [ "SqlwebNews"]. ConnectionString;
        SqlConnection cnn = new SqlConnection(strcnn);
        SqlDataReader dr = null;
        try
        {
            cnn. Open();
            SqlCommand cmd = new ________("select* from News",________);
            dr = cmd. ________;
            while(dr. ________)
                DropDownList1. Items. Add(dr["________"]. ToString());
        }
        finally
        {
            if(dr! = null)
                dr. Close();
            if(cnn! = null)
                cnn.Close();
        }
    }
```

6. Default. aspx 窗体中添加一个 GridView1 控件用于显示新闻信息，将 SqlwebNews 数据库中 News 表的数据绑定到 GridView 控件上，请完善下列代码。

```
    using System.Configuration;
    using System.Data.SqlClient;
    using System.Data;
    ...
    protected void Page_Load(object sender,EventArgs e)
    {
        if(! Page. IsPostBack)
        {
            string strcnn = ConfigurationManager. ConnectionStrings
                                [ "SqlwebNews"]. ConnectionString;
            SqlConnection cnn = new SqlConnection(strcnn);
            SqlDataAdapter da = null;
            DataSet ds = new DataSet();
            da = ________
            da.SelectCommand = new SqlCommand("select Id,Title,Time from News",cnn);
            da.Fill(ds,"News");
            GridView1. DataSource = ds. Tables[________]. DefaultView;
            GridView1. ________;
        }
    }
```

三、问答题

1. 列举常见的数据提供程序，并且简单介绍对应的命名空间及作用。
2. 分别说明 SqlCommand 对象的 ExecuteReader( )、ExecuteNonQuery( )和 ExecuteScalar( )方法的作用。
3. 简述 DataSet 与 DataTable 的区别与联系。
4. 简述 SqlDataAdapter 对象查询数据库数据的步骤。

第 9 章　ASP. NET 的数据绑定及绑定控件

第 8 章已经讨论了 ADO. NET 数据访问技术，使用该技术可以通过编码的方式访问数据库。在 ASP. NET 中简化了数据访问的过程，引入了一系列数据源控件，采用声明式编程的方法访问数据源，避免了手工编写代码的烦琐，简化了开发过程。同时，在 Visual Studio 2010 工具箱的数据栏中，提供了几个开发 ASP. NET 应用程序的重量级数据绑定控件。这些控件可以使用声明式的语法进行数据绑定，功能强大，使用灵活。将数据源控件与数据绑定控件一起使用，几乎不需要编写任何代码。

本章将介绍几个常用的数据源控件及如何使用数据源控件方便快捷地把数据绑定到数据绑定控件上。讨论 ASP. NET 中数据绑定列表控件的功能，如 GridView、DetailsView、FormView 和 ListView 控件，并介绍内嵌数据绑定语法。

9.1　数据源控件

在开发 ASP. NET 应用程序时，可以直接使用 ADO. NET 访问数据库，获取数据源并绑定到 ASP. NET 服务器控件中，这个过程需要开发人员编写大量的程序代码。例如，执行数据绑定操作时，通过编写一些数据访问代码，来检索 DataReader 或 DataSet 对象；然后把数据对象绑定到服务器控件上，如 GridView 或 DropDownList。如果要更新或删除绑定的数据，也要编写数据访问代码来实现。

ASP. NET 提供了一些数据源控件，这些数据源控件可以连接不同类型的数据源，如数据库、XML 文件或中间层业务对象。数据源控件采用声明式编程的方式连接数据源，从中检索数据，并绑定到控件上。同时，数据源控件也可以修改数据源中的数据。这个过程无须手工编写任何代码，只需对数据源控件进行简单配置，大大简化了编写 ASP. NET 数据库应用程序的复杂性。

ASP. NET 中包括以下六种数据源控件。

- SqlDataSource 控件：允许访问支持 ADO. NET 数据提供程序的所有数据源。该控件默认可以访问 Microsoft SQL Server、OLE DB、ODBC 或 Oracle 数据源。
- ObjectDataSource 控件：该数据源控件允许连接到一个自定义的数据访问类，对于大型应用程序一般可以使用 ObjectDataSource 控件。
- LinqDataSource 控件：可以使用 LINQ 查询访问不同类型的数据对象。
- AccessDataSource 控件：能够处理 Microsoft Access 数据库。
- XmlDataSource 控件：允许连接到 XML 文件，提供 XML 文件的层次结构信息。
- SiteMapDataSource 控件：连接到站点地图文件。

本章主要讨论 SqlDataSource 数据源控件，并简单介绍 ObjectDataSource 和 LinqDataSource 控件的使用。

在正式开始学习数据源控件前，先来了解一下数据源的页面生命周期。这在使用数据源控件或者需要扩展数据绑定模型时是非常重要的。使用数据源控件后，页面的生命周期如下。

（1）客户端请求页面。

（2）创建 Page 对象。

（3）开始页面生命周期，触发 Page. Init 和 Page. Load 事件。

（4）触发所有控件事件。

（5）如果数据源控件中有任何更新，则更新前触发数据源控件的 Updating 事件，完成更新操作后触发 Updated 事件。如果有新行插入，则插入前触发数据源控件的 Inserting 事件，完成插入操作后触发 Inserted 事件。如果要删除行，则删除前触发数据源控件的Deleting 事件，完成删除操作后触发 Deleted 事件。

（6）触发 Page. PreRender 事件。

（7）数据源控件完成查询，并将查询数据绑定到相连接的控件中。

（8）页面输出到客户端并释放 Page 对象。

每当有页面请求时，都会重复这个过程，这也意味着数据源控件每次都会查询数据库，因此这也会造成一定的性能开支，最好的解决办法就是在内存中缓存不频繁变更的数据内容。

下面分别介绍 SqlDataSource、ObjectDataSource 和 LinqDataSource 数据源控件的使用。

9. 1. 1　SqlDataSource 数据源控件

如果数据源存储在 SQL Server、SQL Server Express、Oracle、Access、DB2 及 MySQL 等数据库中，就可以使用 SqlDataSource 数据源控件。该控件提供了一个易于使用的向导，引导用户完成配置过程。完成配置后，该控件就可以自动调用 ADO. NET 中的类来查询或更新数据库数据。

表 9-1 列出了 SqlDataSource 控件的主要属性。

表 9-1　SqlDataSource 控件的主要属性

名　称	说　明
DeleteCommand	获取或设置 SqlDataSource 控件删除数据库数据所用的 SQL 命令
DeleteCommandType	获取或设置删除命令类型，可取的值为：Text 和 StoredProcedure，分别对应 SQL 命令、存储过程
DeleteParameters	获取 DeleteCommand 属性所使用的参数的参数集合
InsertCommand	获取或设置 SqlDataSource 控件插入数据库数据所用的 SQL 命令
InsertCommandType	获取或设置插入命令类型，可取的值为：Text 和 StoredProcedure
InsertParameters	获取 InsertCommand 属性所使用的参数的参数集合
SelectCommand	获取或设置 SqlDataSource 控件查询数据库数据所用的 SQL 命令
SelectCommandType	获取或设置查询命令类型，可取的值为：Text 和 StoredProcedure

续表

名　称	说　明
SelectParameters	获取 SelectCommand 属性所使用的参数的集合
UpdateCommand	获取或设置 SqlDataSource 控件更新数据库数据所用的 SQL 命令
UpdateCommandType	获取或设置更新命令类型，可取的值为：Text 和 StoredProcedure
UpdateParameters	获取 UpdateCommand 属性所使用的参数的参数集合
DataSourceMode	SqlDataSource 控件检索数据时，是使用 DataSet 还是使用 DataReader
EnableCaching	获取或设置一个值，该值指示 SqlDataSource 控件是否启用数据缓存
ProviderName	获取或设置 . NET Framework 数据提供程序的名称

1. 使用 SqlDataSource 控件查询数据 

【例 9-1】 使用 SqlDataSource 控件为数据绑定控件 GridView 提供数据源。

（1）运行 Visual Studio，新建一个名为 DataBind 的空网站。在“解决方案资源管理器”窗口，右击 App_Data 目录，在弹出的快捷菜单中选择“添加现有项”。在打开的对话框中将第 8 章中创建的数据库 Student. mdf 和 Student_Log. ldf 文件添加到 App_Data 目录下。

（2）在 DataBind 网站中，添加一个名为 SqlDataSourceDemo. aspx 页面。在工具箱的数据选项卡中找到 SqlDataSource 控件和 GridView 控件，将其拖放到页面中。

（3）单击 SqlDataSource 控件右上角的小三角符号，选择“配置数据源”，如图 9-1 所示。

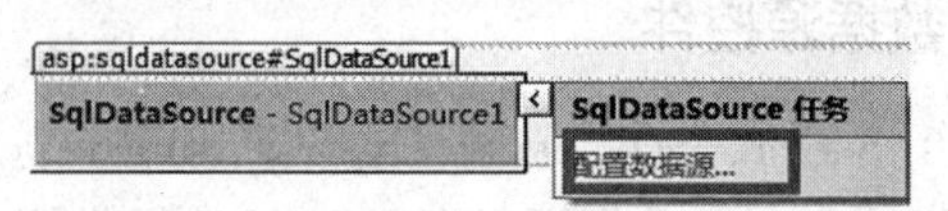

图 9-1　SqlDataSource 配置数据源选项

弹出“配置数据源”对话框，在下拉列表中选择“Student. mdf”数据库，展开“连接字符串”前面的“+”，即可看到自动生成的连接字符串，如图 9-2 所示。如果要连接其他数据库，可单击该对话框的“新建连接”按钮。

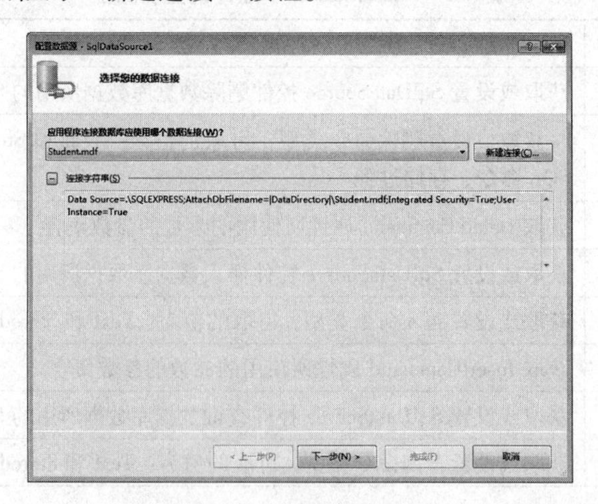

图 9-2　选择数据连接

（4）在“配置数据源”对话框中，单击“下一步”按钮，选择“是，将此连接另存为”复选框，并在文本框中输入“StudentConnectionString”，如图 9-3 所示。该操作是将连接字符串保存在 web. config 文件中，并取名为 StudentConnectionString。

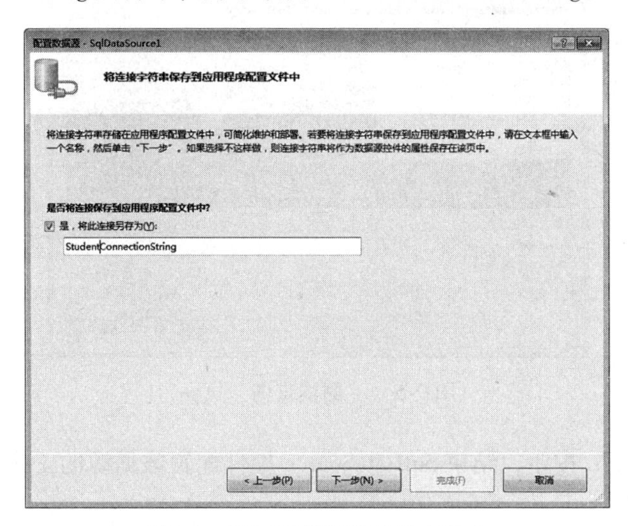

图 9-3　配置数据源的连接字符串

（5）单击“下一步”按钮，需要配置 Select 语句，这是配置SqlDataSource控件的核心，如图 9-4 所示。

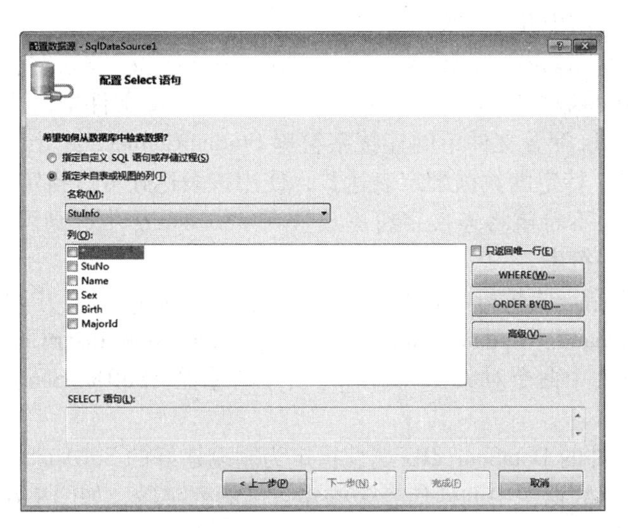

图 9-4　配置 Select 语句

在该对话框中，可以指定 SqlDataSource 控件将要执行的 SQL 语句或存储过程，也可以直接指定表名或表列信息来查询数据库。选择“只返回唯一行”复选框，表示对 SQL 语句使用 DISTINCT 查询。

（6）本例中，只需要查询 StuInfo 表中所有的记录，因此，选择“指定来自表或视图的列”的单选按钮，在“名称”下拉列表中选择 StuInfo，在“列”中选择代表所有列的统配符号“*”，单击“下一步”按钮，弹出“测试查询”页面。在该页面中，可以单击“测试查询”按钮测试查询语句，如图 9-5 所示。

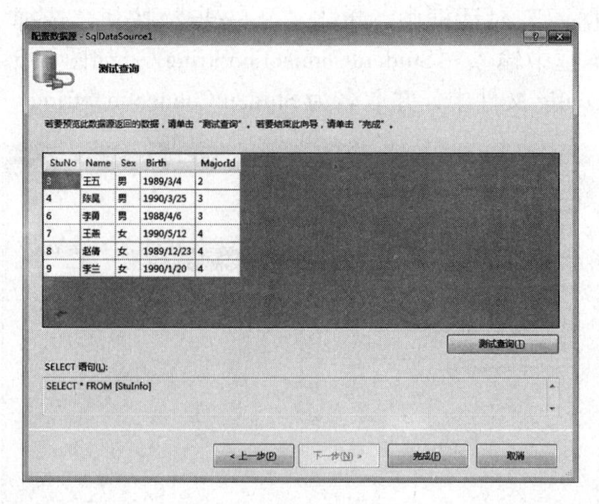

图 9-5　“测试查询”页面

（7）单击“完成”按钮，结束 SqlDataSource 控件配置数据源的工作，Visual Studio 将生成以下所示的声明代码：

```
<asp:SqlDataSource ID="SqlDataSource1" runat="server"
ConnectionString="<%$ ConnectionStrings:StudentConnectionString %>"
SelectCommand="SELECT * FROM [StuInfo]"></asp:SqlDataSource>
```

下面分析一下这个声明中几个重要的属性。

ConnectionString ="<% $ConnectionStrings:StudentConnectionString% >"语句指定 SqlDataSource 的连接字符串，在向导中将数据库连接字符串保存到 web. config 文件中，这里使用一个特定的表达式绑定到 web.config 配置文件中的连接字符串 StudentConnectionString。<%$ ConnectionStrings%>是 ASP. NET 特定的数据绑定表达式，使用该表达式可以指定任何在 web. config 中配置的连接名称。如果不希望将连接字符串放置在 web. config 中，则可以直接用 ConnectionString 属性设置连接字符串。

SelectCommand 属性指定要执行的查询语句。在 SqlDataSource 控件中可以指定四个 SQL 命令，分别是 SelectCommand、UpdateCommand、DeleteCommand 和 InsertCommand。分别为这四个 SQL 命令属性指定四个命令对象、SQL 语句或存储过程，SqlDataSource 就能完成查询、更新、删除和插入的操作。

（8）将 GridView 控件的 DataSourceID 属性指定为刚刚建好的 SqlDataSource1 控件，此时 GridView 控件会自动根据数据源中的列信息来构建自己的列字段，如图 9-6 所示。

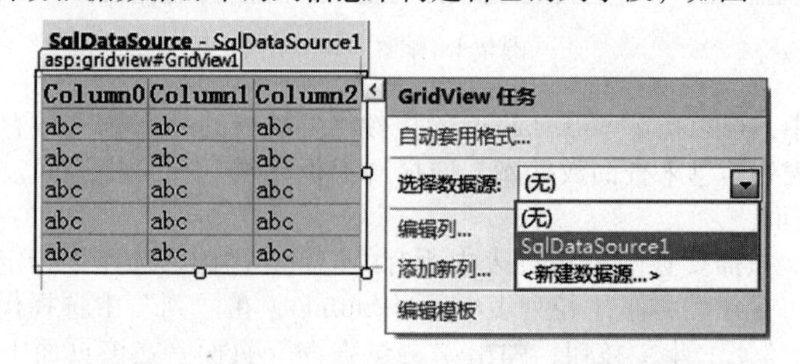

图 9-6　设置 GridView 控件的 DataSourceID 属性

（9）运行该页面，效果如图 9-7 所示。可以看到使用 SqlDataSource 控件将数据源中的数据绑定到 GridView 控件已经实现。在这个过程中没有编写一行代码，只是使用向导工具设置了几个属性，大大降低了工作的复杂性。

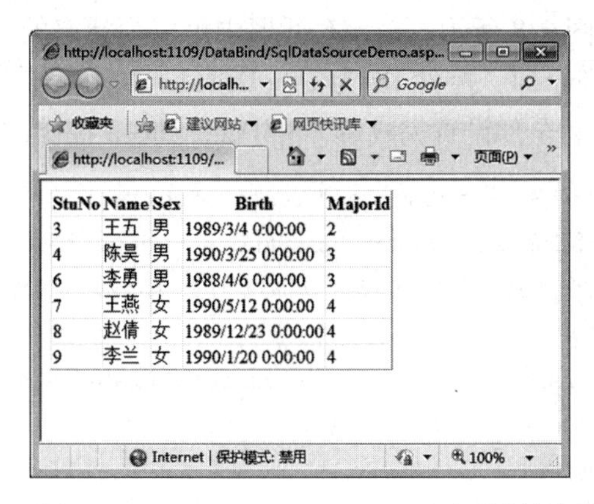

图 9-7　SqlDataSourceDemo. aspx 页面运行效果

2. 使用参数过滤数据

应用程序通常需要根据用户的响应来动态地组建 SQL 查询。例如，学生信息表中，根据用户选择的专业信息，来动态显示学生信息。或者订单的主从表中，根据用户在订单主表中的选择动态地显示从表中与主表相关的记录。SqlDataSource 控件提供了多种类型的命令参数，通过声明的方式可以很方便地创建动态查询。

【例 9-2】 按 MajorId 的值来显示学生信息。

（1）在 DataBind 网站中，新建一个名为 SqlDataSourceByParam.aspx 页面。

（2）在 SqlDataSourceByParam.aspx 页面中，添加一个 DropDownList 控件和一个 SqlDataSource 控件，ID 分别为 DropDownList1 和 SqlDataSource1。将 SqlDataSource1 控件按例 9-1 的方法查询 Student 数据库的 Major 表。将 DropDownList1 控件的 AutoPostBack 属性设置为 true，DataSourceID 属性设置为 SqlDataSource1，然后设置 DataTextField 属性为 MajorName；DataValueField属性为 MajorId。源视图中，控件声明的代码如下所示：

```
<form id="form1" runat="server">
  <div>
    请选择专业：
    <asp:DropDownList ID="DropDownList1" runat="server" AutoPostBack="True"
      DataSourceID="SqlDataSource1" DataTextField="MajorName"
      DataValueField="MajorId">
    </asp:DropDownList>
    <br/>
    <asp:SqlDataSource ID="SqlDataSource1" runat="server"
    ConnectionString="<%$ ConnectionStrings:StudentConnectionString%>"
    SelectCommand="SELECT * FROM [Major]"></asp:SqlDataSource>
  </div>
</form>
```

（3）在页面中再添加一个 GridView 控件和一个 SqlDataSource 控件，分别为 GridView1 和 SqlDataSource2。配置 SqlDataSource2 的数据源，使其连接到 Student 数据库的 StuInfo 表，切换到“配置 Select 语句”对话框，在该对话框中单击“WHERE”按钮，弹出“添加 WHERE 子句”对话框，如图 9-8 所示。在该对话框中可以为特定的列指定查询参数，在本例中设置列为 MajorId、源为 Control、控件 ID 为 DropDownList1，单击“添加”按钮，将设置添加到 WHERE 子句列表框中。全部设置完成后，SqlDataSource2 控件的声明代码如下所示：

```
<asp:SqlDataSource ID="SqlDataSource2" runat="server"
ConnectionString="<%$ConnectionStrings:StudentConnectionString %>"
SelectCommand="SELECT * FROM [StuInfo] WHERE ([MajorId] =@MajorId)">
    <SelectParameters>
        <asp:ControlParameter ControlID="DropDownList1" Name="MajorId"
        PropertyName="SelectedValue" Type="Int32"/>
    </SelectParameters>
</asp:SqlDataSource>
```

图 9-8　配置 WHERE 子句

可以看出，在“添加 WHERE 子句”对话框的“源”下拉列表框中选择 Control 后，SqlDataSource 控件声明代码的 <SelectParameters> 集合中添加了一个 <asp:ControlParameter> 的参数声明。此例参数源是从控件（Control）中获取的，还有很多种获取参数源的方式，例如，参数源选择 Cookie 是使用 CookieName 属性指定 HttpCookie 对象的名称；选择 Form 是将参数设置为 HTML 窗体字段的值；选择 Profile 是从配置文件对象内指定的属性名中获取参数值；选择 QueryString 是将参数设置为 QueryString 字段的值；选择 Session 是将参数设置为 Session 对象的值。如果所获取的对象不存在，则使用默认值 DefaultValue 作为参数值。

除了在“添加 WHERE 子句”对话框中指定参数值外，还可以通过很多事件来动态地为参数赋值，例如，可以在 Selecting 事件中为指定的参数赋一个值，同样，可以在 Updating、Deleting 和 Inserting 事件中指定参数信息。关于这些事件的使用将在后续例子中介绍。

（4）将 GridViewl 控件的 DataSourceID 属性设置为 SqlDataSource2 控件。

（5）运行该页面，可以发现学生信息能根据下拉列表框中的选择进行切换，如图 9-9 所示。

图 9-9　SqlDataSourceByParam. aspx 页面运行效果

3. 使用 SqlDataSource 控件更新数据

SqlDataSource 控件具有四个 Command 属性，分别为：SelectCommand、UpdateCommand、InsertCommand和 DeleteCommand。使用这四个属性，可以完成查询、更新、插入和删除操作。

【例 9-3】 使用 SqlDataSource 控件完成 StuInfo 表中数据的更新和删除功能。

（1）在 DataBind 网站中，新建一个名为 SqlDataSource_Update. aspx 的页面。

（2）在 SqlDataSource_Update. aspx 页面中，添加一个 GridView 控件和一个 SqlDataSource 控件，分别为 GridView1 和 SqlDataSource1。

（3）单击 SqlDataSource 右上角的小三角符号，选择“配置数据源”。由于前面的例子中已经在 web. config 文件中保存了 Student 数据库的连接字符串，因此在弹出“配置数据源”对话框的数据连接下拉列表中选择 StudentConnectionString，如图 9-10 所示。

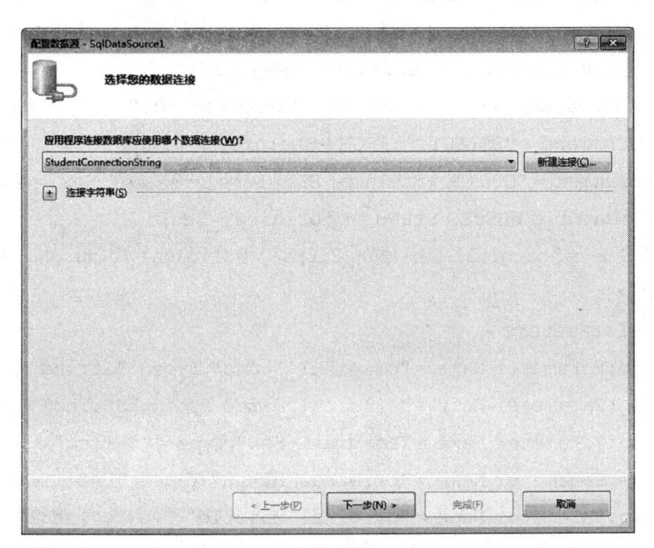

图 9-10　设置数据连接

（4）单击“下一步”按钮，弹出“配置 Select 语句”对话框，选择 StuInfo 表的所有列，并单击“高级”按钮，将弹出“高级 SQL 生成选项”对话框，在该对话框中选中“生成

Insert、Update 和 Delete 语句”复选框，并选中“使用开放式并发”复选框，如图 9-11 所示。

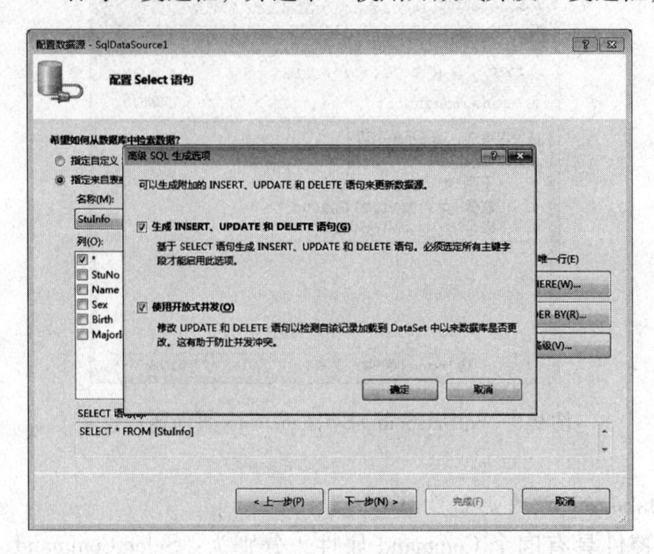

图 9-11 “高级 SQL 生成选项”对话框

此时，SqlDataSource1 控件的声明代码如下所示。

```
<asp:SqlDataSource ID = "SqlDataSource1" runat = "server"
        ConflictDetection = "CompareAllValues"
        ConnectionString = " <%$ ConnectionStrings:StudentConnectionString%> "
        DeleteCommand = "DELETE FROM [StuInfo] WHERE [StuNo] =
@original_StuNo AND [Name] = @original_Name AND [Sex] = @original_Sex AND [Birth] =
@original_Birth AND [MajorId] = @original_MajorId"
        InsertCommand = "INSERT INTO [StuInfo] ([StuNo],[Name],[Sex],[Birth],
[MajorId]) VALUES (@StuNo,@Name,@Sex,@Birth,@MajorId)"
          OldValuesParameterFormatString = "original_{0}"
          SelectCommand = "SELECT *  FROM [StuInfo]"
          UpdateCommand = "UPDATE [StuInfo] SET [Name] = @Name,[Sex] = @Sex,[Birth] =
@Birth,[MajorId] = @MajorId WHERE [StuNo] = @original_StuNo AND [Name] =
@original_Name AND [Sex] = @original_Sex AND [Birth] = @original_Birth AND [MajorId] =
@original_MajorId" >
        <DeleteParameters >
            <asp:Parameter Name = "original_StuNo" Type = "String" / >
            <asp:Parameter Name = "original_Name" Type = "String" / >
            <asp:Parameter Name = "original_Sex" Type = "String" / >
            <asp:Parameter Name = "original_Birth" Type = "DateTime" / >
            <asp:Parameter Name = "original_MajorId" Type = "Int32" / >
        </DeleteParameters >
        <UpdateParameters >
            <asp:Parameter Name = "Name" Type = "String" / >
            <asp:Parameter Name = "Sex" Type = "String" / >
            <asp:Parameter Name = "Birth" Type = "DateTime" / >
```

```
            <asp:Parameter Name = "MajorId" Type = "Int32" />
            <asp:Parameter Name = "original_StuNo" Type = "String" />
            <asp:Parameter Name = "original_Name" Type = "String" />
            <asp:Parameter Name = "original_Sex" Type = "String" />
            <asp:Parameter Name = "original_Birth" Type = "DateTime" />
            <asp:Parameter Name = "original_MajorId" Type = "Int32" />
        </UpdateParameters>
        <InsertParameters>
            <asp:Parameter Name = "StuNo" Type = "String" />
            <asp:Parameter Name = "Name" Type = "String" />
            <asp:Parameter Name = "Sex" Type = "String" />
            <asp:Parameter Name = "Birth" Type = "DateTime" />
            <asp:Parameter Name = "MajorId" Type = "Int32" />
        </InsertParameters>
</asp:SqlDataSource>
```

从上面的代码中可以看出，除了产生 SelectCommand 属性外，其他三个 Command 的 SQL 语句和参数集合均已自动产生。

在图 9-11 中，还选择了是否使用并发式开发的选项，这是非常有用的选项，它能解决并发冲突问题。此时，ConflictDetection = "CompareAllValues" 表示进行冲突检测，在更新之前必须对原始数据字段的值进行检测，如果发现要更新的记录中各字段的值与原始数据字段的值不相同，则表示在该用户更新操作过程中，有其他用户对该记录进行了更新，为了避免并发冲突，该用户的更新将会失败。在 DeleteCommand 和 UpdateCommand 中，WHERE 子句中原始数据字段的格式由 OldValuesParameterFormatString 属性指定。将 OldValuesParameterFormatString 属性设置为一个字符串表达式，该表达式用于设置原始值参数名称的格式，其中 {0} 字符表示字段名称。例如，如果将 OldValuesParameterFormatString 属性设置为 original_{0}，名为 Name 的字段的当前值将由一个名为 Name 的参数传入，该字段的原始值将由一个名为 original_Name 的参数传入。

（5）单击 GridView1 右上角的三角符号，在任务菜单中设置数据源为 SqlDataSource1 控件，选中“启用编辑”和“启用删除”复选框，如图 9-12 所示。

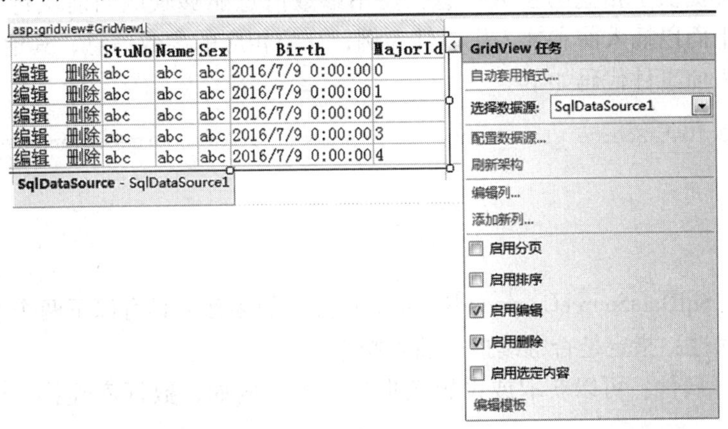

图 9-12　设置 GridView1 控件

（6）运行该页面，可进行编辑或删除记录的操作，如图 9-13 所示。

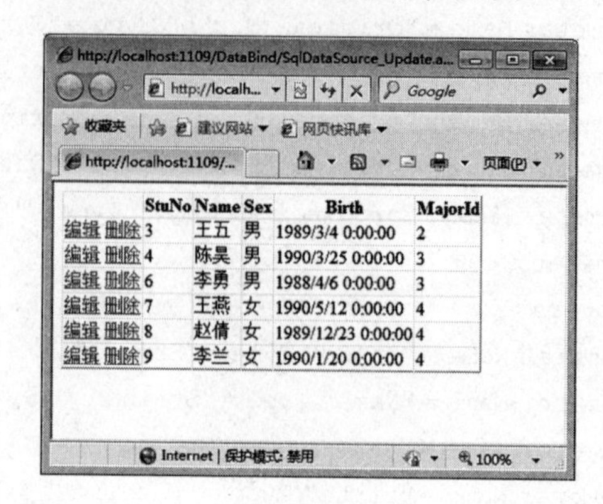

图 9-13　SqlDataSource_Update. aspx 页面运行效果

4. SqlDataSource 控件的事件和方法

虽然使用 SqlDataSource 控件的声明方式能够完成大量的数据库连接工作，但在一些情况下仍然需要更精确地控制 SqlDataSource 控件的运行。SqlDataSource 控件具有大量的事件和方法供编程时调用。

SqlDataSource 控件的主要事件如下。

- Selecting：在查询之前触发。
- Selected：在查询之后触发。
- Inserting：在插入之前触发。
- Inserted：在插入之后触发。
- Updating：在更新之前触发。
- Updated：在更新之后触发。
- Deleting：在删除之前触发。
- Deleted：在删除之后触发。

这些事件都提供了相应的参数信息，使用参数信息能够获取当前执行 SqlDataSource 控件的设置值。下面以插入前和插入后事件为例，介绍相应的参数信息，其他事件类似。

例如，插入前事件代码如下：

```
protected void SqlDataSource1_Inserting(object sender,SqlDataSourceCommandEventArgs e)
{
    ...
}
```

在代码中，SqlDataSourceCommandEventArgs 类型的参数 e 具有以下两个主要属性。

- Cancel 属性：指定是否继续执行插入操作。
- Command 属性：可以获取或设置数据库命令。例如，数据库连接、SQL 命令、参数集合等。

执行数据库插入操作后，可以通过插入后事件，获取插入过程中的一些信息。例如，插入后事件代码如下：

```
protected void SqlDataSource1_Inserted(object sender,SqlDataSourceStatusEventArgs e)
{
    ...
}
```

在代码中，SqlDataSourceStatusEventArgs 类型的参数 e 具有以下主要属性。

- AffectedRows 属性：获取受数据库操作影响的行数。
- Command 属性：获取提交到数据库的数据库命令。
- Exception 属性：获取数据库的数据操作期间引发的任何异常。
- ExceptionHandled 属性：获取或设置一个值，该值指示是否已处理数据库引发的异常。true 表示已处理，false 表示未处理。

除了上述事件外，SqlDataSource 控件还提供了 Insert、Update、Delete 和 Select 方法，可以使用编程的方式执行相应的 SQL 命令。例如，单击“添加”按钮，完成数据库的插入代码如下。

```
protected void btnAdd_Click(object sender,EventArgs e)
{
    //以编程方式执行插入命令
    SqlDataSource1.Insert();
}
```

【例 9-4】 使用 SqlDataSource 完成 StuInfo 表的数据插入。

（1）在 DataBind 网站中，添加一个名为 SqlDataSource_Insert. aspx 的网页。

（2）SqlDataSource_Insert. aspx 页面的设计视图如图 9-14 所示。

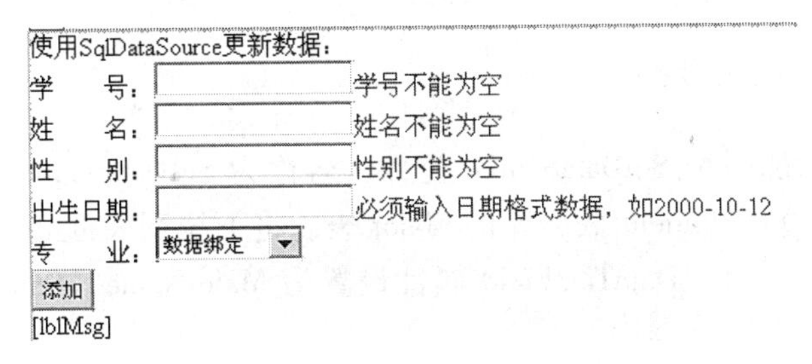

图 9-14　SqlDataSource_Insert. aspx 页面的设计视图

切换源视图，控件声明代码如下：

```
<form id="form1" runat="server">
    <div>
        使用 SqlDataSource 更新数据：<br/>
        学       号：
        <asp:TextBox ID="txtStuNo" runat="server"></asp:TextBox>
        <asp:RequiredFieldValidator ID="RequiredFieldValidator1" runat="server"
            ControlToValidate="txtStuNo" ErrorMessage="学号不能为空">
        </asp:RequiredFieldValidator>
```

```
    <br />
    姓         名:
    <asp:TextBox ID="txtName" runat="server"></asp:TextBox>
    <asp:RequiredFieldValidator ID="RequiredFieldValidator2" runat="server"
        ControlToValidate="txtName" ErrorMessage="姓名不能为空">
    </asp:RequiredFieldValidator>
    <br />
    性         别:
    <asp:TextBox ID="txtSex" runat="server"></asp:TextBox>
    <asp:RequiredFieldValidator ID="RequiredFieldValidator3" runat="server"
      ControlToValidate="txtSex" ErrorMessage="性别不能为空">
   </asp:RequiredFieldValidator>
   <br />
   出生日期:<asp:TextBox ID="txtBirth" runat="server"></asp:TextBox>
   <asp:CompareValidator ID="CompareValidator1" runat="server"
      ControlToValidate="txtBirth" Display="Dynamic" ErrorMessage="必须输入
        日期格式数据,如2000-10-12" Operator="DataTypeCheck">
   </asp:CompareValidator>
   <br />
   专         业:
   <asp:DropDownList ID="dpMajor" runat="server"></asp:DropDownList>
   <br />
   <asp:Button ID="btnAdd" runat="server" onclick="btnAdd_Click" Text="添加" />
   <br />
   <asp:Label ID="lblMsg" runat="server"></asp:Label>
 </div>
</form>
```

(3) 在页面上添加一个SqlDataSource控件，名称为SqlDataSource1。将SqlDataSource1控件按例9-1的方法查询Student数据库的Major表。将下拉列表框dpMajor的DataSourceID属性设置为SqlDataSource1，DataTextField属性设置为MajorName，DataValueField属性设置为MajorId。

SqlDataSource1的源视图控件声明代码如下：

```
<asp:SqlDataSource ID="SqlDataSource1" runat="server" ConnectionString="<%$
ConnectionStrings:StudentConnectionString %>" SelectCommand="SELECT * FROM
[Major]"></asp:SqlDataSource>
```

下拉列表框dpMajor的源视图控件声明代码变为：

```
<asp:DropDownList ID="dpMajor" runat="server" DataSourceID="SqlDataSource2"
DataTextField="MajorName" DataValueField="MajorId"></asp:DropDownList>
```

(4) 在页面上添加一个SqlDataSource控件和一个GridView控件，名为SqlDataSource2和GridView1。选中SqlDataSource2控件的ConnectionString属性，在下拉列表框中选择

“StudentConnectionString”。这里的 StudentConnectionString 是指已在网站的 web. config 中自动保存的数据源连接字符串。

（5）单击 SqlDataSource2 控件的 SelectQuery 属性右边的按钮，如图 9-15 所示。弹出“命令和参数编辑器”对话框，如图 9-16 所示，在“SELECT 命令”文本框中输入 SQL 语句：Select * from StuInfo。单击“确定”按钮。

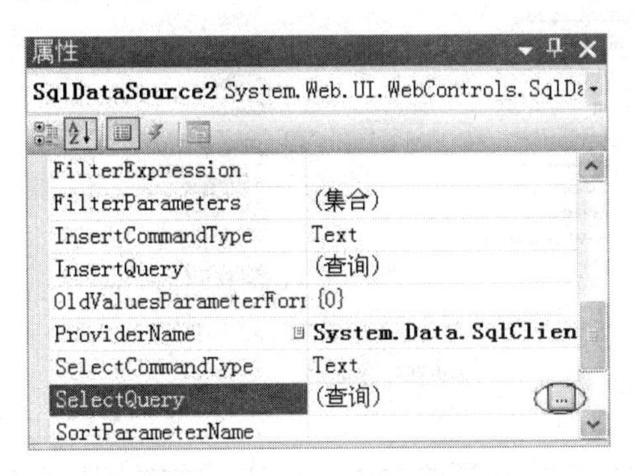

图 9-15　SelectQuery 属性设置按钮

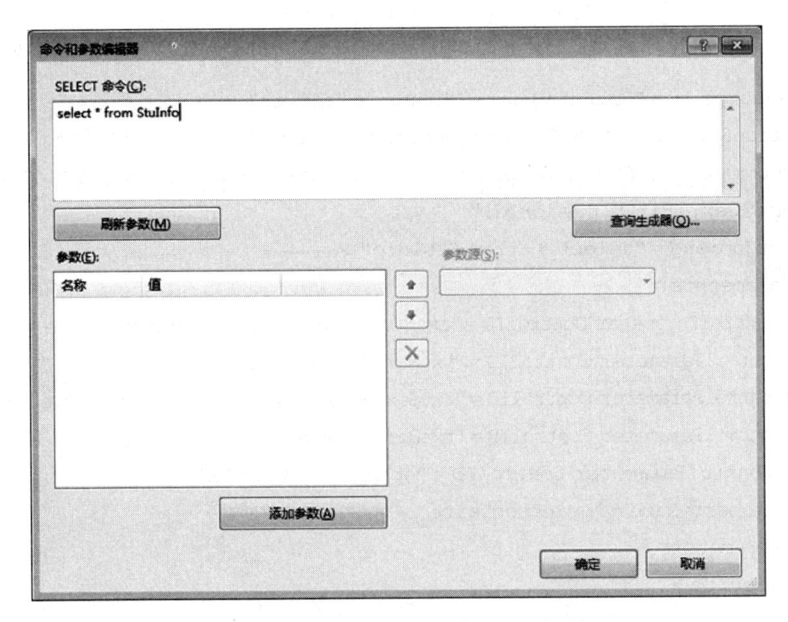

图 9-16　“命令和参数编辑器”对话框

（6）将 GridView1 控件的 DataSourceID 属性指定为 SqlDataSource2 控件。GridView1 控件主要用来显示 SqlDataSource2 的查询结果。

（7）单击 SqlDataSource2 控件的 InsertQuery 属性右边的按钮。弹出“命令和参数编辑器”对话框，在“INSERT 命令”文本框中输入以下 SQL 语句：

INSERT INTO StuInfo(StuNo,Name,Sex,Birth,MajorId) VALUES (@StuNo,@Name,@Sex,@Birth,@MajorId)。

单击“刷新参数”按钮，在参数列表中出现 StuNo、Name、Sex、Birth 和 MajorId，将这五个参数的参数源全部设置为“Control”，ControlID 分别设置为：txtStuNo、txtName、 txtSex、txtBirth和 dpMajor。如图 9-17 所示。

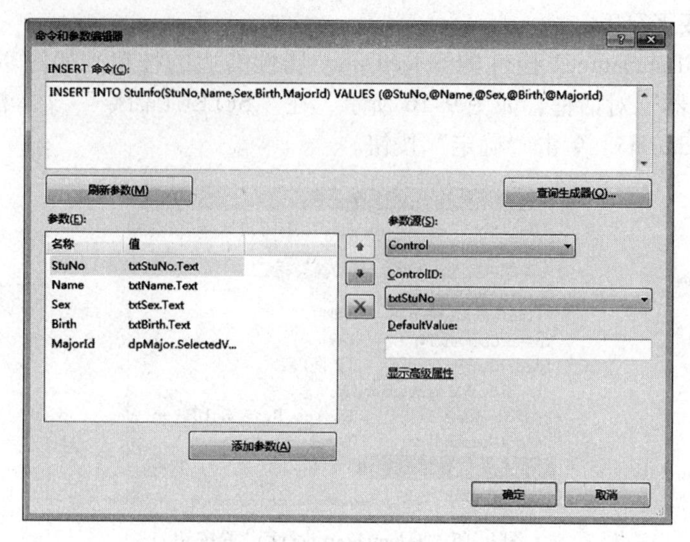

图 9-17　编辑 INSERT 命令与参数

编辑完成后，单击“确定”按钮，SqlDataSource2 的源视图控件声明代码如下：

```
<asp:SqlDataSource ID="SqlDataSource2" runat="server"
    ConnectionString="<%$ ConnectionStrings:StudentConnectionString %>"
    InsertCommand="INSERT INTO StuInfo(StuNo,Name,Sex,Birth,MajorId) VALUES (@StuNo,
      @Name,@Sex,@Birth,@MajorId)"
      SelectCommand="select *  from StuInfo">
  <InsertParameters>
      <asp:ControlParameter ControlID="txtStuNo" Name="StuNo" PropertyName="Text" />
      <asp:ControlParameter ControlID="txtName" Name="Name" PropertyName="Text" />
      <asp:ControlParameter ControlID="txtSex" Name="Sex" PropertyName="Text" />
      <asp:ControlParameter ControlID="txtBirth" Name="Birth" PropertyName="Text" />
      <asp:ControlParameter ControlID="dpMajor" Name="MajorId"
           PropertyName="SelectedValue" />
  </InsertParameters>
</asp:SqlDataSource>
```

（8）为“添加”按钮 btnAdd 添加一个 Click 事件，事件处理方法为 btnAdd_Click。打开后台代码文件 SqlDataSource_Insert. aspx. cs，添加 btnAdd_Click 事件处理代码如下。

```
protected void btnAdd_Click(object sender,EventArgs e)
{
    //以编程方式执行插入命令
    SqlDataSource2.Insert();
}
```

（9）为 SqlDataSource2 添加 Inserting 事件，代码如下。

```
protected void SqlDataSource2_Inserting(object sender, SqlDataSourceCommandEventArgs e)
```

```
{
    //如果页面验证通过，则执行插入；否则取消插入
    if (!Page.IsValid)
    {
        //取消插入
        e.Cancel = true;
    }
}
```

为 SqlDataSource2 添加 Inserted 事件，代码如下。

```
protected void SqlDataSource2_ Inserted(object sender, SqlDataSourceStatusEventArgs e)
{
    //判断插入数据时，是否引发异常
    if (e.Exception != null)
    {
        //显示异常信息
        lblMsg.Text = " 插入数据库时发生错误，错误原因为:" + e.Exception.Message;"
        //表示异常已经处理，避免跳转到系统标准的错误提示页面
        e.ExceptionHandled = true;
    }
}
```

（10）运行该页面，添加员工张晨的信息后，运行结果如图 9-18 所示。

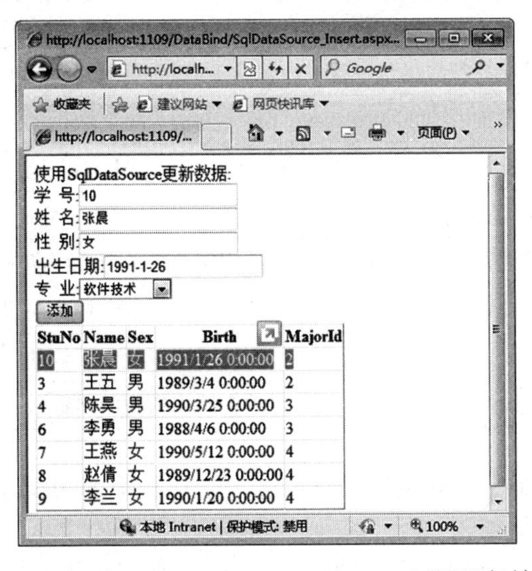

图 9-18　SqlDataSource_Insert. aspx 页面运行效果

9. 1. 2　ObjectDataSource 数据源控件

使用 SqlDataSource 控件对数据库进行访问，操作非常简单，但与表示层（ASP. NET 网页）过于紧密，是在两层应用程序层次结构中使用。在该层次结构中，表示层可以与数据源（数据库和 XML 文件等）直接进行通信，这将造成后期维护和修改的困难。

在大中型应用程序的设计中，常用的设计原则是，将表示层与业务逻辑相分离，而将业

务逻辑封装在业务对象中。这些业务对象在表示层和数据层之间形成一层，从而生成一种三层应用程序结构。ObjectDataSource 控件通过提供一种将相关页上的数据控件绑定到中间层业务对象的方法，为三层结构提供支持。在不使用扩展代码的情况下，ObjectDataSource 使用中间层业务对象以声明方式对数据执行查询、插入、更新、删除、分页、排序、缓存和筛选操作。使用 ObjectDataSource 对象的三层结构示意图如图 9-19 所示。

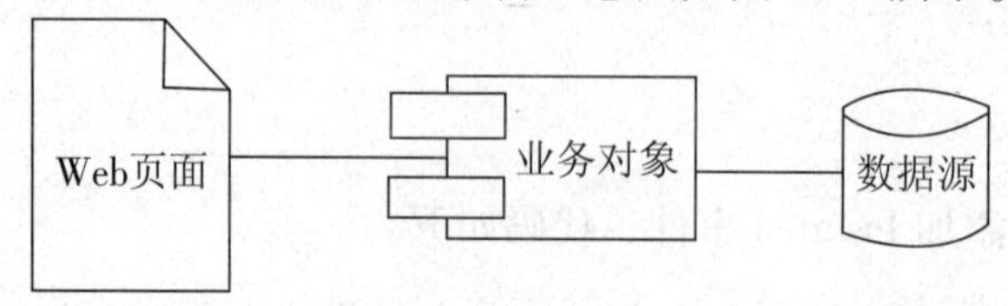

图 9-19　三层结构示意图

表 9-2 列出了 ObjectDataSource 控件的常用属性。

表 9-2　ObjectDataSource 控件的常用属性

名　称	说　明
DeleteMethod	获取或设置由 ObjectDataSource 控件调用以删除数据的方法或函数的名称
DeleteParameters	获取或设置参数集合，该集合包含由 DeleteMethod 方法使用的参数
InsertMethod	获取或设置由 ObjectDataSource 控件调用以插入数据的方法或函数的名称
InsertParameters	获取或设置参数集合，该集合包含由 InsertMethod 方法使用的参数
SelectMethod	获取或设置由 ObjectDataSource 控件调用以查询数据的方法或函数的名称
SelectParameters	获取或设置参数集合，该集合包含由 SelectMethod 方法使用的参数
UpdateMethod	获取或设置由 ObjectDataSource 控件调用以更新数据的方法或函数的名称
UpdateParameters	获取或设置参数集合，该集合包含由 UpdateMethod 方法使用的参数
FilterExpression	获取或设置当调用由 SelectMethod 属性指定的方法时应用的筛选表达式
FilterParameters	获取或设置与 FilterExpression 字符串中的任何参数占位符关联的参数的集合
EnableCaching	获取或设置一个值，该值指示 ObjectDataSource 控件是否启用数据缓存
SelectCountMethod	获取或设置由 ObjectDataSource 控件调用以检索行数的方法或函数的名称
TypeName	获取或设置 ObjectDataSource 控件要调用的类的名称

【例 9-5】 通过 ObjectDataSource 控件来查询、更新和删除 Student 数据库中的StuInfo表的数据。完成功能与例 9-3 相同。

(1) 建立数据业务逻辑层。在 DataBind 网站的 App_Code 目录下，新建一个StuInfoDAL. cs类文件。注意，如果网站中还没有 App_Code 文件夹，请在“解决方案资源管理器”窗口中右击项目的名称，选择“添加 ASP. NET 文件夹”，然后选择“App_Code”菜单项。

在 StuInfoDAL. cs 文件中定义 GetStuInfo 方法获取学生信息列表，UpdateStuInfo 方法更新学生记录，DeleteStuInfo 删除学生记录。该类文件代码如下。

```
using System;
using System.Collections.Generic;
using System.Linq;
```

```
using System.Web;
using System.Data;
using System.Data.SqlClient;
using System.Configuration;
/// <summary>
///学生信息的业务逻辑
/// </summary>
public class StuInfoDAL
{
    string connectionString = ConfigurationManager.ConnectionStrings
                ["StudentConnectionString"].ConnectionString;
    public StuInfoDAL()
    {
    }
    //查询所有学生的信息
    public DataTable GetStuInfo()
    {
        SqlConnection cnn = new SqlConnection(connectionString);
        string selectString = "SELECT * FROM StuInfo";
        SqlDataAdapter da = new SqlDataAdapter(selectString, cnn);
        DataTable dt = new DataTable();
        da.Fill(dt);
        return dt;
    }
    //更新学生信息
    public void UpdateStuInfo(string stuNo, string name, string sex, DateTime birth, int majorId)
    {
        SqlConnection con = new SqlConnection(connectionString);
        string updateString = "UPDATE StuInfo set Name = @Name, Sex = @Sex, Birth = @Birth,
                    MajorId = @MajorId where StuNo = @StuNo";
        SqlCommand cmd = new SqlCommand(updateString, con);
        cmd.Parameters.AddWithValue("@StuNo", stuNo);
        cmd.Parameters.AddWithValue("@Name", name);
        cmd.Parameters.AddWithValue("@Sex", sex);
        cmd.Parameters.AddWithValue("@Birth", birth);
        cmd.Parameters.AddWithValue("@MajorId", majorId);
        con.Open();
        cmd.ExecuteNonQuery();
        con.Close();
    }
    //删除学生信息
    public void DeleteStuInfo(string stuNo)
    {
        SqlConnection con = new SqlConnection(connectionString);
        string deleteString = "DELETE FROM StuInfo WHERE StuNo = @StuNo";
        SqlCommand cmd = new SqlCommand(deleteString, con);
        cmd.Parameters.AddWithValue("@StuNo", stuNo);
        con.Open();
```

```
        cmd.ExecuteNonQuery();
        con.Close();
    }
}
```

（2）建立表示层。在 DataBind 网站的根目录下，添加一个页面 ObjectDataSourceDemo.aspx，在该页面上拖放一个 ObjectDataSource 控件和一个 GridView 控件，使用默认的 ID。单击 ObjectDataSource1 右上角的三角符号，选择“配置数据源”，弹出“配置数据源”对话框，如图 9-20 所示。

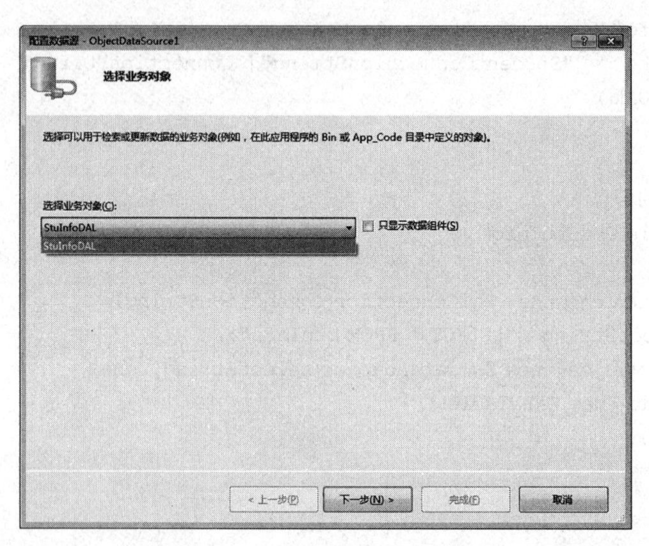

图 9-20　ObjectDataSource1 配置向导

在“选择业务对象”下拉列表中，将会列出该系统中已经存在的类，选择 StuInfoDAL，单击“下一步”按钮，进入“定义数据方法”对话框。在此对话框中需要单独设置 SELECT 对应的方法 GetStuInfo，如图 9-21 所示。另外，将 UPDATE 的方法设置为 UpdateStuInfo，DELETE 的方法设置为 DeleteStuInfo。

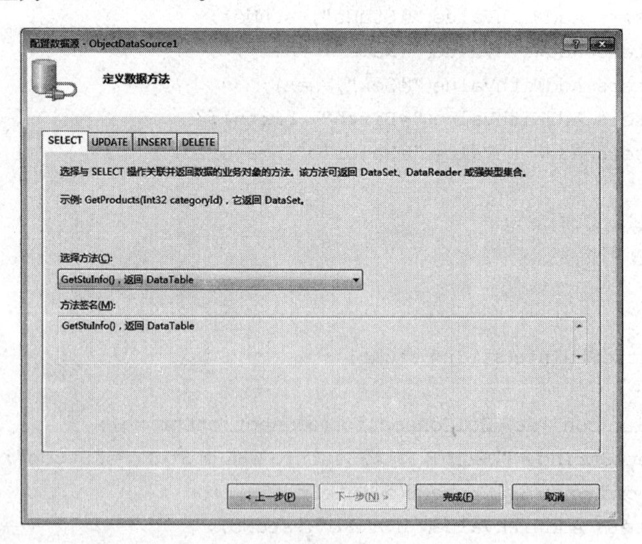

图 9-21　设置 Select 属性对应的方法 GetStuInfo

通过上面的设置，源视图中 ObjectDataSource 控件声明代码如下：

```
<asp:ObjectDataSource ID = "ObjectDataSource1" runat = "server" DeleteMethod = "DeleteStuInfo"
SelectMethod = "GetStuInfo" TypeName = "StuInfoDAL" UpdateMethod = "UpdateStuInfo" >
    < DeleteParameters >
        < asp:Parameter Name = "stuNo" Type = "String" / >
    < /DeleteParameters >
    < UpdateParameters >
        < asp:Parameter Name = "stuNo" Type = "String" / >
        < asp:Parameter Name = "name" Type = "String" / >
        < asp:Parameter Name = "sex" Type = "String" / >
        < asp:Parameter Name = "birth" Type = "DateTime" / >
        < asp:Parameter Name = "majorId" Type = "Int32" / >
    < /UpdateParameters >
< /asp:ObjectDataSource >
```

（3）将 GridView1 控件的 DataSourceID 属性设置为 ObjectDataSource1，DataKeyNames 属性设置为 stuNo。启用 GridView1 控件的编辑和删除功能。

（4）运行该页面，可以查看、编辑和删除学生记录，如图 9-22 所示。

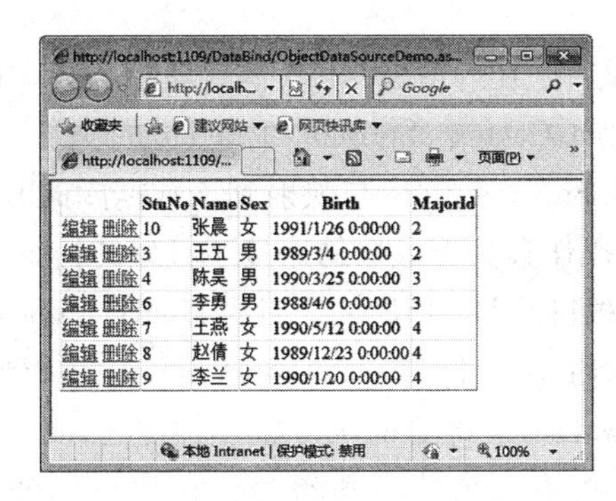

图 9-22　ObjectDataSource. aspx 页面运行效果

9.1.3　LinqDataSource 数据源控件

LinqDataSource 控件是 ASP. NET 3. 5 引入的一个数据源控件，它可以使用 . NET 3. 5 的 LINQ 功能查询应用程序中的数据对象。本节主要讨论如何使用 LinqDataSource 控件。如果想学习 LINQ 及其语法等更多知识，可参阅其他书籍或 MSDN。

LinqDataSource 控件的用法与 SqlDataSource 控件类似，也是把在控件上设置的属性转换成可以在数据源上执行的操作。LinqDataSource 控件则把属性设置转换为有效的 LINQ 查询，当与数据库中的数据进行交互时，不会将 LinqDataSource 控件直接连接到数据库，而是与表示数据库和表的实体类进行交互。

【例 9-6】 使用 LinqDataSource 控件。按专业查询学生信息，功能与例 9-2 相同。

（1）在 DataBind 网站中，右击 App_Code 文件夹，然后单击“添加新项”菜单项，显示“添加新项”对话框。在“Visual Studio 已安装的模板”中选择“LINQ to SQL 类”，将该文件命名为 Student. dbml，然后单击“添加”按钮。此时将显示“对象关系设计器”窗口。

（2）在“服务器资源管理器”窗口中，将 StuInfo 表拖到“对象关系设计器”窗口中。StuInfo 表及其列在设计器窗口中以名称为 StuInfo 的实体表示。再将 Major 表拖到设计器窗口中。StuInfo 表和 Major 表之间的外键关系以虚线表示。对象关系设计器窗口如图 9-23 所示。

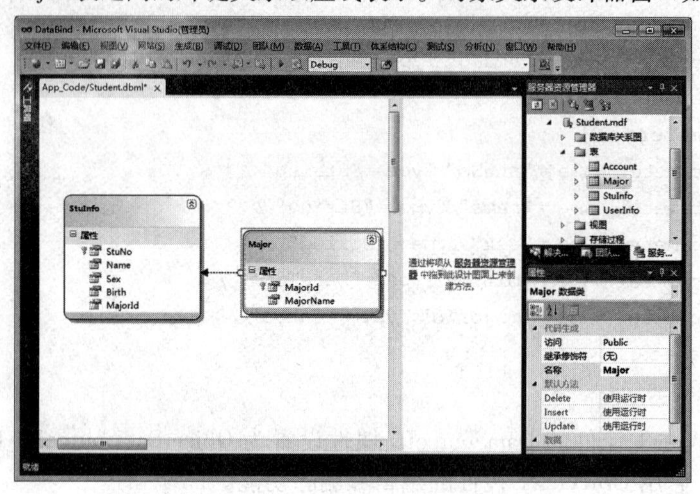

图 9-23　对象关系设计器窗口

（3）保存 Student.dbml 文件。在“解决方案资源管理器”窗口中，打开 Student.designer.cs，该文件具有名称为 StudentDataContext、StuInfo 和 Major 的类。StudentDataContext 类是一个 LINQ to SQL 类，它充当 SQL Server 数据库与映射到该数据库的 LINQ to SQL 实体类之间的管道，包含用于连接数据库及操作数据库数据的连接字符串的信息和方法。

（4）在 DataBind 网站的根目录下，添加一个名为 LinqDataSourceDemo.aspx 的页面。从工具箱的数据栏中拖一个 LinqDataSource 控件和一个 DropDownList 控件到该页面上，控件的名称分别为 LinqDataSource1 和 DropDownList1。将 DropDownList1 控件的 AutoPostBack 属性设置为 true。

（5）单击 LinqDataSource1 右上角的三角符号，在弹出的任务菜单中选择“配置数据源”菜单项，将弹出如图 9-24 所示的“配置数据源”对话框，在该对话框的“选择上下文对象”列表框中将自动选择 StudentDataContext 对象。

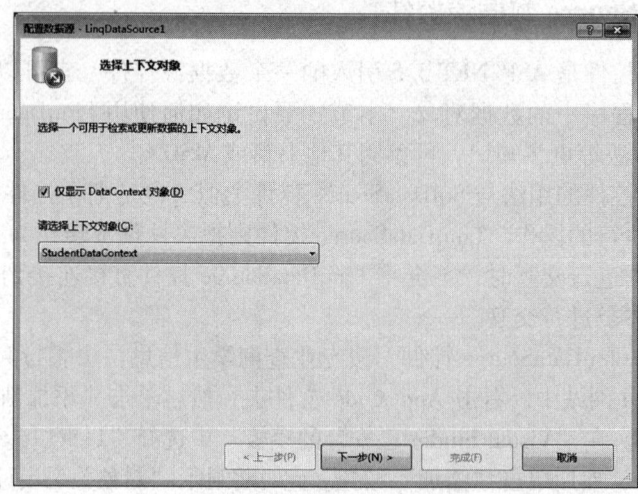

图 9-24　选择上下文对象

（6）单击“下一步”按钮，配置数据选择。与配置 SqlDataSource 控件相似，可以选择一个数据表，指定查询条件，指定排序或者启用自动插入、更新和删除功能，如图 9-25 所示。在本例中，选择 Major 表，并指定 MajorId 和 MajorName 列。

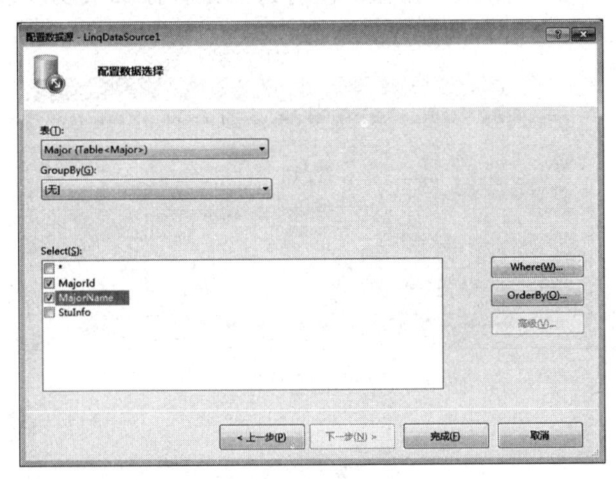

图 9-25　配置数据选择

（7）单击“完成”按钮。源视图中 LinqDataSource1 的控件声明代码如下。

```
<asp:LinqDataSource ID = "LinqDataSource1" runat = "server"
       ContextTypeName = "StudentDataContext" Select = "new (MajorId,MajorName)"
       TableName = "Major" >
</asp:LinqDataSource >
```

在使用 LinqDataSource 控件时，将与 StudentDataContext 对象进行绑定。Select 语句用于指定所要查询字段的 LINQ 投影表达式。TableName 属性指定 StudentDataContext 对象中所要查询的表的名称。

（8）将 DropDownList1 的 DataSourceID 属性设置为 LinqDataSource1，DataTextField 属性设置为 MajorName，DataValueField 属性设置为 MajorId。

（9）在 LinqDataSourceDemo. aspx 页面上，再拖放一个 GridView 控件和一个 LinqDataSource 控件，名称分别为 GridView1 和 LinqDataSource2。使用同样的步骤将 LinqDataSource2 控件绑定到 StuInfo 表中的所有记录，如图 9-26 所示。

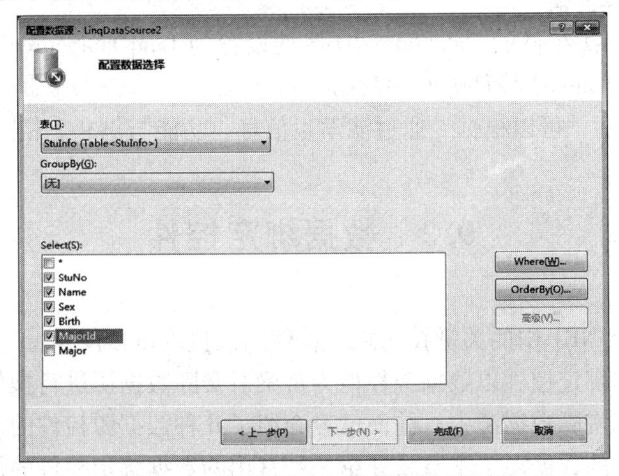

图 9-26　选择 StuInfo 表中的所有数据

(10) 由于需要根据 MajorId 过滤学生信息，单击图 9-26 中的“Where”按钮，在弹出的“配置 Where 表达式”对话框中设置 MajorId，根据 DropDownList1 控件中的选定值进行过滤，如图 9-27 所示。单击“添加”按钮，便将过滤条件添加成功。最后单击“完成”按钮，结束对 LinqDataSource2 控件的配置。

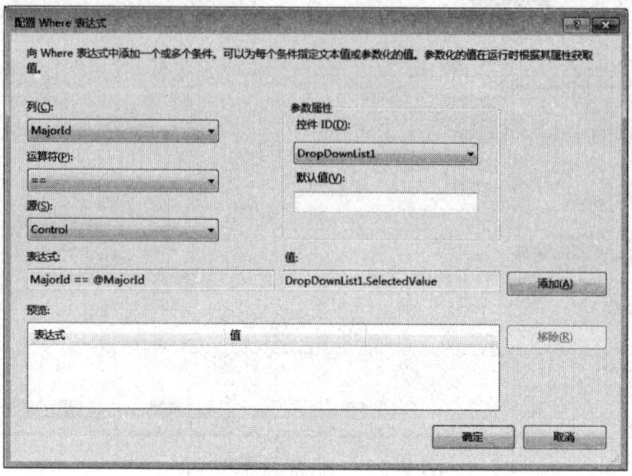

图 9-27 “配置 Where 表达式”对话框

切换 LinqDataSourceDemo. aspx 页面的源视图，LinqDataSource2 的控件声明代码如下。

```
<asp:LinqDataSource ID="LinqDataSource2" runat="server"
    ContextTypeName="StudentDataContext" Select="new (StuNo,Name,Sex,Birth,
      MajorId)" TableName="StuInfo" Where="MajorId==@MajorId">
    <WhereParameters>
        <asp:ControlParameter ControlID="DropDownList1" Name="MajorId"
            PropertyName="SelectedValue" Type="Int32" />
    </WhereParameters>
</asp:LinqDataSource>
```

该 LinqDataSource 控件绑定到相同的 StudentDataContext 对象，TableName 指定为StuInfo，Where 语句指定搜索条件。WhereParameters 集合中添加了一个控件参数，以便获取 DropDownList1 控件中选择的值。

(11) 将 GridView1 控件的 DataSourceID 属性设置为 LinqDataSource2。这会将 GridView1 控件绑定到 LinqDataSource2 控件返回的数据。

(12) 运行该页面，可以根据专业过滤学生信息。功能与例 9-2 相同。

9.2 数据绑定控件

数据绑定是 ASP. NET 中的关键技术之一，使用该技术可以使 Web 应用程序轻松地与数据源进行交互。数据绑定控件以数据源控件为桥梁对实际数据源进行操作，并将操作结果通过数据源控件保存到实际数据源中。前面已经介绍了几种数据源控件的使用，通过这些数据源控件可以访问实际的数据源。本节将介绍一些常用的数据绑定控件的使用。

9.2.1 GridView 控件

GridView 控件是一个显示表格式数据的控件，该控件是 ASP. NET 服务器控件中功能最强大、最实用的一个控件。GridView 控件显示一个二维表格式数据，每列表示一个字段，每行表示一条记录。GridView 控件的主要功能是通过数据源控件自动绑定数据源的数据，然后按照数据源中的一行显示为输出表中的一行的规则将数据显示出来。该控件无须编写任何代码即可实现选择、排序、分页、编辑和删除功能。

表 9-3 列出了 GridView 控件的常用属性。

表 9-3　GridView 控件的常用属性

名　称	说　　明
AllowPaging	指示是否启用分页功能
AllowSorting	指示是否启用排序功能
AutoGenerateColumns	指示是否为数据源中的每个字段自动创建绑定字段
AutoGenerateDeleteButton	指示每个数据行是否添加“删除”按钮
AutoGenerateEditButton	指示每个数据行是否添加“编辑”按钮
AutoGenerateSelectButton	指示每个数据行是否添加“选择”按钮
EditIndex	获取或设置要编辑行的索引
DataKeyNames	获取或设置 GridView 控件中的主键字段的名称。多个主键字段间，以逗号隔开
DataSource	获取或设置对象，数据绑定控件从该对象中检索其数据项列表
DataMember	当数据源有多个数据项列表时，获取或设置数据绑定控件绑定到的数据列表的名称
DataSourceID	获取或设置控件的 ID，数据绑定控件从该控件中检索其数据项列表
PageCount	获取在 GridView 控件中显示数据源记录所需的页数
PageIndex	获取或设置当前显示页的索引
PageSize	获取或设置每页显示的记录数
SortDirection	获取正在排序的列的排序方向
SortExpression	获取与正在排序的列关联的排序表达式

1. 使用 GridView 控件

在 DataBind 网站中，添加一个名为 GridViewDemo. aspx 的页面。按例 9-3 的步骤设计页面功能。启用 GridView 控件的编辑和删除功能后，源视图控件声明代码如下。

```
<asp:GridView ID = "GridView1" runat = "server" AutoGenerateColumns = "False"
   DataKeyNames = "StuNo" DataSourceID = "SqlDataSource1" >
   <Columns>
        <asp:CommandField ShowDeleteButton = "True" ShowEditButton = "True" />
        <asp:BoundField DataField = "StuNo" HeaderText = "StuNo" ReadOnly = "True"
             SortExpression = "StuNo" />
        <asp:BoundField DataField = "Name" HeaderText = "Name" SortExpression = "Name" />
```

```
        <asp:BoundField DataField="Sex" HeaderText="Sex" SortExpression="Sex" />
        <asp:BoundField DataField="Birth" HeaderText="Birth" SortExpression="Birth" />
        <asp:BoundField DataField="MajorId" HeaderText="MajorId"
            SortExpression="MajorId"/>
    </Columns>
</asp:GridView>
```

当将 GridView 控件绑定到数据源控件之后，Visual Studio 为 GridView 控件做了很多工作，首先将 AutoGenerateColumns 属性设置为 false，并为数据源控件中的每个字段产生一个绑定列。

其次，Visual Studio 为 GridView 控件指定了 DataKeyNames 属性，这是一个数组类型的属性，该数组包含了显示在 GridView 控件中的项的主键字段的名称，可以为 DataKeyNames 指定多个主键字段，字段之间用逗号分开。例如，为 GridView 控件设置主键列为StuNo和Name。

```
DataKeyNames="StuNo,Name"
```

设定 DataKeyNames 属性时，GridView 控件会自动将指定字段的值填入其 DataKeys 集合，以便存取每个数据列的主键。例如，为了获取第 i 行第一个主键字段的值，可以按如下代码进行操作。

```
object key=GridView1.DataKeys[i].Values[0];
```

启用 GridView 控件的编辑和删除功能后，将添加 CommandField 列，并将 ShowDeleteButton 和 ShowEditButton 都设置为 true。

```
<asp:CommandField ShowDeleteButton="True" ShowEditButton="True" />
```

2. 定制 GridView 控件的列

GridView 控件中的数据常常不是简单的文本数据，而是要使用其他类型的控件显示的数据，例如，使用复选框、图像框等控件显示的数据，或者根本不需要显示的数据。在 GridView 中提供了非常丰富的列的显示格式。表 9-4 列出了 GridView 控件可用的列的类型。

表 9-4　GridView 控件的列类型

列字段类型	说　明
BoundField	显示数据源中某个字段的值。GridView 控件的默认列类型
ButtonField	为 GridView 控件中的每一项显示一个命令按钮。这样可以创建一列自定义按钮
CheckBoxField	为 GridView 控件中的每一项显示一个复选框。这种列字段类型一般用于显示带布尔值的字段
CommandField	显示用来执行选择、编辑或删除操作的命令按钮
HyperLinkField	将数据源中一个字段的值显示为超链接。这个列字段类型可以把另一个字段绑定到超链接的 URL 上
ImageField	为 GridView 控件中的每一项显示一个图像
TemplateField	根据指定的模板为 GridView 控件中的每一项显示用户定义的内容。此列字段类型可以创建定制的列字段

BoundField 是默认的列类型，该列将数据库中的字段显示为纯文本，默认情况下，Visual Studio 将为数据源中的列生成这种字段类型，Visual Studio 提供了一个可视化的列字段编辑器，大大简化了创建列的工作，对于大多数 GridView 的控件应用，只需要使用该字段编辑器就可以完成大多数的工作。单击 GridView 控件右上角的三角符号，在GridView任务菜单中选择“编辑列”菜单项，将出现列字段编辑器，如图 9-28 所示。

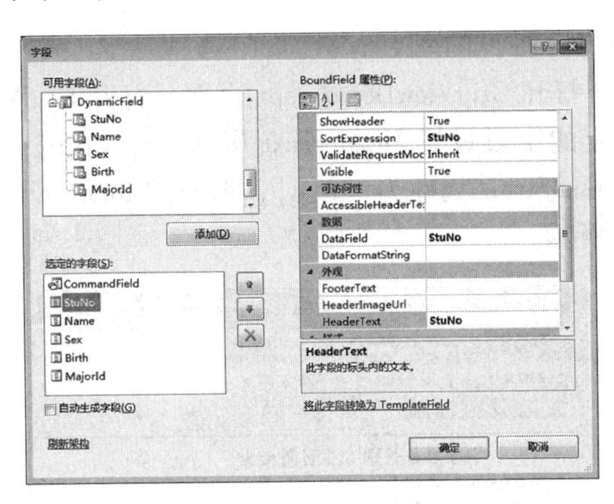

图 9-28　GridView 控件的列字段编辑器

在列字段编辑器的可用字段列表框中，列出了当前数据源中的字段及表 9-4 中列出的字段。在可用字段列表框中选择一个字段，单击“添加”按钮，将会把该字段添加到选定字段的列表框中。在选定的字段列表框中列出了当前 GridView 控件中正在使用的字段，当在选定的字段中选择不同的列字段类型时，右侧的属性列表将列出该字段相关的属性。图 9-28 对话框右侧显示的是 BoundField 字段的属性。表 9-5 列出了 BoundField 字段的常用属性。

表 9-5　BoundField 字段的常用属性

属　性	说　　明
DataField	指定列将要绑定字段的名称，如果是数据表则为数据表的字段，如果是对象，则为该对象的属性
DataFormatString	用于格式化 DataField 显示的格式化字符串。例如，如果需要指定四位小数，则格式化字符串为 {0：F4}；如果需要指定日期，则格式字符串为 {0：d}
ApplyFormatInEditMode	是否将 DataFormatString 设置的格式应用到编辑模式
HeaderText、FooterText	用于设置列头和列尾显示的文本。HeaderText 属性通常用于显示列名称。列尾可以显示一些统计信息
ReadOnly	列是否只读，默认情况下，主键字段是只读，只读字段将不能进入编辑模式
Visible	列是否可见。如果设置为 false，则不产生任何 HTML 输出
SortExpression	指定一个用于排序的表达式
HtmlEncode	默认值为 true，指定是否对显示的文本内容进行 HTML 编码
NullDisplayText	当列为空值时，将显示的文本

续表

属 性	说 明
ConvertEmptyStringToNull	如果设为 true，当提交编辑时，所有的空字符将被转换为 null
ControlStyle、HeaderStyle、FooterStyle 和 ItemStyle	用于设置列的呈现样式

【例 9-7】定制 GridView 控件的列。

在 DataBind 网站中，打开 GridViewDemo. aspx 页面。打开 GridView1 控件的“列字段编辑器”窗口，为每个选定的字段设置 HeaderText 属性，即为每个字段赋予一个中文名称。设置 Birth 字段的 DataFormatString 属性为 {0:d}，ApplyFormatInEditMode 属性为 true。运行该页面，效果如图 9-29 所示。

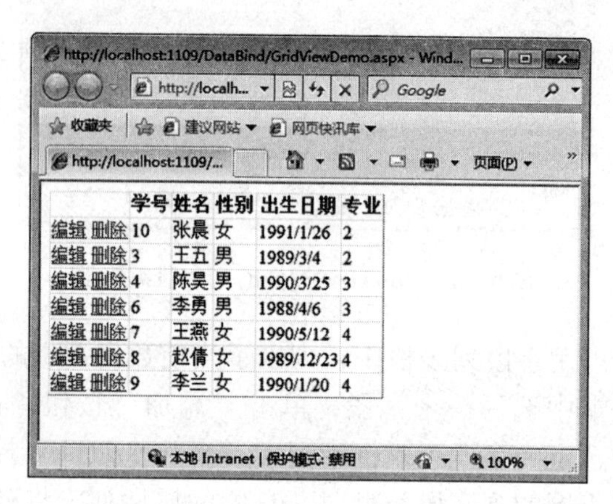

图 9-29　定制 GridView 控件的列字段

此时，源视图中控件声明的代码如下：

```
<asp:GridView ID="GridView1" runat="server" AutoGenerateColumns="False"
    DataKeyNames="StuNo" DataSourceID="SqlDataSource1">
    <Columns>
        <asp:CommandField ShowDeleteButton="True" ShowEditButton="True" />
        <asp:BoundField DataField="StuNo" HeaderText="学号" ReadOnly="True"
            SortExpression="StuNo" />
        <asp:BoundField DataField="Name" HeaderText="姓名" SortExpression="Name" />
        <asp:BoundField DataField="Sex" HeaderText="性别" SortExpression="Sex" />
        <asp:BoundField DataField="Birth" HeaderText="出生日期" SortExpression="
          Birth" ApplyFormatInEditMode="True" DataFormatString="{0:d}" />
        <asp:BoundField DataField="MajorId" HeaderText="专业"
          SortExpression="MajorId"/>
    </Columns>
</asp:GridView>
```

3. 定制 GridView 的模板列

从表 9-5 中可以看出 GridView 控件中有一个重要的列类型 TemplateField，它可以使用模板完全定制列的内容。当使用标准的列不能满足显示要求时，例如，希望在编辑状态下，能使用下拉列表框选择一个专业，使用单选列表选择性别，避免输入。此时可以考虑使用模板列。

表 9-6 列出了 GridView 控件的模板列。

表 9-6　GridView 控件的模板列

模　板	说　　明
AlternatingItemTemplate	为交替项指定要显示的内容
EditItemTemplate	为处于编辑模式中的项指定要显示的内容
FooterTemplate	为对象的脚注部分指定要显示的内容
HeaderTemplate	为表头部分指定要显示的内容
ItemTemplate	为 TemplateField 对象中的项指定要显示的内容

【例 9-8】模板列的使用示例。本例主要将 GridViewDemo. aspx 页面中的 GridView1 的"性别"列和"专业"列转换为模板列。

（1）在 DataBind 网站中，打开 GridViewDemo. aspx 页面。打开 GridView1 控件的列字段编辑器"对话框。在"选定的字段"列表中，选择"性别"字段，单击对话框右下角的"将此字段转换为 TemplateField"，则将"性别"字段转换为模板列。使用同样的方法将"专业"字段转换为模板列。最后单击对话框的"确定"按钮。

（2）单击 GridView1 控件右上角的三角符号，在 GridView 任务菜单中选择"编辑模板"菜单项，将出现 GridView1 模板编辑窗口，如图 9-30 所示。在该窗口中，选择"Column [3] – 性别"的 EditItemTemplate 模板。

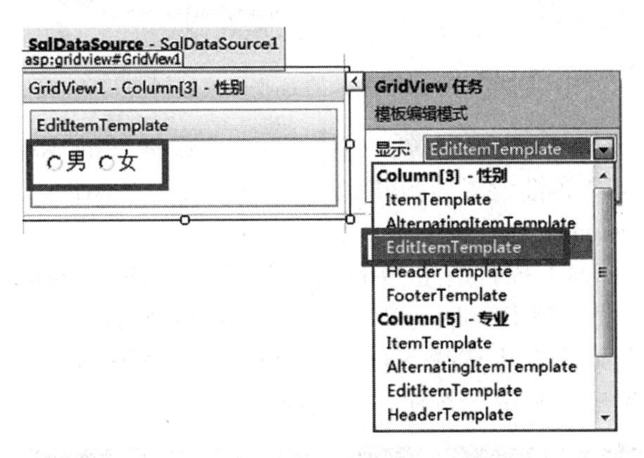

图 9-30　GridView 的性别模板编辑窗口

（3）删除 EditItemTemplate 模板中的文本框，从工具箱中拖放一个RadioButtonList控件到该模板中，取名为 RadioButtonList1，为 RadioButtonList1 添加"男"和"女"两个单选项。

（4）单击 RadioButtonList1 控件右上角的三角符号，在 RadioButtonList 任务菜单中选择"编辑 DataBinding"菜单项，将出现 RadioButtonList1 DataBindings 对话框，如图 9-31 所示。在该对话框的"可绑定属性"列表框中选择 SelectedValue，右边字段绑定到 Sex。选中"双向数据绑定"复选框。单击"确定"按钮，完成绑定。

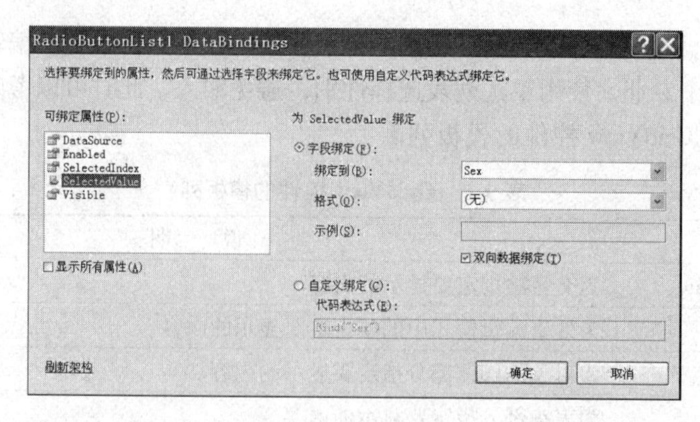

图 9-31　RadioButtonList DataBindings 对话框

（5）在图 9-30 所示的 GridView 控件的模板编辑窗口中，选择“Column[5] - 专业”的 EditItemTemplate 模板。删除 EditItemTemplate 模板中的文本框，从工具箱中拖放一个下拉列表框控件 DropDownList1 和数据源控件 SqlDataSource2 到该模板中。如图 9-32 所示。

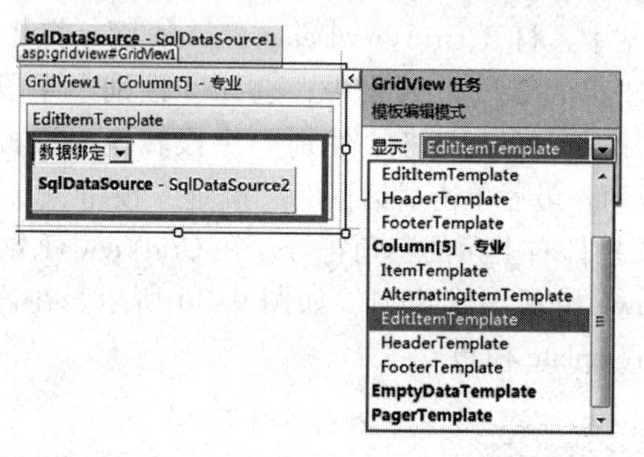

图 9-32　GridView 的专业模板编辑窗口

（6）配置 SqlDataSource2 的数据源，检索 Student 数据库的 Major 表的内容。将 DropDownList1 的 DataSourceID 属性设置为 SqlDataSource2，设置 DataTextField 属性为 MajorName，DataValueField 属性为 MajorId。

（7）单击 DropDownList1 控件右上角的三角符号，在 DropDownList 任务中选择“编辑 DataBinding”菜单项，将出现 DropDownList1 DataBindings 对话框，如图 9-33 所示。在该对话框的“可绑定属性”列表框中选择 SelectedValue，右边字段绑定到 MajorId。选中“双向数据绑定”复选框。单击“确定”按钮，完成绑定。

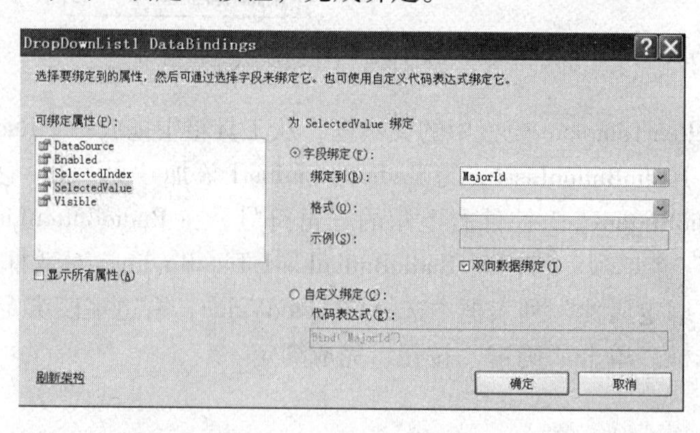

图 9-33　DropDownList DataBindings 对话框

（8）单击 GridView 控件右上角的三角符号，在 GridView 任务菜单中选择“结束模板编辑”菜单项，如图 9-34 所示。

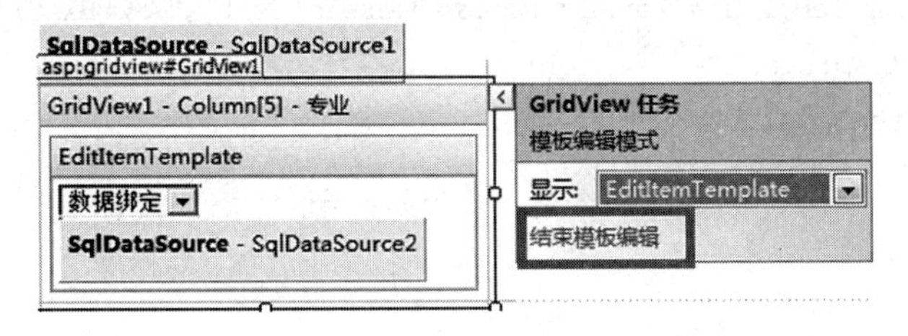

图 9-34　结束模板编辑

在源视图中，GridView 控件声明代码如下：

```
<asp:GridView ID="GridView1" runat="server" AutoGenerateColumns="False"
    DataKeyNames="StuNo" DataSourceID="SqlDataSource1">
    <Columns>
        <asp:CommandField ShowDeleteButton="True" ShowEditButton="True" />
        <asp:BoundField DataField="StuNo" HeaderText="学号" ReadOnly="True"
            SortExpression="StuNo" />
        <asp:BoundField DataField="Name" HeaderText="姓名" SortExpression="Name" />
        <asp:TemplateField HeaderText="性别" SortExpression="Sex">
            <EditItemTemplate>
                <asp:RadioButtonList ID="RadioButtonList1" runat="server"
                    RepeatDirection="Horizontal" SelectedValue='<%# Bind("Sex") %>'>
                    <asp:ListItem>男</asp:ListItem>
                    <asp:ListItem>女</asp:ListItem>
                    </asp:RadioButtonList>
            </EditItemTemplate>
            <ItemTemplate>
                <asp:Label ID="Label1" runat="server" Text='<%# Bind("Sex") %>'>
                </asp:Label>
            </ItemTemplate>
        </asp:TemplateField>
        <asp:BoundField DataField="Birth" HeaderText="出生日期" SortExpression="Birth"
            ApplyFormatInEditMode="True" DataFormatString="{0:d}" />
        <asp:TemplateField HeaderText="专业" SortExpression="MajorId">
            <EditItemTemplate>
                <asp:DropDownList ID="DropDownList1" runat="server"
                    DataSourceID="SqlDataSource2" DataTextField="MajorName"
                    DataValueField="MajorId" SelectedValue='<%# Bind("MajorId") %>'>
                </asp:DropDownList>
                <asp:SqlDataSource ID="SqlDataSource2" runat="server"
                    ConnectionString="<%$ ConnectionStrings:StudentConnectionString %>"
                    SelectCommand="SELECT * FROM [Major]"></asp:SqlDataSource>
```

```
            </EditItemTemplate>
            <ItemTemplate>
              <asp:Label ID="Label2" runat="server" Text='<%# Bind("MajorId")%>'>
              </asp:Label>
            </ItemTemplate>
        </asp:TemplateField>
    </Columns>
</asp:GridView>
```

从上面的代码中可以看出，转换成模板列的字段的 <asp:BoundField> 已经被移除，取而代之的是 <asp:TemplateField> 模板列。每个模板列分别定义了 <EditItemTemplate> 和 <ItemTemplate> 模板。编辑模式的模板中，分别放置了一个 RadioButtonList 和一个 DropDownList 控件，浏览模式的模板中放置了一个 Label 控件。

自定义模板时，需要设置控件绑定的字段。在上面的代码中，可以看到 <%# Bind("...") %> 进行数据绑定。ASP. NET 中提供了两种常用的数据绑定方法：单向数据绑定和双向数据绑定。

①使用 Eval 单向数据绑定方法，该方法只读取数据源中的数据。如 <%# Eval("MajorId")%>，还可以使用格式化的方法 <%# Eval("Birth","{0:d}")%>。上面代码中 <ItemTemplate> 的控件绑定可以改为 Eval 方法绑定。

②使用 Bind 双向数据绑定方法，该方法支持绑定数据的读取和写入操作。在绑定控件中使用，能自动提取模板列中控件的输入值，并传递给数据源控件，更新数据源。使用双向数据绑定能进行更新、修改数据。如 <%# Bind("MajorId")%>，还可以使用格式化的方法 <%# Bind("Birth","{0:d}")%>。上面代码中 <EditItemTemplate> 的控件绑定只能用 Bind 方法绑定。

在使用数据绑定语句时，<%# %> 界定符之间的所有内容都作为表达式来处理。因此，可以追加额外的数据：<%# "专业编号:" + Eval("MajorId")%>；也可以给方法传送计算出来的值：<%# Funtion(Eval("MajorId"))%>。

（9）运行该页面，当单击“编辑”按钮时，可以进行数据编辑，性别和专业字段的列样式按自定义模板显示，如图 9-35 所示。

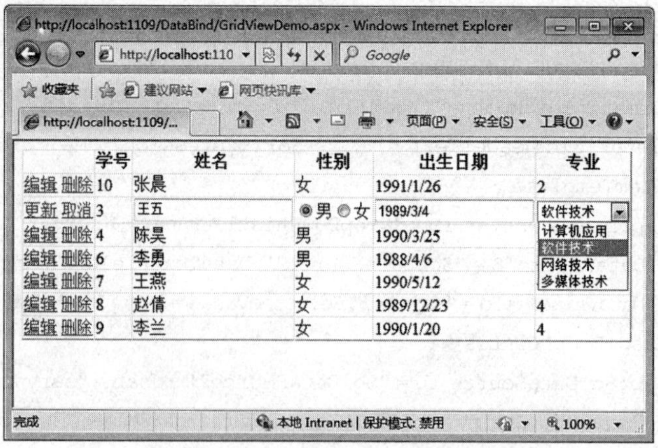

图 9-35　定义模板列后的 GridView 控件

4. GridView 控件事件

GridView 控件可提供很多事件，可以使用这些事件定制 GridView 控件的外观和行为。下面将 GridView 控件的事件分为三大类。

①控件呈现事件，在 GridView 显示其数据行时触发。可分为如下几种。

- DataBinding：GridView 绑定到数据源前触发。
- DataBound：GridView 绑定到数据源后触发。
- RowCreated：GridView 中的行被创建后触发。
- RowDataBound：GridView 中的每行绑定数据后触发。

②编辑记录事件，分为如下几种。

- RowCommand：单击 GridView 控件内的按钮时触发。
- RowUpdating：在 GridView 更新记录前触发。
- RowUpdated：在 GridView 更新记录后触发。
- RowDeleting：在 GridView 删除记录前触发。
- RowDeleted：在 GridView 删除记录后触发。
- RowCancelingEdit：取消更新记录时触发。

③选择、排序、分页事件，分为如下几种。

- PageIndexChanging：在当前页被改变前触发。
- PageIndexChanged：在当前页被改变后触发。
- Sorting：在排序前触发。
- Sorted：在排序后触发。
- SelectedIndexChanging：在行被选择前触发。
- SelectedIndexChanged：在行被选择后触发。

灵活使用 GridView 控件事件可以为应用程序增加很多效果，如通过事件定制 GridView 的显示外观，在 GridView 中显示统计信息，自定义分页和排序功能。

【例 9-9】 通过事件定制 GridView 控件显示的外观。功能要求：

- 显示学生信息表，并将所有女生的信息标为红色；
- 在不同记录间移动鼠标时，鼠标当前位置高亮突出显示。

（1）打开网站 DataBind 的 GridViewDemo. aspx 页面。为 GridView1 控件添加 RowCreated 事件，事件处理方法 GridView1_RowCreated 的代码如下。

```
protected void GridView1_ RowCreated (object sender, GridViewRowEventArgs e)
{
    //判断当前产生行是否是数据行
    if (e. Row. RowType == DataControlRowType . DataRow)
    {
        //当鼠标移到该行的时候，设置该行背景色为蓝色，并保存原来的背景色
         e.Row.Attributes.Add ( "onmouseover"," currentcolor = this.style.backgroundColor;
this. style. backgroundColor = 'blue'; this. style. cursor = 'hand'");
        //当鼠标移走时，还原背景色
```

```
        e.Row.Attributes.Add("onmouseout","this.style.backgroundColor=currentcolor");
    }
}
```

RowCreated 事件触发于 GridViewRow 被创建之后，在数据绑定完成之前。该事件可用来向行添加自定义内容。上述代码中，首先使用了 GridViewRowEventArgs 参数的 Row 属性的 RowType 子属性来判断当前行的类型。

RowType 是 DataControlRowType 类型的枚举值，具体有以下几种可选值。

①DataRow：GridView 控件中的一个数据行。

②Footer：GridView 控件中的脚注行。

③Header：GridView 控件中的表头行。

④EmptyDataRow：GridView 控件中的空行。当 GridView 控件中没有要显示的任何记录时，将显示空行。

⑤Pager：GridView 控件中的一个页导航行。

⑥Separator：GridView 控件中的一个分隔符行。

如果当前行是数据行（DataRow），则给 GridView 的行添加客户端 JavaScript 脚本来实现鼠标事件。

（2）为 GridView1 控件添加 RowDataBound 事件，事件处理方法 GridView1_RowDataBound 的代码如下。

```
protected void GridView1_RowDataBound(object sender,GridViewRowEventArgs e)
{
    if (e.Row.RowType ==DataControlRowType.DataRow)
    {
        //如果数据已经绑定,则字段信息可以直接从行中获取
        string sex=((Label)e.Row.Cells[3].FindControl("Label1")).Text;
        //如果是女生,则更改前景色为红色并加粗
        if ( sex=="女")
        {
            e.Row.ForeColor=System.Drawing.Color.Red;
            e.Row.Font.Bold=true;
        }
    }
}
```

RowDataBound 事件在数据绑定后，控件呈现之前触发。可以在该事件中修改绑定到该行的数据值或数据的显示格式。上述代码中，首先使用 RowType 属性判断当前行是否是数据行。如果是数据行，则提取该行的性别信息。如果性别是“女”，则将该行显示为红色加粗格式。

（3）运行该页面，效果如图 9-36 所示。当在 GridView 控件上移动鼠标时，移到的数据行的颜色为蓝色。在 GridView 中所有女生记录都标为红色加粗显示。

5. GridView 控件的选择功能

GridView 控件可以添加选择功能。在 GridViewDemo. aspx 页面中，单击 GridView1 控件

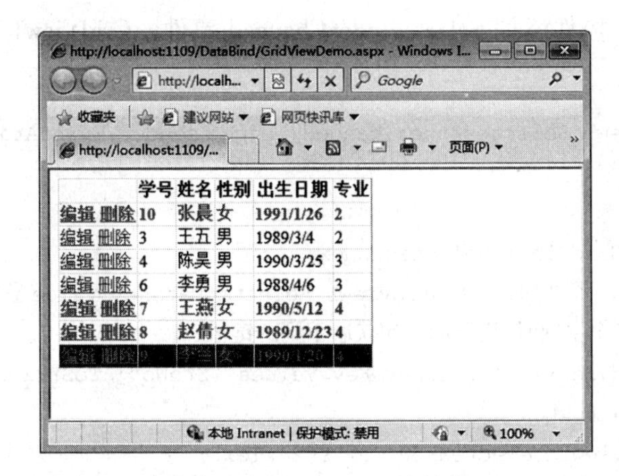

图 9-36　定制 GridView 控件外观

右上角的三角符号，在“GridView 任务”菜单中选中“启用选定内容”复选框，此时会在 GridView 控件中增加一个“选择”命令按钮，如图 9-37 所示。

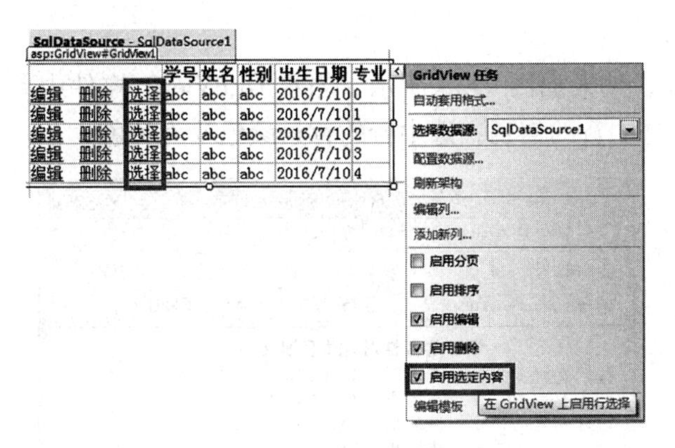

图 9-37　“启用选定内容”复选框

当在 GridView 控件中选择一行时，可以通过 GridView 控件的 SelectedRowStyle 设置选中的效果。

当单击“选择”按钮时，页面会回传，并触发 GridView 控件的 SelectedIndexChanging 事件和 SelectedIndexChanged 事件。在这些事件中可以通过以下属性来获取选择值。

①SelectedIndex 属性：GridView 控件所选中行的索引号。

②SelectedDataKey 属性：获取 DataKey 对象，该对象包含 GridView 控件中选中行的所有数据键值。

③SelectedValue 属性：获取 GridView 控件中选中行的数据键值。

④SelectedRow 属性：获取 GridView 控件中选中的行。

【例 9-10】 演示 GridView 控件的选择功能。当用户选中某条记录时，在一个 Label 控件中显示出该选中记录的信息。

（1）打开网站 DataBind 的 GridViewDemo. aspx 页面。从工具箱中拖放一个 Label 控件到页面上，取名为 lblMsg。为 GridView1 控件添加选择功能，并将 GridView1 控件的 Selected-RowStyle 属性的背景颜色设置为黄色。

（2）为 GridView1 控件添加 SelectedIndexChanged 事件，GridView1_SelectedIndexChanged 事件处理代码如下。

```
protected void GridView1_SelectedIndexChanged(object sender,EventArgs e)
{
    //当前选中的位置
    int selectIndex = GridView1.SelectedIndex;
    //当 GridView1 只有一个主键时,用 GridView1.SelectedDataKey.Value 获取
    //当 GridView1 有多个主键时,用下面语句获取不同的键值
    string stuNo = GridView1.SelectedDataKey.Values["StuNo"].ToString();
    //读取选中行中绑定列的值
    string Name = GridView1.SelectedRow.Cells[2].Text;
    //读取选中行中模板列的值
    string sex = ((Label)GridView1.SelectedRow.Cells[3].FindControl("Label1")).Text;
    lblMsg.Text = "选中第" + selectIndex.ToString() + "行。学号:" + stuNo + ";姓名:" + Name + ";
      性别:" + sex;
}
```

（3）运行该页面，效果如图 9-38 所示。当在 GridView1 控件中单击“选择”按钮时，在 Label1 控件中显示选中行的信息，选中行的背景颜色变为黄色。

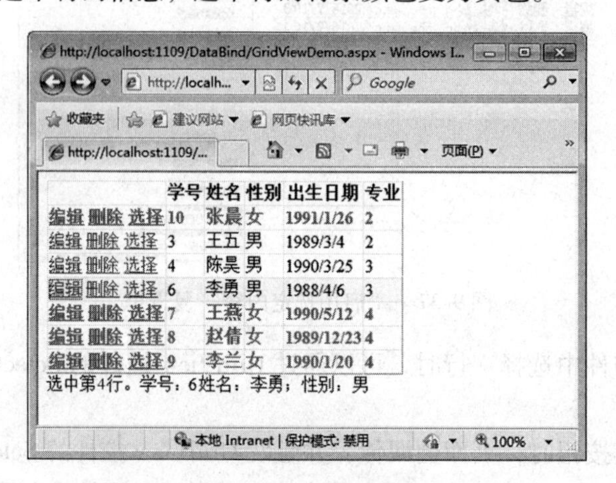

图 9-38　显示 GridView 控件中选择信息

6. GridView 控件的分页和排序功能

在 GridView 控件的任务菜单中选择“启用排序”菜单项或设置 GridView 控件的 AllowSorting 属性为 true，都能实现 GridView 控件的排序功能。此时 GridView 控件的每一列的 SortExpression 属性均被设为该列的绑定字段名。如：

```
<asp:BoundField DataField = "StuNo" HeaderText = "学号" ReadOnly = "True"
SortExpression = "StuNo" / >
```

如果要取消某列的排序功能，可以将该列的 SortExpression 属性设为空字符串。

启用排序功能后，相应列的标题都变成了超链接。单击一个列标题，就会给该列排序，

如图 9-39 所示。重复单击列标题，排序顺序会在升序和降序之间来回切换。

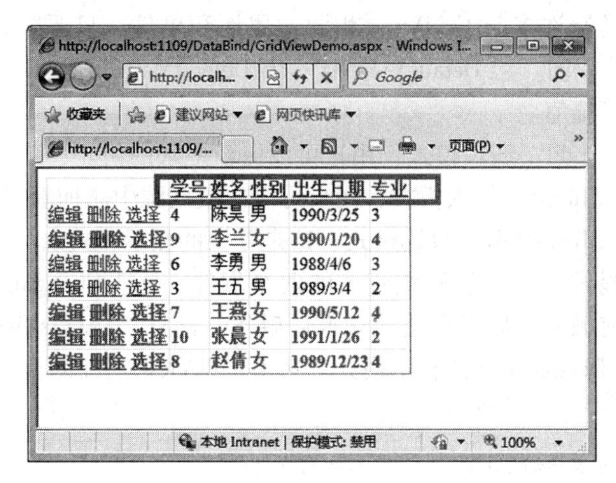

图 9-39　启用 GridView 控件的排序功能

在 GridView 控件的任务菜单中选择“启用分页”菜单项或设置 GridView 控件的 AllowPaging 属性为 true，都能实现 GridView 控件的分页功能。通过设置 PageSize 属性控制每页显示的记录数，默认每页显示 10 条记录。启用 GridViewDemo. aspx 页面的 GridView1 的分页功能，并将 PageSize 属性设置为 4，运行效果如图 9-40 所示。

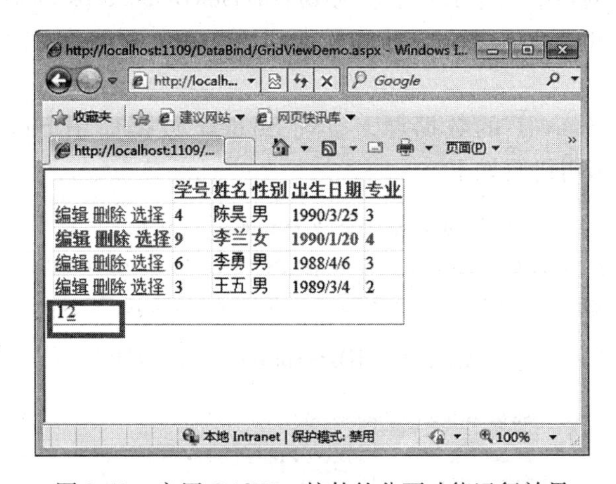

图 9-40　启用 GridView 控件的分页功能运行效果

GridView 控件具有多个控制分页外观的设置项。选中 GridView 控件，在属性窗口中展开 PagerSettings 属性后，有很多与分页相关的属性。改变这些属性，可以控制控件分页的外观。

9. 2. 2　DetailsView 控件

GridView 控件适合显示多行数据。在某些时候用户希望一次只看到某一行中所包含数据字段的详细数据，即在页面上一次只显示一条记录。此时可以使用 DetailsView 控件。DetailsView控件的主要功能是以表格形式显示和处理来自数据源的单条数据记录，其表格只包含两个数据列。一个数据列逐行显示数据列名，另一个数据列显示与对应列名相关的详细数据值。该控件提供了与 GridView 相同的许多数据操作和显示功能，可以对数据进行分页、更新、插入和删除。

DetailsView 控件具有许多与 GridView 相同的属性和事件，只要熟悉 GridView 的使用，DetailsView 的使用方法相同。但 DetailsView 有一个 DefaultMode 属性，可以控制默认的显示模式，该属性有三个可选值。

①DetailsViewMode. Edit：编辑模式，用户可以更新记录的值。

②DetailsViewMode. Insert：插入模式，用户可以向数据源中添加新记录。

③DetailsViewMode. ReadOnly：只读模式，这是默认的显示模式。

DetailsView 控件提供了与切换模式相关的两个事件：ModeChanging 和 ModeChanged 事件，前者在模式切换前触发，后者在模式切换后触发。此外，DetailsView 还提供了 ChangeMode 方法，用来改变 DetailsView 的显示模式。将 DetailsView 控件的模式改为编辑模式的代码如下：

```
DetailsView1.ChangeMode(DetailsViewMode.Edit);
```

可以在 DetailsView 控件外放置控制 DetailsView 显示模式的按钮，当单击不同的模式按钮时，调用 ChangeMode 方法进行模式切换。

1. 使用 DetailsView 控件

【例 9-11】 通过 DetailsView 控件显示 Student 数据库中 StuInfo 表的信息。

（1）在 DataBind 网站中，添加一个名为 DetailsViewDemo. aspx 的页面。从工具箱中拖放一个 DetailsView 控件和一个 SqlDataSource 控件到该页面上，ID 分别为 DetailsView1 和 SqlDataSource1。

（2）配置 SqlDataSource1 的数据源，查询 Student 数据库中 StuInfo 表的所有记录。SqlDataSource1控件的声明代码如下。

```
<asp:SqlDataSource ID="SqlDataSource1" runat="server"
ConnectionString="<%$ ConnectionStrings:StudentConnectionString %>"
SelectCommand="SELECT * FROM [StuInfo]"></asp:SqlDataSource>
```

（3）设置 DetailsView1 的数据源为 SqlDataSource1，并启用分页，如图 9-41 所示。

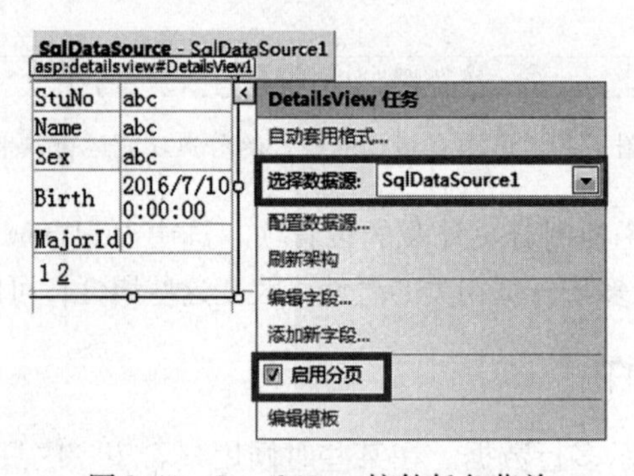

图 9-41　DetailsView 控件任务菜单

注意　如果不启用分页，则只能查看数据源中的第一条记录。启用分页后可以通过翻页显示数据源中每一条记录。

（4）在图9-41中单击“自动套用格式”，弹出“自动套用格式”对话框，如图9-42所示。可以选择已有的格式。

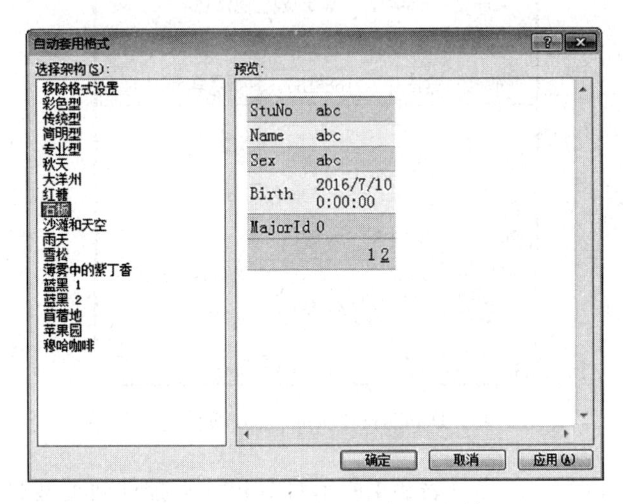

图9-42 “自动套用格式”对话框

此时，DetailsView控件的声明代码如下。

```
<asp:DetailsView ID = "DetailsView1" runat = "server" AllowPaging = "True"
    AutoGenerateRows = "False" BackColor = "White" BorderColor = "#E7E7FF"
    BorderStyle = "None" BorderWidth = "1px" CellPadding = "3" DataKeyNames = "StuNo"
    DataSourceID = "SqlDataSource1" GridLines = "Horizontal" Height = "50px" Width = "197px" >
    <FooterStyle BackColor = "#B5C7DE" ForeColor = "#4A3C8C" />
    <RowStyle BackColor = "#E7E7FF" ForeColor = "#4A3C8C" />
    <PagerStyle BackColor = "#E7E7FF" ForeColor = "#4A3C8C" HorizontalAlign = "Right" />
    <Fields >
        <asp:BoundField DataField = "StuNo" HeaderText = "StuNo" ReadOnly = "True"
        SortExpression = "StuNo" />
        <asp:BoundField DataField = "Name" HeaderText = "Name" SortExpression = "Name" />
        <asp:BoundField DataField = "Sex" HeaderText = "Sex" SortExpression = "Sex" />
        <asp:BoundField DataField = "Birth" HeaderText = "Birth" SortExpression = "Birth" />
        <asp:BoundField DataField = "MajorId" HeaderText = "MajorId"
        SortExpression = "MajorId" />
        </Fields >
    <HeaderStyle BackColor = "#4A3C8C" Font-Bold = "True" ForeColor = "#F7F7F7" />
    <EditRowStyle BackColor = "#738A9C" Font-Bold = "True" ForeColor = "#F7F7F7"/>
    <AlternatingRowStyle BackColor = "#F7F7F7" />
</asp:DetailsView>
```

（5）运行该页面，效果如图9-43所示。可以看出DetailsView控件一次只能显示一条记录。

2. 定制DetailsView控件的列

与GridView控件一样，DetailsView控件也允许指定要显示的列。DetailsView控件具有

图 9-43 DetailsViewDemo. aspx 页面运行效果

与 GridView 相同的字段类型，参见表 9-4 所示对 GridView 控件列类型的描述。

【例 9-12】 演示定制 DetailsView 控件的列。

在 DataBind 网站中，打开 DetailsViewDemo. aspx 页面。定制 DetailsView 控件列的方法参见例 9-7。定制 DetailsView 控件的列后，效果如图 9-44 所示。

图 9-44 定制 DetailsView 控件列的效果

3. 使用 DetailsView 控件插入、更新和删除数据

要为 DetailsView 控件添加插入、更新和删除功能，与 GridView 控件相同。必须先为相应的数据源控件添加 InsertCommand、UpdateCommand 和 DeleteCommand 属性，然后启用 DetailsView控件的插入、更新和删除选项。

【例 9-13】 演示添加 DetailsView 插入、更新和删除数据的功能。

（1）打开 DataBind 网站的 DetailsViewDemo. aspx 页面。

（2）单击 SqlDataSource1 的“DeleteQuery”属性右侧的“…”按钮，弹出“命令和参数编辑器”对话框，如图 9-45 所示。在“DELETE 命令”文本框中输入 SQL 代码：

```
delete from StuInfo where StuNo = @ StuNo
```

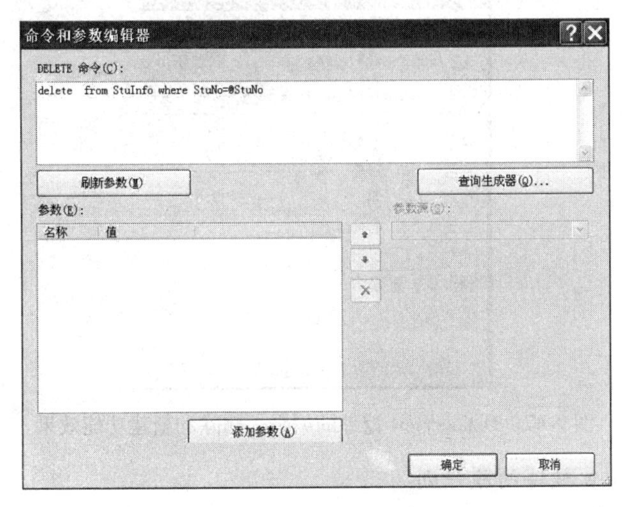

图 9-45　“命令和参数编辑器”对话框

（3）单击 SqlDataSource1 的“InsertQuery”属性右侧的“…”按钮，弹出“命令和参数编辑器”对话框，在“INSERT 命令”文本框中输入 SQL 代码：

```
insert into StuInfo values (@ StuNo, @ Name, @ Sex, @ Birth, @ MajorId)
```

（4）单击 SqlDataSource1 的“UpdateQuery”属性右侧的“…”按钮，弹出“命令和参数编辑器”对话框，在“UPDATE 命令”文本框中输入 SQL 代码：

```
update StuInfo Set Name = @ Name, Sex = @ Sex, Birth = @ Birth, MajorId = @ MajorId where
StuNo = @ StuNo
```

（5）设置完 SqlDataSource1 控件的插入、更新和删除命令后。单击 DetailsView1 右上角的三角符号，在弹出的“DetailsView 任务”菜单中，选中“启用插入”“启用编辑”和“启用删除”三个复选框，如图 9-46 所示。此时，在 DetailsView 控件中将添加“编辑”“删除”和“新建”按钮。

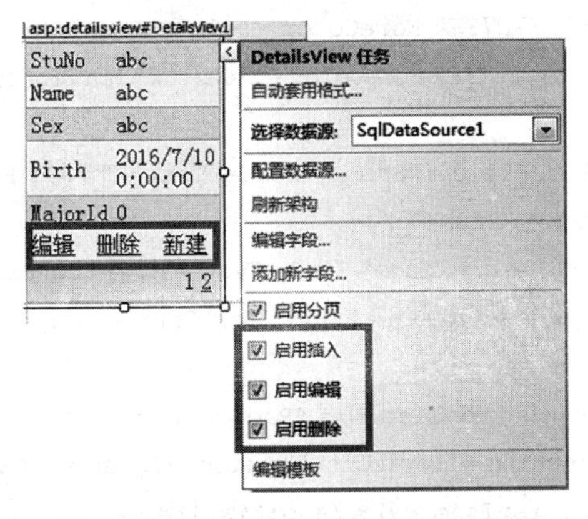

图 9-46　启用插入、编辑和删除功能

（6）运行 DetailsViewDemo. aspx 页面，可以对 StuInfo 表进行编辑、删除和新建功能，效果如图 9-47 所示。

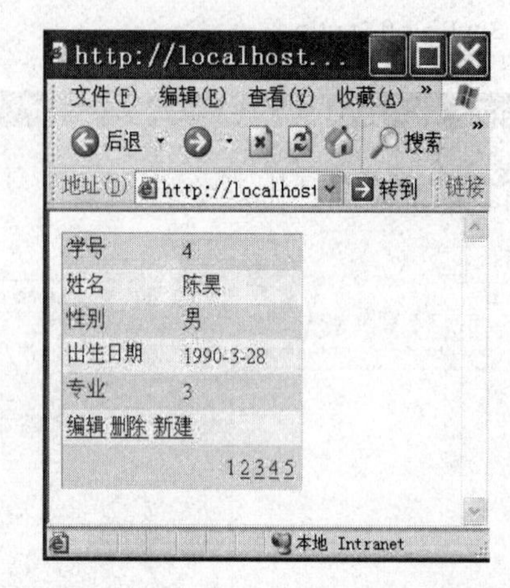

图 9-47 DetailsView 控件的编辑、删除和新建功能效果

4. 定制 DetailsView 控件的模板列

DetailsView 控件设置模板列的方法与 GridView 控件相同。

【例 9-14】 定制 DetailsView 的模板列。为 DetailsView 控件定制 EditItemTemplate 和 InsertItemTemplate 模板。

在 DataBind 网站中，打开 DetailsViewDemo. aspx 页面。将 DetailsView1 控件的“性别”列和“专业”列转换成模板列，并设计这两列的 EditItemTemplate 和 InsertItemTemplate 模板。定制模板列的方法参见例 9-8。

定制 DetailsView 控件的模板列后，DetailsView 控件的声明代码如下。

```
<asp:DetailsView ID = "DetailsView1" runat = "server" AllowPaging = "True"
  AutoGenerateRows = "False" BackColor = "White" BorderColor = "#E7E7FF"
  BorderStyle = "None" BorderWidth = "1px" CellPadding = "3" DataKeyNames = "StuNo"
  DataSourceID = "SqlDataSource1" GridLines = "Horizontal" Height = "50px"
  Width = "197px" >
   <FooterStyle BackColor = "#B5C7DE" ForeColor = "#4A3C8C" />
   <RowStyle BackColor = "#E7E7FF" ForeColor = "#4A3C8C" />
   <PagerStyle BackColor = "#E7E7FF" ForeColor = "#4A3C8C" HorizontalAlign = "Right" />
   <Fields >
      <asp:BoundField DataField = "StuNo" HeaderText = "学号" ReadOnly = "True"
          SortExpression = "StuNo" />
      <asp:BoundField DataField = "Name" HeaderText = "姓名" SortExpression = "Name" />
      <asp:TemplateField HeaderText = "性别" SortExpression = "Sex" >
          <EditItemTemplate >
              <asp:RadioButtonList ID = "RadioButtonList1" runat = "server"
             RepeatDirection = "Horizontal" SelectedValue = '<%# Bind("Sex") %>' >
                 <asp:ListItem >男 </asp:ListItem >
                 <asp:ListItem >女 </asp:ListItem >
             </asp:RadioButtonList >
          </EditItemTemplate >
```

```
        <InsertItemTemplate>
            <asp:RadioButtonList ID="RadioButtonList2" runat="server"
            RepeatDirection="Horizontal" SelectedValue='<%# Bind("Sex") %>'>
                <asp:ListItem>男</asp:ListItem>
                <asp:ListItem>女</asp:ListItem>
            </asp:RadioButtonList>
        </InsertItemTemplate>
        <ItemTemplate>
            <asp:Label ID="Label1" runat="server" Text='<%# Bind("Sex") %>'>
            </asp:Label>
        </ItemTemplate>
    </asp:TemplateField>
    <asp:BoundField ApplyFormatInEditMode="True" DataField="Birth"
        DataFormatString="{0:d}" HeaderText="出生日期" SortExpression="Birth" />
    <asp:TemplateField HeaderText="专业" SortExpression="MajorId">
        <EditItemTemplate>
            <asp:DropDownList ID="DropDownList1" runat="server"
            DataSourceID="SqlDataSource2" DataTextField="MajorName"
            DataValueField="MajorId" SelectedValue='<%# Bind("MajorId") %>'>
            </asp:DropDownList>
            <asp:SqlDataSource ID="SqlDataSource2" runat="server"
            ConnectionString="<%$ ConnectionStrings:StudentConnectionString %>"
            SelectCommand="SELECT * FROM [Major]"></asp:SqlDataSource>
        </EditItemTemplate>
        <InsertItemTemplate>
            <asp:DropDownList ID="DropDownList2" runat="server"
            DataSourceID="SqlDataSource3" DataTextField="MajorName"
            DataValueField="MajorId" SelectedValue='<%# Bind("MajorId") %>'>
            </asp:DropDownList>
            <asp:SqlDataSource ID="SqlDataSource3" runat="server"
            ConnectionString="<%$ ConnectionStrings:StudentConnectionString %>"
            SelectCommand="SELECT * FROM [Major]"></asp:SqlDataSource>
        </InsertItemTemplate>
        <ItemTemplate>
            <asp:Label ID="Label2" runat="server" Text='<%# Bind("MajorId") %>'>
            </asp:Label>
        </ItemTemplate>
    </asp:TemplateField>
    <asp:CommandField ShowDeleteButton="True" ShowEditButton="True"
        ShowInsertButton="True" />
</Fields>
<HeaderStyle BackColor="#4A3C8C" Font-Bold="True" ForeColor="#F7F7F7" />
<EditRowStyle BackColor="#738A9C" Font-Bold="True" ForeColor="#F7F7F7" />
```

```
    <AlternatingRowStyle BackColor="#F7F7F7" />
</asp:DetailsView>
```

运行该页面，分别进入编辑和插入状态，效果如图 9-48 所示。

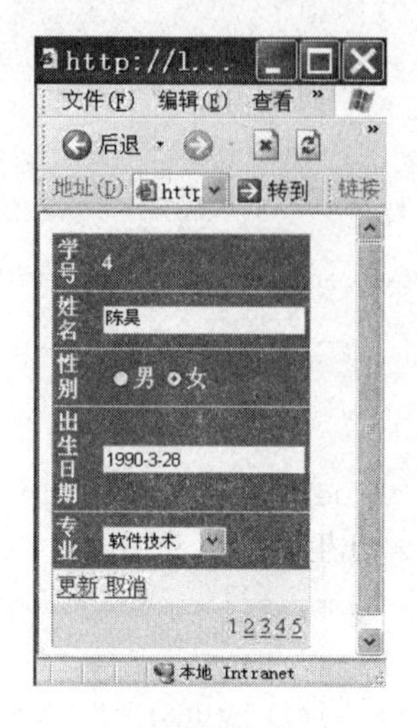

（a）编辑状态

（b）插入状态

图 9-48　定制 DetailsView 控件的模板列

5. GridView 控件和 DetailsView 控件的联合使用

最常使用 DetailsView 控件的地方是主从表，通常用主表来显示一些基本信息，而从表则显示详细信息。

【例 9-15】 使用 GridView 控件显示 Student 数据库中 StuInfo 表的基本信息，DetailsView 控件显示 GridView 控件中选中行的详细信息。

（1）在 DataBind 网站的 DetailsViewDemo. aspx 页面上，添加一个 GridView 和一个 SqlDataSource控件，ID 分别为 GridView1 和 SqlDataSource4。

（2）配置 SqlDataSource4 的数据源，查询 Student 数据库的 StuInfo 表，选择 StuNo 和 Name 两个字段。SqlDataSource4 控件声明代码如下。

```
<asp:SqlDataSource ID="SqlDataSource4" runat="server"
  ConnectionString="<%$ ConnectionStrings:StudentConnectionString %>"
  SelectCommand="SELECT [StuNo],[Name] FROM [StuInfo]"></asp:SqlDataSource>
```

（3）将 GridView1 的 DataSourceID 属性设置为 SqlDataSource4。启用 GridView1 的选择功能。页面设计视图如图 9-49 所示。

（4）为了使 DetailsView 的信息随着 GridView 控件中选中的内容变化，单击 SqlDataSource1 控件的 SelectQuery 属性右侧的“…”按钮。弹出“命令和参数编辑器”对话框，修改该对话框的 SELECT 命令为：SELECT * FROM [StuInfo] where StuNo = @StuNo。单击“刷新参数”按钮，在参数列表中出现 StuNo 参数，设置该参数的参数源为 Control，ControlID 为 GridView1，如图 9-50 所示。最后单击“确定”按钮，完成设置。

（5）通过 DetailsView1 控件编辑、删除和插入数据后，应该将 GridView1 中的数据进行

图 9-49　DetailsViewDemo. aspx 页面的设计视图

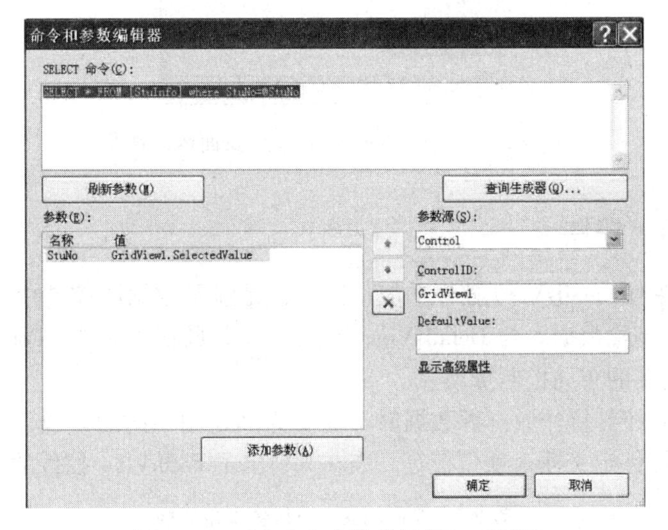

图 9-50　“命令和参数编辑器”对话框

重新绑定。因此，在后台代码文件中添加 DetailsView1 控件的 ItemInserted、ItemUpdated 和 ItemDeleted 事件，重新绑定 GridView1 控件，代码如下。

```
protected void DetailsView1_ItemUpdated(object sender,DetailsViewUpdatedEventArgs e)
{
    GridView1. DataBind();
}
protected void DetailsView1_ItemInserted(object sender,DetailsViewInsertedEventArgs e)
{
    GridView1. DataBind();
}
protected void DetailsView1_ItemDeleted(object sender,DetailsViewDeletedEventArgs e)
{
    GridView1. DataBind();
}
```

（6）运行该页面，在 GridView 控件中选中一行，则在 DetailsView 控件中显示该行的详细信息，DetailsView 控件中可以编辑、删除和新建数据。页面运行效果如图 9-51 所示。

图 9-51 DetailsViewDemo. aspx 页面运行效果

9. 2. 3 FormView 控件

FormView 控件与 DetailsView 控件功能相同，也是显示数据源控件中的一个数据项，并可以添加、编辑和删除数据。与 DetailsView 控件的一个明显区别是，FormView 控件完全基于模板，提供了更多的布局控制选项。

利用 FormView 控件操作数据源数据时，需要为其定制不同的模板，例如，为支持插入记录的 FormView 控件定义插入项模板等。表 9-7 列出了 FormView 控件的常用模板。

表 9-7 FormView 控件的常用模板

模板名称	说　明
EditItemTemplate	定义数据行在 FormView 控件处于编辑模式时的内容，通常包含用户用来编辑现有记录的输入控件和命令按钮
EmptyDataTemplate	定义在 FormView 控件绑定到不包含任何记录的数据源时所显示的空数据行的内容，通常包含用来警告用户数据源不包含任何记录
FooterTemplate	定义脚注行的内容，此模板通常包含任何要在脚注行中显示的附加内容
HeaderTemplate	定义标题行的内容，此模板通常包含任何要在标题行中显示的附加内容
ItemTemplate	定义数据行在 FormView 控件处于只读模式时的内容，通常包含用来显示现有记录值的内容
InsertItemTemplate	定义数据行在 FormView 控件处于插入模式时的内容，通常包含用户用来添加新记录的输入控件和命令按钮
PagerTemplate	定义在启用分页功能时所显示的页导航行的内容，通常包含用户可以用来导航至另一个记录的控件

FormView 控件不提供自动生成命令按钮以执行更新、删除或插入操作的方法。必须手动将这些按钮添加在不同的模板中。FormView 控件通过识别按钮的 CommandName 属性，来执行不同的操作。表 9-8 列出了 FormView 控件识别的命令按钮。

表 9-8　FormView 控件识别的命令按钮

按钮	CommandName 值	说　明
取消	Cancel	在更新或插入操作中，用于取消操作并放弃用户输入
删除	Delete	删除当前记录，引发 ItemDeleting 和 ItemDeleted 事件
编辑	Edit	进入编辑模式
插入	Insert	插入用户输入的数据，引发 ItemInserting 和 ItemInserted 事件
新建	New	进入插入模式
页	Page	表示页导航行中执行分页的按钮，若要指定分页操作，必须将该按钮的 CommandArgument 属性设置为“Next”“Prev”“First”“Last”或要导航至的目标页的索引。引发 PageIndexChanging 和 PageIndexChanged 事件
更新	Update	更新当前记录，引发 ItemUpdating 和 ItemUpdated 事件

下面通过一个例子介绍如何通过绑定 FormView 控件显示和编辑数据。

【例 9-16】 通过绑定 FormView 控件显示和编辑数据。要求显示和编辑 Student 数据库中 StuInfo 表的记录。

(1) 在 DataBind 网站中，添加一个名为 FormViewDemo. aspx 的页面。在该页面中放置一个 FormView 控件和一个 SqlDataSource 控件，ID 分别为 FormView1 和 SqlDataSource1。

(2) 配置 SqlDataSource1 控件的数据源，使其可以查询、更新、插入和删除 Student 数据库中 StuInfo 表的记录。

(3) 设置 FormView1 控件的 DataSourceID 属性为 SqlDataSource1，并启用分页。

(4) 单击 FormView1 控件右上角的三角符号，在“FormView 任务”菜单中选择“编辑模板”菜单项，进入 FormView1 的模板编辑模式。在“显示”下拉列表中选择“ItemTemplate”，设计 ItemTemplate 模板，如图 9-52 所示。将“新建”“编辑”“删除”按钮的 CommandName 属性分别设置为“New”“Edit”“Delete”。

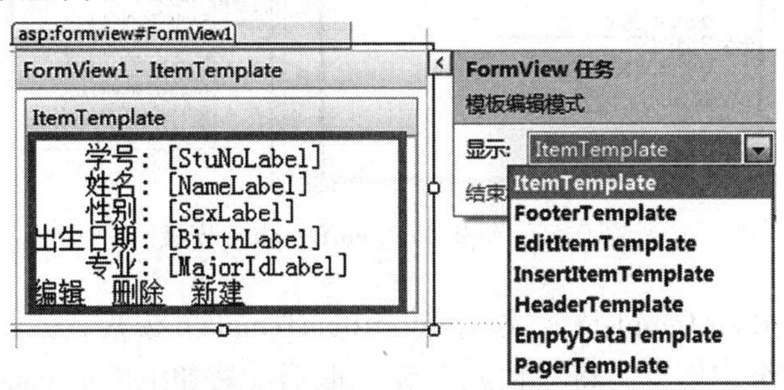

图 9-52　编辑 ItemTemplate 模板

设置该模板中各控件的数据绑定信息，在该模板中以设置 NameLabel 控件的绑定为例，其他控件的绑定类似。单击 NameLabel 控件右上角的三角符号，在弹出的“Label 任务”菜单中选择“编辑 DataBindings”菜单项，如图 9-53 所示。出现 NameLabel DataBindings 对话框，如图 9-54 所示，将 Text 属性绑定到 Name 字段。最后单击“确定”按钮，完成绑定。

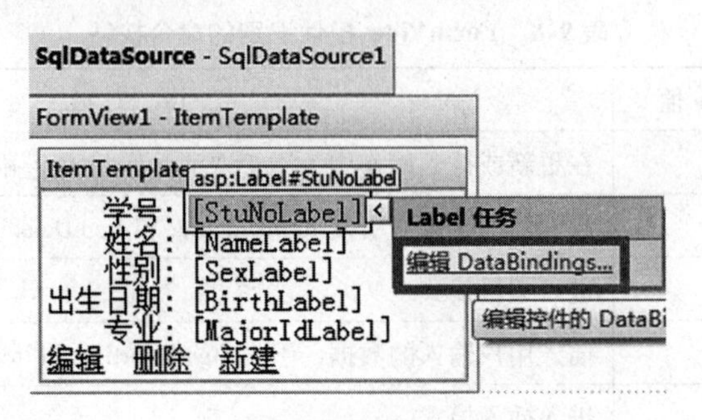

图 9-53 数据绑定菜单

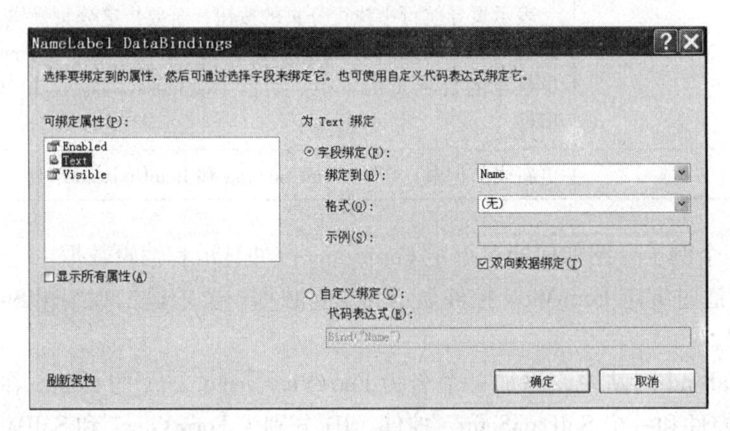

图 9-54 NameLabel DataBindings 对话框

（5）选择“EditItemTemplate”，设计 EditItemTemplate 模板，如图 9-55 所示。设置该模板中各控件的数据绑定信息。将“更新”和“取消”按钮的 CommandName 属性分别设置为“Update”和“Cancel”。

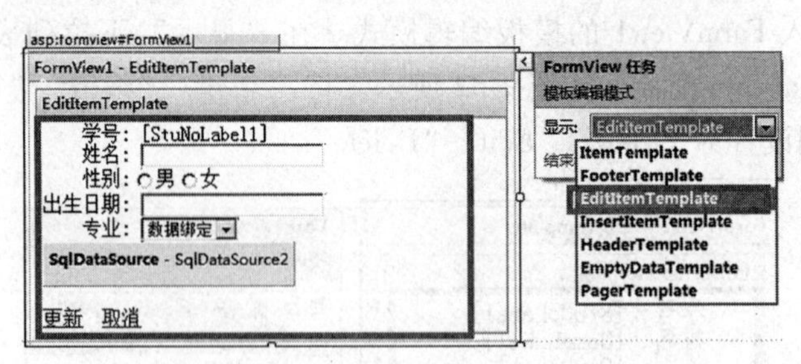

图 9-55 编辑 EditItemTemplate 模板

（6）选择“InsertItemTemplate”，设计 InsertItemTemplate 模板，如图 9-56 所示。设置该模板中各控件的数据绑定信息。将“插入”和“取消”按钮的 CommandName 属性分别设置为“Insert”和“Cancel”。

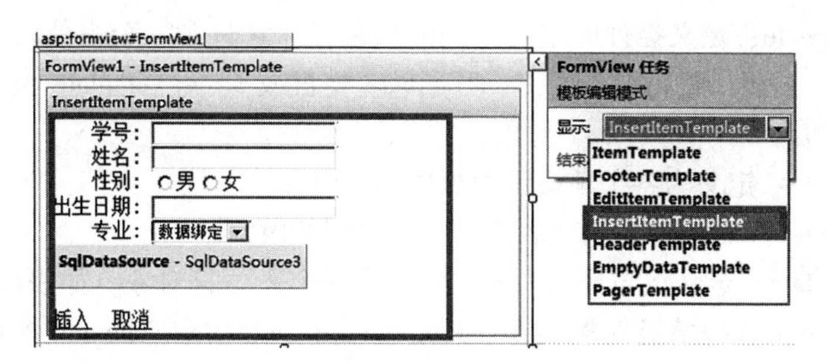

图 9-56　编辑 InsertItemTemplate 模板

（7）运行该页面，效果如图 9-57 所示。单击“编辑”，可以进入编辑模式；单击“新建”按钮，可以进入新建模式；单击“删除”按钮，可以删除当前记录。

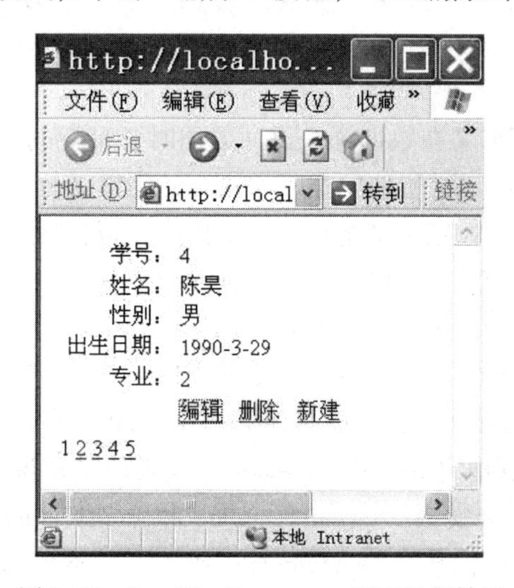

图 9-57　FormViewDemo. aspx 页面运行效果

9. 2. 4　ListView 控件和 DataPager 控件

GridView 控件在一个表格中显示多条记录，每条记录显示一行，每个字段显示为一个单元格。总之，GridView 的输出限制在一个表格中。而 DetailsView 和 FormView 控件一次只能显示一条记录。在某些情况下，需要在页面上自定义多条记录的显示布局。这种情况下，可以使用 ASP. NET 提供的控件 ListView。该控件提供了强大的布局功能，集成了 GridView、DataList、Repeater DetailsView 和 FormView 控件的所有功能。ListView 控件类似于 GridView 控件，但它使用用户定义的模板而不是行字段来显示数据。

ListView 控件允许用户编辑、插入和删除数据，以及对数据进行排序和分页，所有这一切都无须编写代码。只是 ListView 控件本身并不提供分页功能，但可以通过另一个控件 DataPager来实现分页的特性。把 ListView 的分页特性单独放到 DataPager 控件里。实质上，DataPager 就是一个扩展 ListView 分页功能的控件。

ListView 控件是一个相当灵活的数据绑定控件，该控件不具有默认的格式呈现，所有格式需要通过模板设计实现。ListView 控件包含以下 11 个模板。

①LayoutTemplate：定义控件的主要布局的根模板。它包含一个占位符对象，例如表行（tr）、div 或 span 元素。此元素将由 ItemTemplate 模板或 GroupTemplate 模板中定义的内容替换。它还可能包含一个 DataPager 对象。

②ItemTemplate：定义为各个项显示的数据绑定内容。

③ItemSeparatorTemplate：定义在各个项之间呈现的内容。

④GroupTemplate：定义组布局的内容。它包含一个占位符对象，如表单元格（td）、div 或 span。该对象将由其他模板（例如 ItemTemplate 和 EmptyItemTemplate 模板）中定义的内容替换。

⑤GroupSeparatorTemplate：定义在各个组之间呈现的内容。

⑥EmptyItemTemplate：定义在使用 GroupTemplate 模板时为空项呈现的内容。例如，如果将 GroupItemCount 属性设置为 5，而从数据源返回的总项数为 8，则 ListView 控件显示的最后一行数据将包含 ItemTemplate 模板指定的三个项及 EmptyItemTemplate 模板指定的两个项。

⑦EmptyDataTemplate：定义在数据源未返回数据时要呈现的内容。

⑧SelectedItemTemplate：定义所选项呈现的内容，用以区分所选数据项与其他项。

⑨AlternatingItemTemplate：定义交替项呈现的内容，以便区分连续项。

⑩EditItemTemplate：定义在编辑项时呈现的内容。对于正在编辑的数据项，将呈现 EditItemTemplate模板以替代 ItemTemplate 模板。

⑪InsertItemTemplate：定义在插入项时呈现的内容，将在 ListView 控件显示的项的开始或末尾处呈现 InsertItemTemplate 模板，以替代 ItemTemplate 模板。通过使用 ListView 控件的 InsertItemPosition 属性，可以指定 InsertItemTemplate 模板的呈现位置。

ListView 中必须包含两个模板：LayoutTemplate 和 ItemTemplate。LayoutTemplate 模板是 ListView 用来显示数据的布局模板，ItemTemplate 则是每一条数据的显示模板，将 ItemTemplate 模板放置在 LayoutTemplate 模板中可以实现定制的布局。

1. ListView 控件的使用

ListView 控件的模板布局通常需要手工定义，但 ListView 控件也提供了 5 种预定义的布局。下面分别举例说明。

【例 9-17】 演示使用 ListView 控件的预定义布局，来显示 Student 数据库的 StuInfo 表的记录。

（1）在 DataBind 网站中，新建一个名为 ListViewDemoOne. aspx 的 Web 页面。在该页面上放置一个 ListView 控件和一个 SqlDataSource 控件，ID 分别为 ListView1 和 SqlDataSource1。配置SqlDataSource1控件的数据源，查询 Student 数据库中 StuInfo 表的所有记录。将ListView 控件的 DataSourceID 属性设置为 SqlDataSource1。源视图中，控件声明代码如下所示。

```
<asp:ListView ID="ListView1" runat="server" DataSourceID="SqlDataSource1">
</asp:ListView>
<asp:SqlDataSource ID="SqlDataSource1" runat="server"
ConnectionString="<%$ ConnectionStrings:StudentConnectionString %>"
SelectCommand="SELECT * FROM [StuInfo]"></asp:SqlDataSource>
```

将 ListView 控件绑定到数据源控件时，ListView 控件没有自动生成任何的创建呈现的代码，必须通过手工定义模板，或单击 ListView 控件右上角的三角符号，在弹出的“ListView 任务”菜单中选择“配置 ListView”菜单项，弹出“配置 ListView”对话框，如图 9-58 所示。

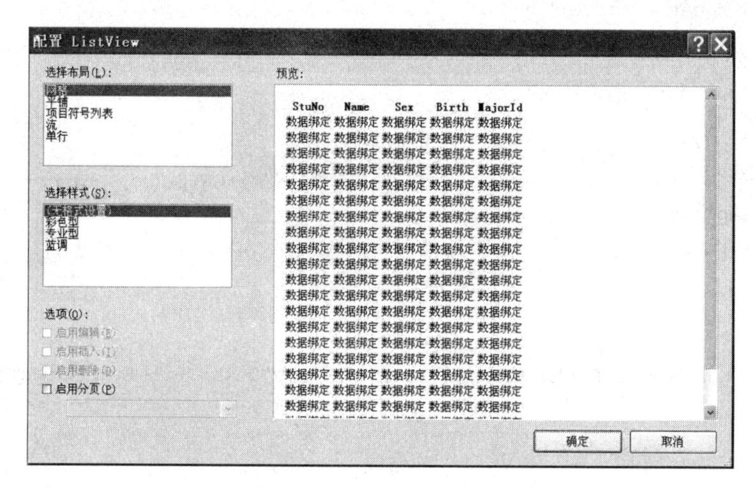

图 9-58　“配置 ListView”对话框

在图 9-58 的配置对话框的布局列表框中提供了 5 种预定义的布局，样式列表框中可以指定任意一种预定义样式。如果数据源配置了 InsertCommand、UpdateCommand 和 Delete-Command 属性，可以在选项复选框中启用插入、更新、删除和分页功能。

（2）在配置对话框中选择网格布局，Visual Studio 将生成大量的代码来进行 ListView 网格式布局，与 GridView 的默认视图类似，但 ListView 的代码框架完全不同。下面是 ListView 控件的代码。

```
<asp:ListView ID = "ListView1" runat = "server" DataKeyNames = "StuNo"
DataSourceID = "SqlDataSource1" >
    <LayoutTemplate>
        <table runat = "server" >
            <tr runat = "server" >
                <td runat = "server" >
                  <table ID = "itemPlaceholderContainer" runat = "server" border = "0" style = "" >
                        <tr runat = "server" style = "" >
                            <th runat = "server" > StuNo </th>
                            <th runat = "server" > Name </th>
                            <th runat = "server" > Sex </th>
                            <th runat = "server" > Birth </th>
                            <th runat = "server" > MajorId </th>
                        </tr>
    <! --下面代码中 itemPlaceholder 表示所有 ItemTemplate 的内容将放在这里 -- >
                        <tr ID = "itemPlaceholder" runat = "server" >
```

```
                </tr>
            </table>
        </td>
    </tr>
    <tr runat="server">
        <td runat="server" style="">
        </td>
    </tr>
</table>
</LayoutTemplate>
<ItemTemplate>
    <tr style="">
        <td>
            <asp:Label ID="StuNoLabel" runat="server" Text='<%# Eval("StuNo") %>'/>
        </td>
        <td>
            <asp:Label ID="NameLabel" runat="server" Text='<%# Eval("Name") %>'/>
        </td>
        <td>
            <asp:Label ID="SexLabel" runat="server" Text='<%# Eval("Sex") %>'/>
        </td>
        <td>
            <asp:Label ID="BirthLabel" runat="server" Text='<%# Eval("Birth") %>'/>
        </td>
        <td>
          <asp:Label ID="MajorIdLabel" runat="server" Text='<%# Eval("MajorId") %>'/>
        </td>
    </tr>
</ItemTemplate>
</asp:ListView>
```

从上面的代码可以看出，Visual Studio 为 ListView 控件生成的代码比较全面，插入、选择、编辑和交替项都添加了模板。这里重点关注 LayoutTemplate 模板和 ItemTemplate 模板，其他模板的声明代码省略。

LayoutTemplate 模板是一个布局容器模板，其他的模板将会放在该模板中进行布局。在该模板中，Visual Studio 创建了两个嵌套的表格，必须注意在这些表格标记声明中都添加了 runat = "server" 属性。在该模板中，最重要的一行代码是 <tr ID = "itemPlaceholder" runat = "server">，该代码指定了一个 ID 为 itemPlaceholder 的表行，表示 ItemTemplate 模板中声明的所有内容将放置在这个 ID 指定的位置。

（3）运行该页面，效果如图 9-59 所示。

图 9-59　ListViewDemoOne. aspx 页面运行效果

在上例中，如果想增加 ListView 的排序功能，需要在 LayoutTemplate 中放置一个按钮，将其 CommandName 属性设置为 Sort，并将 CommandArgument 设置为希望数据源进行排序的列名称。将上例中的 LayoutTemplate 模板中的代码改为：

```
<LayoutTemplate>
    <table runat = "server">
        <tr runat = "server">
            <td runat = "server">
                <table ID = "itemPlaceholderContainer" runat = "server" border = "0" style
                  = "">
                   <tr runat = "server" style = "">
                       <th runat = "server">
                           <asp:LinkButton ID = "StuNoLink" CommandName = "Sort"
CommandArgument = "StuNo" runat = "server">StuNo</asp:LinkButton>
                       </th>
                       <th runat = "server">
                           <asp:LinkButton ID = "NameLink" CommandName = "Sort"
CommandArgument = "Name" runat = "server">Name</asp:LinkButton>
                       </th>
                       <th runat = "server">
                           <asp:LinkButton ID = "SexLink" CommandName = "Sort"
CommandArgument = "Sex" runat = "server">Sex</asp:LinkButton>
                       </th>
                       <th runat = "server">
                           <asp:LinkButton ID = "BirthLink" CommandName = "Sort"
CommandArgument = "Birth" runat = "server">Birth</asp:LinkButton>
                       </th>
                       <th runat = "server">
                           <asp:LinkButton ID = "MajorIdLink" CommandName = "Sort"
```

```
CommandArgument = "MajorId" runat = "server" > MajorId < /asp:LinkButton >
                    < /th >
                < /tr >
                < tr ID = "itemPlaceholder" runat = "server" >
                < /tr >
            < /table >
        < /td >
    < /tr >
    < tr runat = "server" >
        < td runat = "server" style = "" >
        < /td >
    < /tr >
< /table >
< /LayoutTemplate >
```

重新运行该页面，运行效果如图 9-60 所示。单击每列的标题，可以按该列进行排序。

图 9-60　ListView 控件的排序功能

【例 9-18】演示自定义 ListView 控件的模板，来显示和编辑 Student 数据库中 StuInfo 表的数据。

（1）在 DataBind 网站中，新建一个名为 ListViewDemoTwo. aspx 的页面。从工具箱中拖放一个 ListView 和 SqlDataSource 控件到该页面上，ID 分别为 ListView1 和 SqlDataSource1。

（2）配置 SqlDataSource1 的数据源，选择“指定自定义 SQL 语句或存储过程”，单击“下一步”按钮如图 9-61 所示，在 SELECT 选项卡中输入如下 SQL 语句：

```
select *  from StuInfo
```

在 UPDATE 选项卡中输入如下 SQL 语句：

```
update StuInfo set Name = @Name, Sex = @Sex, Birth = @Birth, MajorId = @MajorId where StuNo
  = @StuNo
```

在 INSERT 选项卡中输入如下 SQL 语句：

```
insert into StuInfo values (@StuNo, @Name, @Sex, @Birth, @MajorId)
```

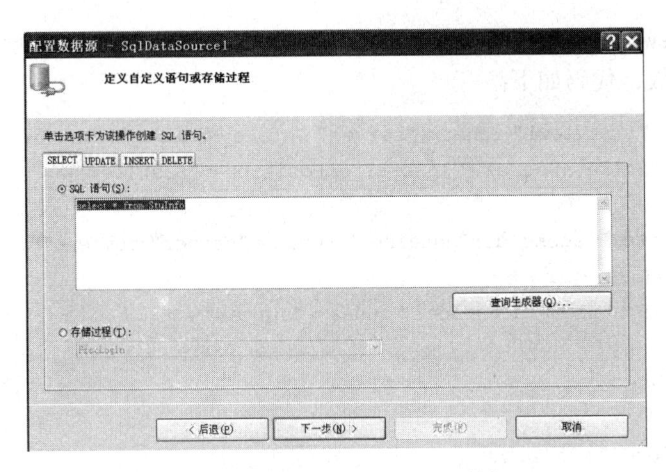

图 9-61　配置 SqlDataSource1 的数据源

在 DELETE 选项卡中输入如下 SQL 语句：

```
delete from StuInfo where StuNo = @ StuNo
```

（3）单击“下一步”按钮，完成 SqlDataSource1 的配置。源视图中，SqlDataSource1 控件的声明代码如下。

```
<asp:SqlDataSource ID = "SqlDataSource1" runat = "server"
ConnectionString = " <%$ ConnectionStrings:StudentConnectionString %> "
DeleteCommand = "delete from StuInfo where StuNo = @ StuNo"
InsertCommand = "insert into StuInfo values (@ StuNo,@ Name,@ Sex,@ Birth,@ majorId)"
SelectCommand = "select *  from StuInfo"
UpdateCommand = "update StuInfo set
Name = @ Name, Sex = @ Sex, Birth = @ Birth, MajorId = @ MajorId where StuNo = @ StuNo" >
     <DeleteParameters >
         <asp:Parameter Name = "StuNo" / >
     </DeleteParameters >
     <UpdateParameters >
         <asp:Parameter Name = "Name" / >
         <asp:Parameter Name = "Sex" / >
         <asp:Parameter Name = "Birth" / >
         <asp:Parameter Name = "MajorId" / >
         <asp:Parameter Name = "StuNo" / >
     </UpdateParameters >
     <InsertParameters >
         <asp:Parameter Name = "StuNo" / >
         <asp:Parameter Name = "Name" / >
         <asp:Parameter Name = "Sex" / >
         <asp:Parameter Name = "Birth" / >
         <asp:Parameter Name = "majorId" / >
     </InsertParameters >
</asp:SqlDataSource >
```

（4）将 ListView1 的 DataSourceID 属性设置为 SqlDataSource1。切换到源视图，为 ListView1 控件定制模板，代码如下。

```
<asp:ListView ID="ListView1" runat="server" DataKeyNames="StuNo"
    DataSourceID="SqlDataSource1" InsertItemPosition="LastItem">
    <LayoutTemplate>
        <div ID="itemPlaceholderContainer" runat="server" style="">
            学生基本信息:<br />
            <span ID="itemPlaceholder" runat="server" />
        </div>
    </LayoutTemplate>
    <ItemTemplate>
        <span style="">学号:
            <asp:Label ID="StuNoLabel" runat="server" Text='<%# Eval("StuNo")%>' />;
            姓名:
            <asp:Label ID="NameLabel" runat="server" Text='<%# Eval("Name") %>' />
            <br />
            性别:<asp:Label ID="SexLabel" runat="server" Text='<%# Eval("Sex")%>'/>;
            出生年月:
            <asp:Label ID="BirthLabel" runat="server" Text='<%# Eval("Birth") %>' />;
            专业:
            <asp:Label ID="MajorIdLabel" runat="server" Text='<%# Eval("MajorId") %>' />
            <br />
        <asp:Button ID="EditButton" runat="server" CommandName="Edit" Text="编辑" />
    <asp:Button ID="DeleteButton" runat="server" CommandName="Delete" Text="删除" />
        <br />
        </span>
    </ItemTemplate>
    <ItemSeparatorTemplate>
        <hr />
    </ItemSeparatorTemplate>
    <EmptyDataTemplate>
        <span>未返回数据。</span>
    </EmptyDataTemplate>
    <InsertItemTemplate>
        <span style="">学号:
        <asp:TextBox ID="StuNoTextBox" runat="server" Text='<%# Bind("StuNo") %>'/>
        姓名:
        <asp:TextBox ID="NameTextBox" runat="server" Text='<%# Bind("Name") %>'/>
        <br />
        性别:
        <asp:TextBox ID="SexTextBox" runat="server" Text='<%# Bind("Sex") %>'/>
        出生日期:
        <asp:TextBox ID="BirthTextBox" runat="server" Text='<%# Bind("Birth") %>'/>
        专业:
    <asp:TextBox ID="MajorIdTextBox" runat="server" Text='<%# Bind("MajorId") %>'/>
```

```
    <br />
    <asp:Button ID="InsertButton" runat="server" CommandName="Insert" Text="插入" />
    <asp:Button ID="CancelButton" runat="server" CommandName="Cancel" Text="清除" />
        <br />
        </span>
    </InsertItemTemplate>
    <EditItemTemplate>
        <span style="">学号:
        <asp:Label ID="StuNoLabel1" runat="server" Text='<%# Eval("StuNo") %>'/>;
        姓名:
        <asp:TextBox ID="NameTextBox" runat="server" Text='<%# Bind("Name") %>'/>
        <br />
        性别:
        <asp:TextBox ID="SexTextBox" runat="server" Text='<%# Bind("Sex") %>'/>
        出生日期:
        <asp:TextBox ID="BirthTextBox" runat="server" Text='<%# Bind("Birth") %>'/>
        专业:
    <asp:TextBox ID="MajorIdTextBox" runat="server" Text='<%# Bind("MajorId") %>'/>
    <br />
    <asp:Button ID="UpdateButton" runat="server" CommandName="Update" Text="更新" />
    <asp:Button ID="CancelButton" runat="server" CommandName="Cancel" Text="取消" />
        <br />
        </span>
    </EditItemTemplate>
</asp:ListView>
```

上述代码中，分别定制了 LayoutTemplate、ItemTemplate、ItemSeparatorTemplate、EmptyDataTemplate、InsertItemTemplate 和 EditItemTemplate 模板。

（5）运行该页面，效果如图 9-62 所示。ListView 控件不仅可以查看数据，而且可以编辑、删除和插入数据库数据。

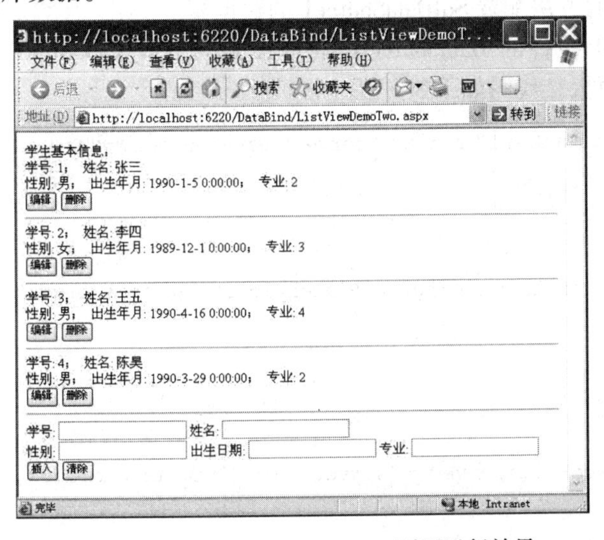

图 9-62　ListViewDemoTwo. aspx 页面运行效果

2. ListView 控件的分组布局

ListView 控件提供了一个分组布局的功能，该功能会将 ItemTemplate 中的项按水平平铺进行布局。在平铺布局中，项在行中沿水平方向重复出现。项重复出现的次数由 ListView 控件的 GroupItemCount 属性指定。ListView 控件有一个 GroupTemplate 模板，使用该模板可以创建分组布局的功能。图 9-63 显示了 ListView 控件中 LayoutTemplate、GroupTemplate 和 ItemTemplate 模板之间的关系。GroupTemplate 模板可以为基础数据集中每 n 项指定外围 HTML，其中 n 的值由 ListView 控件的 GroupItemCount 属性指定。

当在 ListView 控件中使用 GroupTemplate 时，需要在 LayoutTemplate 中指定带有 ID 为 groupPlaceholder 的控件，说明对于 ItemTemplate 中每 n 项，应在 LayoutTemplate 的哪个位置注入 GroupTemplate 的内容。在 GroupTemplate 中指定带有 ID 为 itemPlaceholder 的控件，说明 ItemTemplate 的内容应放在 GroupTemplate 中的位置。

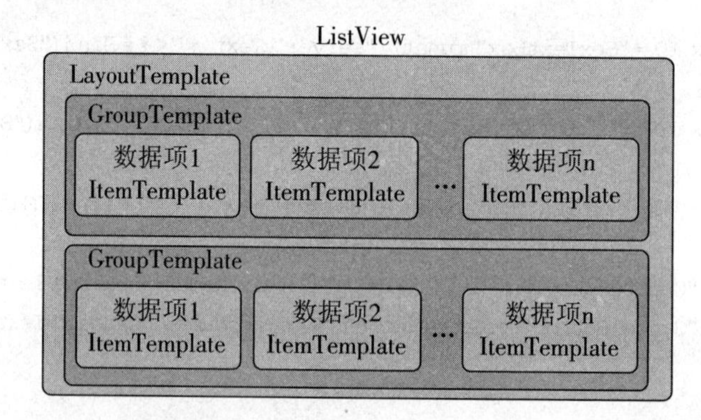

图 9-63　LayoutTemplate、GroupTemplate 和 ItemTemplate 模板间关系

【例 9-19】 演示创建 ListView 控件的平铺效果。

（1）在 DataBind 网站中，新建一个名为 ListViewDemoThree. aspx 的页面。从工具箱中拖放一个 ListView 和一个 SqlDataSource 控件到该页面上，ID 分别为 ListView1 和 SqlDataSource1。

（2）按例 9-17 的方法配置 SqlDataSource1 的数据源。

（3）将 ListView1 控件的 DataSourceID 属性设置为 SqlDataSource1。切换到源视图，为 ListView1 控件定制模板，代码如下。

```
<asp:ListView ID = "ListView1" runat = "server" DataSourceID = "SqlDataSource1"
GroupItemCount = "3" >
    <LayoutTemplate >
        <table >
            <asp:PlaceHolder ID = "groupPlaceholder" runat = "server" / >
        </table >
    </LayoutTemplate >
    <GroupTemplate >
        <tr >
            <asp:PlaceHolder runat = "server" ID = "itemPlaceholder" / >
        </tr >
    </GroupTemplate >
```

```
    <ItemTemplate>
        <td>
            学号:
            <asp:Label ID="StuNoLabel" runat="server" Text='<%# Eval("StuNo")%>' />
            姓名:
            <asp:Label ID="NameLabel" runat="server" Text='<%# Eval("Name")%>' />
            <br />
            性别:
            <asp:Label ID="SexLabel" runat="server" Text='<%# Eval("Sex")%>' />
            出生年月:
        <asp:Label ID="BirthLabel" runat="server" Text='<%# Eval("Birth","{0:d}")%>'/>
            <br />
            专业:
            <asp:Label ID="MajorIdLabel" runat="server" Text='<%# Eval("MajorId")%>'/>
            <br /> <br />
        </td>
    </ItemTemplate>
</asp:ListView>
```

上述代码中，可以看出以下几点。

- 指定 GroupItemCount 为 3，表示将在一个组中显示三个 ItemTemplate 模板中的内容。
- 将 LayoutTemplate 中的占位符的 ID 标记为 groupPlaceholder。
- 在 GroupTemplate 模板中，添加一个放置 ItemTemplate 内容的占位符 ItemPlaceholder。

（4）运行该页面，效果如图 9-64 所示。

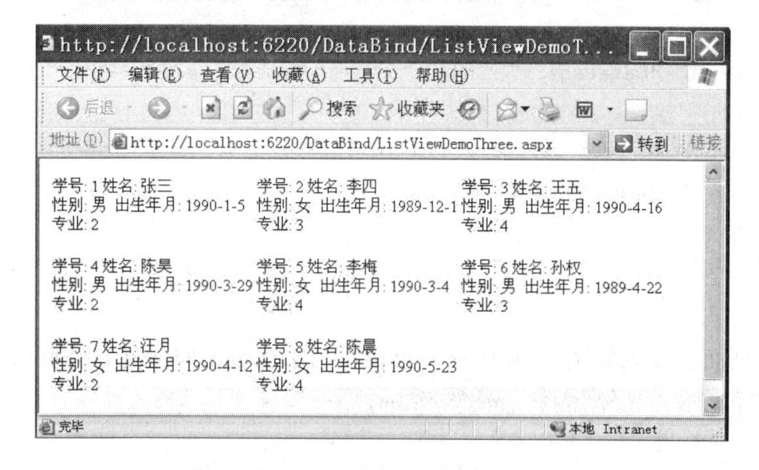

图 9-64　ListViewDemoThree. aspx 页面运行效果

3. 使用 DataPager 控件实现 ListView 控件的分页

ListView 控件本身没有分页功能，可以通过 DataPager 控件实现分页。DataPager 控件是一个专门用于分页的服务器控件。

【例 9-20】 演示实现 ListView 控件的分页功能。

（1）打开 DataBind 网站的 ListViewDemoThree. aspx 页面。从工具箱中拖放一个DataPager控

件到页面的任何位置，设置 DataPager 控件的 PageSize 属性为 3，表示每页显示三条记录。单击 DataPager 控件右上角的三角符号，在弹出的 DataPager 任务菜单中提供了定义 DataPager 控件显示样式的方法，选择“编辑页导航字段”菜单项，设置导航字段，如图 9-65 所示。

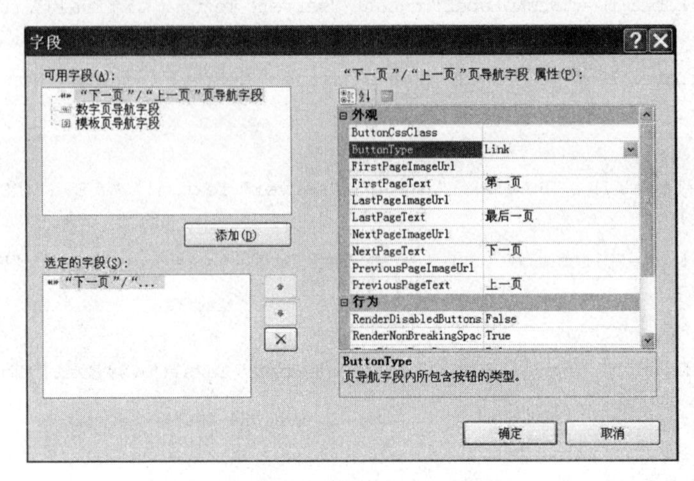

图 9-65　编辑页导航字段

（2）将源视图中生成的 DataPager 声明代码复制到 ListView 控件的 LayoutTemplate 模板中，LayoutTemplate 模板声明代码如下。

```
<LayoutTemplate>
    <table>
        <asp:PlaceHolder ID="groupPlaceholder" runat="server" />
    </table>
    <asp:DataPager ID="DataPager1" runat="server" PageSize="3">
        <Fields>
            <asp:NextPreviousPagerField ShowFirstPageButton="True"
                ShowLastPageButton="True" />
        </Fields>
    </asp:DataPager>
</LayoutTemplate>
```

（3）运行该页面，效果如图 9-66 所示。可以看出 ListView 控件具有分页功能。

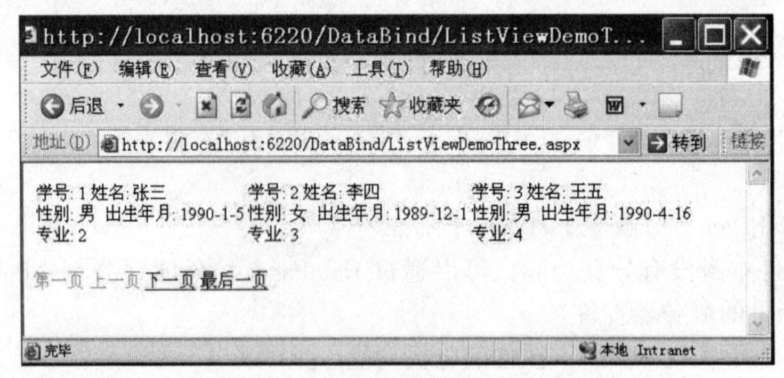

图 9-66　具有分页功能的 ListView 控件

9.3 小　　结

本章介绍了 ASP. NET 中的数据绑定技术和绑定控件，首先介绍数据源控件的使用，包括 SqlDataSource、ObjectDataSource 和 LinqDataSource 控件。详细介绍了如何通过这些数据源控件对数据源数据进行操作。

其次，本章还讨论了 ASP. NET 中几个重要的数据绑定控件。首先讨论 GridView 控件，该控件提供了网格式的数据显示功能；接着介绍了显示单条记录的 DetailsView 和 FormView 控件；最后讨论了如何利用 ASP. NET 新增的 ListView 和 DataPager 控件进行模板化数据显示。

灵活使用数据源控件和绑定控件在开发 ASP. NET 应用程序中是非常重要的。在第 8 章中主要介绍以 ADO. NET 编程的方法访问数据源数据。在第 9 章中使用数据源控件和绑定控件后，几乎不用编写任何代码，就能对数据源的数据进行操作。简单的小项目使用数据源控件能方便迅速地完成开发工作，但对于大型项目或者对数据操作要求高的项目，则需要使用 ADO. NET 编程的方法，因为数据源的灵活性和安全性不够高。

实训 9　ASP. NET 的数据绑定及绑定控件

1. 实训目的

了解 ASP. NET 的数据绑定技术，掌握数据源控件及数据绑定控件的使用。

2. 实训内容和要求

（1）新建一个名为 Practice9 的网站。

（2）在网站的 App_Data 文件夹下，添加实训 8 中创建的 MyDataBase. mdf 数据库。

（3）添加一张名为 GridView. aspx 的 Web 页面，在该页面上利用 GridView 控件和 SqlDataSource控件实现数据的分页显示、修改和删除功能。

（4）添加一张名为 DetailsView. aspx 的 Web 页面，在该页面上利用 DetailsView 控件和 ObjectDataSource 控件实现数据分页显示、插入、修改和删除功能。

（5）添加一张名为 FormView. aspx 的 Web 页面，在该页面上利用 FormView 控件和 SqlDataSource控件实现数据的分页显示、插入、修改和删除功能，要求自定义 FormView 的界面和布局。

（6）添加一张名为 ListView. aspx 的 Web 页面，在该页面上利用自定义 ListView 控件的模板，来显示和编辑 MyDataBase. mdf 数据库中 Employees 表的数据。

习　题

一、单选题

1. 如果希望在 GridView 控件中显示“上一页”和“下一页”的导航栏，则 PagerSettings 的 Mode 属性为（　　）。

   A. Numeric　　B. NextPrevious　　C. 上一页　　D. 下一页

2. 在 GridView 控件中，如果定制了列，又希望排序，则需要在每一列设置（　　）属性。

   A. SortExpression　　B. Sort　　C. SortField　　D. DataFieldText

3. 在 ListView 控件中，如果希望每行有 4 列数据，应设置（　　）属性。

   A. GroupItemCount　　B. RepeatColumn　　C. RepeatLayout　　D. RepeatNumber

4. 下面关于 ListView 控件 LayoutTemplate 和 ItemTemplate 模板说法错误的是（　　）。

   A. 标识定义控件的主要布局的是根模板

   B. LayoutTemplate 模板包含一个占位符对象，如表行（tr）、div 或 span 元素

   C. LayoutTemplate 模板是 ListView 控件所必需的

   D. LayoutTemplate 模板不必包含一个占位符控件

5. 下面关于 ListView 控件和 DataPager 控件说法错误的是（　　）。

   A. ListView 控件就是 GridView 控件和 Repeater 控件的结合体，它既有 Repeater 控件的开放式模板，又具有 GridView 控件的编辑特性

   B. ListView 控件本身不提供分页功能，但是可以通过 DataPager 控件来实现分页功能

   C. 在 ListView 控件中，布局定义与数据绑定不可以分开在不同的模板中

   D. DataPager 控件能支持实现 IPageableItemContainer 接口的控件，ListView 是现有控件中唯一实现此接口的控件

6. 关于 SqlDataSource 数据源控件相关属性，说法错误的是（　　）。

   A. 该控件的 ProviderName 属性表示 SqlDataSource 控件连接数据库的提供程序名称

   B. ConnectionString 属性表示 SqlDataSource 控件可使用该参数连接到数据库，但是不能从应用程序的配置文件中读取

   C. SelectCommand 属性表示 SqlDataSource 控件从数据库中选择数据所使用的 SQL 命令

   D. ControlParameter 实际上是个控件，在代码中应改写成 <asp:ControlParameter>，使用特定控件的值

7. 已知数据库连接字符串，要通过编程获取数据库中 Employees 表中的数据，并绑定到 GridView 控件上。后台编写代码如下，空白处的代码应为（　　）。

```
string strcnn = ConfigurationManager.ConnectionStrings
                         ["CnnString"].ConnectionString;
using(SqlConnection conn = new SqlConnection(strcnn))
{
    DataSet ds = new DataSet();
    SqlDataAdapter da = new SqlDataAdapter("select * from Employees",_______);
```

```
    da.Fill(ds);
    GridView1. _______ =ds.Tables[0];
    _______
}
```

A. conn,DataSource,GridView1. DataBind()

B. connString,DataSource,GridView1. DataBind()

C. connString,DataSourceID,GridView1. DataBind()

D. conn,DataSourceID,GridView1. DataBind()

二、填空题

1. GridView 控件的________属性表示获取或设置一个值，该值指示是否为数据源中的每个字段自动创建绑定字段。
2. 数据绑定表达式包含在________分隔符之内，并使用 Eval 和 Bind 方法。________方法用于定义单向（只读）绑定。________方法用于定义双向（可更新）绑定。
3. ObjectDataSource 控件使开发人员能够在保留三层应用程序结构的同时，使用 ASP. NET 数据源控件。完成下面为 ObjectDataSource 控件定义好的 Insert 方法。

```
public void Insert(int id,string name)
{
    string strcnn =ConfigurationManager.ConnectionStrings
             ["StudentCnnString"].ConnectionString;
    using(SqlConnection sqlConn =new SqlConnection(strcnn))
    {
        string insertString ="insert into Major values(" +id +",'" +name +"')";
        SqlCommand sqlCmd =sqlConn.__________;//创建 SqlCommand 对象
        sqlCmd.CommandText =__________;
        sqlConn.Open();
        sqlCmd.__________;
        sqlConn.Close();
    }
}
```

4. ListView 控件有多种模板，其中，________标识定义控件的主要布局的根模板；________标识组布局的内容；________标识为便于区分连续项，而为交替项呈现的内容。
5. 在 GridView 控件上绑定了一列 CheckBox 控件，当表头 CheckBox 控件选中时，在 GridView 控件中的 CheckBox 全选，当取消表头 CheckBox 控件选中时，GridView 控件中的 CheckBox 控件全不选，该 GridView 控件代码如下：

```
<asp:GridView ID ="GridView1" runat ="server" AutoGenerateColumns ="False"
DataKeyNames ="MajorId" DataSourceID ="SqlDataSource1" >
<Columns >
    <asp:TemplateField >
        <HeaderTemplate >
            <asp:CheckBox ID ="CheckBox2" runat ="server" AutoPostBack ="True" Text
```

```
                ="全选" oncheckedchanged="CheckChange"/>
            </HeaderTemplate>
            <ItemTemplate>
                <asp:CheckBox ID="CheckBox1" runat="server"/>
            </ItemTemplate>
        </asp:TemplateField>
        <asp:BoundField DataField="MajorId" HeaderText="MajorId" ReadOnly="True"/>
        <asp:BoundField DataField="MajorName" HeaderText="MajorName"/>
    </Columns>
</asp:GridView>
<asp:SqlDataSource ID="SqlDataSource1" runat="server"
ConnectionString="<%$ ConnectionStrings:StuConnectionString%>"
SelectCommand="SELECT * FROM [Major]"></asp:SqlDataSource>
```

为实现题目所述的功能，必须实现 GridView 控件表头 CheckBox 控件的 onchecked-changed 事件代码，实现代码如下。

```
protected void CheckChange(object sender,EventArgs e)
{
    CheckBox cb = (CheckBox)________;
    if(cb.Text =="全选")
    {
        foreach(GridViewRow gv in this.GridView1. ________)
        {
            CheckBox cd = (CheckBox)gv.FindControl("________");
            cd.Checked = cb.Checked;
        }
    }
}
```

三、问答题

1. 试说明什么是数据源控件，ASP. NET 中提供了几种数据源控件?
2. 比较 SqlDataSource、ObjectDataSource 和 LinqDataSource 控件的使用。
3. 简单介绍 GridView 控件的功能，并举例说明 GridView 控件的使用方法。
4. 简述 ListView 控件的功能及该控件如何显示和编辑数据。
5. 比较 GridView、DetailsView、FormView 和 ListView 控件的使用。

第 10 章　ASP. NET 安全管理

安全性是 Web 应用程序中一个非常重要的方面，不应被开发者忽视。本章主要介绍如何通过用户身份验证、授权、数据加密等各种方法来提高 ASP. NET 应用程序的安全性。

10.1　身份验证

身份验证是确定用户身份的过程。在通过身份验证之后，用户即可以凭借身份凭据在网站中进行与其身份相匹配的访问。在 ASP. NET 中，是使用成员服务来提供身份验证的。

10.1.1　验证模式

通常情况下，用户需要输入其用户名与密码，或者根据已有身份凭据通过登录页面进入系统。ASP. NET 提供了四种不同的验证模式，如表 10-1 所示。

表 10-1　四种验证模式

验证模式	说　　明
Windows	默认的验证模式，将 Windows 身份验证与 IIS 身份验证结合使用以确保 ASP. NET 应用程序的安全，一般适用于局域网
Forms	最常用的验证模式，可根据用户在 Web 表单中提供的身份凭据为其提供访问服务，适用于广域网
Passport	利用 Microsoft Passport Network 进行验证，需要 SDK 支持，不常用
None	不进行任何身份验证，不推荐使用该模式

验证模式可以在 ASP. NET 网站管理工具或 web. config 中配置。在 web. config 中，身份验证信息应配置在 < configuration >/ < system. web >/ < authentication > 节点中，示例代码如下：

```
<authentication mode = "[Windows |Forms |Passport |None] " >
      <forms >... </forms >
      <passport/ >
</authentication >
```

其中，mode 是必选属性，它指定了当前验证模式。可选值有四个，默认值为 Windows。

注意　不同的验证模式会对应各自不同的配置选项。Windows 验证模式仅当用户拥有 Windows账号时才有效。如果正在构建一个基于 Internet 的 Web 应用，使用 Windows 模式就不可行，也不适合了。这时可将验证模式设置为“Forms”。

在 web. config 中配置 Forms 模式时，通常要指定一个登录页面。当用户对 Web 应用中的某个页面发出请求时，如果没有通过验证，就会被重定向到登录页面，在登录页面中能够输入身份凭据（用户名与密码）。如果输入的凭据通过验证，用户会被重定向到最初所请求的页面上。以下代码是在 web. config 中配置 Forms 验证模式的一个示例。

```
<authentication mode = "Forms" >
    <forms loginUrl = "HomePage.aspx" protection = "All" timeout = "30"
        requireSSL = "false" slidingExpiration = "true" / >
</authentication >
```

表 10-2 给出了 forms 节点中常用配置属性及其说明。

表 10-2　Forms 验证模式的常用配置属性及说明

属　性	说　明
loginUrl	指向登录页面。应将该页放在需要安全套接层（SSL）的文件夹中，这有助于确保身份凭据从浏览器传送到服务器时的完整性
protection	指定身份凭据的保密性和完整性，设置为 All 时安全性最强
timeout	指定身份验证会话的有效期，默认值为 30 分钟
requireSSL	如果设置为 false，表示身份验证 Cookie 可通过未经 SSL 加密的信道进行传输。如果担心会话被窃取，应将其设置为 true
slidingExpiration	如果设置为 true，表示会话的有效期将动态变化，即只要用户在站点上处于活动状态，会话超时就会定期重置（重新计时）

设置好身份验证模式之后，就可以利用 ASP. NET 中提供的登录型服务器控件结合成员服务来管理用户了。使用登录型控件的好处是开发人员无须自行设计用户管理和登录界面及用户信息数据库，就可以方便、高效地开发 Web 应用。

10. 1. 2　使用 CreateUserWizard 控件注册

用户管理的第 1 步是提供成员注册功能，可以使用 CreateUserWizard 控件来完成这个工作。CreateUserWizard 控件继承自 Wizard 控件，它通过向导功能帮助用户完成注册。使用 CreateUserWizard 控件的方法非常简单，只需将其拖曳到页面相应位置即可，页面的设计视图如图 10-1 所示。

可以看到，CreateUserWizard 控件收集了常用的用户信息，包括：用户名、密码、电子邮件、安全问题与答案等。注意，CreateUserWizard 控件默认要求用户提供的密码最短长度为7，且必须包含至少一个非字母数字字符（例如“#”）。如果希望修改这个限制，可以将 machine. config 文件中成员管理提供节点中的 minRequiredPasswordLength（最短密码长度）和 minRequiredNonalphanumericCharacters（最少非字母数字个数）属性进行修改，该修改将作用于整个服务器之上。

使用 CreateUserWizard 控件时，应注意 ContinueButtonClick 事件。新用户注册成功后，

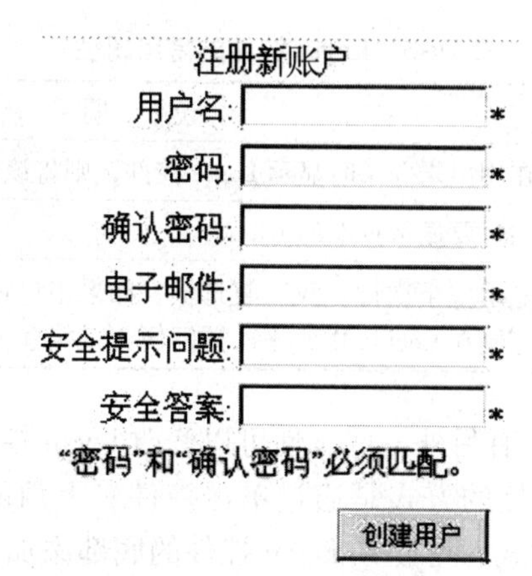

图 10-1　CreateUserWizard 控件页面的设计视图

单击第 2 个向导页上的“继续”按钮，就会触发 ContinueButtonClick 事件。如果希望注册成功后从注册页面重定向到网站首页，可双击 CreateUserWizard 控件的事件列表中的Continue-ButtonClick 事件，并按以下方式完成事件处理代码：

```
protected void CUW1_ContinueButtonClick(object sender, EventArgs e)
{
    Response.Redirect("~/HomePage.aspx");
}
```

注意　一旦使用 CreateUserWizard 控件成功注册新用户之后，系统将在 App_Data 文件夹下自动生成一个名为“ASPNETDB. MDF”的数据库文件，该文件创建在 SQL Server Express 中，它默认包含了用于存储用户身份信息与配置信息的数据表和其他相关的对象等。AS-PNETDB 数据库也可以在 ASP. NET 的配置管理工具中通过配置提供程序自动生成。

10. 1. 3　使用 Login 控件登录

Login 控件显示用于执行用户身份验证的用户界面。默认的 Login 控件包含用于输入用户名和密码的文本框和一个复选框，页面的设计视图如图 10-2 所示。

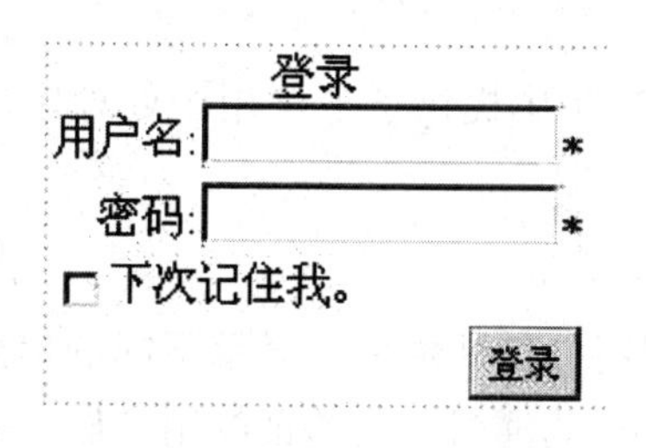

图 10-2　Login 控件页面的设计视图

通过使用 Login 控件，开发者无须编写执行身份验证的代码，这项工作由 Login 控件结合 ASP. NET 成员服务自动完成。如果想创建自定义的身份验证逻辑，则可以在 Login 控件的 Authenticate 事件中添加处理代码。表 10-3 列出了 Login 控件的一些常用属性。

表 10-3 Login 控件的常用属性

属　性	说　明
VisibleWhenLoggedIn	如果希望只在用户未登录时显示 Login 控件，则将该属性设置为 false
DestinationPageUrl	指定登录成功时要显示页面的 URL
DisplayRememberMe	指定是否显示“下次记住我”复选框，如果用户登录时选中了该复选框，则身份验证凭据将存储在 Cookie 中，下次访问便会直接登录

除了表 10-3 中的属性，还有另外一些属性可以修改 Login 控件的外观和操作方式，这与其他控件一样。修改外观最直接的方式是通过单击控件右上角的三角符号并选取“自动套用格式”来完成。对于操作方式，可以在 Login 控件的底部添加一些超链接，来访问其他资源。下面是可以提供的一些链接。

- 使用 HelpPageText、HelpPageUrl 和 HelpPageIconUrl 属性以重定向到帮助页面上。
- 使用 CreateUserText、CreateUserUrl 和 CreateUserIconUrl 属性以重定向到注册页面（包含 CreateUserWizard 控件的页面）上。
- 使用 PasswordRecoveryText、PasswordRecoveryUrl 和 PasswordRecoveryIconUrl 属性以重定向到密码找回页面（见 10.1.4 节中介绍）上。

图 10-3 所示为应用了上述三个超链接的 Login 控件的运行效果。

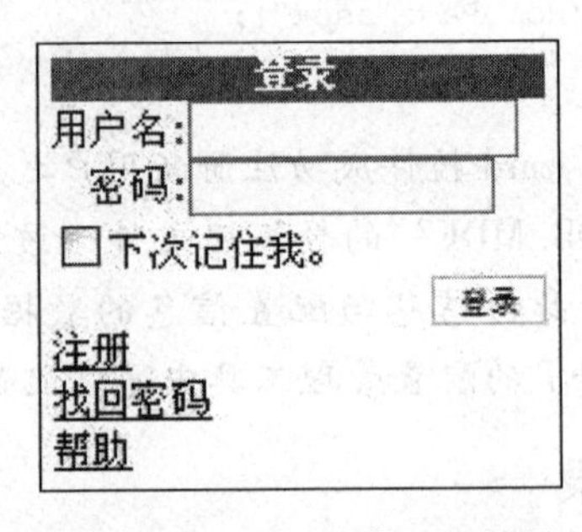

图 10-3　Login 控件运行效果

10.1.4　其他登录型控件

用户通过验证之后，ASP. NET 中提供了各种用于处理用户信息的登录型控件，主要包含以下五种。

1. LoginView 控件

LoginView 控件可以向匿名用户和登录用户显示不同的信息。显示给匿名用户的信息放置在 AnonymousTemplate 模板中，为通过身份验证的用户显示的信息放置在 LoggedInTemplate 模板中，模板的切换由系统自动完成。

2. LoginStatus 控件

LoginStatus 控件为没有通过身份验证的用户显示“登录”超链接，为通过身份验证的用户显示“注销”超链接。“登录”超链接将重定向到登录页面，“注销”超链接将当前用户的身份重置为匿名用户。

3. LoginName 控件

LoginName 控件为通过身份验证的用户显示该用户的登录名。如果使用的是 Windows 验证模式，该控件将显示用户的 Windows 账户名。

4. ChangePassword 控件

ChangePassword 控件提供用户密码修改功能，可以被匿名用户和登录用户使用。如果是匿名用户，该控件将提示其输入身份凭据；如果是登录用户，该控件将自动填充用户名。

5. PasswordRecovery 控件

PasswordRecovery 控件允许用户根据注册时提供的安全问题与答案来找回密码。注意，密码是以明文形式发送到用户注册时提供的电子邮件中。

下面的示例演示了在一个 Web 应用程序的登录模块中应用上述控件的方法。

【例 10-1】 登录型服务器控件示例程序。

首先创建三张 ASP. NET 页面，在注册页面“Register. aspx”中放入 CreateUserWizard 控件，在找回密码页面“PasswordRecovery. aspx”中放入 PasswordRecovery 控件，在修改密码页面“ChangePassword. aspx”中放入 ChangePassword 控件。

然后创建一张名为“HomePage. aspx”的站点首页，将 web. config 中的验证模式设置为 Forms，并将其 loginUrl 与 defaultUrl 属性指向该首页。接着在首页中放入一个 LoginView 控件，将其切换到 Anonymous 模板，将一个 Login 控件放入其中，并设置注册超链接与找回密码超链接到相应页面，页面的设计视图如图 10-4 所示。

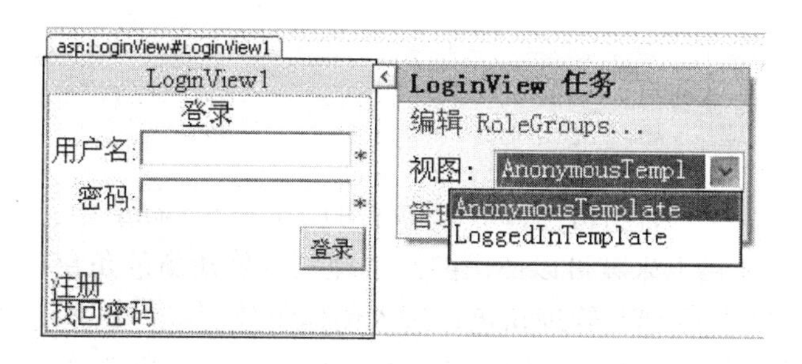

图 10-4　LoginView 控件 Anonymous 模板页面的设计视图

再将 LoginView 控件切换到 LoggedIn 模板，并在其中依次放入用于提示用户登录名的 LoginName 控件，用于指向修改密码页面的 HyperLink 控件和用于提供注销功能的LoginStatus 控件，页面的设计视图如图 10-5 所示。

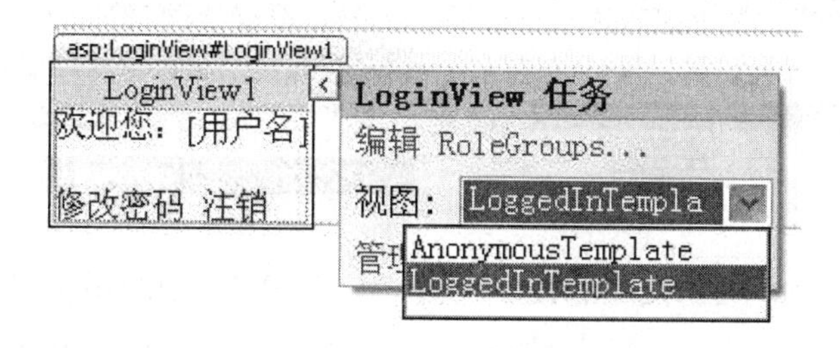

图 10-5　LoginView 控件 LoggedIn 模板页面的设计视图

运行首页，首先注册一个用户，并试着使用其他登录功能。你会发现，基本上无须书写任何代码，登录型控件会帮助你完成大部分与用户管理相关的工作。这使得开发者可以专注于程序中具体业务逻辑的开发，提高了工作效率。

10.2 角色与授权

在用户通过验证能够访问 Web 站点之后，系统还需要确定用户可以访问的页面和资源，即解决如何分配用户在系统中所拥有的权限的问题，这个过程称为授权。如果系统中有大批量的用户，为每个人单独授权是一项费时的工作，也是不明智的。在 ASP. NET 中，可以为指定的用户分配角色，角色是一组用户的集合，这组用户具有相同的指定权限来完成特定的行为。可见，通过角色可以简化授权工作，对于用户数量庞大的 Web 应用，利用角色进行分组是非常有价值的。

10.2.1 创建角色

利用 ASP. NET 中提供的网站管理工具可以很方便地完成角色管理及其他与安全管理相关的工作。打开 ASP. NET 网站管理工具，切换到安全选项卡，单击角色栏中的启用角色按钮（角色管理在 ASP. NET 中默认为禁用），如图 10-6 所示。

启用角色后，网站管理工具将在 web. config 文件中自动添加如下启用角色管理的代码：

```
<system.web>
    <roleManager enabled = "true" />
</system.web>
```

可见，如果希望禁用或启用角色管理，同样可以在 web. config 中完成（修改 roleManager 节点的 enabled 属性）。接下来就可以使用网站管理工具创建新的角色或管理已有的角色了。切换到安全选项卡，选择创建和管理角色，进入创建角色窗口，并在新角色名称中输入一个名为 Administrator 的角色，单击“添加角色”按钮即可完成新角色的创建，如图 10-7 所示。在图 10-6 的窗口中，选择管理用户，可以将用户添加到角色中。

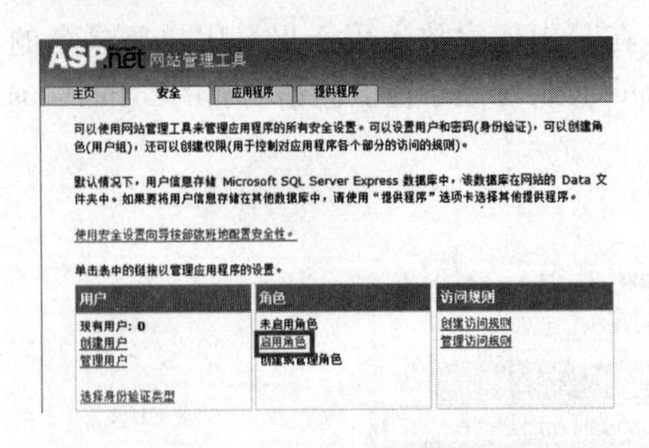

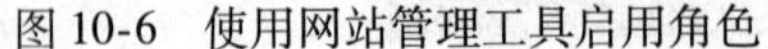
图 10-6　使用网站管理工具启用角色

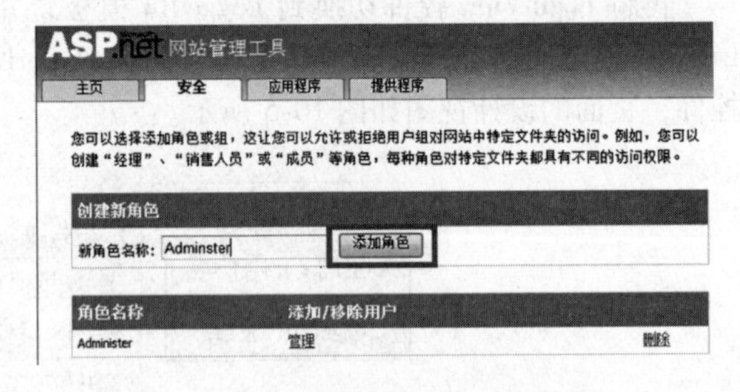

图 10-7　使用网站管理工具添加角色

注意　与验证信息一样，ASP. NET 自动将网站的角色与授权相关信息存储在“ASPNETDB. MDF”数据库中，开发者无须关心这些数据的存储问题。

10. 2. 2　在 web. config 中授权

通过授权，可以显式地允许或拒绝某个用户或角色对特定目录的访问权限。如果访问了没有权限的页面或资源，访问者将被重定向到登录页面。开发人员可以在 web. config 中配置授权，配置信息应写在 <system. web> 节点的 <authorization> 子节点中。authorization 节点的语法规则如下：

```
<authorization>
    <allow |deny users |roles [verbs]/>
</authorization>
```

authorization 节点中共有两种规则节点：允许（allow）或拒绝（deny），二者必选其一。每个规则可以识别一个或多个用户（users）或角色（roles），users 与 roles 必选其一。此外，开发人员也可以使用谓词属性（verbs）来指定 HTTP 请求类型，verbs 属性为可选项。

users、roles 与 verbs 三个属性的具体用法如表 10-4 所示。

表 10-4　授权属性

属　性	说　　明
users	指定被允许或拒绝的用户名，可以使用两种通配符，问号“?”表示所有匿名用户，星号“*”表示所有用户
roles	指定被允许或拒绝的角色名
verbs	指定请求应用的 HTTP 谓词，例如 GET、POST 和 HEAD，默认值为“*”，即所有谓词

【例 10-2】 演示在 web. config 中授权。

假设已在 Web 站点中分别创建了一个名为 Syman 的用户和一个名为 Administrator 的角色，下面分别对 Syman 用户和 Administrator 角色成员进行访问授权。

（1）拒绝所有匿名用户访问的规则代码如下。

```
<authorization>
    <deny users="?"/>
</authorization>
```

（2）允许 Administrator 角色成员和 Syman 用户且拒绝所有其他用户访问的规则代码如下。

```
<authorization>
    <allow roles="Administrator"/>
    <allow users="Syman"/>
    <deny users="*"/>
</authorization>
```

从上例可以看出，如果两个规则中存在矛盾部分（Syman 既被允许又被拒绝），则以离 authorization 节点最近的规则为准（即 allow 规则）。

（3）允许所有用户的 GET 请求，但只允许 Syman 执行 POST 请求的规则代码如下：

```
<authorization>
    <allow users="*" verbs="GET"/>
    <allow users="Syman" verbs="POST"/>
    <deny users="*" verbs="POST"/>
</authorization>
```

注意 也可以使用逗号来分隔 users 和 roles 属性值列表中的多个元素，如下所示：

```
<allow users="Syman, Tom, John" />
```

以上的授权方式将对 web. config 文件所在的整个目录起作用，还可以利用 location 节点来指定某个特定文件的访问权限，location 中的授权将只对这个文件起作用。

(4) 拒绝所有匿名用户访问名为“10-2”的目录，但对于该目录中的“Default. aspx”页面，允许所有用户访问。首先需要在目录“10-2”下添加 web. config 文件，并在该文件中添加拒绝所有匿名用户的规则，然后在网站根目录的 web. config 中添加一个 location 子节点，代码如下：

```
<location path=" 10-2/Default.aspx" >
    <system.web> <authorization>
        <allow users="*" />
    </authorization> </system.web>
</location>
```

10.3 通过编程方式实现验证与授权

ASP. NET 的验证与授权服务最终是由类库中一组类和接口实现的，在 10.2 节中介绍的验证与授权方法最终被系统转化为对底层类库的调用。有些时候，开发人员会希望能够直接调用这些类和接口来实现定制的验证与授权功能，本节将介绍如何以编程方式实现验证与授权功能。

10.3.1 使用成员资格服务类验证

成员资格服务类由 ASP. NET 中一组创建和管理用户的类和接口组成，位于 System. Web. Security 命名空间中。表 10-5 列出了 ASP. NET 成员资格服务主要所使用的类及这些类的主要功能。

表 10-5 成员资格服务类及主要功能

类	功能方法
Membership 提供常规成员资格功能	创建一个新用户（CreateUser） 删除一个用户（DeleteUser） 用新信息来更新用户（UpdateUser） 返回用户列表（GetAllUsers） 通过名称查找用户（FindUsersByName） 通过电子邮件查找用户（FindUsersByEmail） （身份）验证用户（ValidateUser） 获取联机用户的人数（GetNumberOfUsersOnline）

续表

类	功能方法
MembershipUser 提供有关特定用户的信息	更改密码（ChangePassword） 更改密码问题和答案（ChangePasswordQuestionAndAnswer） 从成员资格数据库获取用户密码（GetPassword） 将用户密码重置为一个自动生成的新密码（ResetPassword） 取消对用户的锁定（UnlockUser）
MembershipUserCollection	存储 MembershipUser 对象集合的引用
MembershipProvider 提供成员资格提供程序自定义的功能	定义要求成员资格所使用的提供程序实现的方法和属性

Membership 类用于管理用户，而每个用户是一个 MembershipUser 类，Membership 类的很多方法都接受一个 MembershipUser 类对象作为其参数，或者是返回一个或多个Membership User 类对象。

Membership 类和 MembershipUser 类二者在实际的成员服务提供程序之间提供了一个抽象层。提供程序可以是 SQL Server 数据库，也可以是 XML 文件等。使用这两个类无须理会底层的实现细节，因此也很容易通过更改提供程序来改变成员服务的数据存储。下面通过一个例子演示成员资格服务类的一般用法。

【例 10-3】 以编程方式创建和删除用户示例程序。

首先在页面左边区域上放置几个用于收集用户基本信息的控件和一个 Button 控件，当单击 Button 控件时，将获取控件上的输入信息，用来创建一个新的用户。

然后在页面右边区域放置一个具有显示所有成员用户信息和删除用户功能的 GridView 控件，并为其添加三个 BoundField 型字段，分别用于显示用户账号（DataField 属性为 User-Name）、电子邮件（DataField 属性为 Email）和创建时间（DataField 属性为 CreationDate）。再添加一个 TemplateField 型字段，用于实现删除用户。页面的设计视图如图 10-8 所示。

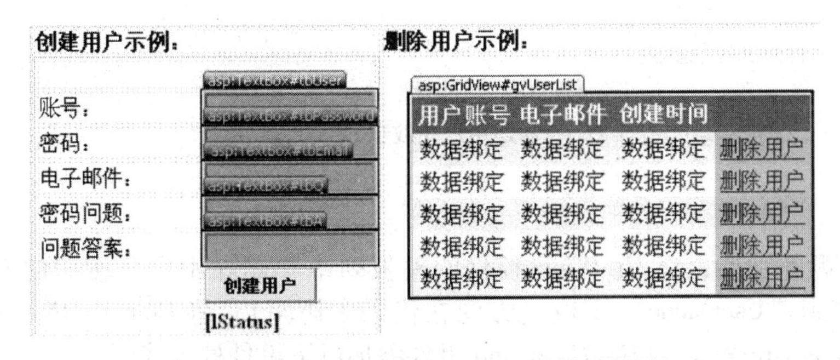

图 10-8　创建和删除用户页面的设计视图

为了能够在 GridView 控件中显示所有成员用户信息，需要在页面类中增加一个成员变量并添加以下代码：

```
private MembershipUserCollection m_userList; //保存用户列表信息
protected void BindGridView()
{
```

```
    //获得用户列表并将其绑定到 GridView
    m_userList = Membership.GetAllUsers();
    gvUserList.DataSource = m_userList;
    gvUserList.DataBind();
}
protected void Page_Load(object sender, EventArgs e)
{
    if(!IsPostBack)
        BindGridView();
}
```

接着为“创建用户”按钮添加以下 Click 事件处理代码：

```
protected void Button1_Click(object sender, EventArgs e)
{
    try
    {
        //用于描述 CreateUser 操作结果的枚举型数据
        MembershipCreateStatus status;
        Membership.CreateUser(tbUser.Text, tbPassword.Text,
                              tbEmail.Text, tbQ.Text, tbA.Text,
                              true, out status);
        if (status != MembershipCreateStatus.Success)
            lStatus.Text = "创建用户失败!";
        else
        {
            lStatus.Text = "创建用户成功!";
            //刷新 GridView
            BindGridView();
        }
    }
    catch (Exception ex)
    {
        this.lStatus.Text = "创建用户失败!";
    }
}
```

最后实现删除功能，将 GridView 控件的模板列中“删除用户”按钮的 CommandArgument 属性绑定到“UserName”字段（方便在代码中访问），将 CommandName 属性设置为 DeleteUser。并为 GridView 的 RowCommand 事件添加以下事件处理代码：

```
protected void gvUserList_RowCommand(object sender, GridViewCommandEventArgs e)
{
    if (e.CommandName.Equals("DeleteUser"))
    {
        string userName = (string)e.CommadArgument
        //获取 UserName 字段
        Membership.DeleteUser(userName);
```

```
            BindGridView();
        }
    }
```

运行该页面，试着创建几个用户并删除，运行效果如图 10-9 所示。

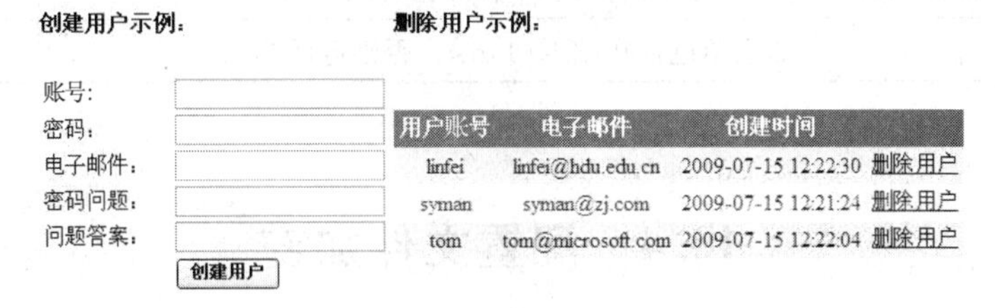

图 10-9　创建和删除成员用户示例程序运行界面

10.3.2　使用角色管理类授权

使用 ASP. NET 中的角色管理类能够指定应用程序中的各种用户可访问的资源，可以通过将用户分配到相应角色来对其进行分组。角色管理类包含一组用于为当前用户建立角色并管理角色信息的类和接口，同样，位于 System. Web. Security 命名空间中，其中以 Roles 类为主。表 10-6 列出了 Roles 类的常用属性和方法。

表 10-6　Roles 类的常用属性和方法

属性方法	说　明
ApplicationName 属性	获取或设置要存储和检索其角色信息的应用程序的名称
Enabled 属性	获取或设置用来指示是否为当前 Web 应用程序启用角色管理，默认值为 false
Provider 属性	获取应用程序的默认角色提供程序
Providers 属性	获取 ASP. NET 应用程序的角色提供程序的集合
AddUsersToRole 方法	将多个用户添加到一个角色中
AddUsersToRoles 方法	将多个用户添加到多个角色中
AddUserToRole 方法	将一个用户添加到一个角色中
AddUserToRoles 方法	将一个用户添加到多个角色中
CreateRole 方法	创建一个新角色
DeleteRole 方法	删除一个已有的角色
FindUsersInRole 方法	获取属于指定角色的用户的列表，其中用户名包含要匹配的指定用户名
GetAllRoles 方法	获取应用程序的所有角色的列表
GetRolesForUser 方法	获取一个用户所属角色的列表
GetUsersInRole 方法	获取指定角色所关联的所有用户名
IsUserInRole 方法	如果指定用户是属于指定角色的成员则返回 true
RemoveUserFromRole 方法	从指定的一个角色中移除指定的一个用户
RemoveUserFromRoles 方法	从指定的所有角色中移除指定的一个用户

续表

属性方法	说　明
RemoveUsersFromRole 方法	从指定的一个角色中移除指定的所有用户
RemoveUsersFromRoles 方法	从指定的所有角色中移除指定的所有用户
RoleExists 方法	如果角色存在则返回 true，否则返回 false

10.4　配置文件加密

不要用可读或容易解码的格式存储高度敏感的信息，例如，用户名、密码、连接字符串和加密密钥等，是提高 Web 应用程序安全性的另一个重要举措。将敏感信息以不可读的格式存储，可以使攻击者很难获得对敏感信息的访问权限，从而可以增强应用程序的安全性。

ASP. NET 站点中存储敏感信息的主要位置之一是 web. config 配置文件。为了保护配置文件中的信息，ASP. NET 提供了一项称为“受保护配置”的功能，可以用于加密配置文件中的敏感信息。下面通过一个简单的例子来逐步演示加密 web. config 配置文件的方法。

【例 10-4】 web. config 配置文件加密示例程序。

假设在站点的 web. config 文件中有如下的数据库连接字符串：

```
<connectionStrings>
<add name="MyConnectionString" connectionString="Data Source=.\SQLEXPRESS;
  AttachDbFilename=|DataDirectory|\MyDatabase.mdf;Integrated Security=True;
  User Instance=True" providerName="System.Data.SqlClient" />
</connectionStrings>
```

如果希望将其用默认加密算法加密，可按以下方法实施。首先为站点创建 IIS 虚拟目录（如果是 HTTP 型站点则不用），然后打开 Visual Studio 的命令提示工具，在该命令窗口中运行 aspnet_regiis. exe 命令，示例如下：

```
aspnet_regiis -pe "connectionStrings" -app "/10-4"
```

-pe 选项和字符串 connectionStrings 用于对应用程序的 web. config 文件的 connectionStrings 节点元素进行加密。-app 选项指定应用程序的名称（或虚拟目录名）。执行成功后再次打开 web. config，会发现其中的连接字符串信息已被加密，加密后部分代码如下：

```
<connectionStrings configProtectionProvider="RsaProtectedConfigurationProvider">
      <EncryptedData><CipherData>
      <CipherValue>G6p74L62ioze4d5iqQUeNQ=</CipherValue>
      </CipherData></EncryptedData>
</connectionStrings>
```

对 web. config 中其他节点的加密方法与上述方法相类似，这里不再赘述。ASP. NET 在处理 web. config 文件时会自动对该文件的内容进行解密。因此，不需要任何附加步骤即可对已加密的配置设置进行解密，供其他功能模块使用。

10.5 小　　结

本章主要介绍了 ASP. NET 中三种用于安全管理的技术。验证技术解决了用户的成员资格验证，即“我是谁?”的问题；授权技术解决了成员权限的授予，即“我能做什么?”的问题；而配置文件加密技术解决了如何保护网站中敏感、重要信息的问题。

实训 10　ASP. NET 安全管理

1. 实训目的

学会使用 MemberShip 进行身份验证；使用 Roles 为用户授权；使用 ASP. NET 提供的各种登录控件。

2. 实训内容和要求

（1）新建一个名为 Practice10 的网站。

（2）在网站根目录下 web. config 文件中配置系统使用 Forms 验证，指定 forms 元素的 loginUrl 为 Login. aspx 页。

（3）新建用户注册页面 Register. aspx，使用创建用户向导控件 CreateUserWizard，完成用户注册的功能。

（4）新建系统登录页面 Login. aspx，使用登录控件 Login 和获取密码控件 PasswordRecovery。前者完成用户登录功能，登录成功后，跳转到 Default. aspx 页面；后者完成获取用户密码的功能。

习　　题

一、单选题

1. ASP. NET 验证中，经常和 IIS 一起配合，可以让一个匿名用户去访问应用程序的是（　　）模式。

A. None　　B. Windows　　C. Cookie　　D. Passport

2. 开发一个档案管理系统，用于公司内部使用，要求只有公司域内的用户才可以下载管理系统的文件，需要使用（　　）方法进行身份验证。

A. 基本身份验证　B. 匿名身份验证　C. 证书身份验证　D. Windows 集成身份验证

3. 一个有关教育的 ASP. NET 应用程序，在该程序的根目录中，web. config 文件包含以下 XML 结构：

```
<allow roles = "Managers,Executives"/>
<deny users = "?"/>
```

该应用程序的根目录下还包含一个名为 ManagersOnly 的子目录。该子目录允许 Managers 角色的用户访问，Machine. config 文件包含默认的 authorization 配置。采用（　　）在不改变根目录的 authorization 配置的情况下，只允许那些具有 Managers 角色的用户可以访问 ManagersOnly 子目录中的资源。

A. 在 ManagersOnly 子目录中，修改 web. config 文件的 authorization 配置如下：

```
<allow roles = "Managers"/>
<deny users = "*"/>
```

B. 在根目录中，修改 web. config 文件的 authorization 配置如下：

```
<deny roles = "Executives">
```

C. 修改 Machine. config 文件的 authorization 配置如下：

```
<allow roles = "Managers"/>
<deny users = "?"/>
```

D. 在 ManagersOnly 子目录中，修改 web. config 文件的 authorization 配置如下：

```
<allow roles = "Managers,Executives"/>
<deny roles = "Executives"/>
<deny users = "?"/>
```

4. 开发了一个专供公司管理层使用的文档，要求只有管理组成员（Adminstration）才可以上传文件，其他验证用户只能浏览文件。应该使用 web. config 文件的（　　）代码段。

A.
```
<allow verbs = "POST" roles = "Administrators"/>
<deny verbs = "POST" users = "?"/>
<allow verbs = "GET" users = "?"/>
```

B.
```
<allow verbs = "POST" roles = "Administrators"/>
<deny verbs = "POST" users = "*"/>
<allow verbs = "GET" users = "?"/>
```

C.
```
<allow verbs = "GET" roles = "Administrators"/>
<deny verbs = "GET" users = "*"/>
<allow verbs = "POST" users = "*"/>
```

D.
```
<allow verbs = "GET" roles = "Administrators"/>
<deny verbs = "GET" users = "?"/>
<allow verbs = "POST" users = "?"/>
```

5. 你在 Internet 上部署了一个站点，只对名为 someone 的用户和名为 Admins 的角色授予了访问权，所有其他用户的访问均被拒绝。你该使用（　　）代码段。

A.
```
<authorization>
    <allow users = "someone"/>
    <allow roles = "Admins"/>
    <deny users = "*"/>
</authorization>
```

B.
```
<authorization>
    <allow users="someone"/>
    <allow roles="Admins"/>
    <deny users="?"/>
</authorization>
```
C.
```
<authorization>
    <allow users="Admins"/>
    <allow roles="someone"/>
    <deny users="*"/>
</authorization>
```
D.
```
<authorization>
    <allow users="Admins"/>
    <allow roles="someone"/>
    <deny users="?"/>
</authorization>
```

二、填空题

1. 向页面添加 Login 控件时可以手动设置用户在登录后将被重定向到的页面名称。下面是添加 Login 控件的代码，要将“MembersHome. aspx”设置为用户登录之后重定向的页面，请将空白处填写完整。

```
<asp:Login  ID="Login1" runat="Server" ________ =" ~/MembersHome.aspx">
   </asp:Login>
```

2. 在基于 Forms 的身份验证中，<authorization>节的? 表示________，* 表示________。

三、问答题

1. ASP. NET 提供了哪四种不同的验证模式?
2. 使用登录控件的优点是什么?

第 11 章　Web 服务

Web 服务，即 Web Service，是位于 Web 服务器上的一些组件，客户端应用程序可以通过 Web 发出 HTTP 请求来调用这些服务。本章主要介绍如何通过 ASP. NET 创建 Web 服务，并从各种客户端应用程序中调用这些服务。

11.1　云计算与 Web 服务

“云计算”是时下 IT 界最热门、最时髦的词汇之一。所谓云计算就是以公开的标准和服务为基础，以互联网为中心，提供安全、快速、便捷的数据存储和网络计算服务。在云计算模式下，用户所需的应用程序并不在用户的个人计算机上运行，而是在互联网上大规模的服务器集群中运行。用户所处理的数据也并不存储在本地，而是保存在互联网上的数据中心里。提供云计算服务的企业负责管理和维护这些数据中心的正常运转，保证有足够强的计算能力和足够大的存储空间可供用户使用。而用户只需要在任何时间、任何地点，用任何可以连接至互联网的终端设备访问这些服务即可。

云计算意味着计算能力也可以作为一种商品进行流通，就像煤气、水电一样，取用方便，费用低廉。最大的不同在于，它是以互联网作为媒介，如图 11-1 所示。

图 11-1　云计算示意图

云计算将软件变成了一种服务，而这也将是未来软件的重要发展方向，所以云计算已引起各大软件厂商的重视。微软公司的 Web 服务技术就可以说是某种形式的云计算，字是指将各种提供特定功能服务的软件模块以 Web 服务的形式封装并部署在服务器，即“云”上，用户只需在客户端调用 Web 服务即可完成自己的任务。

从表面上看，Web 服务就是一个 Web 应用程序，与 ASP. NET 网站十分相似。它向外界暴露出一个能够通过 Web 进行调用的 API（应用程序接口）。也就是说，开发人员可以在自己的 Web 应用程序（或其他类型程序）中，通过编程的方法调用实现某个特定功能的 Web 组件。例如，可以通过调用气象部门提供的天气查询 Web 服务在自己的应用程序中实现天气预报的功能。

从深层次上看，Web 服务是一种新型的 Web 应用程序，它们是自包含、自描述、模块化的应用，可以在 Web 中被描述、发布、查找及通过 Web 来调用。Web 服务是基于网络的、分布式的模块化组件，它执行特定的任务，遵守具体的技术规范，这些规范使得 Web 服务能与其他兼容的组件进行互操作。它可以使用标准的 Internet 协议，像超文本传输协议 HTTP 和 XML 等，将功能体现在互联网或企业内部网上。Web 服务平台是一套标准，它定义了应用程序如何在 Web 上实现互操作性。开发人员可以用任何熟悉的 . NET 支持的语言（例如 C#、VB. NET 等）在任何平台上编写 Web 服务。

总之，Web 服务是一种基于组件的软件平台，是面向服务的 Internet 应用，而不再仅仅是由人们阅读的页面，而是一种以功能为主的服务。

Web 服务由四个部分组成，分别是 Web 服务（Web Service 自身）、服务提供者、服务请求者和服务注册机构。通常将服务提供者、服务请求者和服务注册机构称为 Web 服务的三大角色。这三大角色及其行为共同构成如图 11-2 所示的 Web 服务的体系结构。

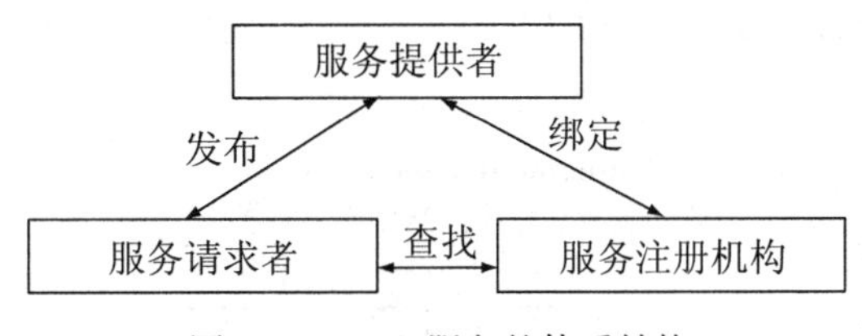

图 11-2　Web 服务的体系结构

1. 服务提供者

从商务角度来看，服务提供者是服务的所有者。而从体系结构的角度看，它则是提供 Web 服务的平台。

2. 服务请求者

与服务提供者相似，从商务角度看，服务请求者是请求某种特定功能的需求方。而从体系结构的角度看，它则是查询或调用某个服务的客户端应用程序。

3. 服务注册机构

服务注册机构是 Web 服务的注册管理机构，服务提供者将其开发的 Web 服务在此进行注册、发布，以便服务请求方通过查询和授权获取所需的服务。

使用 Web 服务应用程序时，至少要进行以下三个操作。

1. 发布

服务提供者为了使其发布的 Web 服务可以被用户访问，就必须同时发布该服务的描述信息，以便将来被服务请求者进行查询。

2. 查找

服务请求者要获得自己需要的服务，首先要查找服务。在查找过程中，服务请求者可直接检索服务描述信息或通过服务注册机构进行查找。该过程可以在设计阶段进行，也可以在运行阶段进行。

3. 绑定

在真正开始使用某个 Web 服务时，需要对该 Web 服务进行绑定，并调用该服务。绑定某个 Web 服务时，服务请求者使用服务描述信息中的绑定信息来定位、联系和调用该服务，进而在运行时调用或启动与 Web 服务的互操作。

11.2 Web 服务的相关标准与规范

Web 服务是由一系列的协议栈构成的，其中最主要的协议有三个：用于在服务器、客户端之间通信的 SOAP 协议、用于描述 Web 服务语言的 WSDL 协议和用于统一管理并提供发现 Web 服务功能的 UDDI 协议。同时所有在 Web 服务中所传递的消息的格式为 XML 或 JSON（JavaScript Object Notation）。图 11-3 显示了微软公司 Web 服务技术的架构。

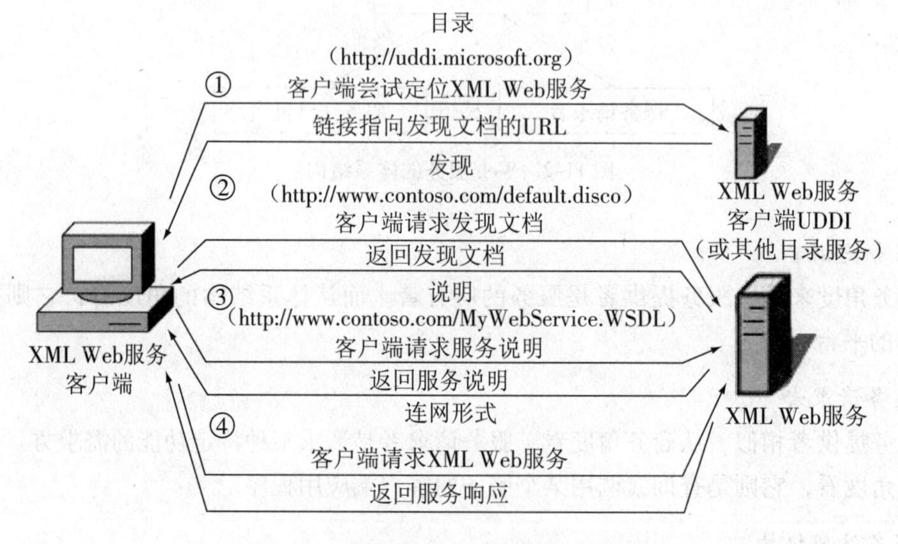

图 11-3　微软公司 Web 服务技术的架构

表 11-1 对图 11-3 中主要的四个模块（带标号）进行了描述。

表 11-1　微软公司 Web 服务技术架构

模　块	说　明
Web 服务目录模块	Web 服务目录提供一个用于定位其他组织提供的 Web 服务中心的位置。Web 服务目录（如 UDDI 注册表）充当此角色。Web 服务客户端可能参考也可能不参考 Web 服务目录
Web 服务发现模块	Web 服务发现是定位（或发现）使用 Web 服务描述语言（WSDL）描述特定 Web 服务的一个或多个相关文档的过程。DISCO 规范定义定位服务描述的算法。如果 Web 服务客户端知道服务描述的位置，则可以跳过发现过程
Web 服务描述模块	要了解如何与特定的 Web 服务进行交互，需要提供定义该 Web 服务支持的交互功能的服务描述。Web 服务客户端必须知道如何与 Web 服务进行交互才可以使用该服务
Web 服务连网形式模块	为实现通用的通信，Web 服务使用开放式连网形式进行通信，这些格式是任何能够支持最常见的 Web 标准的系统都可以理解的协议。SOAP 是 Web 服务通信的主要协议

同微软公司的其他技术一样，在 ASP. NET 中，开发人员无须了解太多 Web 服务具体的技术架构及各种协议的格式即可开发出 Web 服务应用程序。

11.3　创建 Web 服务

在 ASP. NET 中，Web 服务位于扩展名为“asmx”的文件中，asmx 文件只包含@WebService页面指令。而 Web 服务本质上是由 asmx 文件、代表 Web 服务的类与类中被 Web 服务使用者所调用的 Web 方法共同组成。创建一个 Web 服务主要包括声明 Web 服务、定义 Web 方法和测试 Web 服务三个步骤。

11.3.1　Web 服务的声明

与普通 Web 页面不同，Web 服务文件是由@ WebService 指令所指示的，示例代码如下：

```
<%@ WebService Language = "C#" CodeBehind = " ~ /App_Code/Service.cs" Class = "Service" %>
```

简单的 WebService 指令一般要使用到表 11-2 所示的三个属性。

表 11-2　WebService 指令常用属性

属　性	说　明
Language	必选属性，指定用于 Web 服务的程序语言
Class	必选属性，指定用于定义为客户服务的方法和数据类型的类
CodeBehind	这个属性只有在使用后台编码模型操作 Web 服务文件时才是必选的。属性值为字符串型，表示 Web 服务代码文件的物理位置（最好放在 App_Code 文件夹中）

创建一个 Web 服务项目的方法与添加一个 Web 窗体基本一致，首先在 Visual Studio 中

建立一个ASP. NET空网站。然后像添加Web窗体一样，右击项目名称，在弹出的快捷菜单中选择“添加新项”；在“添加新项”对话框找到“Web服务”，并为其取一个名字，如图11－4所示，最后单击“添加”按钮。

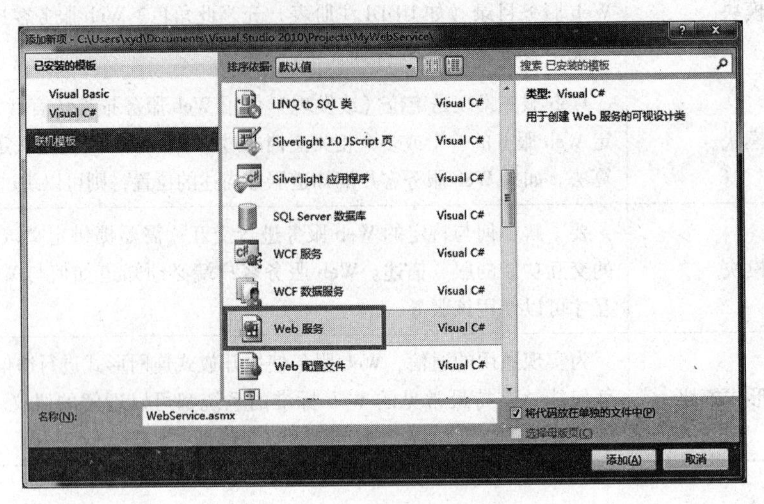

图11-4　创建Web服务项目

接着系统会为该Web服务自动生成一个asmx接口文件和一个C#后台代码文件，开发人员需要继续在代码文件中编写Web方法用于提供特定的服务。

11.3.2　Web方法的定义

在创建一个Web服务之后，下一步是定义它的Web方法，Web方法具体实现了Web服务将提供的特定功能并公开给客户端调用。假设要提供一个计算两个整数之和的Web服务，那么其Web方法的代码定义如下：

```
[WebMethod]
public int Add (int a, int b) {
      return a + b;
}
```

可以看到，Web方法与普通的方法在语法上基本类似，所不同的是Web方法必须满足以下两个条件。

◆ 将WebMethod属性放置在方法声明之前，用于标明这是一个Web方法，以指示该Web服务提供的一项服务。

◆ 该方法应为“public”方法，否则客户端代码将无法调用。

11.3.3　Web服务的测试

功能代码的编写工作完成后，可以在Visual Studio中很方便地对Web服务进行测试。运行Web服务的方式与运行ASP. NET页面的方式是一样的。按Ctrl＋F5组合键运行设计完毕的Web服务，将在浏览器中显示如图11-5所示的界面。

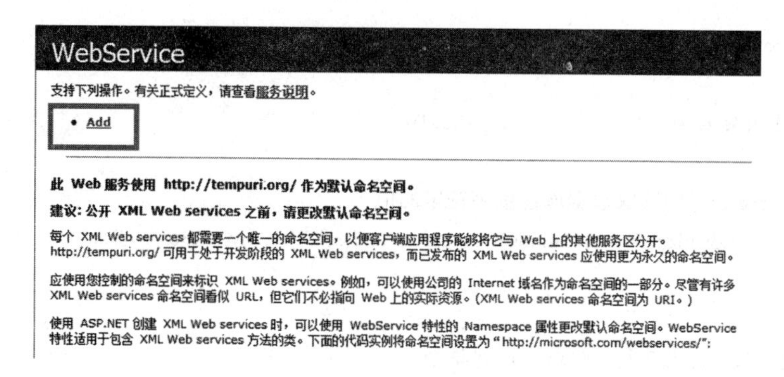

图 11-5　运行 Web 服务

图 11-5 的页面中列出了当前运行的 Web 服务所提供的服务列表（圈起的部分），在图 11-5 中即为 Add 方法。如果想对 Add 方法进行测试，只需单击 Add 链接即可看到如图 11-6 所示的界面。然后为两个参数分别输入参数值并单击“调用”按钮，浏览器将显示如图 11-7 所示的界面。界面上包含有 XML 格式的代码，测试结果也包含其中（圈起的部分）。

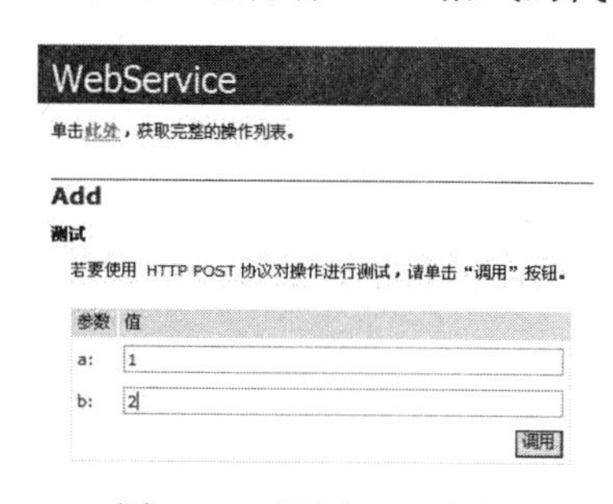

图 11-6　调用 Web 服务

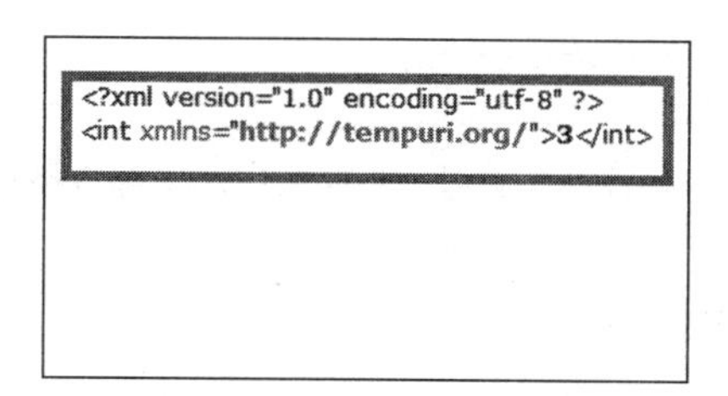

图 11-7　Web 服务返回结果

11.3.4　创建 Web 服务示例

本节将通过一个具体的示例来演示在 Visual Studio 中创建 Web 服务的方法。以开发一个根据用户的身份证号码来判断其出生地的 Web 服务为例，假设数据库已经存在于 App_Data 文件夹中，且数据库中只有一个名为“IDC”的表，IDC 表结构如表 11-3 所示。

表 11-3　IDC 表结构

字　段	说　　明
IDC_ID	表的主键字段
IDC_NO	整型字段，存储中国所有地区身份证号码的前 6 位
IDC_REGION	字符串型字段，存储对应于 IDC_NO 字段中身份证号码所在的地区

【例 11-1】 创建 Web 服务示例程序。

首先在 Visual Studio 中创建一个 ASP. NET 空网站，并添加一个名为“RegionFromIDWS”的 Web 服务。然后在该 Web 服务代码文件的类中添加一个名为“WhereAmIFrom”的 Web 方法，用于根据输入的身份证号码前 6 位（参数 strID）查找其所在的地区，代码如下：

```
using System.Data.SqlClient;
```

```
using System.Configuration;
[WebMethod]
public string WhereAmIFrom(string strID)
{
  // 从 web.config 中读取数据库连接字符串的值
string strCon = ConfigurationManager.ConnectionStrings["MyConStr"].ConnectionString;
  try
  {
      // 连接数据库并执行 SELECT 查询命令
      using(SqlConnection con = new SqlConnection(strCon))
      using(SqlCommand com = new SqlCommand("select IDC_REGION from IDC where IDC
                                    _NO = " + strID, con))
      {
          con.Open();
          result = "您来自:" + com.ExecuteScalar().ToString();
      }
  }
  catch (Exception ex)
  {
      result = "该号码不存在!"; // 输入格式错误或号码不存在
  }
  return result;
}
```

这段代码利用 ADO. NET 中的相关类执行数据库查询工作。其中，数据库的连接字符串存储在站点的 web. config 文件中，代码如下（数据库文件名为 identity. mdf）：

```
<connectionStrings>
   <add name = "MyConStr" connectionString = "Data Source = .\SQLEXPRESS;
  AttachDbFilename = |DataDirectory|\identity.mdf;Integrated Security = True;
  User Instance = True" providerName = "System.Data.SqlClient"/>
</connectionStrings>
```

最后，在浏览器中运行并测试该 Web 服务，单击“WhereAmIFrom”链接看到如图 11-8 所示的界面，为 strID 参数输入参数值并单击“调用”按钮，浏览器将显示如图 11-9 所示的结果界面，显示号码 330106 对应的地区是“浙江省杭州市西湖区”。

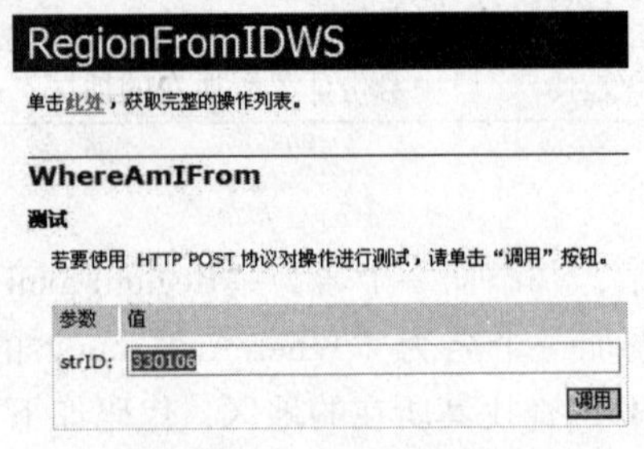

图 11-8　调用 Web 服务

图 11-9　Web 服务返回结果

11.4 使用 Web 服务

Web 服务创建并发布后，并不能产生任何用户界面，需要在其他应用程序中使用它才能发挥作用。本节将介绍在 ASP. NET 应用程序中使用 Web 服务的方法，注意，Web 服务并不局限于在 ASP. NET 中使用，但因为本书介绍的是 ASP. NET，所以主要探讨这方面的使用。而在其他类型的应用程序（例如 Windows 窗体、移动应用程序、数据库等）中使用 Web 服务也并不难，实际上与在 ASP. NET 中使用它们非常类似。在 ASP. NET 中使用 Web 服务主要包括添加 Web 引用和编写调用代码两个步骤。

11.4.1 添加 Web 引用

这里继续以上一节中例 11-1 创建的 Web 服务为例。要在 ASP. NET 网站中使用这个 Web 服务，第一步是引用远程对象，即引用 Web 服务。为此，需要在“解决方案资源管理器”窗口中右击 ASP. NET 网站名称，在弹出的快捷菜单中选择“添加 Web 引用”，打开“添加 Web 引用”对话框，如图 11-10 所示。

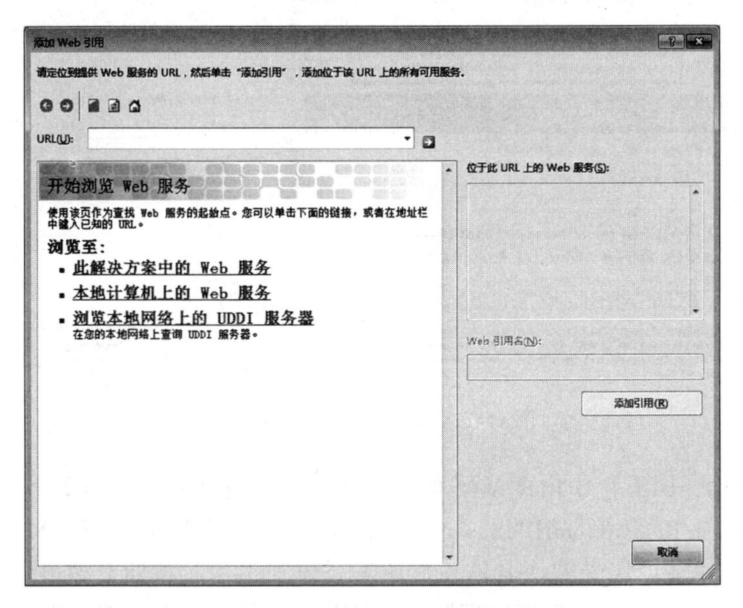

图 11-10 “添加 Web 引用”对话框

在该对话框中，如果知道 Web 服务的 URL 可以直接在 URL 文本框中输入，并单击右侧按钮，就可以查看该 Web 服务。在 Web 服务的 URL 未知的情况下，可以查找本解决方案中的 Web 服务、本地计算机上的 Web 服务或浏览本地网络上的 UDDI 服务器。在图 11-10中，使用鼠标单击“此解决方案中的 Web 服务”链接，就可以罗列出本解决方案中所有可用的 Web 服务，如图 11-11 所示。

单击要添加的 Web 服务，将会罗列出该服务中所有的 Web 方法，例如，单击 Region-FromIDWS 服务，出现如图 11-12 所示的对话框。

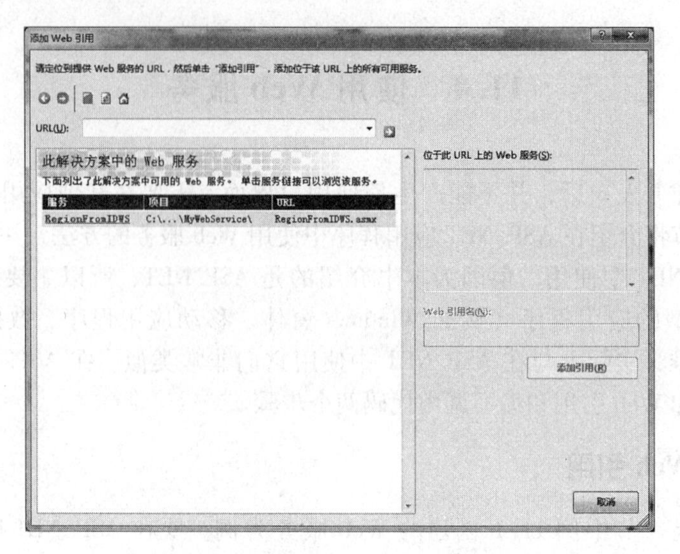

图 11-11　Web 服务列表

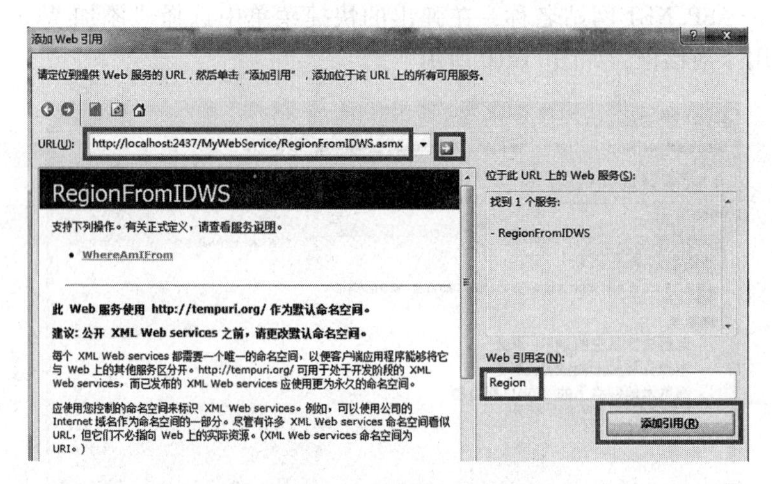

图 11-12　Web 服务支持的操作

在图 11-12 中，URL 栏中出现 Web 服务所在的站点及文件名（例如，http://localhost:2437/MyWebService/RegionFromIDWS. asmx），并显示 Web 服务的相关信息。在 Web 引用名栏中输入"Region"（或接受默认名称）后单击"添加引用"按钮，即可将 Web 引用添加到网站中。在网站的解决方案资源管理器中可以看出多了一个 App_WebReferences 目录，该目录下添加了该服务的引用。

注意　本例 Web 服务网址中的 localhost 表示本地主机，2437 为 ASP. NET Development Server（Visual Studio 2010 中自带的轻量级 Web 服务器）中的临时端口号，在不同的机器中该号码各不相同。如果事先创建的 Web 服务已经发布到 Web 服务器中（例如 IIS），那么在引用 URL 中可以省略端口号。

11. 4. 2　调用 Web 服务

建立了对 Web 服务的引用之后，就可以在 ASP. NET 应用程序中使用它了。在网站中添加一张名为“RegionFromID. aspx”的页面用于调用 Web 服务，并在其上分别放置一个 TextBox 控件、一个 Button 控件和一个 Label 控件，设计页面如图 11-13 所示。

RegionFromID. aspx
div
请输入您身份证号码的前6位： 查询
[lResult]

图 11-13　调用 Web 服务示例设计页面

接着在“查询”按钮的 Click 事件处理代码中添加以下代码用于调用 Web 服务并显示结果。

```
protected void Button1_Click(object sender, EventArgs e)
{
    // 创建 Web 服务的本地代理对象 service
    Region.RegionFromIDWS service = new Region.RegionFromIDWS();
    // 调用 service 代理对象的 WhereAmIFrom 方法并将结果显示在 Label 控件上
    this.lResult.Text = service.WhereAmIFrom(this.tbID.Text);
}
```

可以看到，通过使用 Web 服务，客户端的编码量大幅减少。最后运行该页面，在文本框中输入 330106，单击“查询”按钮，效果如图 11-14 所示。也可以利用正则表达式验证控件对文本框中用户输入的内容是否为 6 位数字进行验证，这里不再赘述。

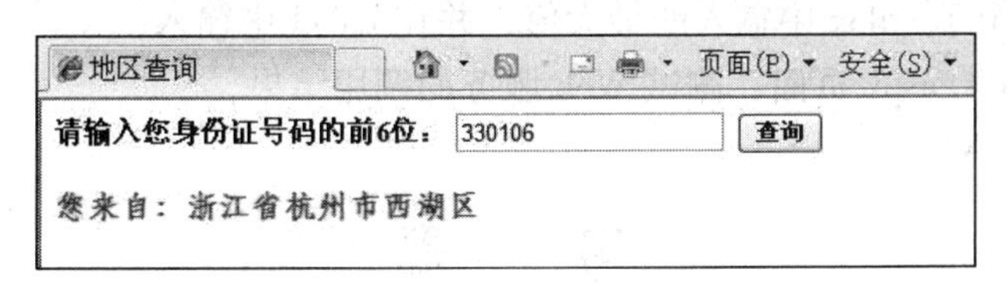

图 11-14　调用 Web 服务示例页面运行界面

11.5　小　　结

大型企业的信息系统及其数据库很少放在同一个平台之上。在大多数情况下，这些系统由多个子系统组成——一些子系统基于 UNIX，一些基于 Windows，一些基于其他的平台，把所有的信息都放在同一个平台上是不现实的，也是不可行的。所以，需要保证数据能够从一台服务器无缝地移动到另一台服务器上，即各个子系统必须能够相互通信，同时不需要复制系统和数据库。Web 服务是时下非常流行的新技术，它可以轻松地整合不同的应用程序及异构系统之间的数据共享。

本章主要介绍了微软公司与 Web 服务相关的基本概念和特点，以及什么情况下需要使用 Web 服务，并通过具体示例说明在 ASP. NET 中创建与使用 Web 服务的方法。在实际项目中，Web 服务占有非常重要的地位，掌握好这些内容，会为开发实际的应用程序打下良好的基础。

实训11 Web服务

1. 实训目的

熟悉Web服务的创建和访问技术，掌握使用C#语言编写Web服务和调用Web服务的方法。

2. 实训内容和要求

（1）打开Visual Studio，新建一个名为Practice11的解决方案。

（2）在Practice11的解决方案中创建一个“ASP. NET Web服务”型网站，名为Practice_Service。

（3）在该网站中添加一个名为Operation. asmx的Web服务。

（4）在该服务中添加一个名为MaxNumber的Web方法，实现如下功能：返回三个输入整数的最大值。

（5）测试该Web服务。

（6）在Practice11的解决方案中再创建一个“ASP. NET网站”，名为Practice_WebSite。

（7）在Practice_WebSite网站中添加上述Web服务的引用。

（8）在Practice_WebSite网站中的Default. aspx页面中放置三个TextBox，通过调用该Web服务，求这三个TextBox中输入的最大值，并在Label中输入。

（9）运行Default. aspx页面，测试Web服务的调用结果。

习　　题

一、单选题

1. Web服务中最重要的协议是（　　）。

A. WSDL　　B. UDDI　　C. SOAP　　D. XML

2. （　　）可以使Web服务方便地处理数据，实现内容与表示分离。

A. WSDL　　B. UDDI　　C. SOAP　　D. XML

3. （　　）是根据Web服务的WSDL文件产生的本地类，包括类和方法的声明。

A. 代理类　　B. 抽象类　　C. 代理程序　　D. DLL程序

二、问答题

1. 简述Web服务的三个主要的协议。

2. 简述创建和使用Web服务的步骤。

第 12 章　ASP. NET AJAX

自 2005 年 AJAX 一词出现之后，它所涵盖的技术和所追求的开发理念一直受到广大开发人员的关注。本章将介绍微软公司主推的 AJAX 框架——ASP. NET AJAX，主要包括 ASP. NET AJAX 的技术特点与核心控件的使用方法。

12.1　ASP. NET AJAX 简介

12.1.1　AJAX 概述

AJAX 是 Asynchronous JavaScript and XML（异步 JavaScript 和 XML）的缩写，由著名的用户体验专家 Jesse-James 于 2005 年 2 月首先提出。AJAX 并不只包含 JavaScript 和 XML 两种技术，事实上，AJAX 是由 JavaScript、XML、XSLT、CSS、DOM 和 XMLHttpRequest 等多种技术组成的。其中，XMLHttpRequest 对象是 AJAX 的核心，该对象由浏览器中的 JavaScript 创建，负责在后台以异步的方式让客户端连接到服务器。这样，开发者可让一些需要服务器参与的工作在用户不知不觉中进行。

AJAX 不是一项新的技术，它的各个组成部分均已出现了多年并非常成熟，且在 AJAX 出现前，就有很多成熟的产品已经在使用这种开发方式了。广义上说，AJAX 同样也不是一个精确定义的概念，而是一种 Web 设计的方式和态度。

让我们看一下 Google 公司的 Google 地图应用程序（http：//maps. google. com/），它是一个典型的 AJAX 应用，如图 12-1 所示。用户可以直接用鼠标拖动地图到希望浏览的位置。同时，AJAX 技术在后台把当前位置周围的图片文件下载到本地进行缓存，让用户根本感觉不到任何传统浏览器中所需要的等待。

可以看到，AJAX 应用程序借助了 JavaScript、XML、XSLT、CSS、DOM 和 XMLHttpRequest 等各种技术，并充分考虑了用户体验，在易用性方面几乎和传统的桌面程序不相上下。可以将 AJAX 广义地定义为：AJAX 是基于标准 Web 技术创建的、能够以更少的响应时间带来更加丰富的用户体验的一类 Web 应用程序所使用的技术的集合。

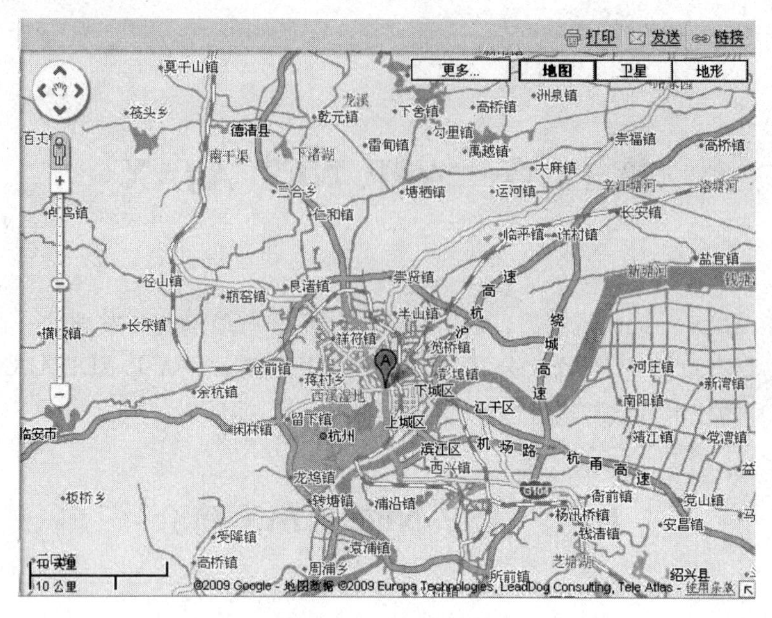

图 12-1　Google 地图

12.1.2　ASP. NET AJAX 技术特点

微软公司的 ASP. NET AJAX 框架是迄今为止对 AJAX 技术最完备且功能最强大的封装。它包括完善的对客户端面向对象编程的支持、丰富的客户－服务器组件、客户－服务器类型自动转换、友好的 Web 服务访问方式等非常强大的功能。它还对 JavaScript 进行了非常精巧的面向对象方面的扩展，为我们提供了坚实的面向对象开发基础，将客户端开发提升到了前所未有的高度。

ASP. NET AJAX 主要的设计目标有两点：①对现有的 ASP. NET 服务器端模型进行扩展，让其可以生成实现富客户端的 JavaScript 代码；②为 ASP. NET 增加客户端编程模型，让纯粹的客户端编程变得更加简单。

ASP. NET AJAX Extensions，即 ASP. NET AJAX 的服务器端控件，包括微软与开发者社区共同开发维护的 ASP. NET AJAX Control Toolkit，是在 ASP. NET 程序中实现 AJAX 的具体工具。它采用了一种和 ASP. NET 完全一致的服务器端控件开发模型，让开发者充分使用他们现有的 ASP. NET 开发知识，无需书写一行 JavaScript 代码，甚至不用了解 AJAX 的任何实现原理，只通过在 Visual Studio 中拖放即可开发出带有强大 AJAX 功能及丰富用户体验的富客户端程序。这个特性也非常适合为现有的 ASP. NET 程序添加少量的 AJAX 功能。

12.1.3　Hello World 示例程序

通常情况下，Hello World 是学习一门新技术的第一个入门程序，接下来将介绍 ASP. NET AJAX Hello World 程序的实现方法，一些控件的具体工作原理和使用方法将在后面详细介绍。

【例 12-1】 ASP. NET AJAX Hello World 程序。

首先在 Visual Studio 中新建一个网站，打开 Default. aspx 设计页面，将工具箱 AJAX

Extensions组中的 ScriptManager、UpdatePanel 控件分别拖曳到页面上，然后将一个 Label 控件和一个 Button 控件拖曳到 UpdatePanel 控件内部，同时将 Label 控件的 Text 属性设置为空，这时的设计页面如图 12-2 所示。

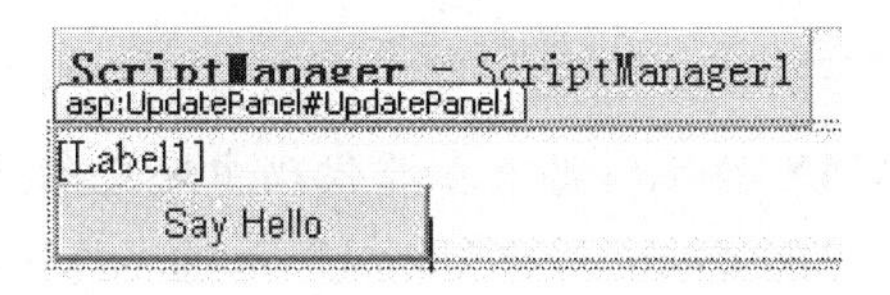

图 12-2　Hello World 程序设计页面

最后双击“Say Hello”按钮，创建按钮的 Click 事件，并添加事件处理代码如下：

```
protected void Button1_Click1(object sender,EventArgs e)
{
    Label1.Text = "Hello World!";
}
```

运行该网页，单击“Say Hello”按钮，将在 Label 控件上显示“Hello World!”问候语，需要注意的是显示问候语时页面并没有完全重新加载，而只进行了局部更新，避免了浏览器重绘时的闪烁，也就是所谓的“AJAX”方式(可试着将 Label 控件和按钮从 UpdatePanel 控件中拖曳出来，再重新运行网页，看看效果有什么不同)。这样，就完成了第一个 ASP. NET AJAX 程序的编写。从下一节开始将介绍主要的 ASP. NET AJAX 控件的使用方法。

12. 2　ScriptManager 控件

ScriptManager 控件是 ASP. NET AJAX 中的核心控件，主要负责生成并发送给浏览器所有客户端 JavaScript 脚本代码。AJAX 应用程序将运行于客户端，ASP. NET AJAX 也不能例外。从本质上讲，绝大多数 ASP. NET AJAX 控件的功能就是将合适的 JavaScript 脚本代码发送到客户端。这些脚本包括如下几大类：

◆ 建立 ASP. NET AJAX 客户端框架的核心脚本库；

◆ 创建 Web 服务客户端代理的脚本；

◆ 用户自定义的脚本；

◆ 完成某些特定 AJAX 功能的其他 ASP. NET AJAX 控件所生成的客户端脚本。例如 UpdatePanel 控件实现异步回送所需的脚本。

在一个 ASP. NET AJAX 应用程序中，可能会出现许多这样的 JavaScript 脚本。为了降低开发人员手工维护这些脚本文件的复杂性，ScriptManager 控件作为所有这些脚本的管理者出现在 ASP. NET AJAX 中，起到判断、选择、统筹和协调的作用。这也自然奠定了它在整个 ASP. NET AJAX 框架中无可争议的核心地位。

12. 2. 1　在页面中添加 ScriptManager 控件

任何一个想要使用 AJAX 的 ASP. NET 页面都需要包含一个（且只有一个）ScriptManager

控件。如果在网站中添加一个“AJAX Web 窗体”，系统会自动在该网页中添加一个 Script-Manager 控件；但如果在网站中添加一个普通“Web 窗体”，系统就不会自动添加这个控件，此时需要从工具箱中将其拖曳到页面中。声明 ScriptManager 控件的代码如下：

```
<asp:ScriptManager ID="ScriptManager1" runat="server"></asp:ScriptManager>
```

注意 很多 ASP. NET AJAX 控件均要求在源代码中定义的 ScriptManager 控件位于它们的前面，所以最保险的方法是在 <form id="form1" runat="server">之后立刻声明 Script-Manager 控件。

12. 2. 2 ScriptManager 控件的属性与方法

ScriptManager 控件提供了很多属性和方法，用于对客户端脚本进行各种复杂的管理。表 12-1列出了部分内容。

表 12-1 ScriptManager 控件的常用属性和方法

属性方法	说　明
AsyncPostBackErrorMessage 属性	异步回送发生错误时的自定义错误信息
AsyncPostBackTimeout 属性	异步回送超时限制，默认值为 90，单位为秒
EnablePartialRendering 属性	是否支持页面的局部更新，默认值为 true
ScriptMode 属性	指定 ScriptManager 控件发送到客户端的四种脚本模式：Auto、Inherit、Debug、Release，默认值为 Auto
ScriptPath 属性	设置所有脚本的根目录，为全局属性
RegisterAsyncPostBackControl 方法	注册具有异步回送行为的控件
OnAsyncPostBackError 方法	异步回送发生异常时的服务器端处理函数
OnResolveScriptReference 方法	指定 ResolveScriptReference 事件的服务器端处理函数，在该函数中可以修改某一脚本的诸如路径、版本等信息

12. 3 UpdatePanel 控件

从字面上理解，UpdatePanel 是一块用于更新的面板（或区域），位于面板中的服务器控件不会再引发整页回送，而是进行“温和”的局部更新。一句话，UpdatePanel 控件为其包含的局部页面提供了异步回送、局部更新的功能。

当页面中只有一部分需要更新时，UpdatePanel 控件省去了整页更新时传送其他不变部分带来的不必要的网络流量。对于用户来讲，这种页面的局部更新方式也避免了整页更新方式所带来的页面闪烁，让页面中内容的切换显得更为平滑，特别是对于在某些页面中经常被触发的回送，例如对 GridView 控件的分页、排序等操作而言更加如此。

借助于 UpdatePanel 控件，在现有的 ASP. NET 页面中启用这种局部更新也非常简单。只需在页面中添加一个 ScriptManager 控件，再添加一个或多个 UpdatePanel 控件把将要采用异步更新的页面部分包围起来即可。UpdatePanel 控件同样可以放置在用户控件、母版页或内容页中，与现有的 ASP. NET 开发模型完美地无缝集成。

12. 3. 1　在页面中添加 UpdatePanel 控件

在页面中声明一个 UpdatePanel 控件的代码如下所示：

```
<asp:UpdatePanel ID="UpdatePanel1" runat="server"></asp:UpdatePanel>
```

当然也可以通过可视化的方式从工具箱中将 UpdatePanel 控件拖曳到页面中，接下来通过一个例子来了解 UpdatePanel 控件的常规用法。

【例 12-2】UpdatePanel 控件示例程序。

首先从工具箱中各拖曳一个 ScriptManager 控件和一个 UpdatePanel 控件到页面上，然后将一个 Label 控件和一个 LinkButton 控件拖曳到 UpdatePanel 控件内部，将一个 LinkButton 控件拖曳到 UpdatePanel 控件的下面，同时设置相应属性，设计页面如图 12-3 所示。

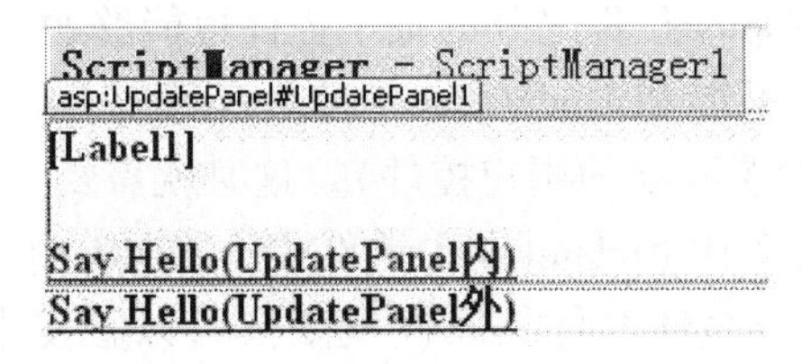

图 12-3　UpdatePanel 示例程序设计页面

最后为两个 LinkButton 控件分别添加 Click 事件，代码如下：

```
protected void LinkButton1_Click(object sender,EventArgs e)
{
    Label1.Text = "Hello inside UpdatePanel!";
}
protected void LinkButton2_Click(object sender,EventArgs e)
{
    Label1.Text = "Hello outside UpdatePanel!";
}
```

运行该网页，可以看到，这两个按钮均可更新 Label 控件中的文字。但如果仔细观察的话，会发现单击 Say Hello(UpdatePanel 内) 按钮时的更新是局部的，并没有发生闪烁；而单击 Say Hello(UpdatePanel 外) 按钮则会导致整张页面的回送，页面中所有内容均被重新显示。

修改一下上面的例子，把 Label 控件从 UpdatePanel 控件中拖曳出来，再次运行该页面会发现只有在 UpdatePanel 控件外面的按钮可以正常设定 Label 控件中的文字。这是因为 UpdatePanel 控件中的按钮只会更新 UpdatePanel 控件中所包含的内容，而 Label 控件却在 UpdatePanel 控件之外，所以不会被更新。注意，虽然在异步回送过程中服务器端无法更新定义于 UpdatePanel 控件之外的页面内容，但整个页面中所有控件的状态，无论其是否在某个 UpdatePanel 控件中，均可以被访问到。这是因为UpdatePanel控件在进行异步回送时将当前的视图状态也一并发回了服务器，而通过解析视图状态，ASP. NET 在服务器端即可重建页面中的各个控件。

12. 3. 2 UpdatePanel 控件的属性

UpdatePanel 控件的常用属性如表 12-2 所示。

表 12-2 UpdatePanel 控件的常用属性

属　性	说　明
ContentTemplate	定义 UpdatePanel 控件中的内容
Triggers	定义 UpdatePanel 控件的异/同步触发器集合
ChildrenAsTriggers	UpdatePanel 控件中子控件的回送是否会引发 UpdatePanel 控件的更新
RenderMode	定义 UpdatePanel 控件最终呈现的 HTML 元素。Block（默认值）以块状方式显示，呈现为 <div>；Inline 为内联方式，呈现为 <span>
UpdateMode	定义 UpdatePanel 控件的更新模式，有 Always 和 Conditional 两个值

有时我们需要让 UpdatePanel 控件之外的某个控件也能够触发该 UpdatePanel 控件进行局部更新，触发其更新的控件可能和 UpdatePanel 控件相距甚远，甚至定义在不同的文件中（例如母版页与内容页，或两个不同的用户控件），这时就需要触发器的帮助。

触发器作为一个属性定义在 UpdatePanel 控件中，却指向了 UpdatePanel 控件之外的控件，让这些控件引发的事件或这些控件的属性值变换可以触发本 UpdatePanel 控件的更新。在 UpdatePanel 控件中有 AsyncPostBackTrigger 和 PostBackTrigger 两种类型的触发器。触发 UpdatePanel 控件进行局部更新的是 AsyncPostBackTrigger，可以用其指定该 UpdatePanel 控件之外的、将引发其更新的控件及该控件的某个服务器端事件；而对于 UpdatePanel 控件之内的控件，可以用 PostBackTrigger 让其再次拥有传统的整页回送的功能，也就是说，PostBack-Trigger 用来指向该 UpdatePanel 控件中的某个本来应该进行异步回送的控件，让其选择传统的整页方式进行回送。

【例 12-3】 AsyncPostBackTrigger 示例程序。

首先从工具箱中各拖曳一个 ScriptManager 和一个 UpdatePanel 控件到页面上，然后将一个 Label 控件拖曳到 UpdatePanel 控件内部，将一个 TextBox 控件拖曳到 UpdatePanel 控件的下面，设计页面如图 12-4 所示。

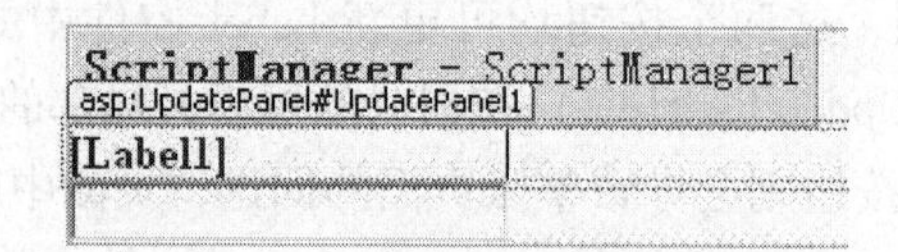

图 12-4 AsyncPostBackTrigger 示例程序设计页面

这个页面的设计意图是让用户在文本框中输入文字之后，UpdatePanel 中 Label 控件的文字可以随之更新，这样应指定文本框的 AutoPostBack 属性为 true，TextChanged 事件处理代码如下：

```
protected void TextBox1_TextChanged(object sender,EventArgs e)
{
    Label1.Text = TextBox1.Text;
}
```

运行页面，在文本框中输入一段文字后让其失去输入焦点（点一下页面其他部分或按 Tab 键），可以看到，随着一次整页回送，Label 控件中的文字自动更新，但这并不是 AJAX 的异步更新方式。下面利用 AsyncPostBackTrigger 把上述例子中的更新方式改为 AJAX 方式，需要做的事情很简单，在 Visual Studio 设计器中打开 UpdatePanel 的属性窗口，并单击 Triggers 属性最右边的按钮（被圈上），如图 12-5 所示。

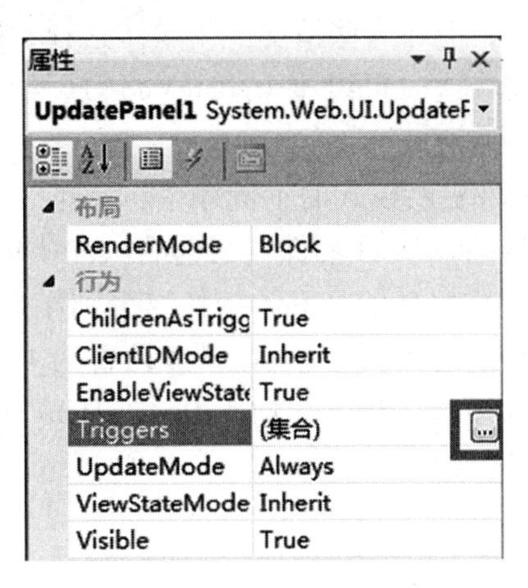

图 12-5 UpdatePanel 属性窗口

在弹出的“UpdatePanelTrigger 集合编辑器”对话框中单击左下角的“添加”按钮（注意，可以通过该按钮右边的下拉框将触发器类型变为 PostBackTrigger，如图 12-6 所示），并在右边的属性列表中设置该 AsyncPostBackTrigger 的 ControlID 属性为 TextBox1，EventName 属性为 TextChanged，单击“确定”按钮即完成了该触发器的添加。

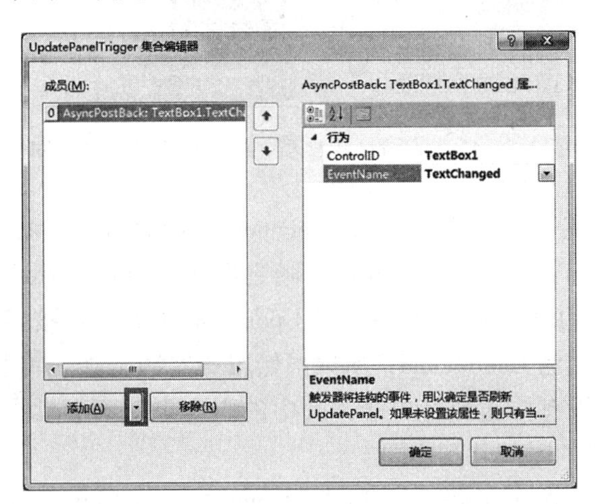

图 12-6 在“UpdatePanelTrigger 集合编辑器”对话框中设置触发器

再次运行页面并在文本框中输入一些文字，会发现更新方式变成了友好的 AJAX 方式。

12.3.3 页面中的多个 UpdatePanel 控件及更新模式

在一张页面上可以使用多个 UpdatePanel 控件，为需要局部更新的不同区域添加不同的 UpdatePanel控件。这样就引出了一系列的问题，这些 UpdatePanel 控件之间的关系是怎样的?

一个的更新会不会影响到另一个？由一个 UpdatePanel 控件的触发器引发的更新会不会引发其他UpdatePanel控件的更新？

UpdatePanel 控件中定义了一个名为 UpdateMode 的属性，通过配置这个属性，UpdatePanel 控件可以对上面几个问题中提到的行为分别使用不同的实现方式。UpdateMode 属性有两个值：Always（默认）和 Conditional。对于 Always，只要是与服务器有所交互，该 UpdatePanel 控件都会主动更新，但在有些情况下不希望这样，即 UpdatePanel 控件只希望被它自己的触发器或子控件触发，这时可以将 UpdateMode 属性设置为 Conditional。下面看一个例子。

【例 12-4】 UpdatePanel 控件更新模式的示例程序。

（1）在页面中放置两个 UpdatePanel 控件（各包含一个 Label 控件和一个 Button 控件），以及两个定义在 UpdatePanel 控件之外的 Button 控件（分别作为两个 UpdatePanel 控件的触发器）。将左边的 UpdatePanel 控件的 UpdateMode 属性设置为 Conditional，右边的设置为 Always。页面上 4 个按钮的 Click 事件处理方法均为 UpdateTime( ) 方法，用于将服务器当前时间设置到两个 Label 控件中，代码如下：

```
private void UpdateTime()
{
    Label1.Text = DateTime.Now.ToString();
    Label2.Text = DateTime.Now.ToString();
}
```

（2）运行页面，并分别尝试单击 4 个按钮，将会看到如图 12-7 所示的页面设计视图。

图 12-7　UpdatePanel 控件更新模式页面的设计视图

（3）单击“左边触发器”或左边“UpdatePanel 1 内部按钮”时，由于右边 UpdatePanel 控件的更新模式为 Always，所以其中内容也会随之更新，即两个 UpdatePanel 控件中的时间完全相同；而单击“右边触发器”或右边“UpdatePanel 2 内部按钮”时，由于左边 UpdatePanel 控件的更新模式为 Conditional，所以虽然服务器端设置了其中 Lable 控件的 Text 属性，但因为新的内容并没有传送到客户端，其中的内容也就不会发生变化，注意，图 12-7 中两个 UpdatePanel 控件的时间并不相同。

接下来，基于上面的例子了解一下 UpdatePanel 控件的 ChildrenAsTriggers 属性的用法。ChildrenAsTriggers 属性的默认值是 true，表示 UpdatePanel 控件中所有子控件的异步回送都会引发该 UpdatePanel 控件的更新，试着将左边 UpdatePanel 控件的 ChildrenAsTriggers 属性改为 false，再次运行该页面，并单击左边 UpdatePanel 控件中的按钮，会发现左边 UpdatePanel 控件的时间没有更新，而右边的更新了。这是因为左边 UpdatePanel 控件的 ChildrenAsTriggers 属性为 false，所以任何来自其子控件的异步回送都不会触发它的更新，即这些控件并不作为该 UpdatePanel 控件自身的触发器。

注意　若要将 ChildrenAsTriggers 属性设置为 false，则该 UpdatePanel 控件的 UpdateMode 属性必须为 Conditional。如果 UpdateMode 属性为 Always，则页面在运行时将抛出异常，如图 12-8 所示。

这是因为 UpdateMode 属性为 Always 表示任何控件的回送都会更新 UpdatePanel 控件，而 ChildrenAsTriggers 属性为 false 表示 UpdatePanel 的子控件的回送不会更新 UpdatePanel 控件。二者互相矛盾，所以系统会抛出异常。

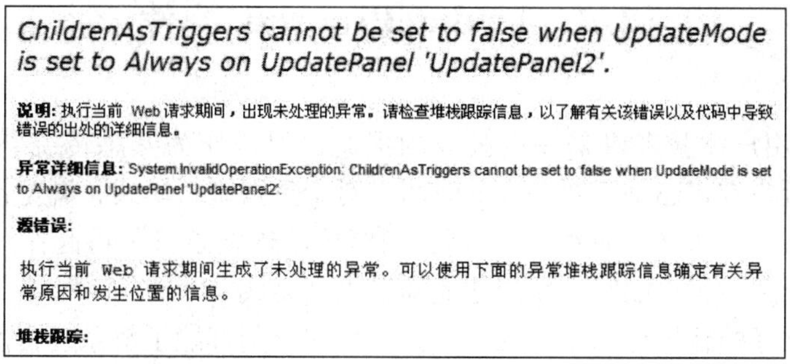

ChildrenAsTriggers cannot be set to false when UpdateMode is set to Always on UpdatePanel 'UpdatePanel2'.

说明: 执行当前 Web 请求期间，出现未处理的异常。请检查堆栈跟踪信息，以了解有关该错误以及代码中导致错误的出处的详细信息。

异常详细信息: System.InvalidOperationException: ChildrenAsTriggers cannot be set to false when UpdateMode is set to Always on UpdatePanel 'UpdatePanel2'.

源错误:

执行当前 Web 请求期间生成了未处理的异常。可以使用下面的异常堆栈跟踪信息确定有关异常原因和发生位置的信息。

堆栈跟踪:

图 12-8　UpdateMode 为 Always 与 ChildrenAsTriggers 为 false 的互斥

12.3.4　UpdatePanel 控件更新策略总结

UpdatePanel 控件可以说是整个 ASP. NET AJAX 框架的精髓，然而，整页回送、异步回送及 UpdatePanel 控件的若干种复杂的更新模式之间的关系错综复杂。接下来将回顾并总结 UpdatePanel 控件相关的技术及概念。

先为整页回送与异步回送下一个定义：所谓“整页回送”，是指 ASP. NET 页面所进行的传统的 HTTP POST 过程，服务器端将再次生成页面的所有内容，而浏览器中的页面内容将在回送返回之后被完全刷新；所谓“异步回送”，即通过 XMLHttpRequest 对象异步进行的回送，服务器端将只生成某个页面片段并将其发送回客户端，浏览器中未改变的页面内容将被保留，只替换了局部（改变）内容。

默认情况下，ASP. NET 页面中所有的回送均为整页回送。但使用了 ASP. NET AJAX 之后，具有下列情况之一的控件回送将改为异步回送：

- 通过 ScriptManager. RegisterAsyncPostBackControl( ) 方法注册的控件；
- 在 UpdatePanel 控件之外，但作为 UpdatePanel 控件的 AsyncPostBackTrigger（异步触发器）的控件；
- 在 UpdatePanel 控件之内，且不是 PostBackTrigger（同步触发器）的控件。

了解了整页回送与异步回送的概念之后，接下来总结一下 UpdatePanel 控件的更新策略，列举如下（注意，下面列表中条目的顺序也同样重要）：

（1）整页回送将更新页面中的所有 UpdatePanel 控件；

（2）在服务器端通过代码调用某个 UpdatePanel 控件的 Update( ) 方法将更新该 UpdatePanel 控件；

（3）若某个 UpdatePanel 控件的 UpdateMode 属性为 Always，则任意一次异步回送均将更新该UpdatePanel控件；

（4）若某个 UpdatePanel 控件的 UpdateMode 属性为 Conditional，则该 UpdatePanel 控件的 AsyncPostBackTrigger 所引发的异步回送将更新该 UpdatePanel 控件；

（5）若某个 UpdatePanel 控件的 UpdateMode 属性为 Conditional，且 ChildrenAsTriggers 属性为 true，该 UpdatePanel 的子控件所引发的异步回送将更新该 UpdatePanel 控件；

（6）除以上 5 条之外的情况，UpdatePanel 控件将不会被更新。

12.4 UpdateProgress 控件

AJAX 虽然对用户体验来讲是一次极大的提高，但是作为熟悉传统整页刷新模式的用户，接受这种全新的方式还是需要一定的时间。对于整页刷新模式，浏览器的加载进度条即指示了当前页面的加载状况，而对于 AJAX，浏览器的进度条将不再起作用。这样，只有服务器端的响应完全到达客户端时，用户才能知道更新完成。

在一个设计良好的软件界面中，用户应该在任何时刻都能了解系统目前正在做什么，而当前浏览器中缺乏对 AJAX 程序内建的状态显示的支持。作为开发者有责任将这些信息告知用户，为达到这个目的，ASP. NET AJAX 引入了 UpdateProgress 控件。通过使用该控件，可以在页面异步更新时自动显示进度。

12.4.1 UpdateProgress 控件的属性

UpdateProgress 控件的常用属性如表 12-3 所示。

表 12-3 UpdateProgress 控件的常用属性

属　性	说　明
AssociateUpdatePanelID	设置与 UpdateProgress 相关联的 UpdatePanel
DisplayAfter	回送触发多少毫秒后显示 UpdateProgress
DynamicLayout	UpdateProgress 控件的显示方式。当为 true（默认值）时，UpdateProgress 控件不显示时不占用空间；当为 false 时，UpdateProgress 控件不显示时仍然占用空间

如果没有设定 AssociateUpdatePanelID 属性，则任何一个异步更新都会使 UpdateProgress 控件显示出来。相反，如果将 AssociateUpdatePanelID 属性设为某个 UpdatePanel 控件的 ID，那只有该 UpdatePanel 控件引发的异步更新才会使相关联的 UpdateProgress 控件显示出来。

12.4.2 UpdateProgress 控件的使用方法

接下来通过一个例子来了解 UpdateProgress 控件的一般用法。该示例获取并显示服务器当前时间，在异步更新过程中利用 UpdateProgress 控件给用户提示。为了更好地观察程序运行效果，程序中人为设置了 3 秒的延时。

【例 12-5】 UpdateProgress 控件示例程序。

先在页面中放置一个 ScriptManager 控件、一个 UpdatePanel 控件和一个 UpdateProgress 控件。在 UpdatePanel 控件中放置一个 Label 和一个 Button，在 UpdateProgress 控件中放置一个

GIF 动画图像与提示文字。设置各控件的属性，设计页面如图 12-9 所示。

图 12-9　UpdateProgress 示例程序页面的设计视图

最后为“获取服务器时间”按钮加入以下 Click 事件处理代码：

```
protected void Button1_Click(object sender,EventArgs e)
{
    System.Threading.Thread.Sleep(3000);
    Label1.Text = DateTime.Now.ToString();
}
```

运行该页面，可以看到 UpdateProgress 并没有显示出来，显示服务器时间的 Label 控件中的文字也为空。单击“获取服务器时间”按钮，这时会发现 UpdateProgress 中的内容（动画与提示文字）自动地显示了出来，3 秒延时过后更新完毕，UpdateProgress 也将自动消失。可见通过 UpdateProgress 控件，开发者无须花费太多的工作量即可实现 AJAX 程序中友好、漂亮的用户提示功能。

12.5　Timer 控件

Timer 控件是 ASP. NET AJAX 中又一个重要的服务器控件。它将在客户端通过 JavaScript 每隔一段指定时间触发一次回送，同时触发其 Tick 事件。如果服务器端指定了相应的事件处理方法，那么该方法将被执行。在 ASP. NET AJAX 中，Timer 控件通常作为触发器配合 UpdatePanel 控件使用，从而可实现局部页面定时刷新、图片自动播放、超时自动退出等功能。

12.5.1　在页面中添加 Timer 控件

对于传统的 ASP. NET 应用程序，定时刷新页面会使页面不停地闪烁，对用户不是十分友好，这也是 ASP. NET 中没有提供定时器控件的原因。而对于 ASP. NET AJAX 应用程序来讲，由于其引入了强大的 UpdatePanel 控件，可以将原本的整页回送转换为用户体验更加平滑流畅的异步回送和局部更新，所以借助于 UpdatePanel 控件，Timer 控件不再需要引起页面的闪烁即可完成一次向服务器端的回送，并触发服务器端相应的事件处理方法。若在这个处理方法中对 UpdatePanel 控件中的内容有所修改，则页面中将能够显示出服务器端实时的信息。这对于某些实时性要求非常高的程序非常重要，例如显示股票价格的页面。

声明 Timer 控件的代码如下：

```
<asp:Timer ID="Timer1" runat="server"></asp:Timer>
```

12. 5. 2 Timer 控件的属性和事件

Timer 控件的常用属性和事件如表 12-4 所示。

表 12-4 Timer 控件的常用属性和事件

属性事件	说　明
Enabled 属性	是否启用定时器，可通过设定该属性开始或停止定时器的运行
Interval 属性	定时触发的时间间隔，默认值为 60 000，单位为毫秒，即 60 秒
Tick 事件	指定时间间隔到期后触发，可在 <asp:Timer> 标记的声明中通过 OnTick 属性指定该事件的处理方法

注意 如果 Timer 控件的 Interval 属性值较小，页面回送频率将增加，这使得服务器的流量加大，对系统整体性能与资源利用率会造成不良的影响。因此应尽量在确实需要的时候使用 Timer 控件来定时更新页面上的内容。

另外，Timer 控件在 UpdatePanel 控件的内外是有区别的。当 Timer 控件在 UpdatePanel 控件之内时，JavaScript 计时组件只有完成一次回送后才会重新建立。也就是说直到页面回送之前，定时器间隔时间不会从头计算。例如，用户设置 Timer 控件的 Interval 属性值为 6000 毫秒，但是回送操作本身花了 2 秒才完成，则下一次的回送将发生在前一次回送被触发之后的 8 秒。而如果 Timer 控件位于 UpdatePanel 控件之外，则当回送正在处理时，下一次的回送仍将发生在前一次回送被触发之后的 6 秒，也就是说，UpdatePanel 控件的内容被更新 4 秒之后就会再次看到该控件被更新。

12. 5. 3 Timer 控件的使用方法

下面通过一个例子来了解 Timer 控件的用法，该示例程序利用 Timer 控件允许用户对服务器某个目录中的图像文件以幻灯片播放的方式进行浏览。

【例 12-6】Timer 控件示例程序。

先在页面中放置一个 UpdatePanel 控件，然后在其中分别放置一个 Timer 控件，一个 Image控件和两个 Button 控件，并设置相应属性，页面的设计视图如图 12-10所示。

图 12-10 Timer 示例程序页面的设计视图

将 Timer 控件的 Interval 属性值设为 1 000（1 秒），同时切换到它的事件列表（在属性窗口中单击“闪电”按钮），双击 Tick 事件，为其自动生成事件处理方法代码框架，如图 12-11所示。

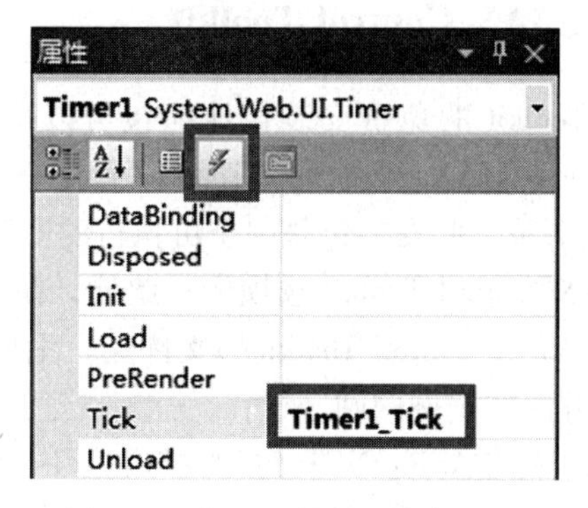

图 12-11　Timer 控件的事件列表

Tick 事件处理方法及 Page_Load 事件处理方法的代码如下：

```
protected void Page_Load(object sender,EventArgs e)
{
    if (!IsPostBack)
        ViewState["imageIndex"] =1;
}
protected void Timer1_Tick(object sender,EventArgs e)
{
    ViewState["imageIndex"] = (int)ViewState["imageIndex"] % 6 +1;
    Image1. ImageUrl =string. Format(" ~ /resource/{0}. jpg",ViewState["imageIndex"]);
}
```

在“resource”目录中已存在 6 幅名字从 1 到 6 的 JPG 图像文件，它们将被以 AJAX 的方式循环显示到 Image 控件上(每触发一次 Tick 事件更换一幅图像)，名为“imageIndex”的视图状态变量用于记录当前显示图像的文件名，它的值在页面加载时被初始化为“1”。

运行该页面，可以看到 6 幅图像每隔一秒自动循环显示在网页中，同时页面也没有进行传统的刷新操作。为了控制幻灯片播放的开始与停止，可以加上两个按钮。对于播放操作，需要将 Timer 控件的 Enabled 属性设置为 true；对于停止操作，需要将 Timer 控件的 Enabled 属性设置为 false，具体代码在此略过。

12.6　ASP. NET AJAX Control Toolkit

对于一个完善的 AJAX 开发框架来讲，仅有以上几个有限的控件还略显单薄。微软公司同样意识到了这个问题，并与开发者社区共同协作发布了一个强大的 ASP. NET AJAX 扩展控件包——ASP. NET AJAX Control Toolkit。ASP. NET AJAX Control Toolkit 是一个免费的、开源的 ASP. NET 服务器端控件包，其中包含了数十种基于 ASP. NET AJAX 的、组件化的、提供某种专一功能的 ASP. NET 服务器端控件和 ASP. NET AJAX 扩展控件。

12. 6. 1　安装 ASP. NET AJAX Control Toolkit

ASP. NET AJAX Control Toolkit 的免费安装包压缩包可以从网站 DevExpress（https：//www. devexpress. com/Products/AJAX－Control－Toolkit/）中下载。该网站在首页上提供了最新的 Control Toolkit 安装包下载，此安装包是一个可执行的安装文件；安装后，Visual Studio 中的工具箱中会出现 AJAX Control Toolkit 选项卡；此外，在“我的文档”文件夹下，还会出现一个名为“ASP. NET AJAX Control Toolkit”文件夹，里面的“SampleSite”文件夹中是一个包含每个控件的使用方法的实例网站。

如果希望学习并开发自定义的 ASP. NET AJAX 扩展控件，则可以在网站 CodePlex（http：//ajaxcontroltoolkit. codeplex. com/SourceControl/latest）中下载 ASP. NET AJAX Control Toolkit 的源代码，下载网页如图 12-12 所示。

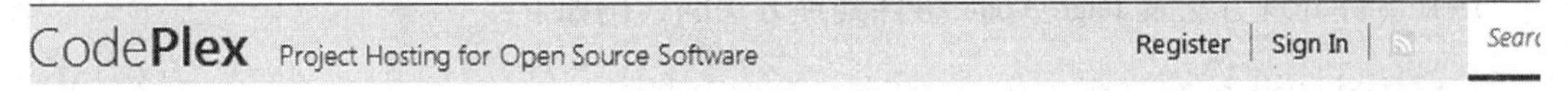

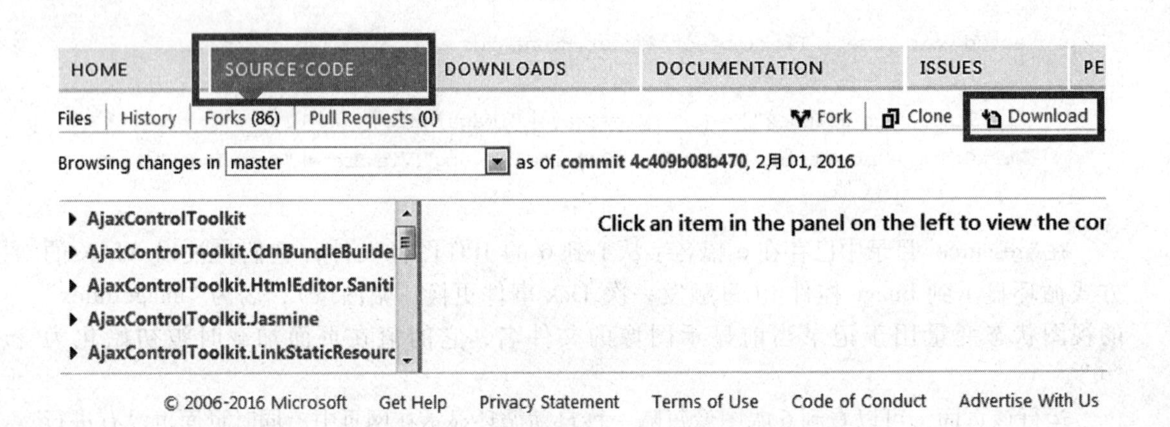

图 12-12　AJAX Control Toolkit 源代码下载页面

AjaxControlToolkit. Installer 安装完成后，打开 Visual Studio，找到工具箱中的“AJAX Control Toolkit”选项卡，可以看见全部 AJAX Control Toolkit 控件，如图 12-13 所示。

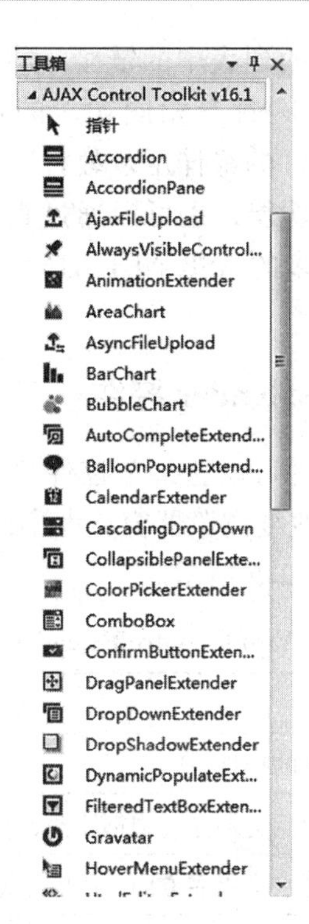

图 12-13　工具箱中的 AJAX Control Toolkit 控件

12. 6. 2　ASP. NET AJAX Control Toolkit 的示例站点

ASP. NET AJAX Control Toolkit 安装包中附带有一个 Web 示例站点（位于目录“SampleWebSite”中），该示例站点完整地演示了 ASP. NET AJAX Control Toolkit 所包含的所有控件的功能及使用方法。编译并运行示例站点，将看到如图 12-14 所示的界面。

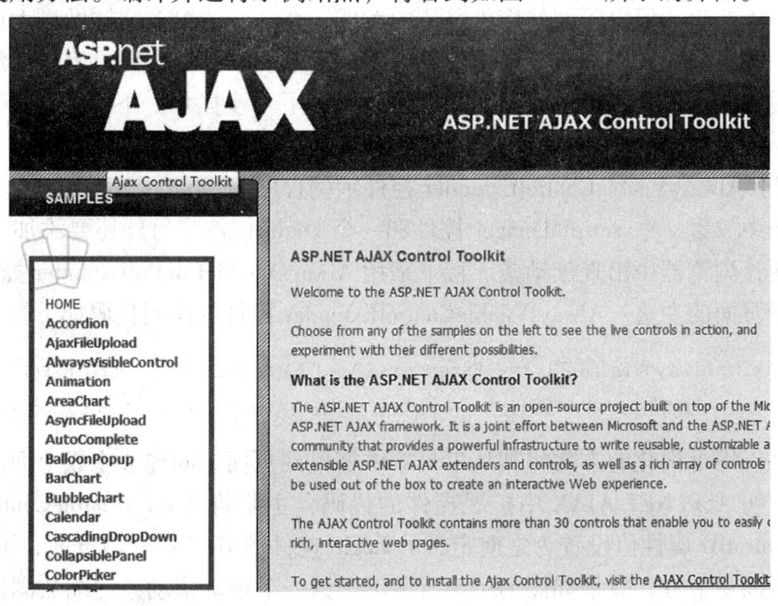

图 12-14　AJAX Control Toolkit 示例站点界面

该页面左边名为“SAMPLES”的列表中的链接，即为相应控件的演示页面（也可以通过 http://ajax. asp. net/ajaxtoolkit/访问具有相同功能的页面）。这个示例站点是学习使用 ASP. NET AJAX Control Toolkit 中控件的绝佳示范教材。在这个 Web 站点中，既可以形象地看到每个控件的表现行为、样式和功能，也可以通过查看其源代码学习实现这些功能的方法。限于篇幅原因，接下来将从众多的 ASP. NET AJAX Control Toolkit 控件中选出三个示例控件加以介绍。

12. 6. 3 AlwaysVisibleControlExtender 控件

AlwaysVisibleControlExtender 控件可以让某个控件总是悬浮在页面中相对于浏览器窗口边框上的某个指定位置上，无论是改变浏览器窗口大小还是拖动其滚动条，该控件均保持在同样的位置上。它的常用属性如表 12-5 所示。

表 12-5 AlwaysVisibleControlExtender 控件的常用属性

属　　性	说　　明
TargetControlID	希望被悬浮的控件 ID
HorizontalOffset	悬浮控件距浏览器左右边框距离，单位为像素，默认值为 0
HorizontalSide	悬浮控件的水平停靠方向，Left（默认）表示停靠左边，Right 为右边
VerticalOffset	悬浮控件距浏览器上下边框距离，单位为像素，默认值为 0
VerticalSide	悬浮控件的垂直停靠方向，Top（默认）表示停靠上边，Bottom 为下边
ScrollEffectDuration	当用户拖动浏览器滚动条或进行窗口缩放时，两次调整悬浮控件位置的时间间隔，单位为秒，默认值为 0. 1

AlwaysVisibleControlExtender 可以应用于网站的浮动广告上，虽然从用户体验方面考虑，这样做似乎不太礼貌，但出于网站广告宣传的考虑，在某些情况下这样做也无可厚非。该控件也可以将一些对用户来讲非常重要的信息，例如登录表单、错误提示等用悬浮的方式显示给用户，让用户随时随地都可以看到，并方便地做出下一步操作。下面看一个将 Login 控件悬浮的例子。

【例 12-7】 AlwaysVisibleControlExtender 控件示例程序。

先在页面中放置一个 ScriptManager 控件和一个 Login 控件，另外还要添加一些作为占位的文本，以便让浏览器中出现滚动条。接下来用 AlwaysVisibleControlExtender 控件让 Login 控件固定悬浮于页面的左边。AlwaysVisibleControlExtender 控件的声明代码如下：

```
<ajaxToolkit:AlwaysVisibleControlExtender ID ="AlwaysVisibleControlExtender1" runat ="
  server" TargetControlID="Login1"></ajaxToolkit:AlwaysVisibleControlExtender>
```

当然也可以用可视化的方式将其从工具箱中拖曳到页面，同样会生成上面的代码。这是一段典型的声明 ASP. NET AJAX 中扩展控件的代码，主要将 AlwaysVisibleControlExtender 控件的 TargetControlID 属性值设置为之前定义的 Login 控件的 ID。运行该页面，可以看到 Login 控件悬浮在页面左上方，效果如图 12-15 所示。尝试一下拖动滚动条与缩放浏览器窗口再去查看效果。

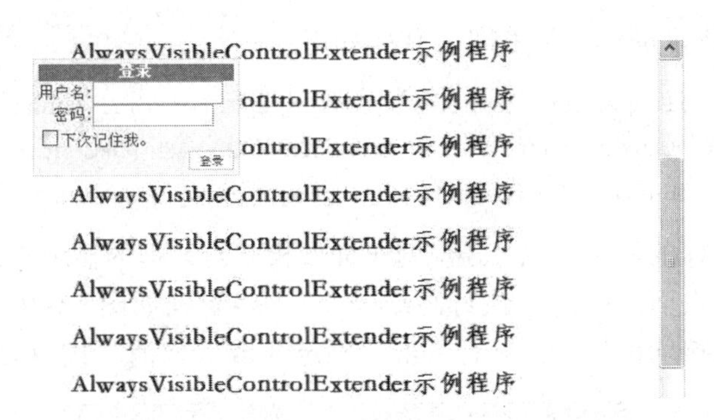

图 12-15　Login 控件相对于浏览器窗口的位置保持不变

12.6.4　ModalPopupExtender 控件

ModalPopupExtender 控件能够在页面中模拟出一个模式对话框，即当该对话框出现时，页面中所有其他控件将不再可用，用户只有在对该模式对话框进行响应之后才能返回并使用页面中的其他控件。ModalPopupExtender 控件的常用属性如表 12-6 所示。

表 12-6　ModalPopupExtender 控件的常用属性

属　　性	说　　明
TargetControlID	该扩展器控件的目标控件 ID，单击目标控件将显示模式对话框
PopupControlID	用来显示模式对话框的 Panel 控件的 ID
DropShadow	是否让模式对话框显示出阴影效果
OKControlID	模式对话框中实现确认功能的按钮 ID
CancelControlID	模式对话框中实现取消功能的按钮 ID

无论用户单击了 OKControlID 还是 CancelControlID 属性所指定的按钮，该模式对话框均会消失。对于某些极为重要的信息，有时必须立即通知用户并让其做出选择，这时利用 ModalPopupExtender 控件在页面中模拟出一个模式对话框将非常有必要。下面是一个用 ModalPopupExtender 控件引导匿名用户登录的例子。

【例 12-8】ModalPopupExtender 控件示例程序。

先在页面中放置一个 ScriptManager 控件和一个 LinkButton 控件（用来调用模式对话框），接着定义一个用来表示模式对话框的 Panel 控件，其中包含一段提示信息和两个表示确认和取消的按钮，代码如下：

```
<asp:Panel ID = "Panel1" runat = "server" Height = "100px" Width = "320px" >
   该功能只提供给登录用户,您是否要登录?
   <div style = "text-align:center" >
      <asp:Button ID = "Button1" runat = "server" Font-Bold = "True" Text = "确定"/ >
      <asp:Button ID = "Button2" runat = "server" Font-Bold = "True" Text = "取消"/ >
   </div >
</asp:Panel >
```

最后定义 ModalPopupExtender 控件，代码如下：

```
<ajaxToolkit:ModalPopupExtender ID = "ModalPopupExtender1" runat = "server"
TargetControlID = "LinkButton1" PopupControlID = "Panel1" OkControlID = "Button1"
CancelControlID = "Button2" ></ajaxToolkit:ModalPopupExtender>
```

如果希望得到更好的显示效果，还应对页面及模式对话框的显示样式进行相应设置，这里不再赘述。运行该页面，单击“执行高级操作”，将看到如图 12-16 所示的模式对话框。此时页面中所有的链接均被禁用，只有单击“确定”或“取消”按钮后才能回到页面中。

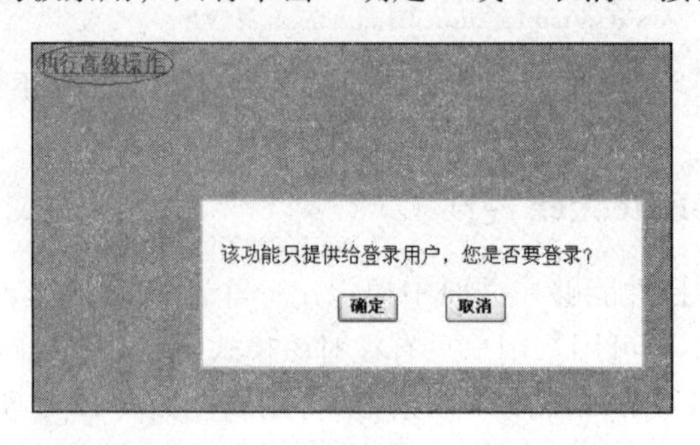

图 12-16　ASP. NET 页面中模拟的模式对话框

12. 6. 5　Accordion 控件

Accordion 控件中可以包含若干个面板，让用户通过单击不同面板的标题栏一次只展开并显示其中的一个内容。通常来讲，将一个很长的列表直接显示给用户是一种极不礼貌的行为。解决方案有很多，归类显示就是其中之一。例如，常见的 QQ 或 Windows Live Messenger 的联系人归类，以及 Visual Studio 工具箱中控件的归类等。采用这种设计方式，界面变得井井有条，用户也能够以最快的速度找到想要的控件。使用 Accordion 控件可以很方便地在 Web 页面中实现这样的功能。

Accordion 控件将一系列的面板（AccordionPane 控件）折叠并堆在一起，只显示出每个面板的标题区域。若用户单击了某个标题，则该面板将自动展开，同时其他已经展开了的面板也将自动折叠。

与前面两个扩展控件不同，Accordion 控件是作为 ASP. NET AJAX Control Toolkit 中一个独立控件存在的。即它没有 TargetControlID 属性，可以独立运行，不依赖于其他控件。Accordion控件的常用属性如表 12-7 所示。

表 12-7　Accordion 控件的常用属性

属　性	说　明
SelectedIndex	该控件展开的 AccordionPane 面板的索引值
FadeTransitions	是否在切换 AccordionPane 面板时显示淡入淡出的动画效果
TransitionDuration	展开一个 AccordionPane 面板所花费的时间，单位为毫秒
FramesPerSecond	展开 AccordionPane 面板动画的帧率（每秒播放的帧数）
HeaderCssClass	所有 AccordionPane 面板标题区应用的 CSS 样式类

续表

属　性	说　明
ContentCssClass	所有 AccordionPane 面板内容区应用的 CSS 样式类
DataSourceID	页面中某个数据源控件的 ID，用于通过数据绑定自动生成 AccordionPane 面板

下面将通过一个例子来演示 Accordion 控件最基本的用法，即通过手工方式在其中定义若干个 AccordionPane 面板。

【例 12-9】 Accordion 控件示例程序。

先在页面中放置一个 ScriptManager 控件，然后声明一个 Accordion 控件，代码如下：

```
<ajaxToolkit:Accordion ID = "Accordion1" runat = "server" FadeTransitions = "true"
        CssClass = "myAccordion" HeaderCssClass = "header" ContentCssClass = "content" >
         < Panes > ...< /Panes > < /ajaxToolkit:Accordion >
```

为了得到更好的显示效果，上面代码还设定了整个 Accordion 控件，其中包括 AccordionPane 控件的标题及内容部分的三个样式类，这里不再赘述。接下来在 <Panes> 标记中为 Accordion 控件声明 4 个 AccordionPane 控件，这里举出其中一个作为例子，代码如下：

```
<ajaxToolkit:AccordionPane ID = "AP2" runat = "server" >
         < Header > ASP. NET AJAX 中的 UpdatePanel 控件 < /Header >
         < Content > ...< /Content > < /ajaxToolkit:AccordionPane >
```

上述定义足够直观地表明：<Header> 标记中定义了该 AccordionPane 的标题，这个标题将始终显示在 Accordion 中；<Content> 标记中定义了该 AccordionPane 的内容，只有在该面板展开时内容才会显示。采用同样的方式定义好于另外的 3 个 AccordionPane。运行该页面，单击标题"ASP. NET AJAX 中的 UpdatePanel 控件"，将看到如图 12-17 所示的界面效果。

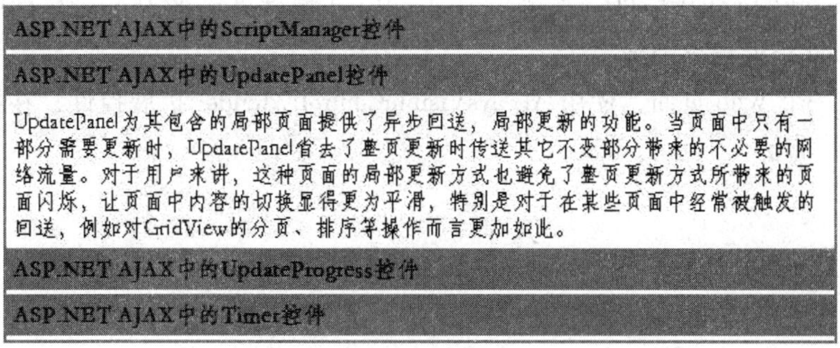

ASP.NET AJAX中的ScriptManager控件

ASP.NET AJAX中的UpdatePanel控件

UpdatePanel为其包含的局部页面提供了异步回送，局部更新的功能。当页面中只有一部分需要更新时，UpdatePanel省去了整页更新时传送其它不变部分带来的不必要的网络流量。对于用户来讲，这种页面的局部更新方式也避免了整页更新方式所带来的页面闪烁，让页面中内容的切换显得更为平滑，特别是对于在某些页面中经常被触发的回送，例如对GridView的分页、排序等操作而言更加如此。

ASP.NET AJAX中的UpdateProgress控件

ASP.NET AJAX中的Timer控件

图 12-17　用 Accordion 实现的一组折叠面板

12.7　小　　结

与传统的同步编程模式有所不同，ASP. NET AJAX 采用了异步的编程方式，最大的特点是通过对客户端脚本的自动管理，实现了对 Web 页面的异步回送与局部更新，极大地提高了用户体验。利用 ASP. NET AJAX 控件，开发者可以使用 ASP. NET 中现有的各种控件很方便地实现 AJAX 的效果。

本章首先简单介绍了 AJAX 技术及相关概念，并由此引入了微软公司的 AJAX 实现框架——ASP. NET AJAX，然后详细讲解了 ASP. NET AJAX 主要控件的使用方法，最后介绍了 ASP. NET AJAX Control Toolkit 工具集及其中的三个示例控件。

实训 12　ASP. NET AJAX

1. 实训目的

熟悉 ASP. NET AJAX 技术，掌握 ASP. NET AJAX 服务器控件和扩展控件的使用方法。

2. 实训内容和要求

（1）新建名为 Practice12 的网站。

（2）在网站中建立名为 Images 的文件夹，并在该文件夹中添加几张图片。

（3）添加一个名为 UpdatePanel. aspx 的 Web 页面，当单击 Button 控件时，局部更新 Image控件中的图片。

（4）添加一个名为 UpdateProgress. aspx 的 Web 页面，当单击 Button 控件时，局部更新 Image 控件中的图片，并用 UpdateProgress 控件提示更新信息。

（5）添加一个名为 Timer. aspx 的 Web 页面，实现定时局部更新 Image 控件中的图片。

（6）建立母版页 MasterPage. master 和内容页 Default. aspx，要求在内容页中每 2 秒局部更新 Label 控件的当前时间。

（7）添加一个名为 TwoUpdatePanel. aspx 的 Web 页面，在两个 UpdatePanel 控件中分别放置一个显示时间的 Label 控件，当单击 UpdatePanel 控件外面的 Button 控件时，只有其中一个 UpdatePanel 控件局部刷新。

（8）添加一个 Web 页面，使用 AlwaysVisibleControlExtender 扩展控件，在网页的两边悬浮固定位置的广告。

习　题

单选题

1. （　　）技术不是 AJAX 技术体系的组成部分。

A. JavaScript　　B. XML　　C. XMLHttpRequest　　D. DHTML

2. （　　）Web 应用不属于 AJAX 应用。

A. Hotmail　　B. Gmaps　　C. Flickr　　D. WindowsLive

3. ASP. NET AJAX 中的核心控件是（　　）。

A. ScriptManager　　B. UpdatePanel　　C. UpdateProgress　　D. Timer

4. 一张 ASP. NET AJAX 页面需要包含（　　）个 ScriptManager 控件。

A. 任意多　　B. 0　　C. 1　　D. 2

5. 使用（　　）控件为 ASP. NET AJAX 页面提供局部更新的功能。

A. AlwaysVisibleControlExtender　　B. UpdatePanel

C. UpdateProgress　　D. Timer

第 13 章　Web 应用程序的部署

完成一个 Web 应用程序后，就要考虑如何将 Web 应用程序部署到用户的服务器上。一般情况下，尽可能将安装简单化，以使用户有非常好的用户体验。以往，对于 Web 应用程序的安装部署总是十分困难的，但自从 ASP. NET 1. 1 起，直到现在出现的 ASP. NET 4. 0，安装部署 Web 应用程序变得十分简单方便。本章将着重介绍在 ASP. NET 中，如何使用 Visual Studio 2010 对 Web 应用程序进行安装部署。

13. 1　Web 服务器

如果要将设计的网页发布到 Internet 上，让 Internet 的用户都能看到，就要使用建网站技术，即建立 Web 服务器。目前，有许多 ISP（Internet 服务提供商，Internet Service Provider）向公众提供收费的或免费的主页空间，实际上，就是 ISP 建好了网站后向人们提供文件存放和管理的服务。

用于建立 Web 服务器的软件通常基于 UNIX/Linux 和 Windows 操作系统平台。基于 UNIX/Linux 系统平台的，有 NCSA（美国国家超级计算中心）的 CERN、Apache，其中 Apache 是世界排名第一的 Web 服务器，50% 以上的 Web 服务器都在使用它。基于 Windows NT/2000 Server 系统平台的，主要有 IIS（Internet Information Server）Web 服务器。

IIS 是微软公司推出的 Internet 信息服务器，它包括了 Web、FTP 等服务器，已有多个版本，目前的版本是 6. 0。Windows 2000 Professional/Server/Advanced Server、Windows XP Professional、Windows Server 2003 的 IIS 版本分别是 5. 0、5. 1、6. 0，它们安装的过程是类似的，本书将要讲解的 ASP. NET 的 Web 应用程序需要 5. 0 以上的 Web 服务器环境的支持。因此下面以 IIS 5. 1 为例介绍 IIS 的安装和配置。

1. 安装 IIS 服务器

在 Windows XP 中选择“开始”|“控制面板”选项，双击“添加/删除程序”图标，在其中单击“添加/删除 Windows 组件”。出现如图 13-1 所示的对话框，选择“Internet 信息服务（IIS）”，单击“下一步”按钮，即开始安装 IIS 服务器。在此过程中，安装程序将提示放入 Windows 系统光盘。将光盘放入光驱中，继续安装，安装完成后，将显示如图 13-2 所示界面，单击“完成”按钮，即可完成 IIS 的安装。

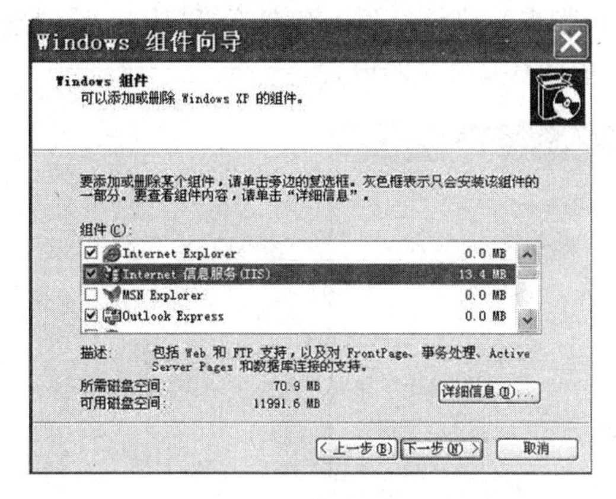

图 13-1　安装 IIS 服务器

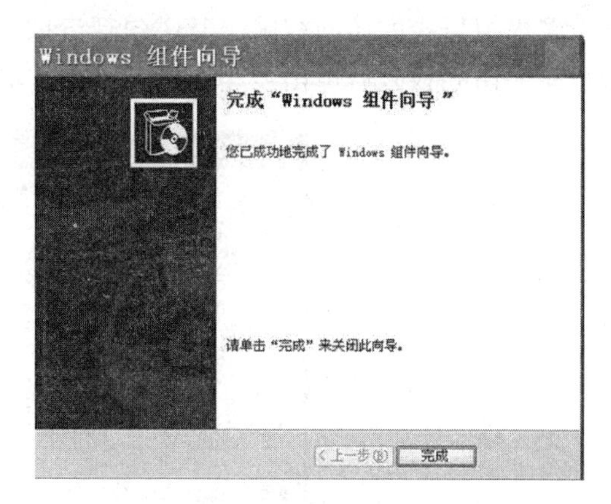

图 13-2　IIS 安装完成界面

在安装完 IIS 后，可打开 IE 浏览器，在地址栏中输入 http://localhost，然后按 Enter 键，系统将弹出如图 13-3 所示的两个窗口，此时说明 IIS 服务器已经启动。

(a)

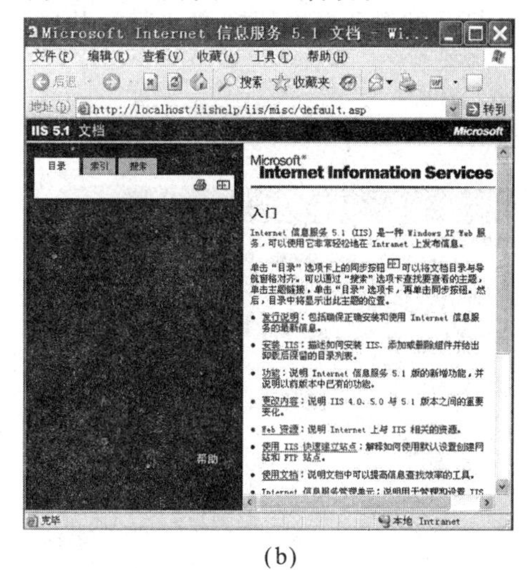

(b)

图 13-3　IIS 正常启动测试页面

2. 配置和管理 IIS 服务器

Web 应用程序的执行由 IIS 服务器完成，要使得 IIS 服务器执行指定的脚本，必须进行适当的配置。可以将要执行的 Web 应用程序配置为一个站点，也可以配置为一个虚拟目录。

在 Windows XP/IIS 中创建虚拟目录有两种方法，分别介绍如下。

方法 1：首先启动 Internet 信息服务器：选择"开始"|"控制面板"|"管理工具"|"Internet 信息服务"，打开"Internet 信息服务"窗口，如图 13-4 所示。然后，在"默认网站"上右击，在弹出的快捷菜单中选择"新建"|"虚拟目录"命令，弹出"虚拟目录创建向导"窗口，单击"下一步"按钮，系统将要求输入虚拟目录别名，这里输入"MyWeb"。这里的虚拟目录别名，将作为浏览器地址栏中服务器 IP 地址或服务器名称后的文件夹显示，此别名将对应硬盘上实际存在的一个文件夹，如图 13-5 所示。单击"下一步"按钮，系统将要求设置 Web 站点内容目录，即虚拟目录所对应的实际目录；单击"下一步"按钮，系统将要

求设置虚拟目录的访问权限，其中包括读取、运行脚本、执行、写入和浏览等权限；设置虚拟目录的访问权限后单击“下一步”按钮，即可完成虚拟目录的设置。

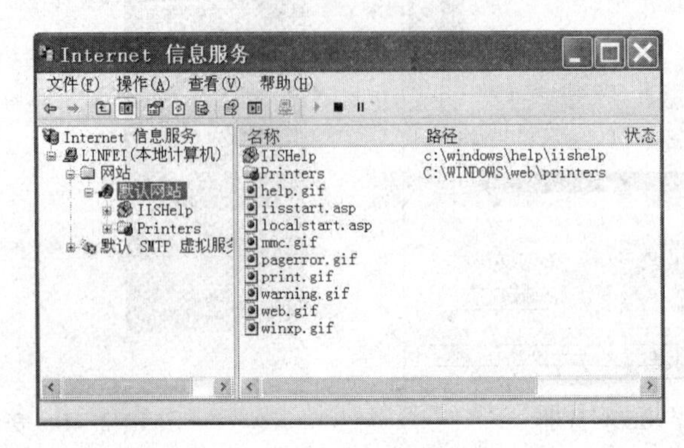

图 13-4　“Internet 信息服务”窗口

方法 2：选择要设置成虚拟目录的文件夹，右击，在弹出的快捷菜单中选择“属性”，在打开的对话框中切换到“Web 共享”选项卡，如图 13-6 所示。

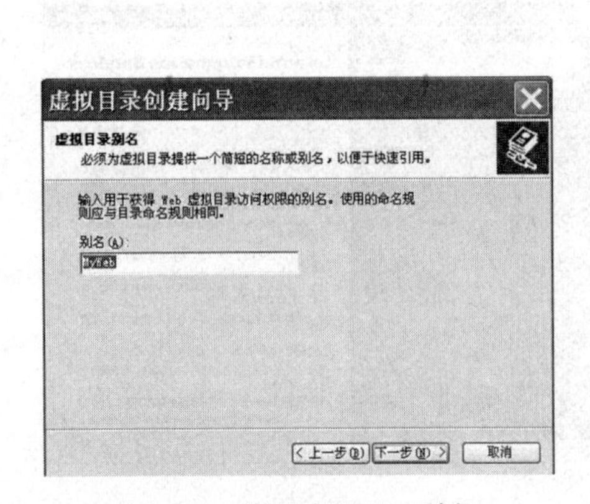

图 13-5　设置虚拟目录别名

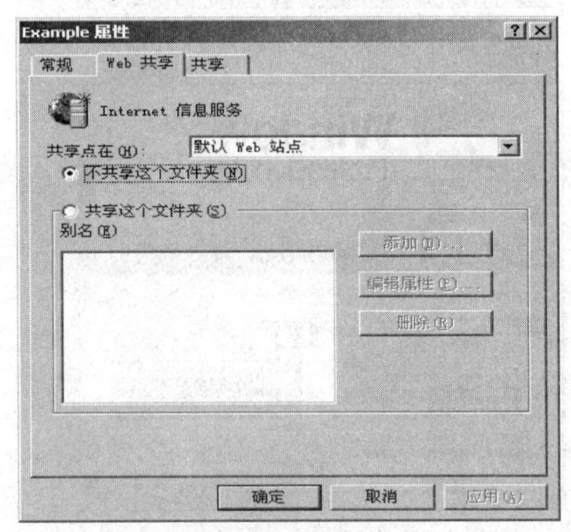

图 13-6　通过文件夹直接设置虚拟目录

选择“共享这个文件夹”单选按钮，将弹出“编辑别名”对话框。输入该文件夹所对应的虚拟目录的别名，设置该虚拟目录的访问权限，单击“确定”按钮，即可完成虚拟目录的设置。

要修改虚拟目录的配置值，可以在 IIS 信息服务器中选中虚拟目录，右击，在弹出的快捷菜单中选择“属性”，将出现虚拟目录的“属性编辑”对话框，在该对话框中可修改 Web 站点标识、主目录、文档等属性。新建站点与站点属性的修改方法与虚拟目录类似。

创建虚拟目录或站点后，就可以发布网页了。将所创建的网页放置到 MyWeb 虚拟目录所对应的实际目录下，在浏览器的地址栏中输入 http://localhost/MyWeb/网页文件名，即可显示网页文件。例如，将例 1-1 中创建的 HTML 文件放置到 MyWeb 虚拟目录所对应的实际目录下，然后在浏览器的地址栏中输入 http://localhost/MyWeb/1_1. htm，便可浏览该网页。

13.2　部署的内容

ASP. NET 应用程序建好后，到底要部署什么内容呢？为了保证应用程序的正常运行，需要部署 ASP. NET 整个应用程序的组成部分，其中包括：

- . aspx 页面；
- . aspx 页面的后台代码页（.aspx.vb 或. aspx. cs）；
- 用户控件（.ascx）；
- Web 服务文件（.asmx 和.wsdl）；
- . htm 或. html 文件；
- 图像文件，如. jpg 或. gif；
- ASP. NET 系统文件夹，如 App_Code 和 App_Themes；
- JavaScript 文件（.js）；
- 层叠样式表（.css）；
- 配置文件，如 web. config 文件；
- . NET 组件和编译好的程序集；
- 数据文件，如. mdb 文件。

13.3　部 署 准 备

在部署 ASP. NET Web 应用程序之前，应执行一些部署前的准备操作，确保应用程序准备好部署。

首先，大多数开发人员在开发应用程序时，都会在 web. config 文件中打开调试功能，即将 <compilation> 元素中的 debug 属性设置为 true。这样就会把调试符号插入已编译好的 ASP. NET 页面中，这些符号会降低应用程序的性能。

在建立好应用程序，并准备部署时，这些调试符号就不需要了，因此，必须将 web. config 文件中的调试功能关闭。为此，要把 <compilation> 元素中的 debug 属性设置为 false，程序代码如下：

```
<?xml version="1.0" encoding="utf-8"?>
  <configuration>
    <system.web>
      ...
      <compilation debug="False">
        ...
      </compilation>
      ...
    </system.web>
```

```
</configuration>
```

其次，在大多数情况下，开发人员是使用文件系统模式开发 Web 应用程序，使用 Visual Studio 中的内置 Web 服务器，所以在真正部署到成品服务器之前，必须先部署到测试服务器上进行全面测试，才能确保一切正常。

注意 必须要在测试服务器或成品服务器上安装 . NET Framwork 3. 5 以上的版本，才能使网站部署后正常运行。

13.4 部署 Web 应用程序的方法

在 Visual Studio 中，可以采用以下三种方法部署 ASP. NET Web 应用程序：

①使用复制网站工具部署站点。

②使用发布网站工具部署站点。

③创建程序的安装包部署站点。

下面分别介绍这三种部署方法。

13.4.1 使用复制网站工具部署站点

复制网站部署站点就是通过使用复制网站工具将 Web 站点的源文件复制到目标站点来完成部署。复制网站工具集成在 Visual Studio 的 IDE 中。

使用复制网站工具可以在当前站点与另一个站点之间复制文件。站点复制工具与 FTP 实用工具相似，但有两点不同。

（1）使用复制网站工具可以创建任何类型的站点，包括本地站点、IIS 站点、远程站点和 FTP 站点，并在这些站点之间复制文件。

（2）复制网站工具支持同步功能，同步功能用于检查源站点和目标站点上的文件并确保所有文件都是最新的。

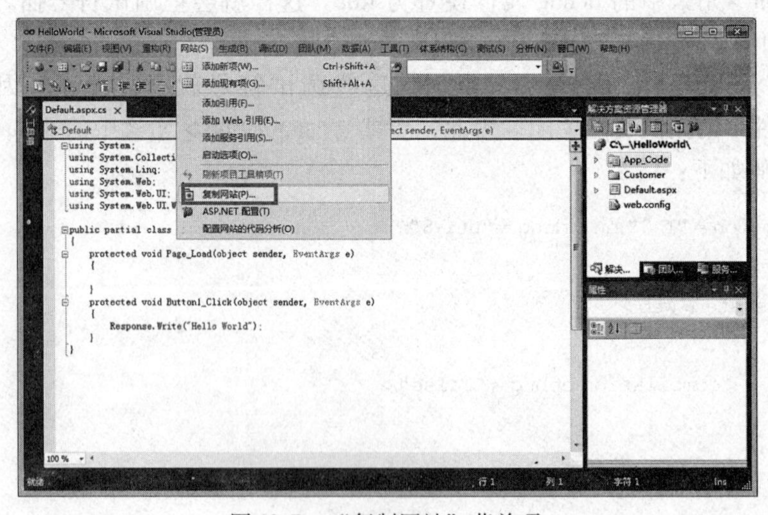

图 13-7 “复制网站”菜单项

下面介绍复制网站工具的使用。假设已经开发完成了一个 Web 站点，现在需要使用复制网站工具来部署该站点。

首先，用 Visual Studio 打开要部署的 Web 站点，选择“网站”|“复制网站”菜单项，如图 13-7 所示，即可打开网站复制工具窗口，如图 13-8 所示。

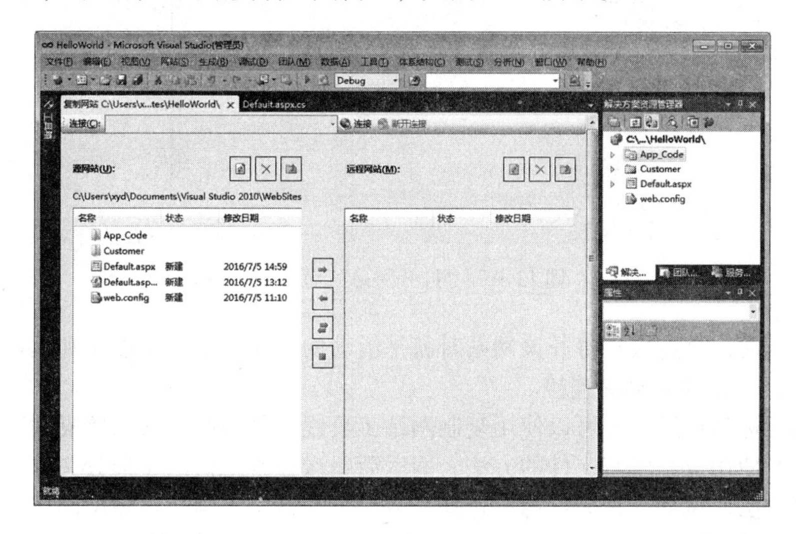

图 13-8　复制网站工具窗口

从图 13-8 中可以看出，该界面非常类似于 FTP 文件上传工具，上面第一行区域用于设定连接的目标站点，下面分为左右两个部分，左边为源网站，右边为远程网站（也称为目标网站）。在源网站和远程网站的文件列表框中，显示了网站的目录结构，并能看到每个文件的状态和修改日期。

要复制网站文件，必须先连接到目标网站。单击图 13-8 中的“连接”按钮，将弹出“打开网站”对话框，如图 13-9 所示，可以为复制操作指定目标站点。

在该对话框中可以指定下列四种类型的任一种作为目标站点。

- 文件系统：这个选项可以在计算机的文件浏览器视图中导航。如果要在远程服务器上安装，就必须把一个驱动器映射到安装位置。
- 本地 IIS：这个选项可以在安装 Web 应用程序时使用本地 IIS。在对话框的这个部分中，可以直接创建新应用程序和新虚拟目录。还可以删除应用程序和虚拟目录。本地 IIS 选项不允许访问远程服务器上的 IIS。
- FTP 站点：这个选项可以使用 FTP 功能连接远程服务器。在这个对话框中，可以使用 URL 或 IP 地址指定要连接的服务器，指定端口、目录、用户名及密码等信息。
- 远程站点：该选项可以连接到配置有 FrontPage 服务器扩展的远程站点。在该选项的对话框中，可以指定或新建目标站点的 URL。

例如，在图 13-9 中，选择“本地 IIS”，新建一个虚拟目录 MyWeb，并指定目标网站存储在该虚拟目录下，单击“打开”按钮，这样就成功地链接到目标网站了。

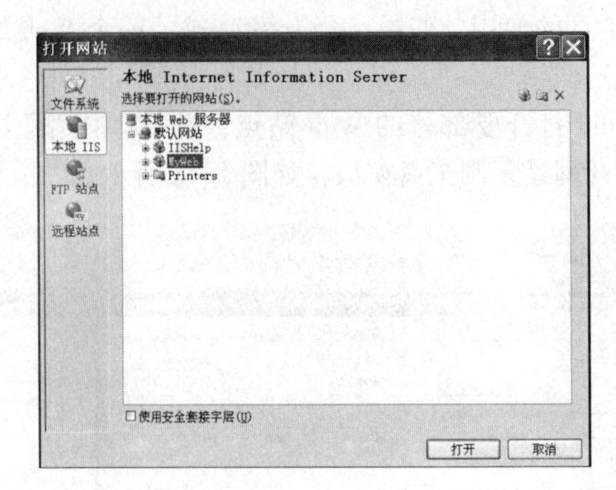

图 13-9 “打开网站”对话框

一旦连接成功，该连接在打开该网站时就是活动的。如果不需要连接到远程网站，可以单击“断开连接”按钮来删除连接。

在连接到目标站点后，就可以使用复制网站工具逐一复制文件或一次复制所有文件。一般第一次发布时使用复制所有文件的方法，而以后每次在本地修改了部分文件后，则使用复制选定文件的方法。例如，在源网站中选择任意一个文件，右击，在弹出的快捷菜单中选择“将网站复制到远程网站”，就可以将源网站的所有文件复制到目标网站，操作界面如图 13-10 所示。当选中某个文件后右击，在弹出的快捷菜单中选择“复制选定的文件”，则可复制选定的文件。

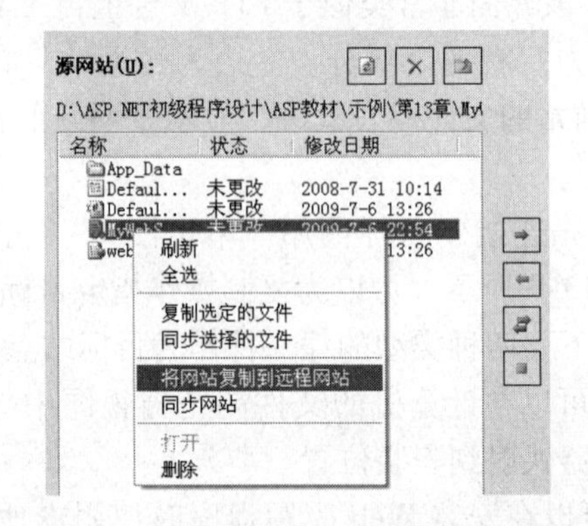

图 13-10 复制源网站文件的操作界面

在实际开发过程中，有时需要将开发的站点部署到一个测试服务器。但是测试过程中，有可能在本地开发中修改了某个文件或者是直接在测试服务器上修改了某些文件，这时候源网站和远程网站中的某些文件就不同步了。这时，可以在图 13-10 中选择“同步网站”或者选中要同步的文件后右击，在弹出的快捷菜单中选择“同步选择的文件”进行同步。

一般在使用同步网站时，复制工具将检查所有文件的状态并执行以下任务：

- 将新建文件复制到没有该文件的网站中；
- 复制已更改的文件，使其都具有该文件的最新版本；
- 不复制未更改的文件。

根据以上叙述，让大家了解使用复制网站工具可将网站从本地计算机移植到测试服务器或成品服务器上。复制网站工具在无法从远程打开文件进行编辑的情况下特别有用。可以使用复制网站工具将网站复制到本地计算机上，在编辑这些网站文件后将它们重新复制到远程站点。还可以在完成开发后使用该工具将文件从测试服务器复制到成品服务器。但是，使用该工具应充分考虑其优缺点。

使用复制网站工具的优点如下。

①只需将文件从站点复制到目标计算机即可完成部署。

②可以使用 Visual Web Developer 所支持的任何连接协议部署到目标计算机。可以使用 UNC（Universal Naming Convention）将网站复制到网络上另一台计算机的共享文件夹中；使用 FTP 将网站复制到服务器中；或使用 HTTP 协议将网站复制到支持 FrontPage 服务器扩展的服务器中。

③如果需要，可以直接在服务器上更改网页或修复网页中的错误。

④如果使用的是其文件存储在中央服务器中的项目，则可以使用同步功能确保文件的本地和远程版本保持同步。

使用复制网站工具的缺点如下。

①站点是按原样复制的。因此，如果文件包含编译错误，则直到有人（也许是用户）运行引发该错误的网页时才会发现该错误。

②由于没有经过编译，所以当用户请求网站时将执行动态编译，并缓存编译后的资源。因此，对站点的第一次访问会比较慢。

③由于发布的是源代码，因此其代码是公开的，可能导致代码泄露。

13.4.2　使用发布网站工具部署站点

使用“发布网站”工具对网站中的页和代码进行预编译，并将编译器输出写入指定的文件夹。然后可以将输出复制到目标 Web 服务器，并从目标 Web 服务器中运行应用程序。

下面介绍发布网站工具的使用。假设我们已经开发完成了一个 Web 站点，现在需要使用发布网站工具来部署该站点。

首先，用 Visual Studio 打开要部署的 Web 站点，选择“生成”|“发布网站”菜单项，如图 13-11 所示，即可打开“发布网站”对话框，如图 13-12 所示。

从图 13-12 中可以看出，在“发布网站”对话框中可以选择发布网站的目标位置，单击“目标位置”文本框右边的按钮，即可进入发布网站目标选择对话框，如图 13-13 所示。该对话框的使用在复制网站中已做详细叙述，这里不再赘述。

在这里可以指定其中一种发布目标，如本地 IIS，新建虚拟目录 MyPreCompileWeb，并

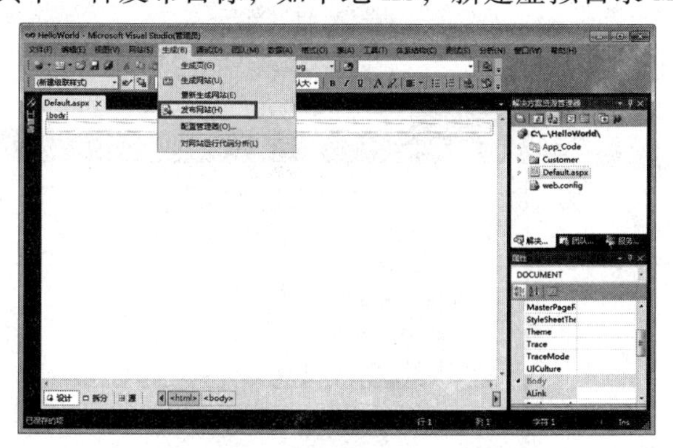

图 13-11　“发布网站”菜单项

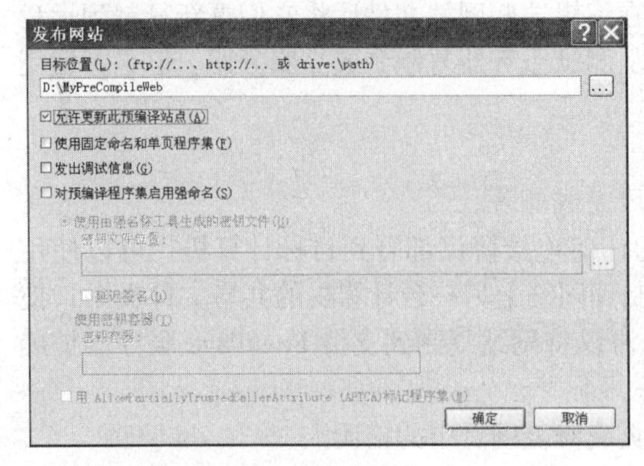

图 13-12 “发布网站”对话框

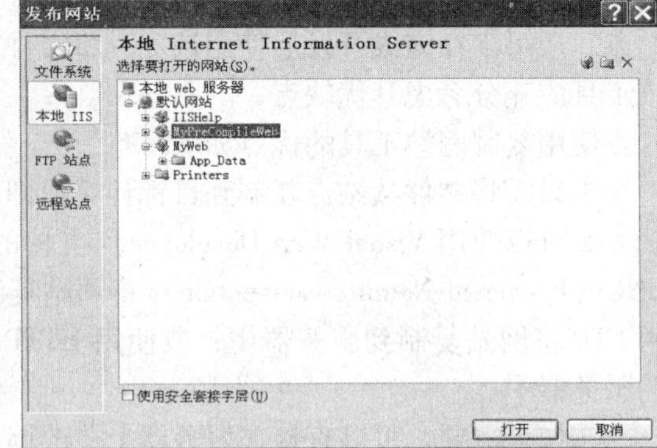

图 13-13 发布网站目标选择对话框

将预编译生成输出到 http://localhost/MyPreCompileWeb 中。

在图 13-12 的“发布网站”对话框中有几个选项控制着预编译的执行，下面对这些选项含义分别介绍如下。

◆ 允许更新此预编译站点：选择该项将执行部署和更新的预编译，指定 .aspx 页面的内容不编译到程序集中，而是标记保留原样，只有服务器端代码被编译到程序集中，才能够在预编译站点后更改页面的 HTML 和客户端功能。如果未选中该项，将执行仅部署的预编译，页面中的所有代码就会被剥离，放在 dll 文件中，预编译站点后不能更改任何内容。

◆ 使用固定名称和单页程序集：指定在预编译过程中关闭批处理，以便生成带有固定名称的程序集，将继续编译主题文件和外观文件到单个程序集，不允许对此选项进行就地编译。

◆ 对预编译程序集启用强命名：指定使用密钥文件或密钥容器使生成的程序集具有强名称，以对程序集进行编码并保证未被恶意篡改。

准备好部署后，单击“发布网站”对话框中的“确定”按钮，网站就被预编译并发布到指定的目标位置 http://localhost/MyPreCompileWeb 中。在该位置中添加一个 bin 目录，它包含了预编译的 dll 文件，图 13-14 中给出了发布后的网站。

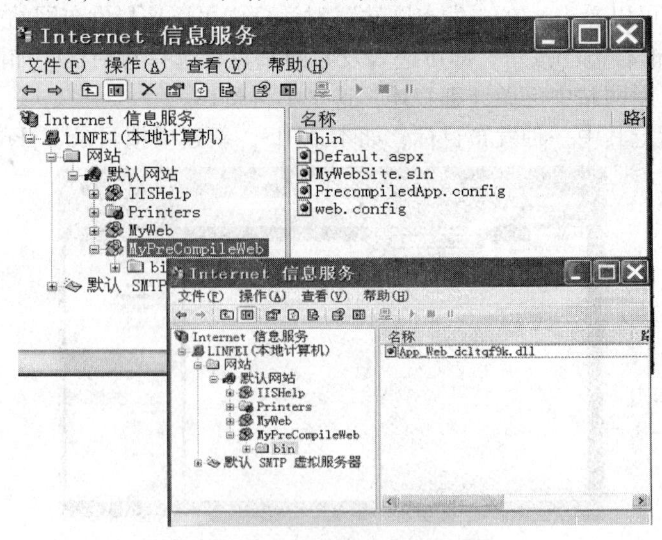

图 13-14 发布后的网站

到此，网站已经发布完成，但由于测试环境与发布应用程序的位置之间存在配置差异，所以在发布网站后可能需要更改配置设置。一般需要更改以下配置信息。

- 数据库连接字符串。
- 成员资格设置和其他安全设置。
- 调试设置。建议为成品服务器上的所有页关闭调试。
- 跟踪。建议关闭跟踪功能。
- 自定义错误。

与使用“复制网站”工具将站点复制到目标 Web 服务器相比，发布网站具有以下优点。

- 预编译过程能发现任何编译错误，并在配置文件中标识错误。
- 单独页的初始响应速度更快，因为页已经编译。如果不先编译页就将其复制到站点，则将在第一次请求时编译页，并缓存其编译输出。
- 不会随站点部署任何程序代码，从而为文件提供一项安全措施，防止代码泄露。

13.4.3　创建安装包部署站点

在 Visual Studio 中通过创建 Web 安装项目生成 . mis 文件或者其他文件（setup. exe 和 Windows 组建文件），即 Web 项目安装包，然后将该安装包复制到其他计算机，运行 . msi 或者 setup. exe 可执行文件，执行一系列步骤，完成 Web 应用程序的安装。

把 Web 应用程序打包到安装程序中后，用户就可以很方便地在自己的计算机上运行并安装可执行程序。下面介绍如何把 Web 应用程序打包到安装程序中。

1. 创建安装项目

首先，使用 Visual Studio 打开要部署的网站，然后在该解决方案中添加一个 Web 安装项目。在 Visual Studio 集成开发环境中选择“文件”|“新建项目”菜单项，打开“添加新项目”对话框。在该对话框中，“项目类型”选择“其他项目类型”下的“安装和部署”，然后在模板框中选择“Web 安装项目”，如图 13-15 所示。

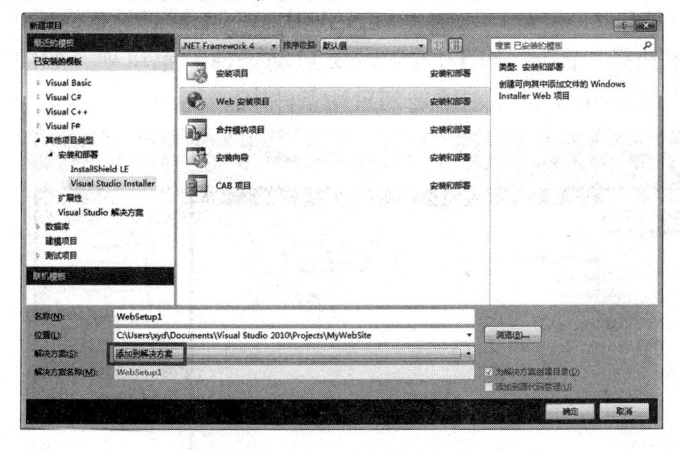

图 13-15　“新建项目”对话框

在该对话框中，输入项目名称和位置后，单击“确定”按钮就把 Web 安装项目添加到解决方案中，该项目使用默认名称 WebSetup1。Visual Studio 自动打开“文件系统（WebSetup1）”编辑窗口，如图 13-16 所示。

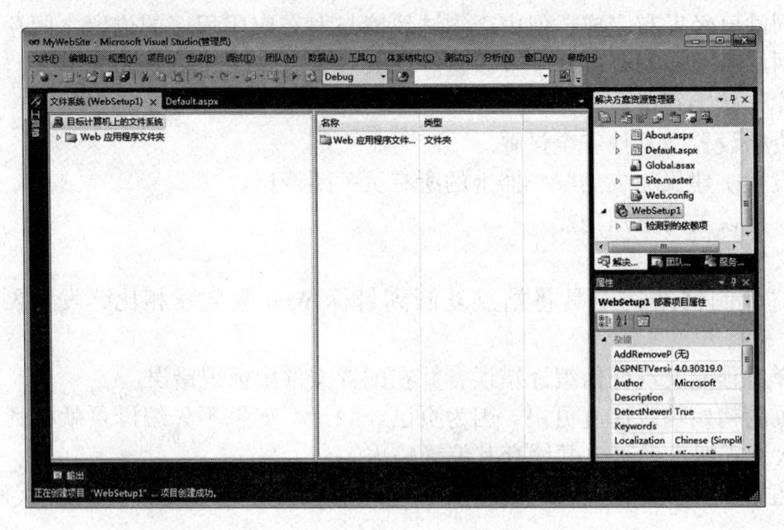

图 13-16 “文件系统”编辑窗口

在“文件系统”编辑窗口中显示了一个文件夹：Web 应用程序文件夹。这是要安装到目标计算机上的文件夹。因此，第 1 步就是将要部署的网站添加到该文件夹中。如图 13-17 所示，右击“Web 应用程序文件夹”，在弹出的快捷菜单中选择“添加”|“项目输出”菜单项，打开“添加项目输出组”对话框，如图 13-18 所示。

在这个对话框中可以选择要在安装程序中包含的项。这里选择 MyWebSite 网站，单击“确定”按钮，就会把 MyWebSite 网站的所有文件都添加到 WebSetup1 安装程序中。这些添加的文件会显示在“文件系统”编辑窗口中，如图 13-19 所示。

把文件添加到安装程序中后，单击“解决方案资源管理器”窗口中的“启动条件”编辑器按钮，如图 13-20 所示，打开该编辑器，如图 13-21 所示。在该编辑器中，已经定义了 IIS 的启动条件。另外，还要添加一个启动条件：. NET Framework 启动条件，因为 Web 应用程序必须运行在 . NET Framework 4. 0 的计算机环境中。右击“目标计算机上的要求”节点，在弹出的快捷菜单中选择“添加 . NET Framework 启动条件”菜单项，如图 13-22 所示，这样就会把安装 . NET Framework 的要求添加到启动条件中。

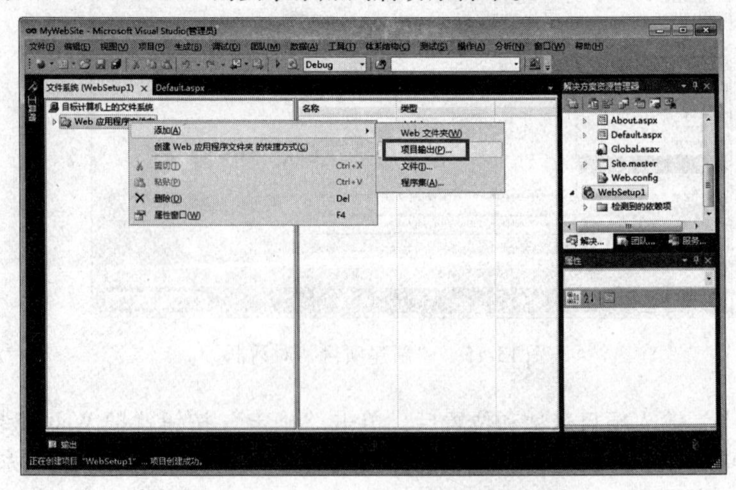

图 13-17 “项目输出”菜单项

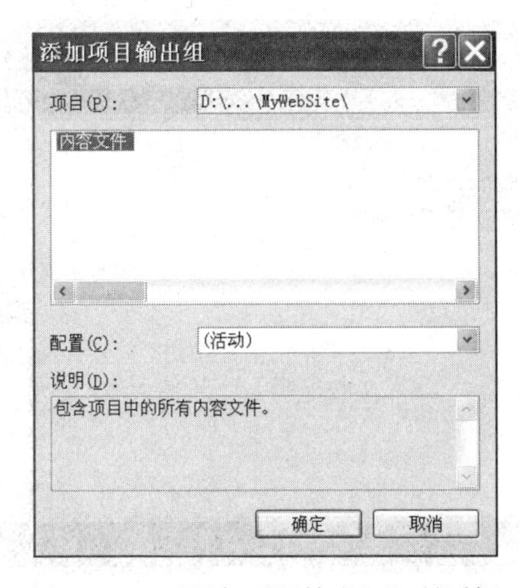

图 13-18　“添加项目输出组”对话框

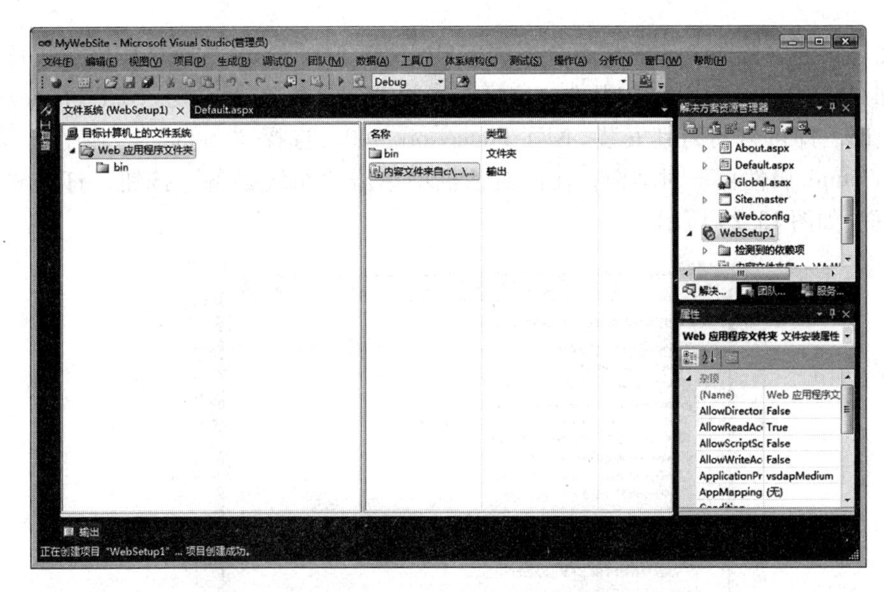

图 13-19　添加项目输出后的文件系统编辑窗口

图 13-20　“启动条件”编辑器按钮

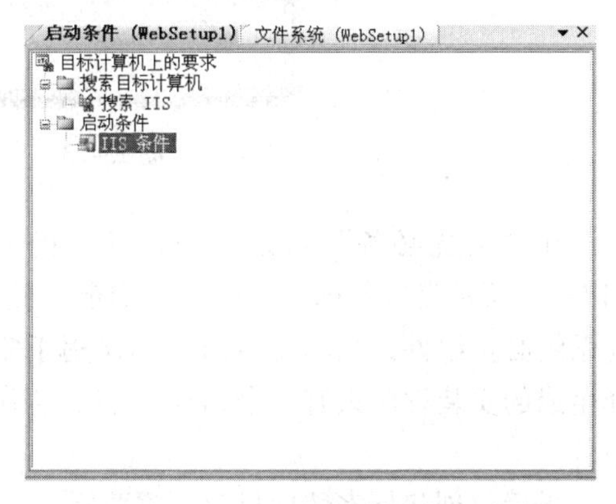

图 13-21　“启动条件”编辑器对话框

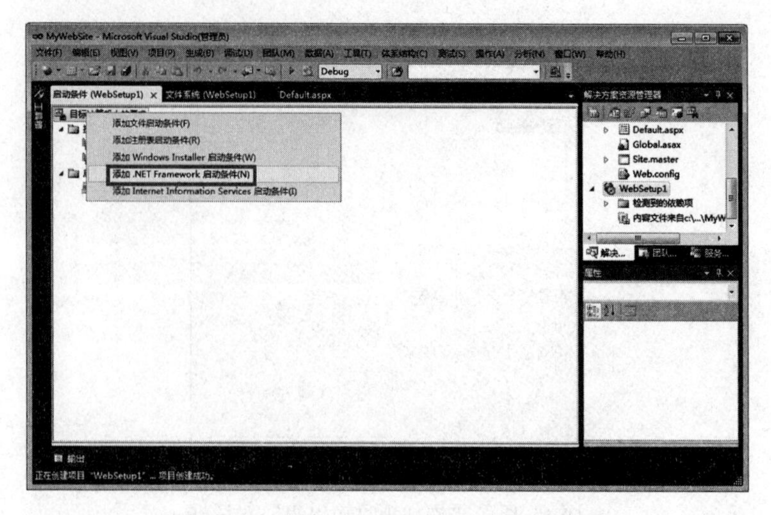

图 13-22　添加 . NET Framework 启动条件

由于在客户的服务器中一般都不会事先安装 . NET Framework 的组件，因此，可以为安装项目添加 . NET Framework 4. 0 组件。这样，当安装包运行在未安装 . NET Framework 4. 0 的计算机上时，即可自动为其安装 . NET Framework 4. 0。选择“项目”|“属性”菜单项，弹出“WebSetup1 属性页”对话框，在该对话框中单击“系统必备”按钮，打开“系统必备”对话框，如图 13-23 所示。

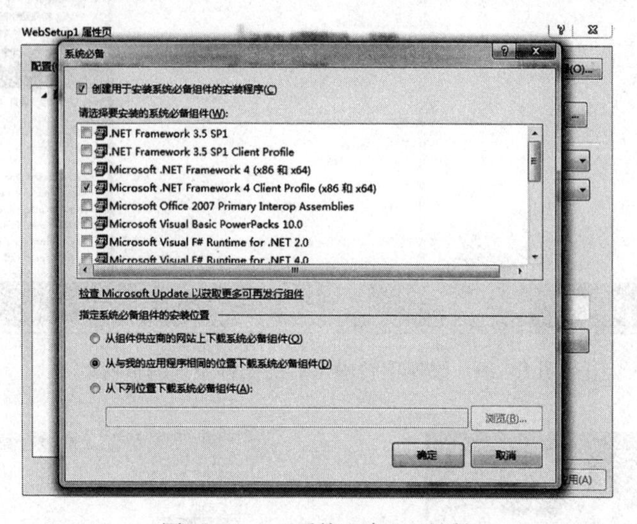

图 13-23　“系统必备”对话框

在“系统必备”对话框中，可以指定该安装程序的系统必备组件及下载路径。按图 13-23所示设置各选项，单击“确定”按钮完成必备组件的设置。如果不必为安装程序创建系统必备组件，则不要勾选“创建用于安装系统必备组件的安装程序”复选框，这样编译生成的安装程序只有一个 . msi 文件，否则还要生成一个引导程序 setup. exe 及相应的必备组件。

最后，创建好安装项目后，需要修改该安装项目的一些属性。先在“解决方案资源管理器”窗口中选择安装项目，然后，在其属性窗口中修改安装项目的相应属性。对于这个例子，修改如下属性，如图 13-24 所示。

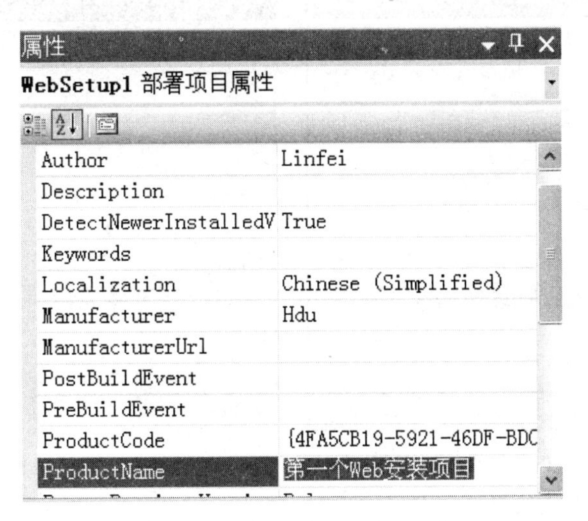

图 13-24　安装项目的属性设置

- Author：Linfei
- Manufacturer：Hdu
- ProductName：第一个 Web 安装项目

除上面讲解的一些设置外，还可以设置安装项目的其他一些内容，如输出文件名、安装URL、桌面快捷方式、用户界面、注册表等，这里就不做详细介绍，有关内容可参考 MSDN。

根据以上步骤建立的安装程序已经是一个可正常工作的最简单的实例。在 Visual Studio 的工具栏中把 Release 选择为活动的解决方案配置；然后从菜单中选择“生成”|“生成 WebSetup1”菜单项，建立安装程序。

在 WebSetup1 项目的 Release 目录中，可以找到以下文件。

- Setup. exe：这是安装程序，它可用于未安装 Windows Installer 服务的机器。
- WebSetup1. msi：这是安装程序，它可用于已安装 Windows Installer 服务的机器。

现在，ASP. NET Web 应用程序已封装到安装程序中，可以以任意的方式发布该安装程序。双击安装程序就可以自动运行和安装它。下面将简要介绍用户安装和卸载应用程序的过程。

2. 安装应用程序

安装应用程序比较简单，双击 WebSetup1. msi 文件，就会启动安装程序，打开“欢迎使用 第一个 Web 安装项目 安装向导”窗口，如图 13-25 所示。

单击“下一步”按钮，进入下一个“选择安装地址”窗口，如图 13-26 所示。在这个对话框中显示了要安装的站点及为所部署的 Web 应用程序创建的虚拟目录名称。用户可以在所提供的文本框中修改虚拟目录名称。单击该窗口的“下一步”按钮，将出现安装进度窗口，如图 13-27 所示。安装成功时，出现安装完成窗口，如图 13-28 所示，否则安装不成功。

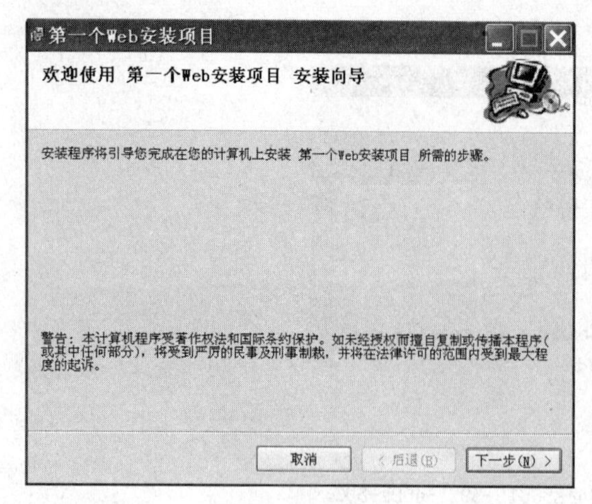

图 13-25 “欢迎使用 第一个 Web 安装项目安装向导”窗口

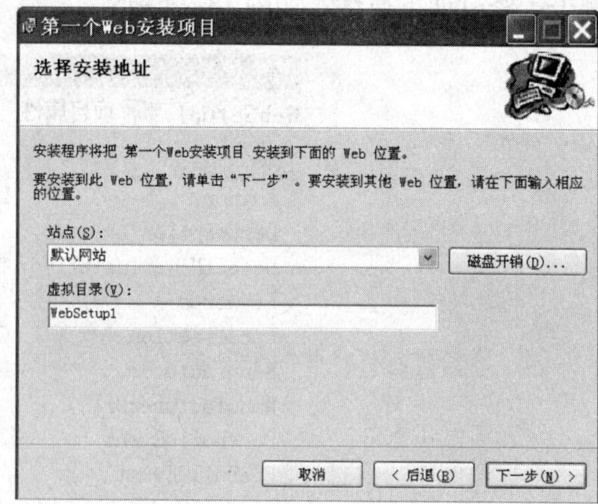

图 13-26 “选择安装地址”窗口

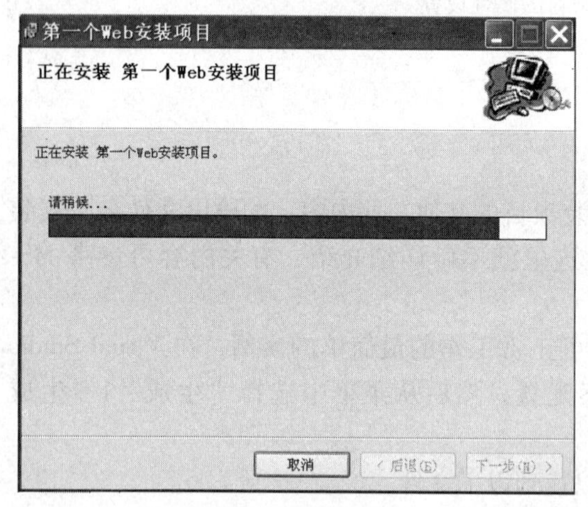

图 13-27 安装进度窗口

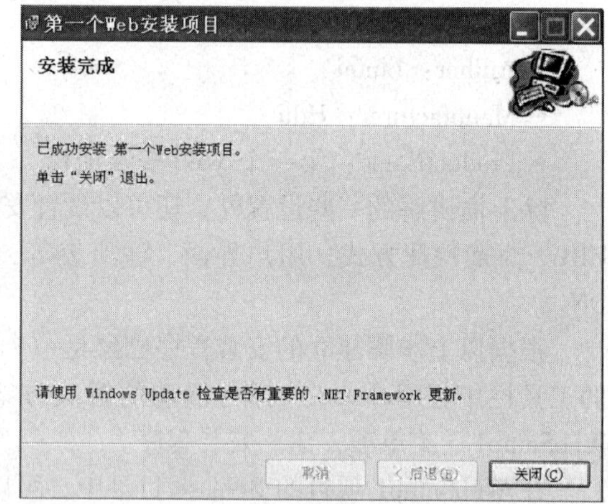

图 13-28 安装完成窗口

安装应用程序后，可以发现 IIS 的默认网站中包含 WebSetup1 虚拟目录及应用程序文件。可以通过“http://localhost/WebSetup1”访问该网站。

3. 卸载应用程序

要卸载应用程序，用户可采用两种方法。

方法 1：可以重新启动.msi 文件，使用修复现有安装或删除该安装这两个选项，如图 13-29所示。

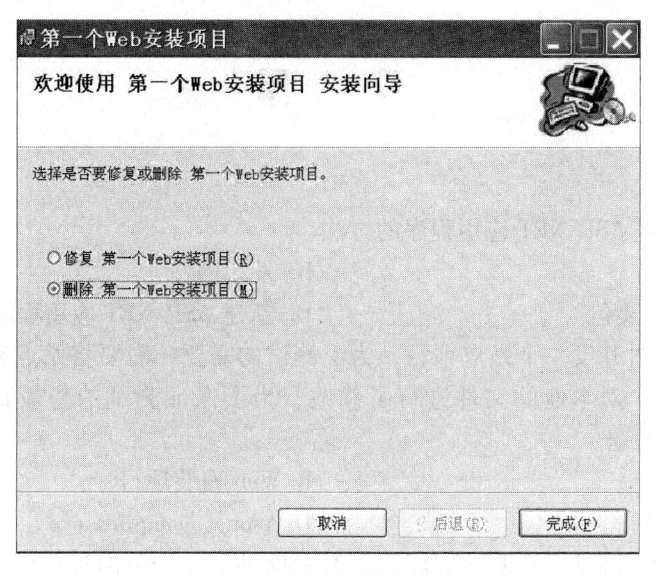

图 13-29　修复/删除安装窗口

方法 2：从“控制面板”上打开“添加/删除程序”窗口。在该窗口中，找到 WebSetup1，单击所选择程序的“更改/删除”按钮，就可以删除该安装。

13.5　小　　结

本章主要讲解了部署 Web 应用程序的三种方法：复制网站、发布网站和制作安装包，并分析了三种方法的优缺点，以便能正确地选择合适的方法部署 Web 应用程序。

实训 13　Web 应用程序的部署

1. 实训目的

掌握三种部署站点的方法：使用复制网站工具部署站点；使用发布网站工具部署站点；生成 Web 项目安装包。

2. 实训内容和要求

（1）使用复制网站工具将实训 8 的网站 Practice8 的源代码部署到另外一个目的地，包括文件夹、本地 IIS 或 FTP 服务器等。

（2）使用发布网站工具将实训 9 的网站 Practice9 发布到另外一个目的地，包括文件夹、本地 IIS 或 FTP 服务器等。

（3）将实训 12 的网站 Practice12 生成一个安装包，通过运行该安装包就可以将站点部署到本地 IIS 中。

习　题

一、单选题

1. （　　）不是部署 ASP. NET 应用程序的方法。

A. 复制网站　　B. 发布网站

C. 创建程序的安装包　　D. 新建 ASP. NET 应用程序

2. 多个开发人员同时开发一个站点项目，为了测试的需要，需要将站点复制到测试服务器上，在测试期间，对本地的文件进行了修改，为了保证测试的是最新代码，应该使用（　　）来解决问题。

A. 复制网站工具　　B. Web 安装项目

C. 发布网站工具　　D. Aspnet_compiler. exe

3. 若开发了一个大型网站，在测试完成后，客户提供了一个公网远程服务器，为了方便客户开发 FTP 权限，防止公网恶意用户窃取站点源代码，需要进行预编译，应使用（　　）方法将网站部署到服务器。

A. 复制网站工具　　B. XCopy

C. 发布网站工具　　D. Aspnet_compiler. exe

4. 你开发了一套人事管理系统，为了方便用户自己部署，不需要进行相关 IIS 配置与配置文件配置，同时要求将安装说明与使用说明一起给客户，应使用（　　）方法部署。

A. 复制网站工具　　B. Web 安装包

C. 发布网站工具　　D. XCopy

5. 准备在网络服务器上配置 ASP. NET 应用程序，需要用 Windows Installer Web 安装项目来创建它的安装程序。必须采取（　　）方法才能在网络服务器上创建一个名为 BaldwinMuseumApp 的虚拟目录。

A. 在该应用程序的 web. config 文件中，创建一个自定义值为 BaldwinMuseumApp 的属性

B. 在安装项目中设置网络应用程序文件夹中的 VirtualDirectory 属性为 BaldwinMuseumApp

C. 改变安装项目的名字为 BaldwinMuseumApp

D. 创建一个合并模块用以建立该虚拟目录

二、简答题

1. 简述复制网站工具部署站点的步骤。
2. 简述发布网站工具部署站点的步骤。
3. 简述为 Web 应用程序创建安装包的流程。